高等职业教育"十四五"规划畜牧兽医宠物大类新形态纸数融合教材

新形态教材

养禽与禽病防治

YANG QIN YU QIN BING FANG ZHI

主　编　张　娟　葛　鑫　鲁志平

副主编　化　军　王春明　母治平　丁　玫　张苗苗

编　者　（以姓氏笔画为序）

丁　玫　贵州农业职业学院

王　勤　达州职业技术学院

王春明　沧州职业技术学院

王常国　西安市昌盛动物保健品有限公司

化　军　河南农业职业学院

母治平　重庆三峡职业学院

刘小飞　湖南环境生物职业技术学院

张　娟　内江职业技术学院

张苗苗　湖北生物科技职业学院

孟可爱　湖南环境生物职业技术学院

徐晓炜　伊犁职业技术学院

诸明欣　内江职业技术学院

葛　鑫　黑龙江农业经济职业学院

鲁志平　成都农业科技职业学院

廖健慧　江西生物科技职业学院

戴碧红　内江职业技术学院

U0370113

华中科技大学出版社

http://press.hust.edu.cn

中国·武汉

内 容 简 介

本书是高等职业教育"十四五"规划畜牧兽医宠物大类新形态纸数融合教材。

本书内容主要包括养禽场建设、家禽孵化、蛋鸡生产、肉鸡生产、水禽生产、养禽场经营与管理、禽病防治技术。本书充分发挥院校联合编写的优势,收集整理了丰富的数字化学习资源,以加深学生对理论知识的理解。

本书可作为高等职业院校畜牧、畜牧兽医及相关专业的教学用书,还可作为养禽场养殖企业技术人员、基层畜牧兽医技术人员及养殖户的培训资料和参考用书。

图书在版编目(CIP)数据

养禽与禽病防治/张娟,葛鑫,鲁志平主编.—武汉:华中科技大学出版社,2023.8
ISBN 978-7-5680-9776-5

Ⅰ.①养… Ⅱ.①张… ②葛… ③鲁… Ⅲ.①养禽学 ②禽病-防治 Ⅳ.①S83 ②S858.3

中国国家版本馆 CIP 数据核字(2023)第 139997 号

养禽与禽病防治
Yang Qin yu Qinbing Fangzhi

张 娟 葛 鑫 鲁志平 主编

策划编辑:罗 伟
责任编辑:曾奇峰 方寒玉
封面设计:廖亚萍
责任校对:朱 霞
责任监印:周治超
出版发行:华中科技大学出版社(中国·武汉)　　　电话:(027)81321913
　　　　　武汉市东湖新技术开发区华工科技园　　　邮编:430223
录　　排:华中科技大学惠友文印中心
印　　刷:武汉科源印刷设计有限公司
开　　本:889mm×1194mm 1/16
印　　张:19
字　　数:583 千字
版　　次:2023 年 8 月第 1 版第 1 次印刷
定　　价:59.80 元

高等职业教育"十四五"规划
畜牧兽医宠物大类新形态纸数融合教材

编审委员会

网络增值服务

使用说明

欢迎使用华中科技大学出版社医学资源网 yixue.hustp.com

1 教师使用流程

（1）登录网址：**http://yixue.hustp.com** （注册时请选择教师用户）

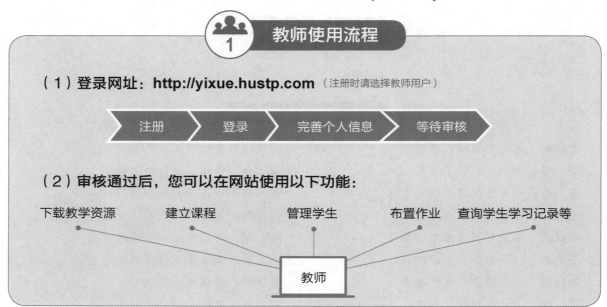

注册 ＞ 登录 ＞ 完善个人信息 ＞ 等待审核

（2）审核通过后，您可以在网站使用以下功能：

下载教学资源　　建立课程　　管理学生　　布置作业　查询学生学习记录等

教师

2 学员使用流程

（建议学员在PC端完成注册、登录、完善个人信息的操作）

（1）PC 端操作步骤

① 登录网址：http://yixue.hustp.com （注册时请选择普通用户）

注册 ＞ 登录 ＞ 完善个人信息

② 查看课程资源：（如有学习码，请在个人中心-学习码验证中先验证，再进行操作）

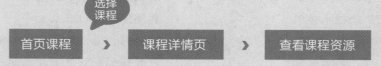

选择课程

首页课程 ＞ 课程详情页 ＞ 查看课程资源

（2）手机端扫码操作步骤

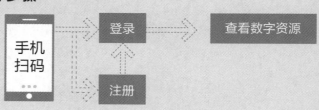

手机扫码 → 登录 → 查看数字资源

注册

出版
说明

随着我国经济的持续发展和教育体系、结构的重大调整,尤其是 2022 年 4 月 20 日新修订的《中华人民共和国职业教育法》出台,高等职业教育成为与普通高等教育具有同等重要地位的教育类型,人们对职业教育的认识发生了本质性转变。作为高等职业教育重要组成部分的农林牧渔类高等职业教育也取得了长足的发展,为国家输送了大批"三农"发展所需要的高素质技术技能型人才。

为了贯彻落实《国家职业教育改革实施方案》《"十四五"职业教育规划教材建设实施方案》《高等学校课程思政建设指导纲要》和新修订的《中华人民共和国职业教育法》等文件精神,深化职业教育"三教"改革,培养适应行业企业需求的"知识、素养、能力、技术技能等级标准"四位一体的发展型实用人才,实践"双证融合、理实一体"的人才培养模式,切实做到专业设置与行业需求对接、课程内容与职业标准对接、教学过程与生产过程对接、毕业证书与职业资格证书对接、职业教育与终身学习对接,特组织全国多所高等职业院校教师编写了这套高等职业教育"十四五"规划畜牧兽医宠物大类新形态纸数融合教材。

本套教材充分体现新一轮数字化专业建设的特色,强调以就业为导向、以能力为本位、以岗位需求为标准的原则,本着高等职业教育培养学生职业技术技能这一重要核心,以满足对高层次技术技能型人才培养的需求,坚持"五性"和"三基",同时以"符合人才培养需求,体现教育改革成果,确保教材质量,形式新颖创新"为指导思想,努力打造具有时代特色的多媒体纸数融合创新型教材。本套教材具有以下特点。

(1)紧扣最新专业目录、专业简介、专业教学标准,科学、规范,具有鲜明的高等职业教育特色,体现教材的先进性,实施统编精品战略。

(2)密切结合最新高等职业教育畜牧兽医宠物大类专业课程标准,内容体系整体优化,注重相关教材内容的联系,紧密围绕执业资格标准和工作岗位需要,与执业资格考试相衔接。

(3)突出体现"理实一体"的人才培养模式,探索案例式教学方法,倡导主动学习,紧密联系教学标准、职业标准及职业技能等级标准的要求,展示课程建设与教学改革的最新成果。

(4)在教材内容上以工作过程为导向,以真实工作项目、典型工作任务、具体工作案例等为载体组织教学单元,注重吸收行业新技术、新工艺、新规范,突出实践性,重点体现"双证融合、理实一体"的教材编写模式,同时加强课程思政元素的深度挖掘,教材中有机融入思政教育内容,对学生进行价值引导与人文精神滋养。

(5)采用"互联网+"思维的教材编写理念,增加大量数字资源,构建信息量丰富、学习手段灵活、学习方式多元的新形态一体化教材,实现纸媒教材与富媒体资源的融合。

(6)编写团队权威,汇集了一线骨干专业教师、行业企业专家,打造一批内容设计科学严谨、深入浅出、图文并茂、生动活泼且多维、立体的新型活页式、工作手册式、"岗课赛证融通"的新形态纸数融合教材,以满足日新月异的教与学的需求。

本套教材得到了各相关院校、企业的大力支持和高度关注,它将为新时期农林牧渔类高等职业教育的发展做出贡献。我们衷心希望这套教材能在相关课程的教学中发挥积极作用,并得到读者的青睐。我们也相信这套教材在使用过程中,通过教学实践的检验和实践问题的解决,能不断得到改进、完善和提高。

高等职业教育"十四五"规划畜牧兽医宠物大类

新形态纸数融合教材编审委员会

前言

　　养禽业是我国畜牧业重要的支柱产业,在增加养殖者收入、丰富城乡"菜篮子"、改善人民生活等方面发挥了巨大的作用。本书以培养具备家禽生产、禽病防治和管理能力的高素质技能人才为目标,突出高等职业教育特色,体现以工作过程为导向的课程改革思想,以职业标准为依据,以企业需求为导向,培养学生的职业能力。

　　本书配套丰富的立体化数字资源,如电子课件、相关链接、知识拓展、微视频、在线答题等,以二维码的形式附在正文中;同时融入课程思政理念,突出"岗课赛证"融通;内容编写加强理实一体、工学结合、校企合作,尽可能将课本知识与实际工作岗位技能紧密衔接。

　　编写人员具体编写分工:模块一由母治平老师编写,模块二由徐晓炜老师编写,模块三项目六、项目七、项目八由丁玫老师编写,模块三项目九由刘小飞老师编写,模块四由孟可爱老师编写,模块五、模块七项目十八由张苗苗老师编写,模块六由鲁志平老师编写,模块七项目十九任务一至任务五、项目二十由王春明老师编写,模块七项目十九任务六至任务十五、项目二十二任务一由诸明欣、戴碧红老师编写,模块七项目十九任务十六至任务二十一由王勤老师编写,模块七项目二十一由廖健慧老师编写,模块七项目二十二任务二由化军老师编写,模块七项目二十二任务三由张娟老师编写,王常国老师提供了书中部分图片和视频资料。张娟、葛鑫老师负责全书的审稿校稿工作。

　　本书在编写过程中,参考了较多的同类专著、教材和有关文献资料,在此对有关作者表示由衷的感谢。本书的编写和出版得到了华中科技大学出版社的大力支持,在此表示衷心的感谢!

　　由于编者水平有限,编写时间仓促,书中缺点、错误在所难免,敬请广大读者提出宝贵意见,以便今后进一步修改。

编　者

目录

模块一　养禽场建设

项目一　养禽场场址选择与规划布局　　　/2
　　实践技能　饲养10万只肉用仔鸡场的建筑设计　　/7
项目二　禽舍建筑设计及养禽设备用具选择　　/9
　　任务一　禽舍建筑设计　　/9
　　任务二　养禽设备及用具　　/13
　　实践技能　饲养5万只商品蛋鸡的建舍造价预算　　/22

模块二　家禽孵化

项目三　孵化前的准备　　　/26
　　任务一　种蛋的管理　　/26
　　任务二　孵化前的操作　　/28
　　实践技能　种蛋选择与消毒　　/29
项目四　孵化过程的控制　　　/31
　　任务一　胚胎发育规律　　/31
　　任务二　孵化条件　　/34
　　任务三　孵化操作　　/35
　　实践技能　禽胚胎发育观察　　/36
项目五　出雏及后期处理　　　/38
　　任务一　初生雏的处理　　/38
　　任务二　孵化效果检查及分析　　/40
　　实践技能　初生雏鸡的分级、剪冠、断趾　　/42

模块三　蛋鸡生产

项目六　雏鸡生产　　　/46
　　任务一　雏鸡的生理特点　　/46
　　任务二　雏鸡的饲养管理　　/47
　　实践技能　雏鸡的断喙技术　　/57
项目七　育成鸡生产　　　/60
　　任务一　育成鸡的生理特点　　/60

任务二　育成鸡的饲养管理　　　　　　　　　　　　　　/61
　　　　实践技能　鸡群称重和体重均匀度计算　　　　　　　　　/66
　　项目八　产蛋鸡生产　　　　　　　　　　　　　　　　　　　/68
　　　　任务一　产蛋鸡的生理特点　　　　　　　　　　　　　　/68
　　　　任务二　产蛋鸡的饲养管理　　　　　　　　　　　　　　/69
　　　　实践技能　高产蛋鸡的表型选择　　　　　　　　　　　　/79
　　项目九　蛋种鸡生产　　　　　　　　　　　　　　　　　　　/81
　　　　任务一　蛋种鸡繁殖技术　　　　　　　　　　　　　　　/81
　　　　任务二　蛋种鸡的饲养管理　　　　　　　　　　　　　　/83
　　　　实践技能　产蛋曲线绘制与分析　　　　　　　　　　　　/85

模块四　肉　鸡　生　产

　　项目十　快大型肉鸡生产　　　　　　　　　　　　　　　　　/88
　　　　任务一　快大型肉鸡的生产特点　　　　　　　　　　　　/88
　　　　任务二　快大型肉鸡的饲养管理　　　　　　　　　　　　/92
　　　　实践技能　肉鸡的屠宰与分割　　　　　　　　　　　　　/95
　　项目十一　肉种鸡生产　　　　　　　　　　　　　　　　　　/97
　　　　任务一　肉种鸡的饲养管理　　　　　　　　　　　　　　/97
　　　　任务二　肉种鸡人工强制换羽技术　　　　　　　　　　　/100
　　　　实践技能　肉种鸡群体重抽测及均匀度的计算　　　　　　/102
　　项目十二　优质肉鸡生产　　　　　　　　　　　　　　　　　/103
　　　　任务一　优质肉鸡的生产特点及饲养方式　　　　　　　　/103
　　　　任务二　优质肉鸡的饲养管理及放养技术　　　　　　　　/104
　　　　实践技能　优质肉鸡体尺测量　　　　　　　　　　　　　/107

模块五　水　禽　生　产

　　项目十三　蛋鸭生产　　　　　　　　　　　　　　　　　　　/112
　　　　任务一　雏鸭的饲养管理　　　　　　　　　　　　　　　/112
　　　　任务二　育成鸭的饲养管理　　　　　　　　　　　　　　/116
　　　　任务三　产蛋鸭的饲养管理　　　　　　　　　　　　　　/118
　　　　任务四　蛋种鸭的饲养管理　　　　　　　　　　　　　　/119
　　　　实践技能　鸭的人工强制换羽　　　　　　　　　　　　　/120
　　项目十四　肉鸭生产　　　　　　　　　　　　　　　　　　　/122
　　　　任务一　商品肉鸭的饲养管理　　　　　　　　　　　　　/122
　　　　任务二　肉种鸭的饲养管理　　　　　　　　　　　　　　/124
　　　　实践技能　肉种鸭限制饲养方案的拟定　　　　　　　　　/126
　　项目十五　鹅生产　　　　　　　　　　　　　　　　　　　　/128
　　　　任务一　雏鹅的饲养管理　　　　　　　　　　　　　　　/128
　　　　任务二　肉用仔鹅的饲养管理　　　　　　　　　　　　　/130

任务三　后备种鹅的饲养管理 /132
任务四　种鹅的饲养管理 /133
任务五　鹅活拔羽绒生产 /135
任务六　鹅肥肝生产 /137
实践技能　肥肝鹅的人工填饲操作 /138

模块六　养禽场经营与管理

项目十六　养禽场生产计划管理 /142
任务一　制订生产计划的依据 /142
任务二　养禽场年度生产计划的制订 /143
实践技能　2万只商品蛋鸡场的鸡群周转计划、产蛋计划和
饲料供应计划制订 /149
项目十七　养禽场生产成本核算与经济效益分析 /151
任务一　养禽场生产成本核算 /151
任务二　养禽场经济效益分析 /154
实践技能　肉用仔鸡生产成本计算及盈亏原因分析 /159

模块七　禽病防治技术

项目十八　禽病的发生和控制 /162
任务一　禽病的发生与流行特点 /162
任务二　禽病预防与控制的基本原则 /167
任务三　禽病的扑灭措施 /177
项目十九　家禽常见病毒病及其防治 /182
任务一　禽流感 /182
任务二　新城疫 /185
任务三　传染性支气管炎 /188
任务四　传染性喉气管炎 /191
任务五　马立克病 /192
任务六　禽白血病 /195
任务七　传染性法氏囊病 /196
任务八　产蛋下降综合征 /197
任务九　禽痘 /198
任务十　禽脑脊髓炎 /200
任务十一　鸡传染性贫血 /201
任务十二　禽病毒性关节炎 /202
任务十三　鸡安卡拉病 /203
任务十四　鸡包涵体肝炎 /204
任务十五　禽网状内皮组织增殖病 /204
任务十六　鸭瘟 /205

任务十七　鸭病毒性肝炎 /208

任务十八　小鹅瘟 /210

任务十九　鸭坦布苏病毒病 /212

任务二十　鸭大舌头病 /213

任务二十一　鹅副黏病毒病 /214

实践技能一　禽舍消毒技术 /215

实践技能二　家禽免疫接种技术 /218

实践技能三　新城疫抗体检测技术 /220

项目二十　家禽常见细菌病及其防治 /224

任务一　禽沙门菌病 /224

任务二　禽大肠杆菌病 /227

任务三　禽巴氏杆菌病 /229

任务四　鸡葡萄球菌病 /231

任务五　鸡传染性鼻炎 /233

任务六　鸭传染性浆膜炎 /235

任务七　鸡坏死性肠炎 /236

任务八　鸡毒支原体感染 /238

任务九　禽曲霉菌病 /240

任务十　禽弧菌性肝炎 /241

任务十一　铜绿假单胞菌病 /244

任务十二　禽念珠菌病 /245

实践技能一　鸡白痢的检验 /246

实践技能二　病原菌的药敏试验 /247

项目二十一　家禽常见寄生虫病及其防治 /249

任务一　禽原虫病及其防治 /249

任务二　禽蠕虫病及其防治 /254

任务三　禽体外寄生虫病及其防治 /259

实践技能一　球虫卵囊的检查 /261

实践技能二　绦虫和蛔虫的虫体形态观察及粪便检查 /262

项目二十二　家禽常见普通病及其防治 /264

任务一　家禽营养代谢病及其防治 /264

任务二　家禽中毒病及其防治 /271

任务三　家禽其他常见疾病及其防治 /278

实践技能　家禽尸体剖检技术 /286

参考文献 /289

模块一
养禽场建设

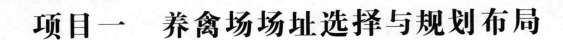

项目一　养禽场场址选择与规划布局

学习目标

【知识目标】

1. 了解养禽场场址选择时应考虑的各种自然条件和社会条件。

2. 掌握养禽场的规划与布局。

【技能目标】

1. 能根据养禽场的性质、任务和所要达到的目标正确选择场址。

2. 能够对养禽场进行科学合理的规划布局。

【思政目标】

1. 通过合理选择养禽场场址和养禽场科学规划布局的学习,帮助学生理解"科学建场""卫生防疫"对家禽养殖的重要性,树立科学养殖的理念。

2. 通过自然条件选择和养禽场的合理规划布局的学习,培养学生尊重自然、利用自然和保护环境的意识。

养禽场是家禽生活和生产的场所,关系到家禽的健康和生产性能的发挥,也对养禽场的经营有着直接影响。养禽场的场址选择应根据当地的地形地势、土壤、水源、气候、交通运输、电力供应等自然条件和社会条件综合考虑,做到科学选择场址;然后计划和安排场内不同建筑功能区、道路、绿化等地段的位置。

一、场址选择

场址选择是指在一定区域内选择适宜建设养禽场的地方。它是养禽场筹划的重要内容,不仅关系到养禽场本身的经营和发展,而且还关系到当地的生态环境。因此在场址选择时,需明确场址选择原则,并根据自然条件和社会条件进行综合考虑来确定。

(一)场址选择原则

(1)场址选择应符合国家或地方畜禽生产管理部门对区域规划发展的相关规定。

(2)确保养禽场场区具有良好的小气候条件、便于养禽场环境卫生调控。

(3)场址选择要有利于各项卫生防疫制度的实施。

(4)场址选择要有利于组织生产,便于机械化操作,提高劳动生产率。

(5)场区面积要保证宽敞够用,且为今后规模扩建留有余地。同时应减少土地的浪费。

(二)自然条件选择

1. 地势地形选择　地势是指场地的高低起伏状况。总体上,养禽场应选在地势较高、平坦及排水良好的场地,要避开低洼、潮湿地,远离沼泽地。地势要向阳背风,减少冬季风雪的侵袭。

养禽场应地势高燥,高出当地历史洪水线 1~2 m,其地下水位低于建筑物地基 0.5 m。这样的地势,可以避免雨季洪水的威胁和减少因土壤毛细管水上升而造成的地面潮湿。低洼潮湿的场地不利于家禽的体温调节和健康,反而有利于病原体和寄生虫的生存,并严重影响建筑物的使用寿命。养禽场地面要平坦而稍有坡度,以便排水,防止积水和泥泞。地面坡度以 1%~3% 较为理想,坡度过大,建筑施工不便,也会因雨水经常冲刷而使场区坎坷不平。

地势要向阳避风,以保持场区小气候温热状况的相对稳定,减少风雪的侵袭,特别是避开西北方向的山口和长形谷地。

平原地区一般场地比较平坦、开阔,场址应注意选择在较周围地段稍高的地方,以利于排水防涝。

靠近河流、湖泊的地区,场址要选择在地势较高的地方,应比当地水文资料中的最高水位高出1～2 m,以防涨水时被水淹没。

山区建场应选在稍平缓坡上,坡面向阳,总坡度不得超过25%,且建筑区域坡度应在2.5%以内。坡度过大,不但在施工中需要大量填挖土方,增加工程投资,而且在建成投产后会给场内运输和管理工作造成不便。山区建场还要注意地质构造情况,避开断层、滑坡、塌方的地段,也要避开坡底和谷地以及风口,以免遭受山洪和暴风雪的袭击。有些山区的谷地或山坳里,常由于地形地势的条件限制,形成局部空气涡流现象,造成场区出现污浊空气长时间滞留、潮湿、阴冷或闷热等现象,选址时应注意避免。

地形是指场地的形状、范围以及地物(山岭、河流、道路、草地、树林、居民点等)的相对平面位置状况。养禽场的场地要求地形整齐、开阔、有足够的面积。地形整齐,便于合理布置养禽场建筑物和各种设施,有利于充分利用场地。地形如果狭长,建筑物布局势必会拉大距离,使道路、管线加长,给场内运输和管理造成不便,也不利于场区的卫生防疫和生产联系。地形不规则或边角太多,则会使建筑布局凌乱,且边角部分无法利用,造成场地面积浪费,增加防护设施等投资。地形开阔,是指场地上地物要少,以减少施工前清理场地的工作量或填挖土方量。场地面积应根据拟建养禽场的性质和规模来确定,并为将来的发展留有余地。

2. 水源水质选择 养禽场必须要有可靠的水源,要求水量充足、水质良好、取用方便、利于防护。水量充足,能满足人、禽饮用和其他生产、生活用水的需要,且在干燥或冻结时期也能满足养禽场全部用水需要,还需考虑防火和远期发展需要;水质良好,符合饮用水的卫生标准,能满足人、禽饮用和建筑施工要求;利于防护,保证水源水质处于良好状态,不受周围条件的污染;取用方便,处理投资少。

在选择水源时,对于水源的水量情况,需要了解地面水(河流、湖泊)的流量,汛期水位,地下水的初见水位和最高水位,含水层的层次、厚度和流向。对于水质情况,需要了解其酸碱度、硬度、透明度,有无污染源和有害化学物质等。如有条件应提取水样做水质的物理、化学和生物污染等方面的化验分析。

在仅有地下水源的地区建场,第一步应先试打一眼井。如果打井时出现水的流速慢、有泥沙或其他问题,最好另选场址,这样可减少损失。对养禽场而言,建立自己的水源、确保供水是十分有必要的。

拟建场区附近如有地方自来水公司供水系统,可以尽量引用,但需要了解能否保证供水量。大部分养禽场的建设位置远离城镇,不能利用城镇给水系统,所以需要独立的水源,一般是自己打井和建设水泵房、水处理车间、水塔、输配水管道等。

水源主要包括地面水、地下水和降水,其中,储存量大、流动的活水或地下水是养禽场取用的理想水源。在以地面水作为水源时,要进行过滤和消毒处理,水点方圆100 m范围内不得有任何污染区,上游1000 m、下游100 m之内不得有污水排放口。在以地下水作为水源时,水井周围30 m范围内不得有厕所、粪池等污染源,还要调查是否因水质不良而出现过某些地方性疾病。中华人民共和国农业行业标准NY 5027—2008《无公害食品 畜禽饮用水水质》和NY5028—2008《无公害食品 畜禽产品加工用水水质》中明确规定了无公害畜牧生产中的水质要求。水源不符合饮用水卫生标准时,必须经净化消毒处理,达到标准后方能饮用。

水禽场选址时,应尽量选择有天然水源的地方,水面尽量宽阔,水深1～1.5 m,以流动水源最为理想,岸边有一定的坡度,供水禽自由上下。

3. 土壤选择　土壤的物理、化学和生物学特性,都会影响家禽的健康和生产力。一般情况下,养禽场土壤以透气性好、透水性强、吸湿性和导热性小、质地均匀、抗压性强的沙壤土为宜,这样可抑制微生物、寄生虫和蚊蝇的滋生,并可使场区昼夜温差较小。土壤虽有一定的自净能力,但许多病原体可存活多年,而土壤又难以彻底消毒,所以,土壤一旦被污染,则多年具有危害性,选择场址时应避免在旧养禽场场址或其他畜牧场场地上重建或改建。

为避免与农争地、少占耕地,选址时不宜过分强调土壤种类和物理特性,应着重考虑化学和生物学特性,注意地方性疾病和疫情的调查。

4. 气候因素　气候因素主要指与建筑设计有关以及影响养禽场小气候的气象资料,如气温、风力、风向及灾害性天气的情况。了解拟建地区常年气象变化,包括平均气温、绝对最高与最低气温、土壤冻结深度、降雨量与积雪深度、最大风力、常年主导风向、风频率、日照情况等。气温资料不但在禽舍热工设计时需要,而且对养禽场防暑、防寒日程安排,及禽舍朝向、防寒与遮阳设施的设置等均有意义。风向、风力、日照情况与禽舍的建筑方位、朝向、间距、排列次序均有关系。

(三)社会条件选择

社会关系是指养禽场与周围社会的关系,如与居民区的关系、交通运输和电力供应等。养禽场场址的选择,必须遵循社会公共卫生和兽医卫生准则,使养禽场既不受周围环境污染,也不成为周围环境的污染源。

1. 交通运输　养禽场饲料、产品、粪污、废弃物等运输量很大,交通方便才能保证饲料的就近供应、产品的就近销售及粪污和废弃物的就地转化和消纳,以降低生产成本和防止污染周围环境,但交通干线又往往是传染病传播的途径。因此,选择场址时既要求交通方便,又要求与交通干线保持适当的距离。

2. 电力供应　养禽场生产、生活用电都要求有可靠的供电条件。家禽生产环节如孵化、育雏、机械通风等的电力供应必须绝对保障。因此,须了解供电源的位置、与养禽场的距离、最大供电允许量、是否经常停电、有无可能双路供电等。通常,建设养禽场要求有二级供电电源。属于三级以下供电电源时,则需自备发电机,以保证场内供电的稳定可靠。为减少供电投资,选址时应尽可能靠近输电线路,以缩短新线路铺设距离。

单靠电力供应维持养禽场的设备运转会导致养禽场的成本增加,可以考虑自建天然气储罐,根据当地气候在育雏舍配备燃气加热器,或者考虑太阳能发电。

3. 卫生防疫要求　为防止养禽场受到周围环境的污染,选址时应避开居民点的污水排出口,不能将场址选在化工厂、屠宰场、制革厂等容易产生环境污染企业的下风向处或附近。在城镇郊区建场,应距离大城市20 km、小城镇10 km,距离国道、省际公路500 m以上,距离省道、区际公路300 m以上,距离一般道路100 m以上,距居民区1500 m以上。

养禽场应排污条件良好,养禽场的粪水不能直接排入河流,可把养禽场的粪水与周围的农田灌溉结合起来,也可与养鱼结合,有控制地将污水排向鱼塘,否则,要建化粪池进行污水的无害化处理,切不可将污水任意排放。

禁止在以下地区或地段建场:自然保护区、古建筑保护区、生活用水水源保护区、风景名胜区;受洪水或山洪威胁及泥石流、滑坡等自然灾害多发地带;自然环境污染严重的地区。

4. 土地征用需要　场址选择必须符合本地区农牧业生产发展总体规划、土地利用发展规划和城乡建设发展规划的用地要求;必须遵守珍惜和合理利用土地的原则,不得占用基本农田,尽量利用荒地和劣地建场。大型畜禽企业分期建设时,场址选择应一次完成,分期征地。近期工程应集中布置。征用的土地应满足本期工程所需面积,见表1-1。远期工程可预留用地,随建随征。征用土地可按场区总平面设计图计算实际占地面积。

养禽场建设需要规划足够的面积,既能满足目前规模的饲养需要,又有一定的发展余地,以便将来扩大生产。租用场地建设大型养禽场,应考虑足够长的经营年限,以确保固定资产投入的有效使用和回报。

表 1-1 土地征用面积估算表

场别	饲养规模	占地面积/(米²/只)	备注
种鸡场	1万~5万只种鸡	0.5~0.8	
蛋鸡场	10万~20万只蛋鸡	0.3~0.5	
肉鸡场	年出栏肉鸡100万只	0.2~0.3	按年出栏量计

二、养禽场的规划布局

场地选定后,根据利于养禽场防疫要求、改善场区小气候、方便饲养管理、节约用地原则,考虑当地气候、风向、地势地形、养禽场建筑物和设施的大小及功能关系,合理规划养禽场全场的道路、排水系统、场区绿化等,安排各功能区的位置及建筑物和设施的位置及朝向。养禽场的布局应整齐、美观、紧凑,节约土地,运输距离短,便于经营,利于生产,降低生产运行的成本,如图1-1所示。

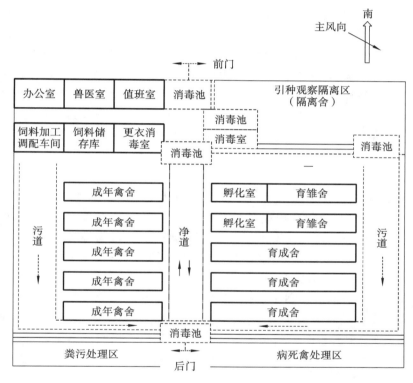

图 1-1 规模化养禽场平面布局示例

(一)建筑物分区

养禽场按建筑物功能分为生活区、生产管理区、生产区和隔离区。为便于防疫与安全生产,应根据当地全年主风向、地势高低及水流方向依次排列各区,即生活区→生产管理区→生产区→隔离区。如果地势与风向不一致,则以风向为主,因地势而使水的地面径流造成污染的,可用地下沟改变水流方向,避免污染重点禽舍;或者利用侧风避开主风向,将要保护的禽舍建在安全位置。分区规划的总体原则是人、禽、污三者,以人为先、污为后,风向与水流以风向为主的排列顺序。

1. 生活区 生活区是指养禽场职工生活的区域,包括职工宿舍、食堂及文化娱乐室等。为保证良好的卫生条件,避免生产区臭气、尘埃和污水的污染,生活区设在上风向或偏风方向和地势较高的地方,同时其位置应便于与外界联系。

2. 生产管理区 生产管理区是指养禽场生产管理的区域,包括行政和技术办公室、接待室、饲料加工调配车间、饲料储存库、水电供应设施、车库、杂品库、消毒池、更衣消毒室和洗澡间等。该区与日常饲养工作关系密切，与生产区距离不宜远。饲料储存库应靠近进场道路处，并在外侧墙上设卸料窗，场外运料车辆不许进生产区，饲料由卸料窗入饲料储存库；更衣消毒室、洗澡间应设在场大门一侧，进生产区人员一律经洗澡、更衣、消毒后方可入内。

3. 生产区 生产区是指为禽群发挥生产性能和良好生长发育提供条件的区域，主要包括禽舍、蛋库、消毒室（池）、孵化场、运动场等。生产区是养禽场的核心区域，严禁外来车辆进入生产区，也禁止生产区车辆外出。各禽舍由饲料储存库内门领料，用场内小车运送。在靠近围墙处设销售台，售禽时由销售台装车，避免外来车辆进场。

4. 隔离区 隔离区是养禽场病死禽、污物集中之地，包括隔离舍、兽医室、尸坑和焚尸炉、粪污处理及储存设施等。该区是卫生防疫和环境保护的重点，应设在整个养禽场的下风或偏风方向、地势低处，以避免传染病传播和环境污染。

（二）建筑物布局

养禽场建筑物的布局在于正确安排各建筑物的位置、朝向、间距。布局时须考虑各建筑物间的功能关系、卫生防疫、通风、采光、防火、节约用地等。

生活区和生产管理区与场外联系密切，为保障禽群防疫，宜设在养禽场大门附近，门口分设行人和车辆消毒池，两侧设值班室和更衣消毒室。生产区是养禽场的核心区域，应设于养禽场的中心地带。根据各地区的主导风向，禽舍的前后布局为上风至下风，按孵化舍、育雏舍、育成舍、成年禽舍（种禽舍或商品禽舍）等顺序设置。孵化室也可在养禽场外独立建设，或与养禽场内禽舍间保持一定距离或有明显分区。育雏舍、育成舍与种禽舍三者的建筑面积比例一般为1：2：3。辅助生产设施如饲料储存库、蛋库、兽医室、车库等应接近生产区，要求交通方便，但又应与生产区有一定距离，以利于防疫。隔离舍和粪污处理及储存设施应置于全场最下风向和地势最低处，与生产区宜保持至少50 m的距离。

禽舍的朝向关系到禽舍的通风、采光和排污效果，根据当地主导风向和日照情况确定。一般要求禽舍在夏季应少接受太阳辐射、舍内通风量大而均匀，冬季应多接受太阳辐射、冷风渗透少。因此，炎热地区，应根据当地夏季主风向安排禽舍朝向，以加强通风效果，避免太阳辐射。寒冷地区，应根据当地冬季主导风向确定朝向，减少冷风渗透量，增加热辐射，一般以冬季或夏季主风与禽舍长轴有30°～60°夹角为宜，应避免主风方向与禽舍长轴垂直或平行，以利防暑和防寒。

各建筑物排列整齐、合理，既要利于道路、给排水管道、绿化、电线等的布置，又要便于生产和管理工作。禽舍之间的距离以能满足光照、通风、卫生防疫和防火的要求为原则。距离过大则养禽场占地过多，间距过小则南排禽舍会影响北排禽舍的光照，同时也影响其通风效果，也不利于防疫、防火。综合考虑光照、通风、卫生防疫、防火及节约用地等各种要求，禽舍间距一般以禽舍檐高的3～5倍距离为宜。

水禽场的建设包括禽舍、陆上运动场和水上运动场三个部分，三者的比例一般为1：（1.5～2）：（1.5～2）。养鹅场要配有放牧地，放牧时应选择水草丰富的草滩、湖畔、河滩、丘陵和收割后的稻田或麦地。

（三）养禽场公共卫生设施

养禽场的公共卫生设施包括场区道路、排水设施、粪便处理设施及场区绿化等。

1. 场区道路 场区道路要求直而线短，生产区的道路应区分为净道和污道，两者不能交叉，净道走向为孵化室、育雏舍、育成舍、成年禽舍，各舍有入口连接净道；污道主要用于运输禽粪、死禽及禽舍内需要外出清洗的脏污设备，其走向也为孵化室、育雏舍、育成舍、成年禽舍，各舍均有出口连接污道。净道和污道以沟渠或林带相隔。场内道路应不透水，材料可选择柏油、混凝土、砖、石或焦渣等，路面坡度为1%～3%。道路宽度根据用途和车宽决定，与场外相连的道路宽度为3.5～7 m，通行的电动车、小型车、手推车等场内用车的道路需宽1.5～5 m。生产区不能设直通场外的道路，而生产管理区和隔离区应分别设置通向场外的道路，以利于卫生防疫。

2. 排水设施　排水设施是为了排除雨水和雪水,在道路一侧或两侧设明沟,也可设暗沟排水,但场区排水管道不宜与舍内排水系统的管道通用,以防杂物堵塞管道影响舍内排污,并防止雨季污水池满溢,污染周围环境。隔离区设单独的下水道将污水排至场外的污水处理设施。

3. 粪污处理设施　粪污处理设施是家禽粪便堆放、发酵或者烘干、制粒、包装而生产有机肥的场所。应设在生产区的下风向,与禽舍至少保持 100 m 的卫生间距,并便于运出。

4. 场区绿化　养禽场应植树、种草,搞好绿化,对改善场区小气候有重要意义。绿化可以美化环境,更重要的是可以吸尘灭菌、降低噪声、净化空气、防疫隔离、防暑防寒。场区绿化可按冬季主风的上风向设防风林,在养禽场周围设隔离林,禽舍之间、道路两旁进行遮阴绿化,场区裸露地面上可种植花草。场区绿化植树时,需考虑其树干高低和树冠大小,防止夏季影响通风和冬季遮挡阳光。

实践技能　饲养 10 万只肉用仔鸡场的建筑设计

目的与要求

了解拟建肉用仔鸡场的地形,熟悉鸡场管理区、生产区、隔离区的布局,能用所学知识绘制肉用仔鸡场总平面图。

材料与用具

所需资料:肉用仔鸡场的地形为长方形;每栋鸡舍饲养 5000 只肉用仔鸡,饲养方式是网上平养,饲养密度为每平方米 10 只;建舍地点在山东菏泽市。所需用具:绘图纸、铅笔、橡皮、尺等。

内容与方法

1. 确定管理区、生产区、隔离区的位置和建筑总面积　根据鸡场组织机构、福利用房、附属用房设计管理区用房数量和建筑总面积。根据饲养规模、饲养方式、饲养密度求得生产区的鸡舍建筑面积。根据肉用仔鸡发病规律设计隔离区,并计算其建筑面积。

2. 肉用仔鸡场布局　根据拟建肉用仔鸡场的地形设计场门和围墙。根据气候因素设计鸡舍方位、鸡舍排列、鸡舍朝向及鸡舍间距等,根据管理和防疫要求,设计道路、绿化、消毒防疫等公共卫生设施。

绘制该肉用仔鸡场的总平面图。要求管理区、生产区和隔离区各建筑物布局合理,建筑物之间密切联系,图题或指北针要规范标注,尺寸线要标记规范;图题下面的图注要清晰无误。

相关链接

禽场绿化苗木和
花卉的种类

知识拓展

养禽场建设前
需了解的基本内容

项目二　禽舍建筑设计及养禽设备用具选择

扫码学课件 2

【知识目标】

1.了解开放式、密闭式禽舍的特点。

2.掌握鸡舍外形结构设计、鸡舍环境控制和鸡舍内布局。

3.掌握家禽生产常用设备的性能和特点。

【技能目标】

1.会根据实际情况选择禽舍的类型。

2.能对鸡舍进行合理的建筑设计。

3.能科学选择、合理使用各种家禽生产设备。

【思政目标】

1.通过禽舍建筑设计的学习,帮助学生培养合理设计能降低生产成本的意识,树立"成本控制"理念。

2.通过家禽养殖中人工智能设备的学习,培养学生发展思维和创新思维。

3.通过学习能获取知识和技能,培养学生热爱学习的意识,树立终身学习的理念。

任务一　禽舍建筑设计

微视频 2-1

禽舍的类型与结构会影响舍内小气候状况。本任务通过介绍开放式、密闭式禽舍的特点,以指导正确选择禽舍类型,并设计鸡舍的外形结构和内部布局。

一、常见禽舍类型

禽舍基本上可分为两大类型,即开放式禽舍和密闭式禽舍。

(一)开放式禽舍

开放式禽舍是指舍内与外部直接相通,可利用光、热、风等自然能源,建筑投资低,但易受外界不良气候的影响,需要投入较多的人力进行调节,有全敞开式、半敞开式、有窗式三种形式。

1.全敞开式　全敞开式又称棚式,即四周无墙壁,用网、篱笆或塑料编织物与外部隔开,由立柱或砖条支撑房顶。这种禽舍通风效果好,但防暑、防雨、防风效果差,适合炎热地区或北方夏季使用,低温季节需封闭保温。以自然通风为主,必要时辅以机械通风;采用自然光照;具有防热容易、保温难和基建投资运行费用少的特点。

一般情况下,全敞开式禽舍多建于我国南方地区,夏季温度高、湿度大,冬季也不太冷。此外,其也可以作为其他地区季节性的简易禽舍。

2.半敞开式　前墙和后墙上部敞开,一般敞开 1/2~2/3,敞开的面积取决于气候条件及禽舍类型,敞开部分可以装上卷帘,高温季节便于通风,低温季节封闭保温。

3.有窗式　四周用围墙封闭,在南北两侧墙上设窗户。在气候温和的季节依靠自然通风,不必

Note

开动风机;在气候不利的情况下则关闭南北两侧墙上窗户,开启一侧山墙的进风口,并开动另一侧山墙上的风机进行纵向通风。该种禽舍既能充分利用阳光和自然通风,又能在恶劣的气候条件下实现人工调控舍内环境,在通风形式上实现了横向、纵向通风相结合,因此兼备了开放式与密闭式的双重特点。

(二)密闭式禽舍

密闭式禽舍一般无窗,与外界隔离,屋顶与四壁保温良好,通过各种设备的控制与调节作用,使舍内小气候满足禽体生理特点的需要,减小了自然界严寒、酷暑、狂风、暴雨等不利因素对家禽的影响,但建筑和设备投资高、对电的依赖性很大,饲养管理技术要求高,需要慎重考虑当地的条件而选用。由于密闭式禽舍具有防寒容易、防热难的特点,一般适用于我国北方寒冷地区。

在控制禽舍小气候方面,有两个发展趋向。一是采用组装式禽舍,即禽舍的墙壁和门窗是活动的。天热时可局部或全部取下来,使禽舍成为全敞开或半敞开式;冬季则装起来,成为密闭式。二是采用环境控制式禽舍,就是在密闭式禽舍内,完全靠人为的方法来调节小气候。随着集约化畜牧业的发展,环境控制式禽舍越来越多,设备也越来越先进,舍内的温度、湿度、气流、光照等,全部采用人为方法控制在适宜的范围内。

二、鸡舍设计

(一)鸡舍外形结构

1. 鸡舍的跨度、长度和高度 鸡舍的跨度根据鸡舍屋顶的形式、鸡舍类型及饲养方式而定。一般跨度如下:开放式鸡舍 6～10 m,采用机械通风时跨度可在 9～12 m,大型的鸡舍可达 20 m 以上。笼养鸡舍要根据安装列数和走道宽度来决定鸡舍的跨度。

鸡舍的长度取决于设计容量,应根据每栋鸡舍具体需要的面积与跨度来确定。大型机械化生产鸡舍较长,过短则机械效率较低,鸡舍利用也不经济,按建筑模数一般为 66 m、90 m、120 m。中、小型普通鸡舍为 36 m、48 m、54 m。鸡舍长度的计算公式如下:

平养鸡舍长度＝鸡舍面积/鸡舍跨度

鸡舍的高度应根据饲养方式、清粪方法、跨度与气候条件而定。跨度不大,平养及气温不太高的地区,鸡舍不必太高,一般鸡舍屋檐高度为 2～2.5 m;跨度大,又是多层笼养时,鸡舍的高度为 3 m 左右,或者以最上层的鸡笼距屋顶 1～1.5 m 为宜;若为高床密闭式鸡舍,由于下部设粪沟,高度一般为 4.5～5 m(比一般鸡舍高出 1.8～2 m)。

2. 地面 鸡舍地面应高出舍外地面 0.3～0.5 m,表面坚固无缝隙,多采用混凝土铺平,易于洗刷消毒、保持干燥。笼养鸡舍地面设有浅粪沟,比地面深 15～20 cm。为了有利于舍内清洗消毒时的排水,中间地面与两边地面之间应有一定的坡度。

3. 墙壁 选用隔热性能良好的材料,保证最好的隔热设计,应具有一定的厚度且严密无缝。多用砖或石头垒砌,墙外面用水泥抹缝,墙内面用水泥或白灰挂面,以便防潮和利于冲刷。近年来,也有使用彩钢板等材料作为墙体的。

4. 屋顶 屋顶必须有较好的保温隔热性能。此外,屋顶还要求具有承重、防水、防火、不透气、光滑、耐久、结构轻便、简单、造价低的特点。小跨度鸡舍为单坡式,一般鸡舍常用双坡式、拱形或平顶式。在气温高、雨量大的地区,屋顶坡度要大一些,屋顶两侧加长房檐。

5. 门窗 鸡舍的门宽应考虑所有设施和工作车辆都能顺利进出。一般单扇门高 2 m、宽 1.2 m;双扇门高 2 m、宽 1.8 m。

鸡舍的窗户要考虑鸡舍的采光和通风,窗户与地面面积之比为 1:(10～18)。开放式鸡舍的前窗应宽大,离地面可较低,以便于采光。后窗应小,约为前窗面积的 2/3,离地面可较高,以利于夏季通风、冬季保温。网上或栅状地面养鸡,在南北墙的下部应留有通风窗,尺寸为 30 cm×30 cm,在内侧覆以铁丝网和设外开的小门,以防兽害和便于冬季关闭。密闭式鸡舍不设窗户,只设应急窗和通风进出气孔。

(二)鸡舍环境控制

无论是密闭式鸡舍,还是开放式鸡舍,合理的通风、控温以及光照设计都是维持鸡舍良好环境条件的重要保证,能有效地降低生产成本。

1.鸡舍的通风 通风是调节鸡舍环境条件的有效手段,不但可以输入新鲜空气,排出氨气(NH_3)、硫化氢(H_2S)等有害气体,还可以调节温度和湿度,所以在鸡舍的建筑设计中必须重视鸡舍通风设计。

通风方式有自然通风和机械通风两种,进风口和出风口设计要合理,防止出现死角和贼风等恶劣的小气候。

(1)自然通风:依靠自然风(风压作用)和舍内外温差(热压作用)形成的空气自然流动,使鸡舍内外空气得以交换。通风设计必须与工艺设计、土建设计统一考虑,如建筑朝向、进风口的方位及标高、内部设备布置等必须全面安排在保障通风的同时,还仍有利于采光以及确保其他各项卫生措施的落实。自然通风的鸡舍跨度不可太大,以 6～7.5 m 为宜,最大不应超过 9 m。

风压的作用大于热压,但无风时,仍要依靠温差作用进行通风,为避免有风时抵消温差作用,应根据当地主风向,在迎风面(上风向)的下方设置进气口,背风面(下风向)的上部设置排气口。在房顶设通风管是有利的,在风力和温差各自单独作用或共同作用时均可排气,特别在夏季舍内外温差较小的情况下。设计时,风筒要高出屋顶 0.6～1 m,其上应有遮雨风帽,风筒的舍内部分也不应小于 0.6 m,为了便于调节,其内应安装保温调节板,便于随时启闭。

(2)机械通风:依靠机械动力强制进行鸡舍内外空气的交换。机械通风可以分为正压通风和负压通风两种方式。正压通风是用通风设备把外界新鲜空气强制送入鸡舍内,使舍内压力高于外界气压,这样可以将舍内污浊的空气排出舍外;负压通风是利用通风设备将鸡舍内的污浊空气强行排出舍外,使鸡舍内的压力略低于大气压成负压环境,舍外空气则自行通过进风口流入鸡舍。这种通风方式投资少,管理比较简单,进入舍内的风流速度较慢,禽体感觉比较舒适。由于横向通风具有风速小、死角多等缺点,一般采取纵向通风方式。

纵向通风排风机全部集中在鸡舍污道端的山墙上或山墙附近的两侧墙上。进风口则设在净道端的山墙上或山墙附近的两侧墙上,将其余的门和窗全部关闭,使进入鸡舍的空气均沿鸡舍纵轴流动,由风机将舍内污浊空气排出舍外。纵向通风设计的关键是使鸡舍内产生均匀的高气流速度,并使气流沿鸡舍纵轴流动,因而风机宜设于山墙的下部。

通风量应按鸡舍夏季最大通风值设计,并以此计算风机的排风量。安装风机时,最好大小风机结合,以适应不同季节的需要。排风量相等时,减少横断面空间,可提高舍内风速,因此三角屋架鸡舍,可每 3 间用挂帘将三角屋架隔开,以减少过流断面。长度过长的鸡舍,要考虑鸡舍内的通风均匀问题,可在鸡舍中间两侧墙上加开进风口。根据舍内的空气污染情况、舍外温度等决定开启风机的数目。

2.鸡舍的控温 升温可采用燃煤热风炉、燃气热风炉、暖气、电热育雏伞或育雏器。火炉供温方式的优点是方便、升温快,但火炉易倒烟,污染舍内空气。热风炉供温方式的优点是升温快,缺点是舍内干燥,相对湿度在 35% 左右,不利于雏禽健康。火墙或火道供温方式,舍内无烟污染,空气卫生干净,昼夜供温均衡,温差相对减小;从燃料供应上讲,烧煤、木材均可,获取燃料方便。无论采取哪种供温方式,保证禽群生活区域温度适宜、均匀是关键,地面温度要达到规定要求,并铺上干燥柔软的垫料。

夏季高温会导致鸡体重下降、饲料转化率降低、成活率低和经济效益差等,因此,在建设鸡舍时应尽量采用保温隔热材料,并采取必要的降温措施。当环境温度超过 32 ℃时,增加通风量并不能提供舒适凉爽的环境,唯一有效的方法是采用蒸发冷却法,常用的是湿帘降温法。湿帘降温是使用波纹状的多层纤维纸制成湿帘,当舍外空气穿过这种波纹状的多层纤维纸空隙进入鸡舍时使空气冷却,降低舍内温度。有条件的地方,可用深水井的水浸泡湿帘,这能使鸡舍内的温度下降 6～14 ℃。

3.鸡舍的光照 光照是构成鸡舍环境的重要因素,不仅影响鸡群的健康和生产力,光照时间的长短和强度以及不同的颜色还会影响鸡群的性能。为使鸡舍得到适宜的光照,通常采用自然光照和人工光照相结合。光照与温度一样,整个鸡舍要均匀一致;否则,也会造成密度不均匀,最终影响鸡群的均匀度。

(1)自然光照:就是让太阳直射光或散射光通过鸡舍的敞开部分或窗户进入舍内,以达到照明的目的。自然光照的面积取决于窗户面积,窗户面积越大,进入舍内的光线越多。但采光面积不仅与冬天的保温和夏天的防辐射热相矛盾,还与夏季通风有密切关系。所以,应综合考虑诸方面因素,合理确定采光面积。

(2)人工光照:人工光照可以补充自然光照的不足,而且可以按照动物的生物学要求建立人工光照制度,一般采用电灯作为光源。在舍内安装电灯和电源控制开关,根据不同日龄鸡群的光照要求和不同季节的自然光照时间进行控制,使鸡群达到最佳生产性能。肉鸡育雏期前两周光照强度为 $2\sim 3$ W/m²,以后 0.75 W/m²。蛋鸡育雏期同肉鸡,育成期降为 $1\sim1.3$ W/m²,$18\sim20$ 周龄延长光照时间,增加光照强度至 $4\sim5$ W/m²,以促进产蛋量的提高。

养禽场的选址和禽舍的建筑设计合理是今后安全生产取得良好经济效益的前提条件,在养禽场禽舍建筑设计过程中应高标准设计,否则会造成环境条件下降,尤其会对种禽生产性能带来负面的、不可逆转的影响,从而影响经济效益。设计的畜牧工程设施应根据环境条件及时投入使用以创造最佳环境条件,充分发挥潜力,实现最佳经济效益。任何短时间的环境条件不达标都可能对种禽生产性能造成影响,例如在育雏期环境条件恶劣,影响雏禽发育,必将影响今后的生产性能的发挥,最终影响经济效益。

三、鸡舍内部布置

(一)平养鸡舍

根据鸡舍或鸡棚的排列与走道的组合,平养鸡舍可分为无走道式、单列走道式、双列走道式、三列二走道或三列四走道式等。

1.无走道式 鸡舍长度由饲养密度和饲养定额来确定;跨度没有限制,跨度在 6 m 以内设一台喂料器,12 m 左右设两台喂料器。鸡舍一端设置工作间,工作间与饲养间用墙隔开,饲养间的另一端设出粪和鸡转运大门。鸡舍不设专门的走道,舍内面积利用率高。但日常管理时,饲养人员进出鸡舍和操作不方便,也不利于防疫。

2.单列走道式 走道大多设在北侧,有的南侧还设有运动场,主要用于种鸡饲养。受喂饲宽度和集蛋操作长度限制,建筑跨度不大。鸡舍舍内走道宽约 1 m,饲养人员管理方便,有利于防疫。但走道占地面积较多,减少了有效饲养面积。

3.双列走道式 鸡舍的走道在舍内中央,分别管理两侧栏内的鸡群,工作人员操作方便,可提高有效利用面积,地面平养或网上平养多采用这种形式。但如只用一台链式喂料机,则存在走道和链板交叉问题;若为网上平养,必须用两套喂料设备。此外,对有窗的鸡舍而言,开窗比较困难。也有鸡舍将走道设置在鸡舍墙壁两侧,双列式鸡栏放在鸡舍中部,配置一套饲喂设备和一套清粪设备即可,便于鸡群管理,且开窗方便。

4.三列二走道或三列四走道式 在跨度比较大的鸡舍常设置三列鸡栏,沿鸡舍墙壁排列,采用二走道方式。三列四走道的排列形式也适用于跨度大的鸡舍。

上述鸡舍布局中,以单列走道式和双列走道式比较普遍,跨度大的鸡舍常采用三列式甚至四列式多走道的排列形式。

(二)笼养鸡舍

笼养鸡舍中鸡笼排列数与鸡舍的跨度相关联,鸡舍跨度越大,鸡笼排列数越多。根据笼架配置和排列方式的差异,笼养鸡舍的平面布置分为无走道式和有走道式两大类。

1.无走道式 一般用于平置笼养鸡舍,把鸡笼分布在同一个平面上,两个鸡笼相对布置成一组,合用一条料槽、水槽和集蛋带。通过纵向和横向水平集蛋机定时集蛋;由笼架上的行车完成给料、观察和捉鸡等工作。其优点是鸡舍面积利用充分,鸡群环境条件差异不大。

2. 有走道式 平置笼养鸡舍有走道布置时,鸡笼悬挂在支撑屋架的立柱上,并布置在同一平面上,笼间设走道作为机具给料、人工捡蛋之用。二列三走道仅布置两列鸡笼架,靠两侧纵墙和中间共设 3 条走道,适用于阶梯式、叠层式和混合式笼养。三列二走道一般在中间布置三或二阶梯全笼,靠两侧纵墙布置阶梯式半笼架。三列四走道布置三列鸡笼架,设 4 条走道,是较为常用的布置方式,建筑跨度适中。

四、鸡舍的建筑方式

鸡舍的建筑方式有砌筑型和装配型两种。砌筑型常用砖瓦或其他建筑材料。装配型鸡舍,建筑施工时间短,组装部件由生产厂家专门生产,建造质量有保证。目前适合装配型鸡舍的复合板块材料有多种,鸡舍面层有金属镀锌板、玻璃钢板、铝合金板、耐用瓦面板等;两层板材中间填充保温材料,如聚氨酯、聚苯乙烯等高分子发泡塑料,以及岩棉、矿渣棉、纤维材料等。

任务二 养禽设备及用具

微视频 2-2

养禽设备的好坏不仅影响家禽的生产水平,也通过设备折旧及维修费用的高低影响企业的经营效益。为了全面评价并科学选用养禽设备,首先应该了解各种养禽设备的功能及特点。

一、孵化设备

(一)孵化机

1. 孵化机的类型 大型孵化机主要包括箱体式孵化机和巷道式孵化机。

(1)箱体式孵化机:根据蛋架结构分为蛋架车式(图 2-1)和蛋盘架式(图 2-2)两种形式,现在广泛使用蛋架车式孵化机,可以直接到蛋库装蛋,消毒后推入孵化机,减少了种蛋装卸次数。

图 2-1 蛋架车式孵化机

图 2-2 蛋盘架式孵化机

(2)巷道式孵化机:它的特点是多台箱体式孵化机组合连体拼装,配备独有的空气搅拌和导热系统(图 2-3)。使用时,将种蛋码盘放在蛋架车上,经消毒、预热后,逐台按一定轨道推进巷道内,18～19 天后转入出雏机。机内新鲜空气由进气口吸入,经加热加湿后从上部的风道由多个高速风机吹到对面的门上,大部分气体被反射下去进入巷道,通过蛋架车后又返回进气室。这种循环充分利用胚蛋的代谢热,箱内没有空气死角,温度均匀,所以比其他类型的孵化机省电,并且孵化效果好。

2. 孵化机的构造

(1)箱体:孵化机的箱体由框架、内外板和中间夹层组成,金属结构箱体框架一般为薄型钢结构,面板多用玻璃钢或彩塑钢面板,夹层中填充聚苯乙烯或聚氨酯保温材料,整体坚固美观。

(2)蛋架车和种蛋盘:蛋架车为全金属结构,蛋盘架固定在 4 根吊杆上可以活动。常用的蛋架车

图 2-3　巷道式孵化机

的层数为 12～16 层,每层间距 12 cm。种蛋盘分孵化蛋盘和出雏盘两种,多采用塑料蛋盘,既便于洗刷消毒,又坚固不易变形。

(3)翻蛋系统:翻蛋系统机件一般与蛋盘架的型号相配套。翻蛋形式主要分为手工翻蛋、气动翻蛋和电动翻蛋。手工翻蛋通常采用蜗轮蜗杆结构来推动整个蛋盘架转动;气动翻蛋多用于巷道式孵化机,每架蛋架车上装有气缸和气阀、快速接头等,当把车推入孵化机后,将车上的接头与机内固定接头插入连接;电动翻蛋由小型电机和拉动连杆组成。

(4)控温系统:控温系统由电热管或远红外棒和孵化控制器中的温控电路以及感温元器件等组成。

(5)通风系统:通风系统由进气孔、出气孔、电机及风扇叶等组成。依风扇位置,可分为侧吹式、顶吹式、后吹式及中吹式。

(6)供湿系统:较先进的控湿系统安设有叶片供湿轮,连接供水管、水银导电表和电磁阀自动控制喷雾。一般的孵化机在底部放置 2～4 个浅水盘,通过水盘蒸发水分,供给机内湿度。

(7)报警系统:由温度调节器、电铃和指示灯(红、绿灯泡)组成。现代立体孵化机由于构造已经机械化、自动化,管理非常简单。主要注意温度的变化,观察控制系统的灵敏程度,遇有失灵情况及时采取措施即可。

(二)出雏机

出雏机是与孵化机配套的设备(图 2-4)。出雏机与同容量孵化机的配置一般采用 1∶3 或 1∶4 的比例,不设翻蛋结构和翻蛋控制系统,其他构造与孵化机相同。出雏盘要求四周有一定高度,底面网格密集。

图 2-4　出雏机

（三）配套设备

孵化室自动化配套设备有禽雏自动分拣设备、计数与包装设备、蛋盘出雏筐自动清洗机、蛋鸡或种鸡公母鉴别设备、人工免疫及分拣设备、健弱雏分拣设备等，其他配套设备还有真空吸蛋器、移盘器、照蛋器等。

二、饲养设备

（一）禽笼

1. 育雏笼

（1）叠层式电热育雏笼：这是一种有加热源的雏禽饲养设备，适用于0～6周龄雏禽。电热育雏笼为4层叠层式结构，每层由加热笼、保温笼、雏禽活动笼三部分组成，各部分之间是独立结构，根据环境条件，可以单独使用，也可进行各部分的组合。加热笼每层顶部装有远红外加热板或加热管，盛粪盘下部装有一支辅助电热管，笼内温度由控制仪自动控温，并有照明灯和加湿槽，侧壁用板封闭以防热量散失，设有可调风门和观察窗，笼底采用涂塑的金属网。保温笼是从加热笼到雏禽活动笼的过渡笼，无加热源，外形与加热笼基本相同。雏禽活动笼是小禽自由活动的场所，笼内放有小型饮水器，笼外放置料槽，通过上下可调间隙的栅状活动板，使大、小禽都可在合适的高度采食，并能防止跑禽。雏禽在加热笼和保温笼内时，料盘和真空饮水器放在笼内。雏禽长大后保温笼门可卸下，并装上网，料槽和水槽可安装在笼的两侧，每层笼下设有粪盘，人工定期清粪。

（2）叠层式育雏笼：它指无加热装置的普通育雏笼，常为4层或5层，整个笼组用镀锌铁丝网片制成，由笼架固定支撑，每层笼间设承粪板，间隙50～70 mm，笼高330 mm。此种育雏笼结构紧凑、占地面积小、饲养密度大，对于整室加温的禽舍使用效果不错。

2. 育成笼

它是用来饲养42～130日龄青年禽的笼具。从结构上分为半阶梯式和叠层式两大类，有3层、4层和5层之分，可以与喂料机、乳头式饮水器、清粪设备等配套使用。根据育成禽的品种与体形，每只禽占用底网面积在340～400 cm² 之间。采用育成笼饲养青年禽时，舍饲密度高，大大降低了每只禽的土建投资，是近来代替传统平养方式的一种设备。

3. 蛋禽笼

（1）蛋禽笼的类型。

①全阶梯式：全阶梯式蛋禽笼有2层、3层、4层之分，其特点是相邻两层禽笼错开，无重叠或有＜50 mm的少量重叠，各层的禽粪可直接落入粪沟。该种蛋禽笼不足之处是饲养密度偏低，笼饲密度一般为每平方米22～24只。

②半阶梯式：半阶梯式蛋禽笼一般为3～4层，相邻两层禽笼有部分重叠，重叠部分占笼深度的1/3～1/2。为防止上层禽粪落到下层禽身上，下层禽笼后上角做成斜坡形，可以挂自流式承粪板。半阶梯式蛋禽笼与全阶梯式蛋禽笼相比饲养密度可提高1/4～1/3，因此对通风、消毒、降温等环境控制设备的要求较高。半阶梯式蛋禽笼饲养密度一般为每平方米27～32只。

③叠层式：叠层式指上下几层笼全部重叠，笼架垂直于地面，一般为3～5层，最多为8层。叠层式蛋禽笼在生产上的应用越来越多，上下层笼之间留有较大间隙，层间有传送带承接粪便并将其输送到禽舍末端，这种禽笼的喂饲、饮水、集蛋等均为自动化控制。

④深型蛋禽笼与浅型蛋禽笼：蛋禽笼以几何尺寸分为两大类，即深型蛋禽笼和浅型蛋禽笼。笼宽与笼深之比＜1者为深型蛋禽笼，＞1者为浅型蛋禽笼。深型蛋禽笼的笼体宽度小，每只禽占用料槽的长度小；而浅型蛋禽笼可为禽只提供足够的采食宽度，笼内禽只可以同时采食。在环境条件相同的情况下，浅型蛋禽笼中的禽比深型蛋禽笼中的禽的产蛋率高3%～5%，而在相同禽舍面积下，深型蛋禽笼比浅型蛋禽笼多养禽1/5，两种类型的蛋禽笼各有利弊。

⑤轻型、中型与重型蛋禽笼：产蛋禽有不同的品种、体形，体重也各不相同，按体重可分为轻型禽、中型禽和重型禽。禽的体重和体形不同，占用的笼内空间不同，所需笼底网的面积也不一样，因此蛋禽笼可分为轻型、中型与重型蛋禽笼。

（2）蛋禽笼的基本结构：蛋禽笼由笼架、笼体和护蛋板组成。笼架由横梁和斜撑组成，一般用厚2～2.5 mm的角钢或槽钢制成。笼体由冷拔钢丝经点焊成片，然后镀锌再拼装而成，包括顶网、底网、前网、后网、隔网和笼门等。一般前网和顶网压制在一起，后网和底网压制在一起，隔网为单网片。笼门作为前网或顶网的一部分，有的可以取下，有的可以上翻。底网要有一定坡度，一般为6°～10°，伸出笼外12～16 cm形成集蛋槽。笼体的规格一般为前高40～45 cm、深度45 cm左右。护蛋板为一条镀锌薄铁皮，放于笼内前下方，下缘与底网间距5～5.5 cm。

①笼体几何形状：笼体呈空间六面体，根据各类禽笼的配置需要，可以制成不同的几何形状，如直角形、后斜角形、前倾菱形和前倾后直形。

②采食宽度：就是每只禽占用笼前网外放置的料槽的长度。根据禽体形的不同要求，采食宽度也不同。为此，浅型蛋禽笼的前宽尺寸应大于或等于所容纳的禽要求的采食宽度之和；深型蛋禽笼则比所容纳禽数少一只（即$(n-1)$只）禽的采食宽度之和略大。

③滚蛋角：禽笼底网与水平面的夹角称为滚蛋角。其作用是使禽产下的蛋以较平稳的速度，迅速从笼内滚落到蛋槽中。

④笼门：笼门有不同的样式，一般采用前开门和前顶角开门，前开门又分为上下拉动和横向拉动式。笼门样式由禽笼总体配置决定，要求进禽和抓禽方便而不易跑禽。

⑤每小笼装禽数：根据国内外饲养试验，以每小笼饲养3～4只禽的效果最好。目前，国内生产的蛋禽笼，每小笼一般装轻型禽4只，装中型禽3只。

4. 种禽笼 种禽笼可分为蛋种禽笼和肉种禽笼，从配置方式上又可分为2层和3层。随着人工授精技术的提高，种禽笼推广很快。种母禽笼与蛋禽笼设备结构差不多，只是尺寸放大了一些，并在笼门结构上做了改进，以方便抓禽进行人工授精。

（二）供料设备

1. 料塔 料塔用于大、中型机械化养禽场，主要用于短期储存干粉状或颗粒状配合饲料。

2. 输料机 输料机是料塔和舍内喂料机的连接纽带，将料塔或储料间的饲料输送到舍内喂料机的料箱内。输料机有螺旋弹簧式、螺旋叶片式和链式。目前使用较多的是前两种。

（1）螺旋弹簧式：螺旋弹簧式输料机由电机驱动皮带轮带动空心弹簧在输料管内高速旋转，将饲料传送入禽舍，通过落料管依次落入喂料机的料箱中。当最后一个料箱落满料时，该料箱上的料位器弹起切断电源，使输料机停止输料。反之，当最后一个料箱中的饲料下降到某一位置时，料位器则接通电源，输料机又重新开始工作。

（2）螺旋叶片式：螺旋叶片式输料机是一种广泛使用的输料设备，主要工作部件是螺旋叶片。在完成由舍外向舍内输料作业时，由于螺旋叶片不能弯成一定角度，故一般由两台螺旋叶片式输料机共同完成，一台倾斜输料机将饲料送入水平输料机和料斗内，再由水平输料机将饲料输送到喂料机各料箱中。

3. 喂料设备 常用的喂料设备有螺旋弹簧式喂料机、索盘式喂料机、链板式喂料机和轨道车式喂料机4种。

（1）螺旋弹簧式喂料机：由料箱、内有螺旋弹簧的输料管以及盘筒形料槽等组成，属于直线形喂料设备。工作时，饲料由舍外的储料塔运入料箱，然后由螺旋弹簧将饲料沿着管道向前推进，依次向套接在输料管道出口下方的料槽装料，当最后一个料槽装满时，最后一个料槽中的料位器就会自动控制电机停止转动并停止输料，即完成一次饲喂。当饲料被禽采食之后，料槽料位降到料位器启动位置时，电机又开始转动，螺旋弹簧又将饲料依次推送至每一个料槽。螺旋弹簧式喂料机（图2-5）一般只用于平养禽舍，优点是结构简单，便于自动化操作和防止饲料被污染。

（2）索盘式喂料机：由料斗、驱动机构、索盘、输料管、转角轮和盘筒形料槽等组成。工作时由驱动机构带动索盘，索盘通过料斗时将饲料带出，并沿输料管输送，再由斜管送入盘筒形料槽，管中多余饲料由回料管进入料斗。索盘是该设备的主要部件，它由一根直径5～6 mm的钢丝绳和若干个塑料塞盘组成，塞盘采用低温注塑的方法等距离（50～100 mm）地固定在钢丝绳上。索盘式喂料机

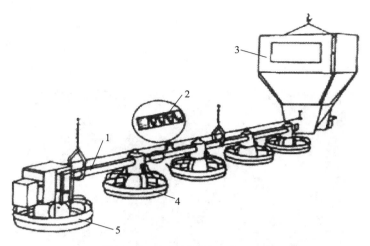

图 2-5 螺旋弹簧式喂料机

1.输料管;2.弹簧螺旋;3.料箱;4.盘筒形料槽;5.带料位器的料槽

既可用于平养,也可用于笼养。用于笼养时,为长形镀铸钢板,位于料槽内的输料管侧面有一缝隙,饲料由此进入料槽。索盘式喂料机的优点是饲料在封闭的管道中运送,清洁卫生,不浪费饲料;工作平稳无声,不惊扰禽群;可进行水平、垂直与倾斜输送;运送距离可达 300~500 m。缺点是当钢索折断时,修理困难,故要求钢索有较高的强度。

(3)链板式喂料机:可用于平养和笼养。它由料箱、驱动机构、链板、长料槽、转角轮、饲料清洁筛、料槽支架等组成。链板是该设备的主要部件,它由若干链板相连而构成一封闭环。链板的前缘是一铲形斜面,当驱动机构带动链板沿料槽和料斗构成的环路移动时,铲形斜面就将料斗内的饲料推送到整个长料槽。链板式喂料机按喂料机链片运行速度又分为高速链板式喂料机(18~24 m/min)和低速链板式喂料机(7~13 m/min)两种。一般跨度 10 m 左右的种禽舍、跨度 7 m 左右的肉禽和蛋禽舍用单链,跨度 10 m 左右的蛋、肉禽舍常用双链。链板式喂料机用于笼养时,3 层料机可单独设置料斗和驱动机构,也可采用同一料斗和使用同一驱动机构。链板式喂料机的优点是结构简单、工作可靠;缺点是饲料易被污染和分级(粉料)。

(4)轨道车式喂料机:用于多层笼养禽舍,是一种骑跨在禽笼上的喂料车,沿禽笼上或旁边的轨道缓慢行走,将料箱中的饲料分送至各层料槽中(图 2-6)。其根据料箱的配置形式可分为顶料箱式和跨笼料箱式。顶料箱式喂料机只有一个料桶,料箱底部装有绞龙,当喂料机工作时绞龙随之运转,将饲料推出料箱沿溜管均匀流入料槽。跨笼料箱式喂料机根据禽笼形式配置,每列料槽上跨设一个矩形小料箱,料箱下部锥形扁口通向料槽,当沿禽笼移动时,饲料便沿锥面下滑落入料槽中。

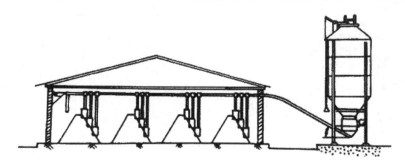

图 2-6 轨道车式喂料机

(三)供水设备

1.饮水器的种类

(1)乳头式饮水器:使用十分广泛,其特点是适应禽仰头饮水的习惯,能保持饮水清洁卫生和节约用水。乳头式饮水器有锥面、平面、球面密封型3大类。该设备采用毛细管原理,使阀杆底部经常保持挂有一滴水,当禽啄水滴时便触动阀杆顶开阀门,水便自动流出供其饮用。平时则靠供水系统对阀体顶部的压力,使阀体紧压在阀座上防止漏水。乳头式饮水器适用于笼养和平养禽舍给成年禽或两周龄以上雏禽供水,要求配有适当的水压和纯净的水源,使饮水器能正常供水,如图2-7所示。

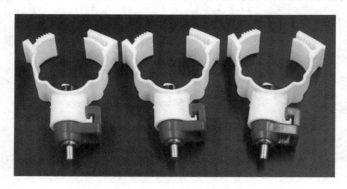

图2-7　乳头式饮水器

　　(2)吊塔式饮水器:又称普拉松饮水器(图2-8),由饮水碗、活动支架、弹簧、封水垫及安在活动支架上的主水管、进水管等组成。靠盘内水的重量来启闭供水阀门,即当盘内无水时,阀门打开,当盘内水达到一定量时,阀门关闭。主要用于平养禽舍,用绳索吊在离地面一定高度(与雏禽的背部或成年禽的眼睛等高)的位置。该饮水器的优点是适应性广,不妨碍禽群活动。

　　(3)水槽式饮水器:水槽一般安装于禽笼料槽上方,是由镀锌板、搪瓷或塑料制成的"V"形槽,每2 m一根由接头连接而成。水槽一头通入长流动水,使整条水槽内保持一定水位供禽只饮用,另一头流入管道将水排出禽舍。水槽式饮水器简单,但耗水量大。安装要求在整列禽笼几十米长度内,水槽高度误差小于5 cm,误差过大不能保证正常供水。

　　(4)杯式饮水器:分为阀柄式和浮嘴式两种。阀柄式饮水器主要由杯体、杯舌、销轴、顶杆和密封帽等组成。平时,水杯在水管内压力下使密封帽紧贴于杯体锥面,阻止水流入杯内。当禽饮水时将杯舌下啄,水流入杯体,达到自动供水的目的。浮嘴式饮水器由杯体、阀杯、阀杆、导流片、阀座、阀体等组成,原理与阀柄式饮水器基本相同。该饮水器耗水少,并能保持地面或笼体内干燥(图2-9)。

图2-8　吊塔式饮水器

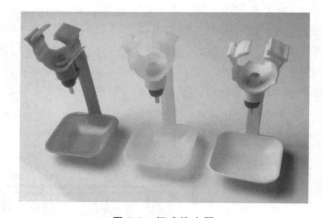
图2-9　杯式饮水器

　　(5)真空式饮水器:由水桶和水盘两部分组成,多为塑料制品。将水桶装满水后反扣过来与水盘固定,水便从设置的小孔中流入水盘,能保持一定的水位。钟形真空式饮水器适用于平养禽舍,应依禽龄选择大、中、小型饮水器。

　　2.供水系统　　乳头式、杯式、吊塔式饮水器要与供水系统配套,供水系统由过滤器、减压装置和管路等组成。

　　(1)过滤器:其作用是滤去水中杂质,使减压装置和饮水器能正常供水。过滤器由壳体、放气阀、密封圈、上下垫管、弹簧及滤芯等组成。

（2）减压装置：其作用是将供水管压力减至饮水器所需要的压力，减压装置分为水箱式和减压阀式两种。

三、环境控制设备

环境控制设备主要包括降温设备、采暖设备、通风设备、照明设备和清粪设备等。

（一）降温设备

1. 湿帘-风机降温系统 该系统由多孔湿帘（或湿垫）、风机、循环水路与控制装置组成，利用蒸发降温原理，将湿帘安装在一端山墙或侧墙上作为进风口，风机则装在另一端山墙或侧墙上作为排风口。当风机向外抽风时，舍内产生负压，迫使舍外空气在流经多孔湿帘表面时，空气中大量显热转变为蒸发潜热。当风机运行时，不断地将室外空气降温后引入室内，在高温季节起到降暑降温作用。一般炎热夏季利用湿帘-风机降温系统，可将舍温降低 5～8 ℃。在湿帘-风机降温系统中，关键设备是湿帘。国内使用比较多的是纸质湿帘，采用特种高分子材料与木浆纤维加入高吸水、强耐性材料胶结而成，具有较大蒸发表面积，且耐腐蚀、使用寿命长、通风阻力小、蒸发降温效率高、能承受较高的过流风速、安装方便、便于维护等。湿帘的厚度以 100～200 mm 为宜，干燥地区应选择较厚的湿帘，潮湿地区所用湿帘不宜过厚。

湿帘-风机降温系统以纵向通风方式为好，若一端设有工作间而不能在山墙安装湿帘时，可将湿帘布置在靠近端墙的两侧墙上。禽舍长度以 80～100 m 为宜，当长度＞120 m 时，为减小阻力，也可将部分湿帘安装在禽舍中部的两侧壁上。

2. 喷雾降温系统 用高压水泵通过喷头将水喷成直径小于 100 μm 的雾滴，雾滴在空气中迅速汽化而吸收舍内热量使舍温降低。常用的喷雾降温系统主要由水箱、水泵、过滤器、喷头、管路及控制装置组成，设备简单，效果显著，但易导致舍内湿度提高。若将喷雾装置设置在负压通风禽舍的进风口处，雾滴喷出的方向与进气气流相对，雾滴在下落时受气流的带动而降落缓慢，延长了雾滴的汽化时间，提高了降温效果。但禽舍雾化不全时，易淋湿禽的羽毛影响生产性能。

（二）采暖设备

1. 保温伞 适用于垫料地面和网上平养育雏期供暖，有电热式和燃气式两类。

（1）电热式：分为上加温式和下加温式。下加温式保温伞又称温床式保温伞，其电热件浇注在水泥里不能随意搬动。现在多采用上加温式保温伞，它安装、使用方便，热源设在伞内中间的上方，采用远红外管（板）或红外线灯泡作为加温元件，向下辐射传热，为伞内雏禽提供温暖的环境。伞顶部装有控温仪，可将伞下距地面 5 cm 处的温度控制在 26～35 ℃之间，温度调节方便。

（2）燃气式：主要由辐射器和保温反射罩组成。可燃气体在辐射器处燃烧产生热量，通过保温反射罩内表面的红外线涂层向下反射远红外线，以达到提高伞下温度的目的。燃气式保温伞内的温度可通过改变悬挂高度来调节。由于燃气式保温伞使用的是气体燃料（天然气、液化石油气和沼气等），所以育雏舍内应有良好的通风条件，以防由于不完全燃烧产生一氧化碳而使雏禽中毒。

2. 热风炉 供暖系统主要由热风炉、送风风机、风机支架、电控箱、连接弯管、有孔风管等组成。热风炉有卧式和立式两种，是供暖系统中的主要设备。它以空气为介质，采用燃煤板式换热装置，送风升温快，热风出口温度为 80～120 ℃，热效率达 70%以上，比锅炉供热成本降低 50%左右，使用方便、安全，是目前广泛使用的一种采暖设备。可根据禽舍供热面积选用不同功率的热风炉。立式热风炉顶部的水套还能利用烟气余热提供热水。

（三）通风设备（风机）

1. 轴流式风机 主要由外壳、叶片和电机组成，叶片直接安装在电机的转轴上。轴流式风机风向与轴平行，具有风量大、耗能少、噪声低、结构简单、安装维修方便、运行可靠等特点，而且叶片可以逆转，以改变输送气流的方向，而风量和风压不变。因此，轴流式风机既可用于送风，也可用于排风。

图 2-10　轴流式风机

但风压衰减较快。禽舍的纵向通风常用节能、大直径、低转速的轴流式风机(图 2-10)。

2. 离心式风机　主要由蜗牛形外壳、工作轮和机座组成。这种风机工作时,空气从进风口进入风机,旋转的带叶片工作轮形成离心力将其压入外壳,然后沿着外壳经出风口送入通风管中。离心式风机不具逆转性,但产生的压力较大,多用于禽舍热风和冷风输送。

(四)照明设备

1. 人工光照设备　包括白炽灯、荧光灯、节能灯、LED灯等。

2. 照度计　一种测量光照强度的仪器。由于家禽对光照的反应敏感,禽舍内要求的光照强度比日光低得多,应选用精确的仪器,直接测出光照强度。

3. 光照控制器　基本功能是自动启闭禽舍照明灯,即利用定时器的多个时间段自编程序功能,实现精确控制舍内光照时间。

(五)清粪设备

1. 刮板式清粪机　刮板式清粪机适用于网上平养和笼养禽舍的纵向清粪,安置在禽笼下的粪沟内,刮板略小于粪沟宽度。每开动一次,刮板就做一次往返移动,刮板向前移动时将禽粪刮到禽舍一端的横向粪沟内,返回时,刮板上抬空行。横向粪沟内的禽粪由螺旋弹簧横向清粪机排至舍外。根据禽舍设计,一台电机可负载单列、双列或多列。在用于半阶梯式笼养和叠层式笼养时采用多层式刮板,其安置在每一层的承粪板上,排粪设在动力装置相反一端。以4层笼养为例,开动电机时,两层刮板为工作行程,另两层为空行,到达尽头时电机反转,刮板反向移动,此时另两层刮板为工作行程,到达尽头时电机停止,见图 2-11。

2. 输送带式清粪机　适用于叠层式笼养禽舍清粪,主要由电机和链传动装置以及主、被动辊与承粪带等组成。承粪带安装在每层禽笼下面,启动时由电机、减速器通过链条带动各层的主动辊运转,将禽粪输送到一端,被端部设置的刮粪板刮落,从而完成清粪作业,见图 2-12。

图 2-11　刮板式清粪机

图 2-12　输送带式清粪机

3. 螺旋弹簧横向清粪机　螺旋弹簧横向清粪机是机械清粪的配套设备。当纵向清粪机将禽粪清理到禽舍一端时,再由横向清粪机将刮出的禽粪输送到舍外。作业时清粪螺旋直接放入粪槽内,不用加中间支承,输送混有禽毛的黏稠禽粪也不会堵塞。

四、卫生防疫设备

(一)多功能清洗机

多功能清洗机具有冲洗和喷雾消毒两种用途,适用于禽舍、孵化室地面冲洗和设备洗涤消毒。该产品进水管可接到水龙头上,水流量大、压力高,配上高压喷枪,比常规手工冲洗快而洁净,还具有体积小、耐腐蚀、使用方便等优点。

(二)禽舍固定管道喷雾消毒设备

禽舍固定管道喷雾消毒设备是一种用机械代替人工喷雾的设备,主要由泵组、药液箱、输液管、喷头组件和固定架等构成。饲养管理人员手持喷雾器进行消毒时,不仅劳动强度大,而且消毒剂喷洒不均,但采用固定式机械喷雾消毒设备,只需 2～3 min 即可完成整个禽舍消毒工作,且药液喷洒均匀。安装固定管道喷雾设备时,根据禽舍跨度确定装几列喷头,一般禽舍跨度在 6 m 以下装一列,7～12 m 装两列,喷头组件的距离以 4～5 m 装一组为宜。此设备在夏季与通风设备配合使用,还可降低舍内温度 3～4 ℃,配上高压喷枪还可作清洗机使用。

(三)火焰消毒器

火焰消毒器利用煤油燃烧产生的高温火焰对禽舍设备及建筑物表面进行消毒。火焰消毒器的杀菌率可达 97%,一般用药物消毒后,再用火焰消毒器消毒,可达到养禽场防疫的要求,而且消毒后的设备和物体表面干燥。而只用药物消毒时,杀菌率一般仅可达 84%,达不到规定 93% 以上的要求。

火焰消毒器所用的燃料为煤油,也可用农用柴油,严禁使用汽油或其他轻质易燃易爆燃料。火焰消毒器不可用于易燃物品的消毒,使用过程中也要做好防火工作。对草、木、竹结构禽舍消毒时更应慎重使用。

五、智能设备

(一)计算机

计算机具有存储信息量大、运算快速准确、信息传递方便等特点,在养禽生产中广泛应用。将生产中各种数据及时输入计算机内,经处理后可以迅速地做出各类生产报表,并结合相关技术和经济参数制订出生产计划或财务计划,及时地为各类管理人员提供丰富而准确的生产信息,成为辅助管理和决策的智能工具。

(二)环境控制系统

环境控制系统主要由环境控制器、计算机终端、远程控制中心三个部分组成。例如 EI-3000 型环境控制器,采用微型计算机将温度、湿度、纵横向风机、变频风机、小窗(侧窗)、湿帘、水量、光照、静压、氨气、家禽体重、喂料、公禽供料、母禽供料、电子称重和斗式称重(主要是称饲料重量)等饲养工艺参数关联起来统一控制,并将强弱电分开。多点采集温湿度以使禽舍内温湿度均匀,实现禽舍内控温控湿稳定、合理,通风充分合理,自动定时光照,准确可靠,并可控制不同方式的加热器(如电加热器、燃气加热器等)。具有记忆和查询以往历史温度、湿度、通风、光照时间、家禽体重和历史报警信息、密码保护等多种十分实用的功能,并具有可供用户随意组合而预留的选配系统。除自动控制系统以外还设有手动控制系统,以确保饲养过程的安全。

(三)视频监控系统

视频监控系统是将摄像头安装在禽舍内部,将摄像头拍摄的视频信号传到计算机终端,使工作人员可在计算机终端实时浏览禽舍内的生产状况,减少工作人员直接接触禽群带来的惊扰和传染病传播的风险,及时发现饲养管理中存在的问题,快速进行处理,并提高工作效率。

除上述养禽设备及用具外,还有集蛋设备和常用小型设备。集蛋设备分为分层收集式和分层输送统收集式,常用小型设备有断喙器、称禽器、产蛋箱和搬运设备等。

实践技能　饲养5万只商品蛋鸡的建舍造价预算

目的与要求

了解一定饲养规模的商品蛋鸡舍建筑材料、建筑类型与造价之间的关系,能够科学准确地进行建舍造价预算。

材料与用具

所需资料:饲养密度为每平方米15只;采用二列三层全阶梯式笼养,笼具规格查资料确定;建舍地理位置在黑龙江省哈尔滨市。所需用具:实训报告纸、笔、计算器等。

内容与方法

1. 确定鸡舍的总建筑面积　按商品蛋鸡的饲养密度估测出鸡舍的总建筑面积;或根据笼具的规格和舍内操作通道的设计情况,推算鸡舍的使用面积。

2. 确定拟建鸡舍数量　要求每栋鸡舍长30~60 m、宽10~12 m,较长的鸡舍中部开门并设有附属用房,较短的鸡舍一侧开门并设有附属用房。

3. 选择适宜的建筑材料　根据当时的气候情况和鸡舍结构选用适宜的建筑材料等。合理地使用地基、墙体、门窗、地面、天棚及屋顶等的建筑材料。

4. 计算每栋鸡舍的建筑造价,并求出鸡舍总造价　能合理地估算出所用鸡舍的建筑工程总造价。

相关链接

建筑设计图的种类

知识拓展

禽场建筑施工的
准备工作

思考与练习

在线答题

Note

项目二 禽舍建筑设计及养禽设备用具选择

思考与练习

在线答题

Note

23

项目二　禽舍建筑设计及养禽设备用具选择

模块二
家 禽 孵 化

项目三　孵化前的准备

学习目标

【知识目标】

1. 掌握种蛋的选择、保存、消毒、包装和运输。

2. 掌握孵化计划的制订。

【技能目标】

1. 能正确进行种蛋的选择和消毒。

2. 能够对孵化室的设备进行管理与维护。

【思政目标】

培养学生善于发现问题、不断思考学习的能力。

任务一　种蛋的管理

一、种蛋的选择

种蛋的质量直接影响家禽的胚胎发育、雏禽的质量好坏以及孵化率的高低。因此,应根据种蛋的要求进行严格的选择。

（一）种蛋的来源

种蛋应该来源于生产性能稳定、高产健康,繁殖性能好且无传染病,公母比例适当,年龄适当,受精率高,饲喂全价料高产的种禽群。蛋种鸡蛋的受精率应在90%以上,肉种鸡蛋的受精率应在85%以上。

（二）种蛋的大小、蛋重及形态

过大、过小、过长、过圆以及双黄蛋、畸形蛋都不能作种用。蛋形为正常椭圆形,蛋形指数以0.72～0.76为宜。种蛋大小的选择更为重要,一般肉种鸡蛋55～68 g,蛋种鸡蛋50～65 g,鸭蛋、火鸡蛋80～100 g,鹅蛋160～200 g。

（三）种蛋的新鲜、清洁度

用于孵化的种蛋应当越新鲜越好。一般以3～5天为最好,种蛋越新鲜,孵化率越高,健雏率越高;以季节区分种蛋的保存期来看,春季和秋季种蛋不超过7天,夏季不超过5天,冬季不超过10天。同时蛋壳的表面应保持清洁干净,不应沾有饲料、粪便和泥土等污物,以防堵塞气孔,影响胚胎气体交换,而且污物上病原体会侵入蛋内,从而影响胚胎的孵化率。

（四）蛋壳的厚度与颜色

一般鸡蛋以蛋壳厚度为0.27～0.37 mm、相对密度为1.080孵化率最高,蛋壳过厚,孵化时蛋内水分蒸发慢,出雏困难;蛋壳过薄,不仅易破,而且蛋内水分蒸发过快,细菌易穿透,不利于胚胎发育。应剔除钢皮蛋、薄皮蛋、砂皮蛋、皱纹蛋、破壳蛋。蛋壳颜色应符合品种特征。

二、种蛋的保存

种蛋经过选择后,要妥善保存。保存时应注意以下几点。

(一)保存温度

家禽胚胎发育的临界温度是 23.9 ℃。保存温度超过临界温度时,胚胎发育开始,尽管发育程度有限,但由于细胞的代谢,会逐渐导致胚胎的衰老和死亡。温度过低时,种蛋易受冻而失去孵化能力。故保存种蛋的适宜温度为 13~18 ℃。

(二)保存时间

种蛋即使在适宜环境下保存,孵化率也会随着保存时间的延长而降低(表 3-1)。随着种蛋保存时间的延长,蛋内水分的过度蒸发会使系带和卵黄膜变脆,蛋内各种酶的活动使胚胎变弱及营养物质变性,从而降低了胚胎的活力。大量细菌会在保存 4~7 天时出现,从而影响种蛋质量。一般保存时间以 3~5 天为宜。

表 3-1　种蛋保存时间对孵化率的影响

保存时间/天	受精蛋孵化率/(%)	保存时间/天	受精蛋孵化率/(%)
1	88	16	44
4	87	19	30
7	79	22	26
10	68	29	0
13	56		

(三)保存湿度

相对湿度在 70%~80% 是适合种蛋保存的湿度。在保存期间,蛋中的水分通过气孔不断蒸发。当湿度较低时,蛋中的水分蒸发相对较快,会对胚胎的新陈代谢产生不利影响。

(四)通风换气和摆放位置

种蛋应该放在一个特定的蛋库里。要求通风良好,无阳光直射,宽敞,干净卫生,无蚊蝇,无异味,无穿堂风且放置时种蛋的大头向上。

三、种蛋的消毒

(一)消毒时间

种蛋应至少消毒两次,第一次为种蛋产出后 2 h 内,应尽快进行熏蒸消毒一次。第二次是在入孵前 12~15 h。有的在移盘后出雏器中进行第三次消毒。种蛋自产出体外就有很多病原体,特别是蛋壳上沾有粪便等污物时,病原体更多。这些病原体会通过蛋壳上的气孔进入蛋内迅速繁殖,影响胚胎质量,再加上如果蛋库内湿度过大,以及工作人员捡蛋、分级等工作,又增加了种蛋被污染的可能。因此,种蛋收集后应及时消毒,再送入蛋库内保存。

(二)消毒方法

目前种蛋的消毒方法有紫外线消毒法、甲醛熏蒸消毒法、臭氧发生器消毒法、新洁尔灭喷雾消毒法等。

1.紫外线消毒法　一般要求紫外线灯管距离种蛋 0.4 m 左右,照射时间 1 min,种蛋翻转后再照射,最好使用多个紫外线灯,从各个角度同时照射,效果更好,可达到消毒的目的。紫外线的消毒效果与紫外线的强度、时间和距离有关。

2.甲醛熏蒸消毒法　按每立方米用量为 28 mL 甲醛溶液(40% 浓度)、14 g 高锰酸钾密闭熏蒸 20~30 min。熏蒸室温 24~27 ℃,相对湿度 70%~80%,可杀灭 95%~98.5% 的病原体。

3.新洁尔灭喷雾消毒法　新洁尔灭喷雾消毒法是把种蛋放在蛋盘上,用喷雾器将 0.1% 的新洁尔灭溶液喷洒在蛋壳表面。注意将种蛋和蛋盘全部喷洒,做到种蛋与蛋盘全覆盖,消毒地点应选择在室内,消毒后自然晾干。使用新洁尔灭时,切勿与高锰酸钾、肥皂、碱液或碘混合,以免影响消毒效果。新洁尔灭喷雾消毒法特别适合小批量养殖户。

四、种蛋的包装与运输

种蛋运输时应进行包装,以便于运输方便和减少运输过程中种蛋破损。种蛋在运输过程中要避免激烈震动,种蛋包装可采用蛋托和纸箱。包装时种蛋的大头向上(图 3-1)。层数不宜超过 5 层,冬季运输要注意防寒,夏季运输要注意防止太阳直晒,避免雨淋。种蛋运输中温度宜保持在 12 ~ 16 ℃,相对湿度控制在 75% 左右,且在运输中要做到快速平稳。切忌日晒雨淋,长途运输种蛋最好的交通工具是飞机或轮船。

图 3-1 工作人员码盘

任务二 孵化前的操作

一、制订计划

孵化前,根据孵化与出雏能力、种蛋数量及雏禽销售情况制订孵化计划。每批入孵种蛋装盘后,将该批种蛋的入孵、照检、移盘和出雏日期填入孵化进程表,以便孵化人员了解入孵的各批种蛋情况,提高工作效率,使孵化工作顺利进行。

二、验表试机

种蛋入孵前,全面检查孵化机各部分配件是否完整无缺,通风运行时,整机是否平稳;孵化机内的供温、鼓风部件及各种指示灯是否正常;各部位螺丝是否松动,有无异常声响;特别是检查控温系统和报警系统是否灵敏。待孵化机运转 1 ~ 2 天未发现异常情况后,才可入孵。电机在整个孵化期不停地转动,最好多准备一台,一旦发生问题即可替换,保证孵化的正常进行。

三、孵化机温差测试

在孵化机的蛋架车内装满空的蛋盘,用 27 支校对过的温度表固定在机内的上下、左右、边心等部位。然后将蛋架翻向一边,通电使风机正常运转,机内温度控制在 37.8 ℃ 左右,恒温 0.5 h 后,取出温度表,记录各点的温度,再将蛋架翻转至另一边,如此反复 2 次,了解孵化机内的温差及其与翻蛋状态间的关系。

四、孵化室消毒

彻底消毒孵化室的地面、墙壁、天棚。每批孵化前必须清洗孵化机,并用甲醛熏蒸消毒,也可用药液喷雾消毒。

五、种蛋预热

入孵前将种蛋移至孵化室内,使种蛋初步升温,在 22～25 ℃的环境中放置 6～8 h,其目的是使胚胎发育从静止状态中逐渐"苏醒"过来;减少孵化机内温度下降的幅度;除去种蛋表面凝水,以便入孵后能立刻消毒种蛋。

六、码盘入孵

种蛋预热后,按计划于 16:00 上架孵化。整批孵化时,将装有种蛋的孵化盘依次放入蛋架车推入孵化机内;分批入孵时,装新蛋与老蛋的孵化盘应交错放置;在孵化盘上贴上标签,并对蛋架车进行编号、填写孵化进程表。天冷时,上架后打开孵化机的辅助加热开关,使升温加速,待温度接近要求时即关闭辅助电热器。入孵结束后,及时处理剩余的种蛋,然后清理工作场地。

实践技能　种蛋选择与消毒

→ 目的与要求

学会正确的种蛋选择与消毒的方法,熟练掌握种蛋消毒操作技术。

→ 材料与用具

合格种蛋和各种畸形蛋各若干枚,熏蒸消毒药品甲醛、高锰酸钾,照蛋器、粗天平、1000 mL 烧杯、玻璃皿,消毒柜或熏蒸消毒室、孵化机等。

→ 内容与方法

1. 选蛋

(1)首先将过大、过小,形状不规则、壳薄或壳面粗糙、有裂纹的蛋剔除。

(2)选出破壳蛋,每手握蛋三枚,活动手指使其轻度冲撞,撞击时如有破裂声,则将破蛋取出。

(3)照检,初选后再用照蛋器检查,将遗漏的破蛋和壳面结构不良的蛋剔除。

2. 码盘和消毒

(1)码盘:选蛋的同时进行码盘。码盘时使蛋的大头向上,码盘后清点蛋数,登记于孵化进程表中。

(2)消毒:种蛋码盘后立即上架,在单独的消毒间内按每立方米用量高锰酸钾 14 g,甲醛溶液 28 mL,准确称量后先将高锰酸钾放入消毒容器内,再加入甲醛溶液,立即关严消毒柜门,保持 24～27 ℃温度、相对湿度 70%～80%,密闭熏蒸 20～30 min 后排出甲醛气体。

种蛋入孵后在孵化机内也要进行消毒,操作要求同上。

3. 注意事项

(1)用药量一定要准确,不能多也不能少。

(2)熏蒸消毒要注意密闭。

 **相关链接**

蛋的构造与形成

 知识拓展

箱式与巷道式
孵化机不同点

项目四　孵化过程的控制

扫码学课件 4

任务一　胚胎发育规律

一、各种家禽的平均孵化期

不同种蛋都有一定的孵化期(表 4-1),但是胚胎发育完成出壳的时间受许多因素的影响。蛋用家禽比肉用家禽孵化期短;蛋重小的比蛋重大的孵化期短;孵化温度高则孵化期短;孵化季节外界气温高,孵化期短;种禽的周龄来自产蛋高峰期,其孵化期正常,来自早期或后期则孵化期延长。胚胎在体外必须完成特定的发育才出壳,孵化期过长或过短对孵化率、健雏率、雏禽的生活力都有较大的影响。

微视频 4-1

表 4-1　各种家禽的孵化期

家禽	孵化期/天	家禽	孵化期/天
鸽	18	鹌鹑	17～18
鸡	21	鹧鸪	24～25
珍珠鸡	26	火鸡	28
鸭	28	瘤头鸭	33～35
鹅	31	鸵鸟	42

二、蛋形成过程中胚胎的发育

由于家禽的体温可高达 41.5 ℃,卵子受精不久就开始体内胚胎的早期发育。成熟的卵细胞由输卵管漏斗部受精至产出体外,约 25 h。受精后的卵细胞经 3～5 h 在输卵管峡部进行第一次分裂,20 min内又发生第二次分裂。经过 4 次分裂后产生 16 个细胞。在卵细胞进入子宫部后的 4 h 内,经

Note

9次分裂后共产生512个细胞。蛋排出体外时,胚胎发育到具有内外胚层的原肠期。蛋产出后,由于外界温度低于21 ℃,胚胎细胞分裂停止而暂停发育。如果外界的温度高于胚胎发育生理临界温度(23.9 ℃),胚胎立刻开始发育。

三、孵化期胚胎的发育

在孵化过程中,胚胎的体外发育有一定的阶段性变化规律,这些变化规律有的可以通过管理手段监测管理,有的因没有实质性的外部反应(在蛋壳内部),所以很难判断胚胎发育的进程正常与否。但是,在某一关键阶段还是能够通过外观反映出来的,应抓住几个关键阶段的发育,通过细致的观察可基本准确判断胚胎的发育。关键时期的把握准确与否,对胚胎的发育进程的判断意义重大。

虽然胚胎发育过程比较复杂,但是可以对几个关键阶段进行观察。以鸡的胚胎发育为例,大致分为四个阶段(图 4-1)。

孵化第1天照蛋　孵化第2天照蛋　孵化第3天照蛋　孵化第4天照蛋　孵化第5天照蛋

孵化第6天照蛋　孵化第7天照蛋　孵化第8天照蛋　孵化第9天照蛋　孵化第10天照蛋

孵化第11天照蛋　孵化第12天照蛋　孵化第13天照蛋　孵化第14天照蛋　孵化第15天照蛋

孵化第16天照蛋　孵化第17天照蛋　孵化第18天照蛋　孵化第19天照蛋　孵化第20天照蛋

马上出来　　　小鸡出壳

图 4-1　鸡胚孵化期的发育

(一)第 1~4 天为内部器官发育阶段

孵化第 1 天:在胚盘的明区形成原条,前方是原节,孵化 12~18 h 结束原条的扩大,头突逐渐发育形成脊索、神经管。在神经管左右两侧出现4～5对体节,胚盘面积扩大,中胚层进入暗区,在胚盘的边缘出现环形的直径1 cm的血管环,俗称"血岛"。鸭第1～1.5天,鹅第1～2天。

孵化第2天:卵黄囊、羊膜、浆膜开始形成。胚胎头部与蛋黄分离,血岛合并形成外形似樱桃的卵黄囊的血管区,俗称"樱桃珠"。心脏开始跳动,同时可以看到针尖大小的血点时隐时现。鸭第1.5～3天,鹅第3～3.5天。

孵化第3天:尿囊开始长出,胚胎的头、眼特别大,眼睛色素开始沉着,胚胎与蛋的长轴垂直,附在蛋黄表面。胚胎形成4个不具有呼吸功能的鳃弓。开始形成前后肢芽,胚体呈弯曲状态。照蛋时,由于胚胎的体躯和周围纤细的卵黄囊血管形成似蚊子的外形,故俗称"蚊虫珠"。鸭第4天,鹅第4～4.5天。

孵化第4天:卵黄囊血管包围蛋黄达1/3,由于中脑的迅速发育,头部显著增大。肉眼可以看到尿囊膜,舌开始形成。照蛋时,蛋黄不易转动,胚胎与卵黄囊血管形成似蜘蛛的外形,俗称"小蜘蛛"。鸭第5天,鹅第4.5～5天。

(二)第5～14天为外部器官形成阶段

孵化第5天:胚胎生殖腺开始发育分化,身体极度弯曲,整个胚体呈"C"形,头尾几乎相连,眼大量黑色素沉着,可以见到趾(指)原基。胚胎的外神经系统、性腺、肝、脾等明显发育。蛋白渐少,蛋黄膨大。照蛋时,可以看到明显的黑色眼睛,时隐时现,俗称"单珠"或"黑眼"。鸭第6天,鹅第7天。

孵化第6天:尿囊到达蛋壳膜表面,卵黄囊分布占蛋黄表面的1/2,奠定肺的基础,由于具有平滑肌的羊膜收缩,胚胎出现有节律地运动。蛋黄由于蛋白水分的渗入达最大,胚胎开始伸直,喙开始发育,翅和脚已经明显区分。照蛋的时候膨大的头部和发达的体躯形成两个不透光的小圆团,俗称"双珠"。鸭第7～7.5天,鹅第8～8.5天。

孵化第7天:胚胎喙的前端出现突起小白点的卵齿,胚胎已经显现鸟类的特征,在胚胎的背部出现细小的小丘状突起——羽毛原基,胚胎已经有体温。照蛋的时候,半个蛋的表面布满血管,可以看到从气室边缘向下成"瀑布"样的血管分布,有比较清晰粗壮的2～3根血管,可以看到胚胎有一根血管连接着尿囊血管,可明显看到胚胎运动。鸭第8～8.5天,鹅第9～9.5天。

孵化第8天:上、下喙明显分出,颈、背、四肢出现羽毛突起,母禽右侧的卵巢和输卵管系统开始停止发育。肋骨、肝、肺、胃明显,四肢形成,腹腔愈合。照蛋时,在蛋的背面由于两侧有血管的发育,中间没有血管的发育,不易转动,俗称"边口发硬"。鸭第9～9.5天,鹅第10～10.5天。

孵化第9天:喙伸长稍弯曲,角质化,鼻孔明显,眼睑已达虹膜。食管、胃、肾形成。背面蛋转动时蛋黄容易转动,尿囊越过卵黄囊几乎包围整个蛋的内容物,俗称"窜筋"。鸭第10.5天,鹅第11.5～12.5天。

孵化第10天:尿囊血管到达蛋的小头,龙骨突形成。照蛋时,除气室外,整个蛋几乎布满血管,俗称"合拢"。鸭第13天,鹅第15天。

孵化第11天:胚胎背部出现绒毛,冠已经长出冠齿,背面的血管加粗。尿囊液达到最大量。照蛋时,可见血管加粗,颜色加深,透光降低。鸭第14天,鹅第16天。

孵化第12天:眼睑遮蔽眼,身体覆盖绒毛,胃肠功能出现,蛋白通过浆羊膜通道进入羊膜腔内,胚胎开始用喙吞噬蛋白,蛋白代谢加快。鸭第15天,鹅第17天。

孵化第13天:头部被毛覆盖,胫部出现鳞片。蛋白进入羊膜腔的速度加快。照蛋时,蛋的小头发亮部分渐少。鸭第16～17天,鹅第18～19天。

孵化第14天:全身覆盖绒毛,头朝向气室,胚胎身体与蛋的长轴平行。鸭第18天,鹅第20天。

(三)第15～20天为胚胎生长阶段

孵化第15天:喙接近气室,翅已经完全成形,眼睑闭合。鸭第19天,鹅第21天。

孵化第16天:冠和肉髯明显,蛋白几乎被吸收干净,胚胎增大,此时蛋的透光部分减少,血管变粗,颜色变暗。鸭第20天,鹅第22～23天。

孵化第 17 天:胚胎肺血管形成,但是没有血液循环,也没有开始肺呼吸,羊水、尿囊液减少。眼和头部显小,双腿抱紧头部,喙的破壳器占据上喙的尖端。照蛋时,从蛋的小头看不到透光,俗称"封门"。鸭第 20~21 天,鹅第 23~24 天。

孵化第 18 天:由于羊水、尿囊液的减少,胚胎逐渐长大,胚胎转身,胚胎的头部曲在右翅下,双腿曲在腹下,形成正常胎位,气室向一侧倾斜,俗称"斜口"。鸭第 22~23 天,鹅第 25~26 天。

孵化第 19 天:尿囊动静脉开始退化枯萎,卵黄囊开始收缩,蛋黄开始进入腹腔,眼睛睁开,颈部顶压气室。照蛋时,可见气室有黑影闪动,俗称"闪毛"。鸭第 24.5~25 天,鹅第 27.5~28 天。

(四)第 20~21 天为出壳阶段

孵化第 20 天:尿囊完全枯萎,卵黄囊进入腹腔,开始用肺呼吸,此时可以听到鸡的鸣叫声,鸡开始破壳。雏鸡用"破壳器"破开蛋壳,回转头部沿逆时针方向反转啄壳,伸展头颈,破壳而出。鸭第 25.5 天,鹅第 28.5~30 天。

孵化第 21 天:雏鸡出雏。鸭第 27.5~28 天,鹅第 30.3~32 天。

在孵化过程中,每天胚胎都会出现质的变化,可以根据上述所描述的胚胎发育的基本特征,通过照蛋检查来进行胚胎发育情况的判断。有的可以通过"剖视"来完成,一般通过打开出现破损的胚蛋观察胚胎的各个组织器官的发育是否呈现在此阶段的特征。如果不是在此阶段的表现,出现提前或滞后的特征体现,就要通过调整孵化条件(主要是孵化温度),保证胚胎正常发育,获得优良的种禽和较好的孵化效果。

鸭和鹅的胚胎发育速度和形态特征与鸡的主要区别:胎膜的形成和组织器官的发育都迟于鸡的发育,但是胚胎的后期代谢强度产热明显高于鸡。

任务二　孵 化 条 件

微视频 4-2

家禽的孵化条件主要有五个,分别是温度、湿度、通风换气、翻蛋、凉蛋。

一、温度

温度是家禽孵化的重要条件,鸡胚发育的适宜温度范围在 $37.2\sim39.5\ ^\circ\text{C}$。只有在适宜的温度下,才能保证家禽胚胎的正常发育,当温度过低时,胚胎会发育缓慢,孵化期延长,雏禽体弱,出壳不齐;当温度低于 $24\ ^\circ\text{C}$ 时,胚胎经 $30\ \text{h}$ 全部死亡。当温度过高($42\ ^\circ\text{C}$ 以下)时,胚胎发育加快,但胚胎脐部愈合不良,蛋黄吸收差,出壳时间提前,雏禽体弱;当温度超过 $42\ ^\circ\text{C}$,胚胎经 $2\sim3$ 天就会死亡(表 4-2)。

表 4-2　孵化机的施温方案

室温/℃	变温/℃					恒温/℃	出雏期/℃
	孵化第 1~2 天	孵化第 3~6 天	孵化第 7~12 天	孵化第 13~15 天	孵化第 16~18 天	孵化第 1~18 天	
<20	38.2	38.0	37.9	37.8	37.7	38.0	37~37.2
20~27	38.0	37.9	37.8	37.7	37.6	37.8	
>27	37.8	37.7	37.6	37.5	37.5	37.6	

二、湿度

适宜的湿度使蛋的水分可以正常蒸发,并能保证胚胎的物质代谢保持正常;使孵化初期胚胎受热良好,孵化后期有利于胚胎的散热;有利于雏禽破壳,出雏时蛋壳中的碳酸钙与空气中的二氧化碳作用,使蛋壳的碳酸钙变成碳酸氢钙而导致蛋壳变脆,利于雏鸡啄壳出雏。要求相对湿度为 $40\%\sim70\%$,一般为"两头高,中间低",即孵化初期与孵化后期湿度高,孵化中期湿度相对较低。

三、通风换气

胚胎孵化过程中,通过气室与外界进行气体交换,通风良好有利于胚胎的发育。胚胎越是发育到后期,越需要更多的氧气。所以需要在确保适宜温度的前提下进行通风换气,一般氧气含量不低于20%,二氧化碳含量不高于1%。研究表明,氧气含量每下降1%,孵化率就会下降5%。

四、翻蛋

在孵化过程中,人为地改变种蛋的位置和角度称为翻蛋,翻蛋的作用主要是使胚胎受热均匀,保证胚胎各个部位接收到适宜的温度,防止胚胎与蛋壳膜粘在一起影响孵化率。一般翻蛋的角度为"前俯后仰45°",但鹅蛋比较特殊,孵化时期鹅蛋翻蛋应以180°为宜。

五、凉蛋

胚胎孵化到一定时间后,温度会变高,人为地将孵化室门打开进行通风换气,将胚胎温度降下来的方法称为凉蛋。一般水禽蛋中的脂肪含量相对较高,需要凉蛋。凉蛋时应确保孵化室不能放出过多余热且保证正常通风换气,通常情况下,每天打开孵化机门2~3次,每次30 min左右,凉至将种蛋放置眼皮上感到微凉即可,如遇余热过多的情况,还可将蛋车拉出放置在孵化室释放余热(图4-2)。

图 4-2   工作人员为种蛋进行孵化期凉蛋

任务三   孵 化 操 作

一、温度的观察与调节

孵化机的温度调节器在种蛋入孵前已经调好温度,一般不要随意改动。在孵化过程中应随时留意观察机门上温度计显示的温度,一般每小时检查一次,看温度是否保持平稳,如有超温或降温及时检查控温系统,消除故障。在正常情况下,温度偏低或偏高0.5~1 ℃时,才进行调节。如果孵化机内各处温差浮动在0.5 ℃左右,则每日要调盘一次,即上下蛋盘对调、蛋盘四周与中央的蛋对调,以弥补温差的影响。

二、湿度的观察与调节

每2 h观察并记录一次湿度。对于非自动控湿装置的孵化机,定时往水盘内加温水,并根据不同孵化期对湿度的要求,调整水盘的数目,以确保胚胎发育对湿度的需求。湿度偏低时,可增加水盘扩大蒸发面积,提高水温、降低水位、加快蒸发速度,还可在孵化室地面洒水,必要时可用温水直接喷洒种蛋。湿度过高时,要加强室内通风,使水散发。自动调湿使用的水应经过滤或软化,以免堵塞喷头。湿度计的纱布必须保持清洁,每孵化一批种蛋更换1次。

三、翻蛋

全自动翻蛋的孵化机,每1~2 h自动翻蛋一次;半自动翻蛋的,需要按动左、右翻按钮键完成翻蛋全过程,每2 h翻蛋一次。注意每次翻蛋的时间和角度。对不按时翻蛋和翻蛋速度过快或过慢的情况要及时处理解决,停电时按时手动翻蛋。

四、通风

定期检查出气口开闭情况,根据孵化天数决定开启大小。整批入孵的前3天(尤其是冬季),进、出气孔可不打开,随着孵化天数的增加,逐渐打开进、出气孔,出雏期间进、出气孔全部打开。分批孵化时,进、出气孔可打开1/3~2/3。

五、照蛋

在孵化过程中对种蛋进行2~3次照蛋(图4-3)。鸡蛋在孵化第5天(鸭蛋、火鸡蛋在孵化第6~7天;鹅蛋在孵化第7天)时进行头照,检出无精蛋、死胚蛋、破壳蛋,观察胚胎发育情况,调整孵化条件。鸡蛋在孵化第10~11天(鸭蛋、火鸡蛋在孵化第13~14天,鹅蛋在孵化第15~16天)进行抽检,主要看尿囊的发育情况。鸡蛋在孵化第18~19天(鸭蛋、火鸡蛋在孵化第25~26天,鹅蛋在孵化第28天)移盘前进行二照。取出死胚蛋,然后把种蛋移入出雏机。

照蛋时应注意照蛋前先提高孵化室温度(气温较低的季节),将蛋架放平稳,抽取蛋盘摆放在照蛋台上,迅速而准确地用照蛋器按顺序进行照检,并将无精蛋、死胚蛋、破壳蛋捡出,空位用好种蛋填补或拼盘。最后记录无精蛋、死胚蛋及破壳蛋数,登记入表,计算种蛋的受精率和头照的死胚率。

图4-3 照蛋

扫码看彩图

六、凉蛋

整批入孵的鸡蛋在封门前(鸭蛋从孵化第13~14天起,鹅蛋从孵化第15天起)开始凉蛋。采用孵化机内凉蛋,凉蛋时关闭加温电源,开动风扇,打开机门。水禽蛋一般从孵化的第20~25天起采用孵化机外凉蛋,将蛋架推出孵化机外凉蛋,每日定时凉蛋1次,时间15~20 min(根据环境温度确定凉蛋时间的长短),并且每天在16:00左右给种蛋适当喷水一次,适宜水温是25~30 ℃,也可用手指测温,以手放在水中不冷不烫为宜。

七、移盘

移盘就是将种蛋从孵化机内移入出雏机内继续孵化的过程。一般鸡蛋在孵化的第18~19天、鸭蛋在第24~25天、鹅蛋在第27~28天时进行移盘。当观察到种蛋中10%出现"起嘴",80%处于"闪毛"时开始移盘。移盘时速度要快,动作要轻,尽量避免碰破种蛋。移盘后停止翻蛋,提高湿度,准备出雏。

实践技能　禽胚胎发育观察

→ **目的与要求**

学会种蛋的照蛋检查方法,熟悉种蛋在不同孵化天数中的发育特征。

→ **材料与用具**

Note

鸡胚标本、孵化5~7天的种蛋、照蛋器、暗室、鸡胚发育挂图等。

内容与方法

（1）结合挂图，由教师讲解鸡胚孵化期的发育特征；孵化初期、后期鸡胚发育外观特征。

（2）组织学生观察鸡胚发育标本。

（3）取孵化第5～7天的鸡胚种蛋各100枚，用照蛋器分别检视，观察鸡胚第一次照检的特征。

（4）对学生进行照检技术考核，并记录实践技能考核成绩。

（5）步骤：

①照蛋用具的准备：上述照蛋量需要的用具有照蛋工作台2张（200 cm×80 cm×75 cm），照蛋器2～3组（1台变压器、2只照蛋探头），装无精蛋、死胚蛋的盛蛋用具4个，废弃物桶2个。

②头照：鸡胚在孵化第5～6天、鸭胚在第7天、鹅胚在第8天进行。头照的目的是观察胚胎的发育情况，检出无精蛋、死胚蛋和破壳蛋等。此时发育正常的胚胎，血管网鲜明，呈放射状分布，扩散面占蛋体的4/5，照蛋时有一明显的黑色小点，俗称"单珠"。

③二照：鸡胚在孵化第18天、鸭胚在第26天、鹅胚在第29天进行。

④复检：对检出的种蛋进一步检查，一方面为了检出漏检、错检的种蛋，另一方面可提高检出准确率，提高业务水平。

（6）注意事项：

①种蛋在孵化机外停留的时间最好不要超过20 min，室温较低时更应缩短时间。

②每次从孵化机取出的种蛋不要过多，最好是照检一盘取出一盘，照完后立即放回孵化机。

③照蛋时，照蛋探头靠近种蛋时动作要轻，以免碰破蛋壳，二照时蛋壳更易破碎，因此更要小心。

相关链接

孵化期中胚胎的
物质代谢

 知识拓展

家禽胚胎发育
及其胎膜

项目五　出雏及后期处理

学习目标

【知识目标】

1.掌握初生雏的特征。

2.掌握初生雏的公母鉴别。

3.掌握衡量孵化效果的指标。

【技能目标】

1.能正确地鉴别初生雏的公母。

2.能够借助照蛋器观察胚胎的发育情况,预估种蛋的品质与孵化条件是否符合要求。

【思政目标】

培养学生严谨、认真的工作态度和分析问题的能力。

任务一　初生雏的处理

一、初生雏的选择

雏禽孵出后应装在专用雏箱内,并存放在温度为24~26 ℃、相对湿度为70%~75%、空气新鲜、卫生的存放室。一般4 h后进行强弱分级工作。

选择初生雏的目的是将初生雏按体形大小、身体强弱分群,单独培育,以减少疾病的发生,提高雏禽的成活率。一般通过眼看、耳听、手摸进行选择,选择的同时应记数、装箱。准备运至育雏舍。

眼看、耳听选择初生雏:即看初生雏的精神状态,动作是否灵活,喙、腿、趾、翅、眼有无异常,泄殖腔是否清洁,绒羽长短是否合适、颜色是否符合品种标准,脐孔是否愈合良好,叫声是否响亮等。健康的雏禽叫声响亮、清脆;活泼好动,眼大有神,羽毛清洁干净,泄殖腔干净,腿脚无畸形,站立行走正常;弱雏叫声低且沙哑,眼睛半睁或不睁开,呆立不动。

手摸选择初生雏:即将初生雏抓握在手中,触摸初生雏的膘情、体重、体温。健康的雏禽握在手中有弹性,有温暖感,挣扎有力,身体匀称,腹部柔软;弱雏手感发凉,轻飘无力,腹大,蛋黄吸收不良。

此外,选择初生雏时还应结合种禽群的健康状况、孵化率的高低和出壳时间的早晚进行综合考虑。来源于高产健康种禽群的、孵化率比较高的、正常出壳的初生雏质量比较好;来源于患病禽群的、孵化率较低的、过早或过晚出壳的初生雏质量较差。

二、初生雏的公母鉴别方法

雏禽的公母鉴别,对生产和育种都具有重要的意义。通过公母鉴别可及时淘汰蛋用雏禽中的公雏或催肥后作肉用,肉用雏禽可实行公母分养,能明显提高群体的均匀度和饲料转化率。初生雏的公母鉴别方法常见的有以下几种。

(一)翻肛鉴别法

公雏的生殖突起见于泄殖腔开口部正下端,生殖突起两侧各有一个向内方呈八字状的皱襞。生产中,可根据初生雏翻出的泄殖腔有无生殖突起和八字皱襞以及其发育程度判定公母(图5-1)。

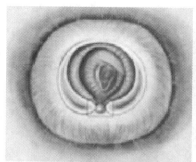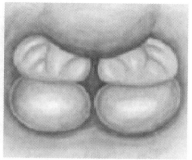

(a) 公雏的泄殖腔　　　　　　(b) 母雏的泄殖腔

图5-1　泄殖腔模式

1. 抓雏、握雏　常见的有夹握法和团握法两种,以夹握法常用。夹握法:右手手掌心从雏禽的后背将雏禽抓起,交至左手,将雏禽背贴至左手掌心,雏禽的颈部夹在无名指与中指之间,翅膀夹在食指与中指之间,肛门向上,无名指与小指弯曲将雏禽双脚夹于手掌面。

团握法:左手抓住雏禽,将雏禽团握在手中,肛门向上即可。

2. 排粪　为了便于观察,在翻肛前,应先将雏禽的粪便排出,用左手拇指轻压雏禽腹部左侧髋骨下缘处,将粪便挤入排粪缸中。拇指压力一定要适中,用力轻粪便会排不干净;用力重则会伤害到雏禽,甚至挤出未被吸收的蛋黄,造成雏禽死亡。

3. 翻肛　左手握雏,左手拇指至肛门左侧、食指弯曲贴于雏禽背侧,同时右手食指至肛门右侧、拇指至雏禽脐带处。右手拇指沿直线往上顶推而右手食指下拉,拉到肛门处收拢,左手拇指也要往里收拢,则三指收拢处形成一个三角区,三指凑拢一挤,将肛门翻开。

4. 鉴别　根据生殖突起的有无和形态差别,便可判断。如有粪便影响观察效果,可迅速用左手拇指轻轻抹去,再进行肉眼观察,若遇生殖突起一时难以分辨,可用左手拇指触摸,观察其弹性程度以及充血,结合上述差异认真辨别。公雏的生殖突起圆且大,八字皱襞发达,按压后容易充血;母雏生殖突起小而扁,按压充血不明显,且八字皱襞退化。

5. 放雏　放雏时要求轻、快。

(二)伴性遗传鉴别法

翻肛鉴别对鉴别人员的年龄、身体条件、技术和熟练程度要求都较高,并且受到雏禽出壳后时间的限制以及鉴别后容易发生疾病的传播等因素的影响,通过对家禽育种的多年努力研究,已成功利用伴性遗传原理,培育出了若干采用伴性遗传鉴别公母的家禽品种,已经广泛地应用在生产中。

1. 羽色鉴别　利用初生雏绒毛颜色的不同,直接区别公母。如褐壳蛋鸡品种海兰褐、罗曼褐就可利用其羽色自辨公母,用金黄色羽的公鸡与银白色羽的母鸡杂交,其后代雏鸡中,凡绒毛金黄色的为母鸡,或头顶红色、其他部分为白色的为母鸡,雏鸡背部中间有一条白色条纹、其他部位均为红色的也是母雏。银白色的是公雏,或背部中间有一宽条深色绒毛或有三条浅色窄条纹,其他部位均为白色的也为公雏。

2. 快慢羽鉴别　控制羽毛生长速度的基因存在于性染色体上,慢羽对快羽为显性。用慢羽母鸡与快羽公鸡杂交,其后代中凡快羽的是母鸡、慢羽的是公鸡。区别方法:初生雏的主翼羽长于覆主翼羽为母雏,若主翼羽短于或等于覆主翼羽则为公雏。

三、初生雏的免疫

(一)初生雏鸡的免疫

在孵化场内要接种的疫苗主要是鸡马立克病疫苗,雏鸡出壳后24 h内皮下注射鸡马立克病疫苗,以预防鸡马立克病(图5-2)。

图 5-2 工作人员为雏鸡进行鸡马立克病疫苗注射

(二)初生雏鹅的免疫

初生雏鹅在出壳后 24 h 内皮下注射抗雏鹅新型病毒性肠炎病毒-小鹅瘟二联高免血清或卵黄抗体。

四、雏禽的包装和运输

(一)运输工具的选择

初生雏最好能在 48 h 内到达目的地。根据运输距离和路况选择汽车或火车陆运,或飞机空运。若 48 h 不能到达可采用嘌蛋技术。

(二)运输时间的选择

冬季要避开风雪严寒天气,并在中午气温较高时接运。夏季应避开高温酷热天气,在早晚凉爽时接运。运输距离较远的,运雏工具要有防寒或防暑装备。

(三)运输的途中管理

运输的途中要注意观察雏禽情况,每 0.5~2 h 要上下倒换运雏箱,防止扎堆,挤压过热等造成的伤亡。途中行车要稳,转弯、刹车不要过急,下坡要减速,以免雏禽堆压死亡。

任务二　孵化效果检查及分析

微视频 5-2

一、孵化效果检查方法

(一)照蛋

1. 头照　鸡蛋在孵化第 5 天(鸭蛋、火鸡蛋在孵化第 6~7 天;鹅蛋在孵化第 7 天)进行,可检出无精蛋、胚蛋、破壳蛋,观察胚胎发育情况,调整孵化条件。

正常:1/3 蛋面布满血管,可见到明显的胚胎黑眼。

异常:①受精率正常,发育略快,死胚蛋增多,血管出现充血,说明温度偏高;②受精率正常,发育略慢,死胚蛋少,说明温度偏低;③气室大,死胚蛋多,多出现血线、血环,有时粘于壳上,散黄蛋、白蛋多,说明种蛋储存时间过长;④胚胎发育参差不齐,说明机内温差大,种蛋储存时间明显不一或种蛋来源于不同种禽。

2. 抽检　鸡蛋在孵化第 10~11 天(鸭蛋、火鸡蛋在孵化第 13~14 天,鹅蛋在孵化第 15~16 天)进行,主要看尿囊的发育情况。

正常：入孵后的第 10 天，尿囊必须在种蛋背面合拢，尿囊血管应到达蛋的小头，这是判断胚胎发育是否正常的关键特征。

异常：①尿囊血管提前"合拢"，死亡率提高，说明孵化前期温度偏高；②尿囊血管"合拢"推迟，死亡率较低，说明温度偏低、湿度过大或种禽偏老；③尿囊血管未"合拢"，小头尿囊血管充血严重，部分血管破裂，死亡率高，说明温度过高；④尿囊血管未"合拢"，但不充血，说明温度过低、通风不良、翻蛋异常、种禽偏老或营养不全；⑤胚胎发育快慢不一，部分蛋血管充血，死胚偏多，说明机内温差大、局部超温；⑥胚胎发育快慢不一，血管不充血，说明储存时间明显不一；⑦胚胎头位于蛋小头，一般是入孵时蛋大头向下放置；⑧孵蛋爆裂，散发恶臭气味，说明脏蛋或孵化环境污染。

3. 二照 在移盘前，鸡蛋在孵化第 18～19 天（鸭蛋、火鸡蛋在孵化第 25～26 天，鹅蛋在孵化第 28 天）时进行。取出死胚蛋，然后把种蛋移入出雏机。

正常：发育正常的种蛋，可在气室交界处见到粗大的血管，第 18 天可见到气室出现倾斜。第 19 天雏鸡喙部已啄破壳膜向气室，种蛋气室处有黑影闪动，俗称"闪毛"。

异常：弱胚气室小、未倾斜，蛋小头淡白；死胚气室小、不倾斜且边缘模糊。未见"闪毛"，无胎动，蛋身发凉。

（二）蛋重变化的测定

孵化过程中，气体交换，水分蒸发，蛋的重量减轻，测量蛋重减轻比例，可以判断胚胎发育是否正常。在入孵前称测一个盘的蛋重，得出平均蛋重，孵化过程中，检出无精蛋和死胚蛋，称量所剩活胚蛋的重量，得出平均活胚蛋重，然后计算出各阶段的减重率并与正常减重率比较，以了解减重情况是否正常。

（三）啄壳、出壳和初生雏的观察

鸡蛋孵化满 19 天后，结合移蛋观察破壳情况，满 20 天以后，每 6 h 观察一次出壳情况，判断啄壳出壳时间是否正常，并注意啄壳部位，有无粘连雏体或雏鸡绒毛湿脏的现象。

雏禽孵出后，观察雏禽的活动和结实程度、体重的大小、蛋黄吸收情况、绒毛色素、雏体整洁程度和毛的长短。此外，还应注意有无畸形、眼疾、蛋黄未吸收、脐带开口而流血、骨骼短而弯曲、脚和头麻痹等情况。

二、分析孵化效果

（一）胚胎死亡原因分析

1. 孵化期胚胎死亡的分布规律 胚胎死亡在整个孵化期不是平均分布的，在正常情况下，孵化期间有两个死亡高峰。第 1 个高峰出现在孵化前期的第 3～5 天，死胚蛋占全部死胚蛋的 15％～20％；第 2 个高峰出现在孵化后期（第 18 天后），约占 50％。两个高峰死胚蛋约占全期死胚蛋的 2/3。由上可见死亡高峰主要集中在第 2 个高峰。

2. 胚胎死亡高峰的原因 第 1 个死亡高峰正是胚胎发育快及形态变化显著时期，各种胎膜相继形成而功能尚未完善。胚胎对外界环境的变化很敏感，稍微不适，胚胎发育就会受阻，导致死亡。第 2 个死亡高峰正是胚胎从尿囊呼吸过渡到肺呼吸的时期，此时胚胎生理变化剧烈，胚胎需氧量剧增，自温猛增，传染性胚胎病威胁更加突出，对孵化环境要求更高，如不能充分供氧、通风散出多余热量，就会造成一部分本来就较弱的胚胎不能顺利破壳而死亡。

（二）孵化效果影响因素分析

孵化率的高低受到内部和外部两方面因素的影响。内部因素是指种蛋的内部品质，而种蛋品质又受到种禽质量和营养的影响，它是由遗传和饲养决定的。外部因素是指孵化前的环境（种蛋保存）和孵化中的环境（孵化条件）。内部因素对第 1 个死亡高峰影响大，而外部因素对第 2 个死亡高峰影响大。

实践技能 初生雏鸡的分级、剪冠、断趾

 目的与要求

掌握健雏和弱雏的区分,剪冠和断趾的技术操作。

材料与用具

初生雏鸡若干,小弯剪刀,剪刀,止血器具等。

内容与方法

1.初生雏鸡分级

(1)分级:雏鸡应按强弱分级,以便实行相应的饲养管理措施。健康的雏鸡精神活泼,表现为叫声洪亮,眼大有神,绒毛均整干净、颜色鲜浓有光泽,腹部收缩良好,脐部吸收愈合良好,两腿站立有力结实,体重正常,胫、趾颜色鲜浓;弱雏则不活泼,有时出现痛苦的尖叫声,两腿站立不稳,腹大,脐部吸收不好或带血痕,肛门周围粪便污染或肛门外翻,喙、脚颜色很淡,体重过小。较弱的雏鸡应单独装箱,腿、眼和喙有残疾的或畸形的以及脐部愈合不良过于软弱的雏鸡成活率低,且易感染疾病和传染疾病,应全部淘汰,不宜留做种用。

(2)计算健雏率。

$$健雏率 = \frac{健雏数}{全部出壳雏数} \times 100\%$$

2.雏鸡的剪冠、断趾

(1)剪冠:在种公雏 1 日龄时进行。方法是用小弯剪刀由前向后剪去冠即可。

(2)断趾:断趾在种公雏 1 日龄时进行。方法是用剪刀剪去第一和第四趾的第一趾关节,同时用电烙铁灼烧止血。

 相关链接

衡量孵化效果的指标

 知识拓展

初生雏的红外断喙

在线答题

模块三
蛋 鸡 生 产

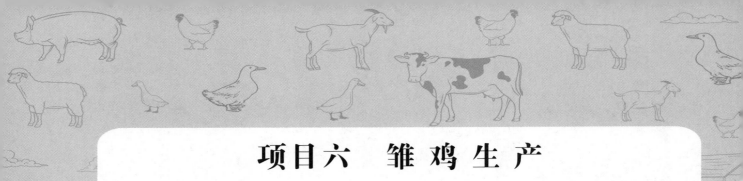

项目六　雏鸡生产

学习目标

【知识目标】

1. 了解雏鸡的生理特点。
2. 熟悉雏鸡的培育目标。
3. 掌握育雏前的准备。
4. 掌握雏鸡的饲养管理。

【技能目标】

1. 能进行育雏准备和雏鸡的挑选与运输工作。
2. 能进行雏鸡的断喙、培育技术。
3. 能因地制宜选用育雏方式,并做好育雏前的准备工作。
4. 能独立正确饲喂雏鸡,为雏鸡创造适宜的环境条件。

【思政目标】

1. 培养学生敬业、专注、谨慎的工匠精神。
2. 通过教授"育雏"的重要性,引入"小事不小,小中见大"的做事态度,促进学生正确人生观的形成。
3. 通过"雏鸡的选择与淘汰"的知识点教授,揭示"优胜劣汰"的生存法则,警示学生一定要不断学习,才能保证自身的优势地位。

任务一　雏鸡的生理特点

雏鸡通常是指 0～6 周龄的幼鸡。

一、体温调节机制不完善,既怕热又怕冷

初生雏鸡的神经系统发育不健全,体温调节能力差,且个体小、全身覆盖的绒羽短而稀,故体温较成年鸡低 2～3 ℃,4 日龄开始逐渐升高,7～10 日龄才能达到成年鸡的体温。当环境温度较低时,雏鸡的体热散发加快,就会感到冷,导致体温下降和生理功能障碍;反之,若环境温度过高,而雏鸡没有汗腺,不能通过排汗的方式散热,也会感到极度不舒适。因此,要让雏鸡健康成长,必须提供适宜的环境温度,切勿过高或过低。一般在初生时需要供给较高的环境温度,随着日龄的增加逐渐降温,6～7 周龄脱温。

二、胃肠容积小,消化能力弱

雏鸡的嗉囊和胃肠容积小,进食量有限,消化腺也不发达(缺乏某些消化酶),肌胃研磨能力差,消化能力弱。因此,在饲喂时应选择纤维含量低、易消化的饲料,并且要少喂勤添。

三、生长迅速代谢快,短期增重显著

雏鸡的代谢旺盛,饲料利用率高,是一生中增重最快的时期。据研究,蛋用雏鸡的体重在 2 周龄

Note

时约为初生时的 2 倍,6 周龄时为 10 倍,8 周龄时为 15 倍。因此,在选择雏鸡料时,应选择高能高蛋白,且矿物质、维生素等营养物质全面的配合饲料,才能保证雏鸡的营养需要。此外,雏鸡的代谢旺盛、耗氧量大,管理上还要注意新鲜空气的供给。

四、羽毛生长迅速、更换勤

雏鸡 3 周龄时羽毛为体重的 4％,4 周龄时为 7％,以后大致不变。羽毛中蛋白质含量达 80％～82％,为肉、蛋的 4～5 倍。因此,雏鸡需要蛋白质含量高(特别是含硫氨基酸水平高)的日粮。

五、抗病能力弱,敏感性强

雏鸡个体较小,免疫功能还未发育健全,约 10 日龄才开始产生自身抗体,产生的抗体较少,出壳后母源抗体也日渐衰减,3 周龄左右母源抗体量降至最低,故 10～21 日龄为危险期,在这一时期雏鸡对各种疾病和不良环境的抵抗力弱,易受多种传染病的侵袭,且对饲料中各种营养物质缺乏或有毒药物的过量反应敏感。所以,要严格执行消毒制度、做好免疫接种和药物防病工作,同时控制好饲养环境,保证饲料营养全面、投药均匀适量。

六、胆小怕惊,对环境敏感,合群性强

雏鸡胆小怕惊,外界环境稍有变化,如各种声音、新奇的颜色、陌生人出入等都会引起鸡群骚动不安,影响生长,甚至惊群压死。由于胆怯,且缺乏自卫能力,故雏鸡的群居性强。因此,在育雏时,应创造安静环境,避免环境的突然改变,防止老鼠、犬、猫等进入育雏舍。

任务二　雏鸡的饲养管理

一、雏鸡的培育目标

雏鸡饲养管理的目标:鸡群健康、无疾病发生,育雏期末成活率在98％以上,每周体重达标,均匀度在85％以上,体形发育良好。

二、育雏前的准备

(一)育雏方式与供温方式

1.育雏方式　根据对空间的利用不同,育雏方式可分平面育雏和立体育雏两种,生产中可根据情况选择。

(1)平面育雏:把雏鸡饲养在铺有垫料的地面或饲养在具有一定高度的单层网平面上的育雏方式,广大农户常采用这种方式育雏。根据地面类型不同又分为更换垫料育雏、厚垫料育雏和网上育雏 3 种方式。

①更换垫料育雏:育雏前在育雏地面上铺 3～8 cm 厚的垫料,地面可以是水泥地面、砖地面、泥土地面或炕面,然后将雏鸡饲养在垫料上,饲养 1～2 周,将旧垫料和粪便清除,再铺新垫料,经常更换,保持舍内清洁温暖。更换垫料育雏的优点:操作简单,不需特别设备,投资少。缺点:雏鸡与粪便经常接触,容易感染通过粪便传播的疾病,特别是易发生鸡白痢和球虫病,且占用鸡舍面积较大,费垫料,劳动强度较大。

②厚垫料育雏:在育雏过程中只加厚而不更换垫料,直至育雏结束将雏鸡转舍后才清除垫料、粪便的一种平面育雏方式。具体做法:先将育雏舍打扫干净,再撒一层生石灰(每平方米 1 kg 左右,需均匀分布),然后铺上 3～5 cm 的垫料,垫料要求清洁干燥、质地柔软,禁用霉变、腐烂、潮湿的垫料。育雏 2 周后,开始在上面增铺新垫料,直至厚度达到 15～20 cm 为止。垫料板结时,可用草叉子上下抖动,使其松软,育雏结束后将所有垫料一次性清除掉。厚垫料育雏的优点:可避免更换垫料带来的繁重劳动,降低劳动强度,且厚垫料发酵产热提高舍温;在微生物的作用下垫料中能产生维生素 B_{12},在雏鸡扒翻垫料的过程中,既可增加运动量、增进食欲,又可获得维生素 B_{12}。缺点:雏鸡容易感染疾

病,易发生鸡白痢和球虫病,费垫料,且需保持垫料干燥,否则易产生有害气体。

③网上育雏:利用铁丝网或塑料网代替地面,一般网面离地面50～60 cm,网眼大小为1.25 cm×1.25 cm。这种育雏方式,鸡粪可直接从网眼漏下,鸡不与粪便直接接触,因此可以减少疾病传播,卫生状况较好,有利于预防鸡白痢和球虫病,但投资较大,对饲养管理技术要求较高,还要注意通风和防止营养缺乏症的发生。

(2)立体育雏:即笼育,就是用分层育雏笼培育雏鸡,是规模化蛋鸡场常用的一种育雏方式。目前主要采用叠式育雏笼或育雏育成一体笼,叠式育雏笼一般分为3～4层,每层之间有接粪板,四周外侧挂有料槽和水槽。育雏育成一体笼为三层阶梯式,育雏时用中间一层加塑料垫网,随着鸡的生长逐渐分散到上、中、下3层。优点:热源集中、容易保温、雏鸡成活率高、管理方便、单位面积饲养量大。缺点:一次性投资较大,且上、下层温度有差别。故可采取小日龄在上面2～3层集中饲养,待鸡稍大后,逐渐移到其他层饲养,且舍内最好配套温控设备。

立体育雏与平面育雏相比,其优点是能充分利用育雏舍空间,提高了单位面积利用率和生产率;节省了垫料,热能利用更为经济;与网上育雏一样,雏鸡不与粪便直接接触,有利于预防鸡白痢和球虫病。但立体育雏投资较多,在饲养管理上要控制好舍内育雏所需条件,供给营养完善的日粮,保证雏鸡生长发育的需要。

2. 供温方式

(1)保温伞:平面育雏常采用的一种供温方式。优点:育雏量大,雏鸡在伞下自由进出选择自身需要的温度,且换气良好、使用方便。缺点:热量不大,要求育雏舍保温良好,或在育雏舍内另设加温设施帮助提高室温。此法适合南方气候较温和的地区使用。

(2)暖气供温:大规模养鸡场可采用集中供暖。鸡舍内安装暖气片,有挂暖和地暖,通过阀门调节热水或热气流量控制舍温。采用暖气供温方式,室内的温度比较稳定、空气新鲜,育雏效果好。

(3)煤炉加热:在育雏舍内使用煤炉,煤炉上设置炉管,将炉管的出口引向室外以排出煤烟。小型养鸡场和养鸡户常用。煤炉的大小及多少应根据育雏舍的大小而定。一般保温良好的鸡舍,20～30 m² 采用两用炉就可以达到雏鸡所需要的温度。此法简单易行,投资不大,但添煤、出灰比较麻烦,而且温度不太容易控制。

(4)烟道式育雏:分地上烟道和地下烟道两种,都是燃烧煤炭或其他燃料,烟道建在育雏舍内,一头砌有炉灶,另一头砌有烟囱,烟囱要高出屋顶1 m以上,通过烟道把炉灶和烟囱连接起来,把炉温导入烟道内,通过烟道提高室温。此法设备简单、取材方便,但有时会有漏烟现象。

(5)红外线灯育雏:利用红外线灯散发的热量育雏,一般是将250 W的红外线灯泡连成一组,悬挂于离地面35～45 cm的高处。随着雏鸡日龄增加,育雏温度要逐渐降低时,逐渐减少灯泡的盏数。红外线灯育雏供温稳定、室内清洁、垫料干燥,育雏效果也较好。但是耗电量大,灯泡易损坏,成本较高,电力供应不稳定的地区不能使用。红外线灯育雏时每盏灯泡的育雏数与室温高低有一定的关系,可参考表6-1。

表6-1　不同室温下250 W红外线灯育雏数

室温/℃	30	24	18	12	6
雏鸡数/只	110	100	90	80	70

(二)育雏季节的选择

现代化大型蛋鸡场,一般都采取密闭鸡舍育雏,人为地为雏鸡创造适宜的环境条件,故育雏不受季节条件变化的影响,全年四季均可育雏。一些中小型养鸡场,特别是广大农村养鸡户,由于设备条件的限制,大多为开放式鸡舍。开放式鸡舍育雏时,育雏季节与雏鸡的成活率及成年后的产蛋量都有密切的关系。因此,应选择适宜的育雏季节。

生产实践证明,开放式鸡舍春季(3—5月)育雏最好,秋季(9—11月)、冬季(12月—次年2月)次之,夏季(6—8月)育雏效果最差。春季饲料种类多、自然通风条件好、气候干燥、阳光充足、外界气温适中,雏鸡生长发育快、成活率高;夏季气温高,湿度大,易患球虫病,到了成年鸡阶段产蛋高峰期维持时间短,全年的产蛋量不如春雏多;秋季外界环境虽然比春季有所好转,但雏鸡的生长发育还是比不上春雏,而且育成后期因光照时间长而性成熟较早,成年时体重达不到标准、蛋重小、产蛋持续期比较短,全年产蛋量不高;冬季外界环境较冷,特别是北方地区育雏需要供暖,成本较高,且室内外温差大,也提高了育雏成本,而且雏鸡的体质也不够强健。

(三)育雏计划的制订

制订育雏计划可以提高养殖效益,防止盲目生产,育雏前要制订周密的育雏计划,包括育雏时间、饲养品种、供苗单位、育雏数量等。具体制订时要考虑以下问题:一是分析鸡舍及设备条件,全年生产计划与经营目标等;二是评估主要负责人的经营能力及饲养管理人员的技术水平,初步确定劳动定额和预算劳动力成本;三是分析饲料成本,计算所需饲料的费用;四是分析水、电、燃料及其他物资是否有保证,初步预算各项支出与采购渠道等;五是具体制订进雏周转计划、饲料及物资供应计划、防疫计划、财务收支计划、育雏阶段应达到的技术经济指标及详细的值班表和各项记录表格等。

(四)育雏舍和设备的准备

1. 育雏舍准备 育雏舍应保温良好,不透风、不漏雨、不潮湿、无鼠害。笼养时要准备好笼具,平养时要备好垫料。

2. 清洁消毒 在进雏前2周,按"扫、冲、喷、熏、空"步骤实施清洁消毒。即首先彻底清扫地面、墙壁和天花板,然后洗刷地面、鸡笼和用具等,待干后,用2%氢氧化钠溶液或过氧乙酸等喷洒消毒,最后熏蒸消毒。熏蒸时保持舍温20~24 ℃、相对湿度60%~80%效果最佳。一般密闭熏蒸,24 h后再打开门窗彻底换气。

3. 育雏设备准备 根据育雏方式、育雏数量选择适合的供暖设备、饲喂与饮水器具;风机、湿帘等通风降温设备;消毒、清粪等环境卫生控制设备;电动断喙器,体重称量电子台秤或天平;体尺指标测量用卷尺、游标卡尺;免疫器具和运输雏鸡、饲料的车辆等。所有选用的育雏设备器具,在进雏前2~3天要备齐、检查、维护、试用好,并严格进行清洗、消毒。

(五)饲料、垫料和药品的准备

根据雏鸡的生理特点准备营养全价、无霉变、适口性好、易消化的饲料。地面育雏时,提前2~5天在地面铺一层3~5 cm厚的垫料,厚度要均匀。所用垫料要求干燥、松软、洁净、不霉烂、吸水性强、无异味,如麦秸、稻草、刨花、锯末等。此外,还要准备一些常用药品,如消毒药、抗白痢药、抗球虫药、葡萄糖、维生素C等。

(六)预热、试温、增湿

在进雏前2~3天对育雏舍和育雏器要预热试温,检查升温、保温情况,以便及时调整,以达到标准要求。如果是烟道或煤炉供温,则要检查排烟及防火安全情况;若采用电热取暖,则要检查电路是否安全,调节器是否灵敏,确保安全可靠,以保证雏鸡进入育雏舍后有一个良好的生活环境。

三、雏鸡的选择与接运

(一)雏鸡的选择

高质量的雏鸡是取得较高育雏成绩的基础。通过选择,将残、次、弱雏淘汰,对提高整体鸡群的抗病力有利,按雏鸡的大小、强弱实行分群饲养,可提高整体的均匀度。雏鸡的选择一般是凭经验进行的,采用"一看、二摸、三听"方法选择健雏。一看:活泼好动,眼大有神,羽毛清洁干净,泄殖腔干净,腿脚无畸形,站立行走正常者可确定为健雏,否则为弱雏。二摸:健雏握在手中有弹性,挣扎有力,身体匀称、有温暖感,腹部柔软;弱雏则手感发凉,轻飘无力,腹大,蛋黄吸收不良。三听:健雏叫声响亮、清脆。

选择雏鸡时,还应当事先了解种鸡群的健康状况、雏鸡的出壳时间和整批雏鸡的孵化率。一般来说,来源于高产健康种鸡群的种蛋,在正常时间出壳,且孵化率高,健雏率高,而来源于患病鸡群的种蛋,出壳过早或过晚,健雏率低。

(二)雏鸡的接运

雏鸡的运输是一项技术要求高的细致性工作。随着蛋鸡商品化生产的发展,雏鸡长途运输越来越多。

1. 运雏技术 对于孵化厂和养鸡户来说,都要掌握运雏技术,运输雏鸡时应做到迅速及时、舒适安全、注意卫生。

2. 接雏时间 一般要求雏鸡出壳后 12~24 h 运送到育雏地点,最多不超过 48 h。

3. 接雏人员 接雏人员要求有较强的责任心,具备一定的专业知识和运雏经验。接雏时应剔除体弱、畸形、伤残的不合格雏鸡,并核实雏鸡数量,请供方提交有关的资料。

4. 接雏车辆 需选择好运输工具,注意做好消毒工作。如果孵化厂有专门的运雏车,养鸡户应尽量使用,因为孵化厂的车辆相对更符合传染病预防和雏鸡质量控制的要求。如果孵化厂没有专门的运雏车,养鸡户应自备车辆,要达到保温、通风的要求,适合雏鸡运输。

5. 运雏箱 装雏工具最好选用纸质或塑料专用运雏箱,箱的规格为长 50~60 cm、宽 40~50 cm、高 18~20 cm,箱子四周有直径 2 cm 左右的通气孔若干,箱内分 4 小格,每个小格放 25 只雏鸡,每箱约 100 只(冬、春季 100 只,秋季 90 只,夏季 80 只左右)。纸箱通风、保温性能良好,首选纸箱运雏;塑料箱受热易变形,受冻易断裂,装雏后箱内易潮湿,但塑料箱容易消毒,且能够反复使用,一般用于场内周转和短途运输。

6. 接雏季节 夏季运雏要带遮阳防雨用具,冬、春季运雏要带棉被、毛毯等。从保证雏鸡的健康和正常生长发育考虑,冬季和早春应选择在中午前后气温相对较高的时间启运;夏季运雏最好安排在早、晚进行。

7. 接雏行车 在运雏途中,一是要注意行车平稳,启动和停车时速度要慢,上下坡宜慢行,以免雏鸡挤到一起而受伤;路面不平时宜缓行,减少颠簸震动。二是掌握好保温与通气的关系。

8. 保温通风 运雏中协调好保温与通气的关系,只保温不通气,会使雏鸡发闷、缺氧,严重时会导致雏鸡窒息死亡;反之,只注重通气,而忽视保温,易使雏鸡着凉感冒。运雏箱内的适宜温度为 24~28 ℃。在运输途中,要经常检查,观察雏鸡的状态。若雏鸡张口呼吸,则说明温度偏高,可上下前后调整运雏箱,若仍不能解决问题,可适当打开通风孔,降低车厢温度;若雏鸡发出"叽叽"的叫声,说明温度偏低,应打开空调升温或加盖床单甚至棉被,但不可盖得太严。检查时如发现雏鸡挤堆,就要用手轻轻地把雏鸡堆推散。

9. 雏鸡安放 运雏箱卸下时应做到快、轻、稳,雏鸡进舍后应按体质强弱分群饲养。冬季舍内外温差太大时,雏鸡接回后应在舍内放置 30 min 再分群饲养,以使其适应舍内温度。

四、雏鸡的饲养

(一)雏鸡的营养需要

鸡的饲养标准很多,如美国的 NRC 饲养标准、英国的 ARC 饲养标准。我国也指定了鸡的饲养标准。不同品种对喂料量有不同要求,同时,喂料量也与饲料的营养水平相关,应根据鸡品种的体重要求和鸡群的实际体重来进行调整。在配制雏鸡饲料时,要充分考虑当地的饲料资源,参考我国的饲养标准,配制符合不同阶段雏鸡营养需要的全价日粮,满足雏鸡营养需要。同时,应考虑饲料的适口性、消化率等。2004 年,我国又重新修订并公布了鸡的饲养标准,为养鸡者提供参考。生长期蛋鸡主要营养成分需要量见表 6-2。

表 6-2　生长期蛋鸡主要营养成分需要量

项目	鸡周龄		
	0~8	9~18	19 至开产
代谢能/(MJ/kg)	11.91	11.70	11.50
粗蛋白质/(%)	19.00	15.50	17.00

续表

项目	鸡周龄		
	0～8	9～18	19 至开产
蛋白能量比/(g/MJ)	15.95	13.25	14.78
钙/(％)	0.90	0.80	2.00
总磷/(％)	0.70	0.60	0.55
有效磷/(％)	0.40	0.35	0.32
钠/(％)	0.15	0.15	0.15
氯/(％)	0.15	0.15	0.15
蛋氨酸/(％)	0.37	0.27	0.34
蛋氨酸＋胱氨酸/(％)	0.74	0.55	0.64
赖氨酸/(％)	1.00	0.68	0.70

注:摘自中华人民共和国农业行业标准《鸡饲养标准》(NY/T 33—2004)。本标准根据中型体重鸡制定。

(二)雏鸡的饮水

雏鸡第一次饮水为初饮,"先饮水、后开食"是育雏的基本原则之一。

1.初饮时间 初饮在雏鸡接入育雏舍后立即进行,最迟不超过出壳后48 h。尽早饮水有利于促进肠道蠕动,吸收残留蛋黄,排除粪便,增进食欲和饲料的消化吸收。初饮后无论如何都不能断水,在第1周应给雏鸡饮用降至室温的开水,2周后可直接饮用自来水。

2.初饮诱导 为使所有的雏鸡都能尽早饮水,应进行诱导。用手轻握住雏鸡,手心对着雏鸡背部,拇指和中指轻轻扣住颈部,食指轻按头部,将其喙部按入水盘,注意别让水没及鼻孔,然后迅速让鸡头抬起,雏鸡就会吞咽进入嘴内的水。如此做几次,雏鸡就学会了饮水,笼内有几只雏鸡学会饮水后,其余的就会跟着迅速学会饮水。

3.饮水要求 育雏第1周最好饮用开水,开水的温度应接近室温(18～20 ℃)。15日龄后换为深井水或自来水。每次换水间隔时间控制在5 h内,保证水质卫生。初饮时的饮水,需要添加糖分、抗菌药物、多种维生素。糖分可用浓度为5％的葡萄糖,也可用浓度为8％的蔗糖。加糖能起到迅速补充能量的作用,以利于体力恢复,消除应激反应,并使开食顺利进行。饮水中加糖、加抗菌药物能提高雏鸡成活率和促进生长,但要注意以不影响饮水的适口性为好。

4.饮水器要求 饮水器要放在光线明亮处,要和料盘交错安放。平面育雏时水盘和料盘的距离不要超过1 m。饮水器数量要求是育雏期内每只雏鸡最好有1.5～2 cm的饮水位置,饮水器均匀放置,但要尽量靠近热源、保温伞等,饮水器每天应刷洗消毒1～2次。饮水器的大小及距地面的高度应随雏鸡日龄的增长而逐渐调整。雏鸡的采食、饮水位置要求可参照表6-3。

表 6-3 雏鸡的采食、饮水位置要求

雏鸡周龄	采食位置		饮水位置		
	料槽/(厘米/只)	料桶/(只/个)	水槽/(厘米/只)	饮水器/(只/个)	乳头饮水器/(只/个)
0～2	3.5～5	45	1.2～1.5	60	10
3～4	5～6	40	1.5～1.7	50	10
5～6	6.5～7.5	30	1.8～2.2	45	8

5.雏鸡的饮水量 一般情况下,雏鸡的饮水量是其采食量的1～2倍。需要密切注意的是雏鸡的饮水量突然发生变化往往是鸡群出现问题的征兆。比如鸡群的饮水量突然增加而且采食量减少,则可能患球虫病、传染性法氏囊病,或者饲料中盐分含量过量等。需特别注意育雏期间不能断水,100只蛋用雏鸡的饮水量可参考表6-4。

表 6-4　100 只蛋用雏鸡的饮水量　　　　　　　　　　　　　　　　单位：L

周龄	饮水量	
	室温≤21.2 ℃	室温≤32.2 ℃
1	2.27	3.9
2	3.97	6.81
3	5.22	9.01
4	6.13	10.6
5	7.04	12.11
6	7.72	12.32

(三)雏鸡的饲喂

雏鸡的第一次饲喂称开食。

1.开食时间　开食要适时,过早开食雏鸡无食欲,过晚开食雏鸡因得不到营养而消耗自身的营养物质,从而消耗雏鸡体力,使雏鸡变得虚弱,影响以后的生长发育和成活。一般来讲,在出壳后 24～36 h 开食对雏鸡的生长是有利的,实际饲养中,在饮水 2 h 后即可开食。

2.开食料　雏鸡的开食料必须科学配制,营养含量要能完全满足雏鸡的生长发育需要。为防止育雏初期的营养性腹泻(糊肛),在开食时,每只雏鸡可喂 1～2 g 小米或碎玉米,也可添加少量酵母粉以帮助消化。

3.开食　对雏鸡可直接喂干料,将干料撒在开食盘或雏鸡料槽内,任其采食。但干料的适口性差,最好将料拌湿,以抓到手中成团、放在地上撒成粉为宜,以增加适口性。开食时,大部分雏鸡能吃到料,但总有部分雏鸡由于受到应激过重等因素的影响不愿采食,这时应采取人工诱食措施。

4.喂料量　不同品种每天的喂料量有不同要求,并且与饲料的营养水平有关,应根据不同品种的体重要求和实际体重来调整喂料量。喂料时,应遵循"少喂、勤添、八分饱"原则,定时定量饲喂。一般第 1 天每隔 3 h 喂 1 次,2 周龄 5～6 次/天,3～4 周龄 4～5 次/天,5～6 周龄 3～4 次/天,以每次 20～30 min 吃完为好。中型蛋鸡育雏期喂料量可参考表 6-5。

表 6-5　中型蛋鸡育雏期喂料量参考标准　　　　　　　　　　　　　　　单位：g

周龄	每天每只喂料量	每周每只喂料量	体重范围
1	10	70	80～100
2	18	126	130～150
3	26	182	180～220
4	33	231	250～310
5	40	280	360～440
6	47	329	470～570

5.食具　初期用开食盘,随着雏鸡日龄的增加,鸡的活动范围也在增大,在 7～10 日龄,可以逐步过渡到正规食具(料桶或料槽等)。保证足够的槽位,同时要保持料槽(桶)的卫生,及时清理混入饲料中的粪便和垫料,以免影响雏鸡的采食和健康。同时,应逐步提高采食面的高度,使之与鸡背高度相仿,避免挑食和刨食,减少饲料浪费。

五、雏鸡的管理

(一)环境条件

1.温度　温度直接影响雏鸡体温的调节、运动、采食、饮水、休息、饲料的消化吸收以及体内剩余蛋黄的吸收等生理过程。因此,温度是育雏成功的关键条件,保持适宜的温度是提高雏鸡成活率的关键措施。育雏温度过低,雏鸡不愿采食,互相拥挤扎堆,雏鸡会因互相挤压而死亡,而且容易导致雏鸡感冒,诱发鸡白痢等疾病。育雏温度过高,会影响雏鸡的正常代谢,使雏鸡食欲减退、体质变弱、生长发育缓慢,而且易发生呼吸道疾病和互相啄癖等,因此育雏时一定要掌握好温度。

育雏温度包括育雏舍温度和育雏器温度,一般育雏舍温度要比育雏器温度低。育雏舍温度保持在 18～24 ℃,有高、中、低 3 个温区,既有利于空气对流,又便于雏鸡根据自身的生理需要选择最适宜的温区。育雏器温度包括平面育雏器温度和立体育雏器温度,平面育雏器温度是指距热源 50 cm、距垫料 5 cm 处的温度;立体育雏器温度是指热源区内距底网 5 cm 处的温度。育雏器的温度随雏鸡日龄的增加而逐渐降低,蛋鸡育雏期参考温度可见表 6-6。

表 6-6　蛋鸡育雏期参考温度

参考温度	日龄						
	0～3	4～7	8～14	15～21	22～28	29～35	36～42
育雏器温度/℃	35～33	33～31	31～29	29～27	26～24	23～21	22～18
育雏舍温度/℃	24	24	22～21	21～18	18	18	18

观察育雏温度是否适宜,除参看温度计外,更重要的是看鸡群的行为表现。雏鸡的行为表现是判断育雏温度最好的方法。育雏温度过高时,雏鸡远离热源,大量饮水,张开翅膀张口喘气;育雏温度过低时,雏鸡紧靠热源,拥挤扎堆,夜间睡眠不稳,常发出"叽叽"的叫声;育雏温度适宜时,雏鸡精神饱满,活泼好动,喂料时争着向料槽跑去,休息时分布均匀,而且安稳,很少发出叫声。有贼风吹入时,鸡群远离入风一侧,集中于某一侧。不同温度条件下雏鸡的状态见图 6-1。

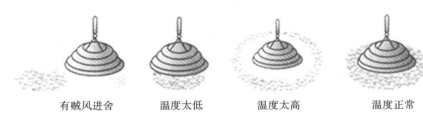

| 有贼风进舍 | 温度太低 | 温度太高 | 温度正常 |

图 6-1　不同温度条件下雏鸡的状态

2. 湿度

(1)湿度要求:湿度与鸡体内水分蒸发、体热散发和鸡舍环境的清洁卫生密切相关。湿度虽然不像温度那样要求严格,但湿度与温度密切相关,在极端情况下或与其他因素共同发生作用时,对雏鸡也会造成很大危害。育雏前期,容易出现高温低湿的情况,由于雏鸡身体的含水量较高,雏鸡很容易失水而体质下降,并影响蛋黄的吸收。低温高湿时,鸡舍内既冷又潮湿,雏鸡易感冒,垫料潮湿,易发生球虫病等;高温高湿时,雏鸡体内热量不易散发,导致闷气、食欲下降、生长缓慢。育雏舍相对湿度的要求见表 6-7。

表 6-7　育雏舍参考湿度

相对湿度		雏鸡日龄			
		1～10	11～30	31～45	46～60
适宜相对湿度/(%)		70	65	60	50～55
极限相对湿度/(%)	高	75	75	75	75
	低	40	40	40	40

(2)湿度调节。

①增湿措施:通常采用室内挂湿帘、火炉加热产生水蒸气、地面洒水等方法增湿。在地面洒水调节湿度时,在离地面不远的高度上会形成一层低温高湿的空气层,对平面饲养和立体笼养的雏鸡都极为不利。

②降湿措施:可选择干燥的环境或抬高鸡舍地面;采用离地网上育雏或分层笼养育雏,定时加强通风换气,铺厚垫料且经常更换等方法降湿。

3. 光照　光照与雏鸡的健康和性成熟有密切关系,在育雏中要掌握适宜的光照时间和光照强度,既要保证鸡体健康,又要防止早熟或晚熟。光照分自然光照和人工光照两种。

(1)光照基本原则:开产前,每天光照时数应保持恒定或逐渐减少,切勿增加,否则鸡会早熟,影响将来的产蛋。

(2)光照方法:在密闭式鸡舍里,光照较易控制。光照制度:1～3日龄每天光照24 h,使鸡的采食和饮水有一个良好的开始;4日龄至2周龄每天减少1.5 h光照时间,减到每天光照10 h;3～20周龄每天均保持光照10 h。在开放式鸡舍里,若生长期遇到自然光照逐渐减少,可利用自然光进行光照,不需要补充光照;若生长期遇到自然光照逐渐增加,控制的方法有每天光照时数恒定法和每天光照时数渐减法两种。

①每天光照时数恒定法:首先查出生长期所处最长的自然光照时数,以此时数为标准,自然光照不足部分用人工光照补充,使其成为定值。1～3日龄每天光照24 h,4日龄～20周龄每天光照时数为生长期最长的自然光照时数,不足部分用人工光照补够。

②每天光照时数渐减法:首先查出生长期最长的自然光照时数,1～3日龄每天光照时数24 h,4～7日龄每天光照时数为生长期最长的自然光照时数加7 h,从第2周龄起,每周减少20 min,减到生长期最长的自然光照时数,然后进入产蛋期。光照强度为第1周龄10～20 lx,第2周龄后改为5～10 lx。

(3)鸡舍光源的安置:在鸡舍安置光源时,应以光照强度均匀为原则。若安置两排以上光源则应交错分布。研究表明,白炽灯的光照效果好于荧光灯,荧光灯容易使鸡产生应激反应。灯泡与墙的距离为灯泡间距的一半,灯泡间距为灯泡离地距离的1.5倍,灯泡与地面的距离以工作人员走动方便、便于清洁为宜。灯泡与地面的距离一般为2 m,灯泡间距为3 m,灯泡与墙的距离为1.5 m。

(4)补充光照的方式:鸡舍补充光照的方式有天亮之前补充、天黑以后补充、天亮之前和天黑以后分别补充三种方式,目前常用第三种方式补充光照。

(5)注意事项。

①定期清洁灯泡和反光罩,保证正常亮度。

②电源要可靠,电压要稳定,避免忽亮忽暗、忽照忽停。

③准时开灯和熄灯,不能忽长忽短,否则会扰乱母鸡正常的生理功能,导致减产。

④开始或停止光照时,光照强度最好做到逐渐增强或逐渐减弱,使鸡有一个适应过程,防止惊扰鸡群。

4. 通风换气　保持育雏舍内空气新鲜是雏鸡正常生长发育的重要条件之一。一般来说,育雏舍内二氧化碳的含量要求以不超过0.15%为宜;氨气的含量要求低于10 mg/m³,不能超过15 mg/m³;硫化氢气体的含量要求在5 mg/m³以下,不应超过10 mg/m³。

育雏舍内通风换气的方法有自然通风和强制通风两种,密闭式鸡舍及笼养密度大的鸡舍通常采用机械(风机)进行强制通风,开放式鸡舍基本上都是依靠开窗进行自然通风。

值得注意的是,育雏舍内的通风与保温常常是矛盾的。过度强调保温,育雏舍内空气污浊,会导致雏鸡体弱、多病,死亡率增加;通风过度,育雏舍内温度大幅度波动,同样会给雏鸡的生长发育和健康带来很大的影响,雏鸡的死亡率也会明显提高。因此,生产上要正确解决通风与保温这一对矛盾问题,具体做法:通风之前先提高育雏舍的温度(一般1～2 ℃),待通风完毕后基本上下降到了原来的舍温。通风的时间最好选择在晴天中午前后,通风换气应缓慢进行,门窗的开启度应从小到大最后呈半开状态。切不可突然将门窗大开,让冷风直吹,使舍温突然下降。

5. 饲养密度　每平方米地面或笼底面积饲养的雏鸡数称为饲养密度。它与雏鸡的正常发育和健康均有关系。密度过大,会造成室内空气污浊,卫生条件差,易发生啄癖和感染疾病,鸡群拥挤、采食不均、发育不均匀;密度过小,房屋和设备利用率低,育雏成本高,同时也难保温。雏鸡适宜的饲养密度见表6-8。

表 6-8　雏鸡饲养适宜密度　　　　　　　　　　　　　　　　单位：只/米²

周龄	地面平养		立体笼养		网上平养
	轻型鸡	中型鸡	轻型鸡	中型鸡	
0～2	35～30	30～26	60～50	55～45	40
3～4	28～20	25～18	45～35	40～30	30
5～6	16～12	15～12	30～25	25～20	25

（二）科学管理

1. 观察鸡群

（1）观察鸡群状况：要养好雏鸡，学会观察鸡群至关重要，通过观察雏鸡的采食、饮水、运动、睡眠及粪便等情况，及时了解饲料搭配是否合理、雏鸡健康状况如何、温度是否适宜等。

（2）观察采食、饮水情况：主要在早晚进行，健康雏鸡食欲旺盛，晚上检查时嗉囊饱满，早晨喂料前嗉囊空，饮水量正常。如果发现雏鸡食欲下降，剩料较多，饮水量增加，则可能是舍内温度过高，要及时调整温度，如无其他原因，应考虑是否患病。

（3）观察粪便：需在早晨进行。若粪便稀，可能是饮水过多、消化不良或受凉所致，应检查舍内温度和饲料状况；若排出红色或带肉质黏膜的粪便，是球虫病的症状；如排在泄殖腔周围，一般是鸡白痢。

2. 定期称重　为了掌握雏鸡的发育情况，应定期随机抽测 5％ 左右的雏鸡体重并与本品种标准体重进行比较，如果有明显差别，应及时修订饲养管理措施。

（1）开食前称重：雏鸡进入育雏舍后，随机抽取 50～100 只雏鸡逐只称重，以了解平均体重和体重的变异系数，为确定育雏温度、湿度提供依据。如体重过小，是由雏鸡从出壳到进入育雏舍间隔时间过长所造成的，应及早饮水、开食；如果是由种蛋过小造成的，则应有意识地提高育雏温度和湿度，适当提高饲料营养水平，管理上更加细致。

（2）育雏称重：为掌握雏鸡的发育情况，每周或隔周随机抽测 5％～10％ 的雏鸡体重，与本品种的标准体重进行对比，如果有明显差别，及时修订饲养管理措施。称重时，抽样要具有代表性：①采样布点位置合理、固定；②数量适宜，生产中一般抽测 50～100 只雏鸡；③每次称重时间固定，一般称量早晨空腹体重。对每只雏鸡逐只称重并记录，将称重结果与本品种的标准体重对比，若低于标准很多，应认真分析原因，必要时进行矫正。矫正方法：在以后的 3 周内慢慢加料，以达到正常值为止，一般的基准为 1 g 饲料可增加 1 g 体重，如低于标准体重 25 g，则应在 3 周内使喂料量增加 25 g。

3. 适时断喙　断喙是蛋鸡生产中必须进行的一项操作。生产中如果鸡群密度过大，舍温过高、光照过强或阳光直射，饲料配制不当、蛋白质不足、含硫氨基酸缺乏、粗纤维含量过低、食盐不足和体表患寄生虫病等，都会引起啄癖，以雏鸡和育成鸡较多。为防止啄癖，节约饲料，提高养鸡效益，生产中常对雏鸡实行断喙。

微视频 6

（1）断喙时间：一般在 7～10 日龄时进行第一次断喙，如果有断喙不成功的可在 10～12 周龄进行第二次修整断喙。如购买的雏鸡在 1 日龄时已采用红外线断喙，此时期可不再重复断喙。

（2）断喙方法：选择适宜的断喙器，准备好足够的刀片（一般 300 只雏鸡换一次刀片）；加热刀片到暗樱桃红色（650～700 ℃）时，左手抓握固定好雏鸡，右手拇指放在雏鸡头上，食指轻压雏鸡咽部使其缩舌，将雏鸡头稍向下按，把喙插入适宜的刀片孔径中，上喙从喙尖到鼻孔切去 1/2，下喙从喙尖到鼻孔切去 1/3，灼烧 2～3 s，以利止血。

（3）注意事项：断喙应激太大，断喙前应检查鸡群健康状况，如健康状况不佳，或注射疫苗有反应时，不宜断喙；断喙前、后 2～3 天不喂磺胺类药物（会延长流血时间），应在饲料或水中加维生素 K₃、维生素 C 及适量的抗生素；断喙后要仔细观察鸡群，对流血不止的鸡，要重新烧烙止血。断喙后要细致管理，料槽中多加饲料，以减轻啄食疼痛。

4.及时分群 每批鸡在饲养过程中必然会出现一些体质较弱、个体大小有差异的鸡,为提高均匀度,要及时做好大小、强弱分群饲养。可结合断喙、免疫接种或转群进行,将过大或过小的鸡挑出单独饲养,剔除病、弱、残、次鸡,随时创造条件满足鸡的生长需要,促进鸡群的整齐发育。

5.疾病预防与免疫接种 雏鸡体小娇嫩、抗病力弱,加上高密度饲养,一般很难达到100%的成活率。重点应做好以下几方面的防病工作。

（1）采用"全进全出"的饲养制度:转群后鸡舍彻底清扫、消毒,并空舍2～3周,切断各种传染病的循环感染。

（2）制订严格的消毒制度:经常对育雏舍内外打扫清理、消毒,搞好环境卫生。每日清扫、更换育雏舍门口消毒池用药。根据情况每周带鸡消毒2～4次,净化育雏舍空气。要经常开窗换气,及时清粪,合理处理养鸡场的废弃物、鸡粪、死鸡及污水等,减少环境污染。工作人员更衣、换鞋、消毒后进入鸡舍,饲养人员不得在生产区内各鸡舍间串门,严格控制外来人员进入生产区。

（3）保证饲料和饮水质量:配合饲料要求营养全面、混合均匀,以防雏鸡发生营养缺乏症和啄癖;严防饲喂发霉、变质饲料。饲料中适当添加多种维生素,增加抗病力。饮水最好是饮用自来水厂的水,饮用深井水时,要加强过滤和净化,注意用漂白粉消毒,每周饮用0.01%的高锰酸钾水1次。育雏用具要经常清洁,料槽、水槽要定期洗刷、消毒。

（4）投药防病:在饲料或饮水中添加适宜的药物,预防雏鸡白痢、球虫病等。一般在雏鸡3～21日龄期间,饲料或饮水中添加抗白痢药;15～60日龄时,饲料中添加抗球虫药。注意接种疫苗前后几天最好停药。

（5）免疫接种:适时免疫接种是预防传染病的重要措施。雏鸡接种的疫苗很多,必须编制适宜的免疫程序。实践中没有一个普遍适用的免疫程序,要根据当地传染病流行情况、雏鸡抗体水平与健康状况,以及疫苗的使用说明等制订适用的免疫程序。接种时注意同一周龄内一般不进行两次免疫,尤其是接种部位相同时;不可混合使用几种疫苗（多联苗除外）,稀释开瓶后尽快用完;若有多联苗可减少接种次数,接种时间可安排在其分别接种的时间中间;对重点防疫的疾病,最好使用单苗。所有疫苗都要低温保存,弱毒苗$-15\ ℃$冷冻,灭活油苗$2～5\ ℃$保存。

（6）日常观察与看护:育雏期间,应经常检查环境温度、湿度、空气质量、光照等是否适宜,饮水器是否有水,是否断料,饮水器与喂料器数量、高度是否适宜等。笼养时应及时捉回跑鸡,挑出啄癖鸡,病鸡隔离治疗或淘汰,检查舍内有无鼠害等。

（7）做好记录工作:每天应记录雏鸡群的存栏数、死淘数、进出周转数或出售数、耗料量、投药情况、免疫情况、体重称量结果、天气及室内的温湿度变化情况、光照、清粪、消毒情况等资料,以便及时了解育雏生产情况,汇总分析。记录表格见表6-9、表6-10。

表6-9 育雏记录表

品种				入舍日期			
批次				入舍数量			
转群日期				转群数量			
日龄	存栏	死亡	淘汰	成活率/(%)	耗料量			平均体重/g	用药免疫
					每只耗料量/g	总耗料量/kg	累计总耗料量/kg		
1									
2									
3									
……									
42									

表 6-10　育雏汇总表

批次	进雏日期	品种	育雏数	6 周龄成活率/(%)	转群日期	育雏天数	转群时成活率/(%)	饲养人员姓名	备注
1									
2									
3									
4									
……									
合计									

（8）日常管理：①进舍前应更衣、换鞋、消毒，换下的衣物不能带入舍内。②注意观察鸡群，观察时从鸡只行为、活动、采食、饮水、粪便等方面进行。③注意观察料槽、饮水器、灯泡、供温设备是否正常，若有损坏及时修理。

六、育雏效果的评价

育雏效果常通过雏鸡的成活率、均匀度、体重与胫长、开产时间来进行评价，良好的育雏效果具有以下特征。

（一）成活率高，均匀度好

均匀度指鸡群内个体间体重的整齐程度，也称整齐度。均匀度越高，鸡群开产越一致，产蛋效果越好。均匀度常用平均体重（1±10%）范围内的鸡只数占抽测鸡只数的百分比表示。一般认为，均匀度在 70%～76% 为合格，达到 77%～83% 为良好，84% 以上为优秀。健康的鸡群，1 周龄末要求成活率应达到 90.0%～99.5%，6 周龄末应达到 98.0%，到 20 周龄时应在 90.0% 以上，优秀的可达到 95.0%～97.0%。

（二）体重、胫长达标

体重是衡量雏鸡生长发育的重要指标之一，不同品种或品系的鸡都有其标准体重。符合标准体重的鸡，说明生长发育良好，将来产蛋多，饲料转化率高；体重过大、过肥的鸡，以后产蛋少；体重过小，说明生长发育不良，开产推迟，产蛋持续期短。在饲养过程中应定期称重，以了解鸡的生长发育情况。

鸡的体重和生产性能的高低在一定程度上取决于鸡骨骼的发育，胫长是衡量骨骼生长发育程度的指标，也是体形大小的指标之一。胫长是从踝关节到第 3、4 趾之间的垂直距离。常用游标卡尺测量；若胫长长、体重大，或胫长短、体重轻，说明发育基本正常。若胫长短、体重大，说明偏肥；若胫长长、体重轻，说明偏瘦。目前，在对鸡的体形评定中，已由过去的测体重改为体重和胫长同时测量。

（三）适时开产

褐壳蛋鸡一般在 21 周龄左右开产，白壳蛋鸡一般比褐壳蛋鸡提前 1～2 周开产。若能按时开产，则说明开产前的鸡饲养管理正常。

实践技能　雏鸡的断喙技术

目的与要求

掌握正确断喙的方法和步骤，并熟知雏鸡断喙的注意事项，加深对雏鸡断喙的理解。

→ 材料与用具

7～10 日龄雏鸡、断喙器(图 6-2)、雏鸡笼、电源插板等。

图 6-2　断喙器

→ 内容与方法

1. 断喙前的准备工作

(1)断喙前 2～3 天,在每千克雏鸡饲料中添加 2～3 mg 维生素 K,以利于断喙过程中和断喙结束后止血。

(2)安装好断喙器电源插座,接通断喙器电源,检查断喙器运转是否正常。

(3)将准备断喙的鸡放入一个鸡笼(如果采用平面育雏方式,用隔网将雏鸡隔在育雏舍一侧),在准备放断喙后雏鸡的鸡笼内(或育雏舍的另一侧)放置盛适量清凉饮水的钟形饮水器。

2. 断喙操作

(1)保定:雏鸡断喙采用单手保定法,用中指和无名指夹住雏鸡两腿,手掌握住躯干,将拇指放在雏鸡头部后端,食指抵住下颌,拇指和食指稍用力,轻压头部和咽部,使雏鸡闭嘴和缩舌,以免切喙时损伤口腔和舌头。

(2)切喙:选择适宜的定刀孔眼,待动刀抬起时,迅速将鸡喙前端约 1/2(从喙尖到鼻孔的前半部分)放入定刀孔眼内,雏鸡头部稍向上倾斜。动刀下落时,自动将鸡喙切断。

(3)止血:将鸡喙切断后,使鸡喙在动刀上停顿 2 s 左右,以烫平创面,防止创面出血,同时也起到消毒和破坏生长点的作用。

(4)检查:烧烫结束后,检查上、下喙切去部分是否符合要求,创面是否出血等。如果不符合要求,再进行修补。

(5)放鸡:将符合要求的断喙雏鸡放入另一个鸡笼(或育雏舍的另一侧),使其迅速饮用清凉的饮水,以利于喙部降温。

3. 断喙的技术要求

(1)正确使用断喙器,断喙方法、步骤正确。

(2)上喙切去 1/2,下喙切去 1/3,上喙比下喙略短或上下喙平齐,切勿将舌尖断去。

(3)创面烧烫平整,烧烫痕迹明显,不出血。

(4)放鸡后,雏鸡活动正常。

(5)断喙速度为每分钟 15 只以上。

→ 注意事项

(1)断喙前应断料 1～2 h,避免雏鸡吃饱断喙。

（2）断喙前后1～2天，在每1000 kg饲料加入2～3 g维生素K，在饮水中加0.1％的维生素C及适量的抗生素，有利于凝血和减少应激。

（3）断喙时，刀片的温度不能过高或过低。温度过高，容易导致雏鸡烫伤和过强应激反应；温度过低，不利于止血和破坏鸡喙的生长点。

（4）断喙时，鸡群应该健康无病。鸡群患病或接种疫苗前后2天，不要进行断喙。

（5）断喙后2～3天，料槽内饲料要加厚些，以利雏鸡采食，防止鸡喙啄到槽底因疼痛影响采食，且断喙后不能断水。

（6）断喙后要仔细观察鸡群，对流血不止的鸡只，要重新烧烙止血。

（7）断喙应与接种疫苗、转群等错开进行。炎热季节应选择天气凉爽时断喙。此外，抓鸡、运鸡及操作动作要轻，不能粗暴，避免多重应激。

（8）断喙器应保持清洁，定期消毒，以防断喙时交叉感染。

蛋鸡的品种

知识拓展

商品蛋鸡免疫程序
（参考）

项目七　育成鸡生产

扫码学课件 7

任务一　育成鸡的生理特点

育成鸡是指 7 周龄到产蛋前的鸡,一般是 7～18 周龄的鸡。

一、对环境具有良好的适应性

育成鸡的羽毛已经丰满,具有健全的体温调节能力和较强的生活能力,对外界环境的适应能力和对疾病的抵抗能力明显增强。

二、消化功能提高

消化功能趋于完善,食欲旺盛,对麸皮、草粉、叶粉等粗饲料可以较好地利用,饲料中可适当增加粗饲料和杂粕。

三、生长迅速,是肌肉和骨骼发育的重要阶段

肌肉和骨骼发育处在旺盛时期,钙、磷吸收和沉积能力不断提高。

四、性器官发育加快

10 周龄以后,性腺及性器官开始活动和发育,15 周龄以后发育更为迅速。基于以上特点,育成期饲养管理技术的关键,是在骨骼、肌肉发育良好,体重达到标准的前提下,控制性器官的过早发育,在 12～18 周龄期间特别需要注意。

任务二　育成鸡的饲养管理

一、育成鸡的培育目标

育成期总目标是要培育具备高产能力、维持长久高产体力的青年母鸡群。培育指标:体重的增长符合标准,具有强健的体质,能适时开产;骨骼发育良好,骨骼的发育应该和体重增长一致;鸡群体重均匀,要求有80%以上的均匀度;产前做好各种免疫,具有较强的抗病力,保证鸡群能安全度过产蛋期。

二、育成鸡的饲养

(一)营养需要

逐渐降低代谢能、蛋白质等营养的供给水平,保证维生素、矿物质及微量元素的供给,可使鸡的生殖系统缓慢发育,又可促进骨骼和肌肉生长,增强消化功能,使育成鸡具备一个良好的繁殖体况,能适时开产。

限制水平一般为7～14周龄日粮中粗蛋白质含量为15%～16%,代谢能为11.49 MJ/kg;15～18周龄粗蛋白质含量为14%,代谢能为11.28 MJ/kg。同时,在降低蛋白质和能量水平时,应保证必需氨基酸,尤其是限制性氨基酸的供给。育成期饲料中矿物质含量要充足,钙磷比应保持在(1.2～1.5):1,饲料中各种维生素及微量元素比例也要适当。

(二)正确制订喂料量

制订喂料量是限制饲养成败的关键。如果制订的喂料量大,则鸡的体重超过标准体重;若制订的喂料量少,则鸡的体重偏轻,低于标准体重。喂料量的多少应参考种禽公司提供的标准,如:中型鸡可参考表7-1中的标准体重及参考喂料量,结合实际称重求出的平均体重,将平均体重和标准体重进行对照,作为制订喂料量的依据。若平均体重和标准体重基本相符,喂料量则可按照表格提供的参考喂料量进行饲喂;若平均体重超过标准体重,下周喂料量在表格提供的参考喂料量基础上适当减少;若平均体重低于标准体重,下周喂料量在表格提供的参考喂料量基础上适当增加。喂料量的增减标准:当平均体重超过标准体重1%时,下周喂料量在参考喂料量的基础上减少1%;当平均体重低于标准体重1%时,下周喂料量在参考喂料量的基础上增加1%。但是,若平均体重与标准体重相差太多,则喂料量增加应逐渐进行,经过2～3周调整使体重达到标准体重即可。养鸡最忌讳的是下周喂料量还没有上周喂料量多,这样对鸡的影响会很大。

表 7-1　生长蛋鸡(中型鸡)生长期标准体重及参考喂料量

周龄	周龄末体重(克/只)	喂料量(克/只)	累计喂料量(克/只)
1	70	84	84
2	130	119	203
3	200	119	357
4	275	189	546
5	360	224	770
6	445	250	1029
7	530	294	1323
8	615	329	1652
9	700	357	2009
10	785	385	2394
11	875	413	2897

周龄	周龄末体重（克/只）	喂料量（克/只）	累计喂料量（克/只）
12	965	441	3248
13	1055	469	3717
14	1145	497	4214
15	1235	525	4739
16	1325	546	5285
17	1415	567	5852
18	1505	588	6440
19	1595	609	7049
20	1670	630	7679

注：0～9周龄为自由采食，9周龄后开始结合光照进行限制饲养。

（三）做好饲喂和换料工作

每天先上水再上料，保证自由饮水，每天喂料2～3次，及时匀料，减少饲料浪费。做好换料工作，育成期共有4次饲料过渡：一是育雏结束、体重达标后用1周左右时间过渡为育成前期料；二是在15周龄过渡为育成后期料；三是在17～18周龄鸡群见第一个蛋时过渡为预产料；四是鸡群产蛋率达1%～5%时过渡为产蛋料。饲料过渡要循序渐进，一般需要3～7天过渡期。

（四）添喂沙砾

为提高鸡的消化功能及饲料利用率，应定期喂沙砾。沙砾要求清洁卫生，用清水冲洗干净，再用0.01%的高锰酸钾溶液消毒后使用。将沙砾直接拌入饲料或单独设置沙槽。不同周龄的鸡饲喂沙砾规格及沙砾量见表7-2。

表7-2　不同周龄的鸡饲喂沙砾规格及沙砾量

鸡龄	沙砾量（克/只）	规格
1日龄～4周龄	2.2	细粒
5～8周龄	4.5	细粒
9～12周龄	9	中粒
13～20周龄	11	中粒

（五）育成鸡的限制饲养

限制饲养简称限饲，就是人为地控制鸡的采食量或者降低饲料营养水平，以达到控制体重的目的。白壳蛋鸡采食量少，一般不限制喂料量，只根据季节和鸡群体重调整饲料配方。由于生产中免疫、转群等各种因素导致育成前期体重不达标时，应及时提高饲料营养水平，但依靠育成后期弥补体重的做法，常导致鸡生产性能并不理想，因此不能盲目限饲。

1. 限饲目的和作用

（1）控制体重：自由采食状态下，鸡通常会过量采食，不仅会造成饲料浪费，而且还会因脂肪过度沉积而超重，影响成年后的产蛋性能。

（2）控制性腺发育，使鸡群适时开产：育成鸡正处于卵巢、输卵管快速发育的时期，如果不进行限饲，会导致小母鸡过早性成熟，开产早、蛋小、产蛋持久性差等。

（3）节省饲料：限饲的鸡采食量比自由采食少，可节省10%～15%的饲料。此外，限饲控制了母鸡的体重，可以提高母鸡在产蛋期的饲料转化率。

2. 限饲方法

（1）限量法：主要适用于中型蛋用育成鸡，可分为定量限饲、停喂结合、限制采食时间等。定量限饲就是不限制采食时间,把配好的日粮按限制喂料量喂给,喂完为止,限制喂料量为正常采食量的80%～90%。采取这种办法,必须先掌握鸡的正常采食量,每天的喂料量应正确称量,而且所喂日粮质量必须符合要求。停喂结合是根据鸡群的情况,把停喂日的饲料分摊给饲喂日,根据限饲强度由弱到强分为5种方法,见表7-3。采用何种限量法主要依据品种、鸡群状况而定,轻型鸡要轻度限饲。

表7-3 限量法喂料方法

限饲方法	饲喂方式	1周喂料天数/天	停喂日期
每日限饲	每日饲喂正常采食量的80%～90%	7	无
六一法则	1周6天喂料,1天停喂	6	周日
五二法则	1周5天喂料,2天停喂	5	周四、周日
四三法则	1周4天喂料,3天停喂	4	周二、周五、周日
隔日限饲	把2天的饲料在1天喂给	3～4	喂料后的第二天

(2)限质法:就是限制日粮中的某些营养水平,适当降低能量、粗蛋白质或赖氨酸水平。根据育成鸡的生理特点,如果在育成期给予充足的能量和蛋白质,容易引起早熟和过肥。日粮中可适当增加糠麸类的比例,粗纤维可控制在5%左右。限质法应结合实际体重增长情况,不能盲目使用,有些地区的蛋鸡饲料能量偏低,采用限饲技术,将会适得其反,每鸡的体重无法达到标准要求。

3. 限饲注意问题

(1)限饲前应断喙,淘汰病、残、弱鸡,并根据鸡的营养标准、喂料量、体重要求制订好限饲方案。

(2)限饲期间,必须要有足够的料槽,保证每只鸡都有一定的采食槽位,防止因采食不均造成发育不整齐。

(3)定期称重,掌握好喂料量。一般每周称重一次,抽样比例为全群只数的5%,并与标准体重比较,以差异不超过10%为正常。如果差异太大,要调整喂料量。

(4)当气温突然变化、鸡群发病、接种疫苗或转群时,应暂停限饲,等消除影响后再恢复限饲。

(5)掌握好限饲的起始周龄,蛋鸡一般从9周龄开始进行限饲,16周龄后根据不同的品种标准给予喂料量。

(6)限饲必须与光照控制相结合,才能取得良好的效果。

三、育成鸡的管理

(一)环境控制

1. 温度 育成鸡的最佳生长温度为21 ℃,适宜温度为15～25 ℃。夏季做好防暑降温工作,冬季做好保温工作。

2. 湿度 育成鸡的适宜相对湿度为50%～60%。

3. 光照 鸡在10～12周龄时性器官开始发育,此时光照对育成鸡的作用很大,光照时间的长短,影响性成熟的早晚。育成鸡若在较长或渐长的光照下,性成熟提前,反之则性成熟推迟。育成期的光照原则为不能延长光照时间,以每天8～9 h为宜,强度以5～10 lx为好。

(1)恒定光照法:密闭式鸡舍不受外界自然光照的影响,可以采用恒定的光照程序,即从4日龄开始到18周龄,恒定8～9 h光照时间;从19～20周龄开始,每周增加光照时间0.5～1 h,直至光照时间达到16 h。

(2)自然光照法:开放式鸡舍饲养育成鸡,由于受外界自然光照的影响,因此采用自然光照加补充光照的办法。针对每年4月15日至9月1日孵出的雏鸡,由于其生长后半期自然光照处于逐渐缩短时期,只要每天光照时间不短于10 h即可,利用自然光照,无须人工补充。

(3)渐减光照法:每年9月31日至次年4月15日之间孵出的雏鸡采用此方法。具体做法:查出本批雏鸡到20周龄时的自然光照时间,再加上7 h,作为4日龄至1周龄的光照时间,从2周龄开始每周减少光照时间20 min,到20周龄时正好与自然光照长短一致。21周龄开始每周逐渐增加光

微视频 7-1

照时间至 16 h。

4.通风 舍内空气质量影响育成鸡的生长发育和健康。深秋、冬季和初春,尽管天气较冷,但在鸡舍保温的前提下应尽量通风换气,减少舍内氨气、硫化氢等有害气体和粉尘的含量,减少呼吸道疾病、传染病发生,保证鸡群健康。

5.饲养方式及密度

(1)饲养方式:地面平养、网上平养和笼养等。

(2)饲养密度:育成鸡生长发育快、代谢旺盛、活动量大。适宜的饲养密度和足够的采食、饮水占有位置更有利于鸡群的生长发育,提高群体均匀度。鸡群饲养密度因不同季节、品种、生理阶段、饲养方式而异,通常夏季小于冬季,春、秋季介于两者之间,笼养大于平养。蛋鸡育成期饲养密度参考见表7-4。育成鸡采食占有位置:7~8 周龄 6~7.5 cm,9~12 周龄 7.5~10 cm,13~18 周龄 9~10 cm,19~20 周龄 12 cm。7~18 周龄饮水占有位置为 2~2.5 cm。

表 7-4 蛋鸡育成期饲养密度

品种	周龄	饲养方式		
		地面平养(只/米²)	网上平养(只/米²)	笼养(只/笼)
中型蛋鸡	7~12	7~8	9~10	36
	13~18	6~7	8~9	28
轻型蛋鸡	7~12	9~10	9~10	42
	13~18	8~9	8~9	35

(二)科学管理

育成期的管理,可分为育成前期的管理、日常管理和开产前的管理。

1.育成前期的管理 在雏鸡转入育成舍之前,育成舍及设备必须彻底清扫、冲洗,在熏蒸消毒后,密闭空置 3 天以上才能进行转群。从育雏期到育成期,在饲养管理技术上应该做好过渡。

(1)做好育成期的过渡。

①转群:育雏结束后将雏鸡由育雏舍转入育成舍,转群一般在 6~7 周龄进行。转群前 1~2 周应按鸡只体重大小分别饲养在不同的笼内;转群前 3~5 天,应按应激时维生素的需要量补充维生素;转群前 6 h 停止喂料;转群后应尽快恢复喂料和饮水,饲喂次数增加 1~2 次,还可在饲料中添加 0.02% 多种维生素和电解质;转群后,为使鸡尽快适应环境,应给予 48 h 连续光照,2 天后恢复正常的光照。

②脱温:鸡饲养到 30~45 日龄时脱温。脱温应逐渐进行,常采用夜间加温、白天停温,阴雨天加温、晴天停温,逐渐减少加温时间,经过 1 周左右过渡后可完全停温。

③换料:育雏结束后将育雏料换成育成料。换料应逐步进行,需 1~2 周的过渡。若鸡群健康、整齐一致,可采用五五过渡,即 50% 的育雏料加 50% 的育成料,混合均匀,饲喂 1 周,第 2 周全部喂育成料。若鸡群不整齐,则采用三七过渡,再加一周五五过渡。即第 1 周 70% 的育雏料加 30% 的育成料,饲喂 1 周,50% 的育雏料加 50% 的育成料再饲喂 1 周,第 3 周全部喂育成料。

(2)增加光照:育成鸡光照的原则是每天光照时数应保持恒定或逐渐减少,切勿增加。自然光照不能满足时,用人工补充。但转群当天应临时调整光照时间,连续光照 24 h。

(3)整理鸡群:育成前期应按体重大小、强弱分群,同时挑出残、弱、病鸡,清点鸡数,补满鸡笼。

2.日常管理 重视育成鸡的日常管理是育成鸡生长发育的前提,也是提高鸡群均匀度的保障。

(1)体重控制:适宜的育成鸡体重是保证蛋鸡适时开产、蛋重大小合适、产蛋率迅速上升和维持较长产蛋高峰期的前提。

①体重的测定:轻型鸡要求从 6 周龄开始每 1~2 周称重 1 次;中型鸡从 4 周龄后每 1~2 周称重 1 次,以便及时调整饲养管理措施。测体重时数量在万只以上的鸡按 1% 抽样、小群按 5% 抽样,但不能少于 50 只。抽样要有代表性,平养时一般先把栏内的鸡缓缓驱赶,使舍内各区域鸡和大小不同的鸡均匀分布,然后在鸡舍的任意地方随意用铁丝网围出大约需要的鸡数,并将伤残鸡剔除,剩余的鸡逐只称重登记,以保证抽样鸡的代表性。笼养时要在鸡舍内不同区域抽样,但不能仅取相同层次笼

的鸡,因为不同层次的环境不同,体重有差异。每层笼取样数量也要相等。体重测定安排在相同的时间,如周末早晨空腹测定,称完体重后再喂料。

②体重的调控方法:若平均体重＞标准体重(1+10%),则下周继续本周的喂料量,切不可减少;若平均体重＜标准体重(1-10%),则下周的喂料量在标准喂料量的基础上再增加2~3克/只,或饲喂下下周的喂料量;若平均体重在标准体重(1±10%)范围内,则按标准喂料量执行。总的原则是在育成期的任一时期均不允许出现体重下降的现象,对出现体重达不到标准的情况,要先查找原因(如营养、疾病等),处理之后再调整喂料量。

(2)均匀度控制。

微视频 7-2

①均匀度的计算:均匀度＝体重在抽测鸡群平均体重(1±10%)范围内的只数÷抽测数×100%。例如:某鸡群规模为5000只,10周龄时平均体重为760 g,平均体重(1±10%)的范围是684~836 g。在鸡群中抽测100只,其中体重在684~836 g的有82只,占称重鸡数的82%,即均匀度为82%。

②均匀度的标准:均匀度≥85%表示优秀,鸡群开产整齐,产蛋高峰上升快,高峰明显且持续时间长;80%~84%表示良好;75%~79%表示合格;均匀度≤74%表示均匀度差,鸡群不能同步开产,产蛋高峰不明显或即使出现高峰也表现为高峰晚、持续时间短、脱肛、啄肛多,死淘率高。

(3)仔细观察,精心看护:每日仔细观察鸡群的采食、饮水、排粪、精神状态、外观表现等情况,发现问题及时解决。

(4)喂料和饮水:定时喂料,喂料量要适当、均匀,避免料槽内饲料长期蓄积。饲料要营养全面、干净卫生,不饲喂腐败变质饲料。换料时不可突然变更,要逐渐过渡。经常清洁饲喂器具,保证足够的采食位置。供应充足的饮水,饮水质量清洁、无毒、无病原体污染。经常清洁消毒饮水器具,保证足够的饮水位置。

(5)做好卫生防疫工作:为了保证鸡群健康发育,防止疾病发生,除按期接种疫苗,预防性投药驱虫外,还要加强日常卫生管理,经常清扫鸡舍、更换垫料,加强通风换气,疏散密度,严格消毒等。

(6)保持环境安静稳定,尽量减少或避免应激:由于生殖器官的发育,特别是在育成后期,鸡对环境变化的反应很敏感,在日常管理上应尽量减少干扰,保持环境安静,防止噪声,不要经常变动饲料配方和饲养人员,每天的工作程序更不能变动。调整饲料配方时要逐渐进行,一般应有1周的过渡期。断喙、接种疫苗、驱虫等必须执行的技术措施要谨慎安排,最好不转群,少抓鸡。

(7)及时淘汰病、弱鸡:为了使鸡群整齐一致,保证鸡群健康整齐,必须注意及时淘汰病、弱鸡,除平时淘汰外,在育成期要集中两次挑选和淘汰。第1次在8周龄前后,选留发育好的,淘汰发育不全、过于弱小或有残疾的鸡。第2次在17~18周龄,结合转群时进行,挑选外貌结构良好的,淘汰不符合本品种特征和过于消瘦的个体,断喙不良的鸡在转群时也应重新调整。同时应有专人计数。

(8)做好日常记录工作,见表7-5。

表7-5 育成记录表

品种					入舍日期					
批次					入舍数量					
转群日期					转群数量					
日龄	存栏	死亡	淘汰	成活率/(%)	耗料量			平均体重/g	均匀度/%	用药免疫
					每只耗料量/g	总量/kg	累计总耗料量/kg			
42										
43										
44										
……										
140										

3. 开产前的管理

（1）转群：应在开产前完成，在17～18周龄时进行，让鸡有足够时间熟悉和适应新的环境。提前对蛋鸡舍进行消毒，转群前后3天在饮水中添加电解多维，以减少应激反应。转群前6 h停料，转群当天连续24 h光照，保证采食饮水。转群时淘汰生长发育不良的弱鸡、残次鸡及外貌不符合品种标准的鸡。尽量在夜间转群，抓鸡要抓脚，不能抓颈或抓翅，动作迅速，但不能粗暴。转群后，要特别注意保持环境安静，饲喂次数增加1～2次，并保证充足饮水。

（2）调整营养和注意补钙：预产期的小母鸡体重继续增加，18～22周龄体重增加350 g左右，该阶段应加强营养，如果营养不良，则体重增加不足，开产后蛋重增加缓慢（正常为从产第1个蛋到产蛋高峰，蛋重每周增加1 g），产蛋量低于标准。预产期饲料中钙的含量要增加，当饲料中钙不足时，母鸡会利用骨骼及肌肉中的钙，易造成笼养蛋鸡疲劳综合征。所以在开产前10天或当鸡群见第1个蛋时，将育成料过渡为预产料，钙的水平调为2.0％～2.25％，其中至少有1/2的钙以颗粒状石粉或贝壳粒供给。这样既能补钙，照顾开产的母鸡，又为饲喂含钙较高的产蛋料做一过渡，减少了高钙对肾和消化道的应激，避免开产后发生生理性腹泻、出现消化不良及排泄干绿粪便等现象。

（3）增加光照：一般在18～20周龄起，每周延长光照0.5～1.0 h，直至达到16 h后恒定不变，但不能超过17 h。如果鸡群在20周龄时仍达不到标准体重，则可以推迟到21周龄时开始增加光照。18周龄时鸡群如达不到标准体重，若原为限饲则应改为自由采食，若原为自由采食则应提高饲料的蛋白质和代谢能的水平，以使鸡群开产时体重尽可能达到标准。开产前增加光照必须与更换饲料结合进行。如果只增加光照，不改变饲料或无足够的喂料量，易造成生殖系统与整个躯体发育不协调；如果只更换饲料，不增加光照，又会使鸡体聚积脂肪。

（4）准备产蛋箱：平养鸡开产前2周，在墙角或光线较暗、通风良好的地方安置好产蛋箱。4～5只母鸡共用1个产蛋窝，产蛋箱底层距地面40～50 cm，箱内铺垫料，夜间关闭箱门，以防母鸡在箱内排粪。

（5）自由采食：1只母鸡在第1个产蛋年中所产蛋的总重量为其自身重的8～10倍，同时其自身体重还要增长25％。因此，它必须采食约为其体重20倍的饲料。所以鸡群在开始产蛋时应自由采食，并一直维持到产蛋高峰及高峰后2周。此外，由育成料改换为产蛋料要与开产前增加光照相配合，一般在增加光照后改换饲料。

实践技能　鸡群称重和体重均匀度计算

→ **目的与要求**

掌握鸡群称重和均匀度计算方法。

→ **材料与用具**

育成鸡群（≥500只）、鸡的标准体重数据、体重记录表、家禽秤和计算器等。

→ **内容与方法**

1. 抽样　从育成鸡群中随机抽取10％（不少于50只）的鸡，然后逐只称重，并做好个体记录。

2. 计算抽样鸡的平均体重　将抽样鸡的体重累计求和，除以抽样只数即得平均体重。首先与该品种标准体重进行比较，初步分析体重是否达标及鸡群饲养情况。

3. 计算均匀度　如抽测平均体重未达1000 g，再对抽测鸡逐个查看体重，计算出体重在抽测鸡群平均体重（1±10％）范围内的鸡只数，然后除以抽测数，即得出均匀度。

计算公式：均匀度＝体重在抽测鸡群平均体重（1±10％）范围内的鸡只数÷抽测数×100％。假设总抽测样鸡数为 50 只，体重在抽测群平均体重（1±10％）范围内（900～1100 g）的鸡有 40 只，则该群育成鸡的均匀度为：40÷50×100％＝80％。也可以参考生物统计学中的变异系数计算公式分析鸡群均匀度。

4. 结果分析　根据结果分析该鸡群的均匀度，对该鸡群下一阶段的饲养管理提出合理建议。

蛋鸡育成期营养
需要建议

提高鸡群均匀度的
技术措施

项目八 产蛋鸡生产

学习目标

【知识目标】

1. 了解产蛋鸡的生理特点和产蛋规律。

2. 了解产蛋鸡的营养需要和环境条件要求。

3. 了解产蛋鸡的分段饲养、限制饲养和调整饲养技术。

【技能目标】

1. 掌握产蛋鸡对饲养和环境条件的需要标准。

2. 熟练掌握产蛋鸡日常管理操作规程,确定鸡群的采食量及选择正确的饲喂方法。

3. 掌握产蛋鸡饲养管理技术要点,能对鸡群进行检查、挑选和分群工作,能从外形区别高、低产鸡。

4. 能制订产蛋期的饲养方案,统计各种生产数据。

【思政目标】

1. 培养学生一丝不苟、谨慎行事、有条不紊的工作态度。

2. 通过产蛋期利用"产蛋规律"对蛋鸡实施的"调整饲养法"知识点的传授,引入事物的发展都是有规律的,我们应做到"发现规律,揭示规律,尊重规律,利用规律"。

任务一 产蛋鸡的生理特点

产蛋鸡是指19周龄及以后的鸡。

一、开产后身体仍在发育

刚进入产蛋期的母鸡,虽然已性成熟,开始产蛋,但身体还没有发育完全,体重仍在继续增长,开产后20周,约达40周龄时生长发育基本停止,增重极少,40周龄后的体重增加多为脂肪积蓄。

二、富于神经质

母鸡在产蛋期间对于环境变化非常敏感,饲料配方变化、饲喂设备更换、环境条件的变化、饲养密度的改变、饲养人员和日常管理程序等的变换以及其他应激因素等,都会对产蛋造成不良影响。

三、不同周龄的鸡对营养物质利用率不同

母鸡刚达性成熟(17～18周龄)时,成熟的卵巢释放雌激素,使母鸡的储钙能力显著增强。随着开产到产蛋高峰时期,母鸡对营养物质的消化吸收能力增强,采食量持续增加,而到产蛋后期,其消化吸收能力减弱而脂肪沉积能力增强。

四、换羽的特点

母鸡经过一个产蛋期以后,便自然换羽。从开始换羽到新羽长齐,一般需2～4个月的时间。换羽期间因卵巢功能减退,雌激素分泌减少而停止产蛋。换羽后的母鸡又开始产蛋,但产蛋率较第一

产蛋年降低 10%～15%,蛋重提高 6%～7%,饲料效率降低 12%左右。产蛋持续时间缩短,仅可达34 周左右,但抗病能力增强。

任务二　产蛋鸡的饲养管理

一、产蛋期的培育目标

产蛋鸡的饲养管理目标:产蛋性能高、适时性成熟、产蛋高峰期维持时间长,具有良好的适应性及较强的抗病能力、死淘率低、体格强健、饲料转化率较高、蛋品质良好,并且具有耐热、安静、无神经质、易于管理等优秀品质,实现产蛋期高产、稳产、高效生产。

二、产蛋规律及产蛋曲线

(一)产蛋规律

蛋鸡产蛋具有规律性,就产蛋年而言,第一年产蛋率最高,第二年和第三年每年递减 15%～20%。就一个产蛋年来讲,产蛋随着周龄的增长呈"低—高—低"的产蛋曲线,可将产蛋期分为三个时期:产蛋前期、产蛋高峰期、产蛋后期。在产蛋期内,产蛋率和蛋重的变化呈现一定的规律性。

1. 产蛋前期　产蛋前期是指从开始产蛋到产蛋高峰的时期(21～26 周龄)。这个时期产蛋率上升很快,每周以 12%～20%的比例上升,同时鸡的体重和蛋重也在增加。体重每天增加 4～5 g,蛋重每周增加 1 g 左右。

2. 产蛋高峰期　产蛋率通常在 85%以上,一般在 28 周龄产蛋率可达 90%以上,正常情况下,产蛋高峰期可维持 3～4 个月。在此期间蛋重变化不大,体重略有增加。

3. 产蛋后期(43 周龄后)　产蛋率逐渐下降,每周下降 0.5%左右,蛋重相差较大,体重增加。直至 72 周龄产蛋率下降至 65%～70%。

(二)产蛋曲线

1. 产蛋曲线　以周龄为横坐标、饲养日产蛋率为纵坐标绘制而成(图 8-1)。

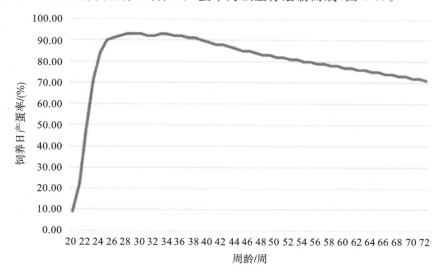

图 8-1　现代蛋鸡产蛋曲线

2. 产蛋曲线的特点

(1)开产后产蛋率上升较快:正常饲养管理条件下,产蛋率的上升速度平均为每天 1%～2%,初期上升阶段可达 3%～4%。从 23～24 周龄开产,29 周龄左右即可达到产蛋最高峰。褐壳蛋鸡一般在 20 周龄时,产蛋率达 5%;21 周龄时,产蛋率达 50%;25～27 周龄时,产蛋率达到 90%以上,一直维持至 40 周龄左右。

（2）产蛋率达到高峰后,下降速度缓慢且平稳:产蛋率下降的正常速度为每周 0.5%～0.7%,高产鸡群 72 周龄淘汰时,产蛋率仍可达 70% 左右。

（3）产蛋率下降具有不可完全补偿性:由于营养、管理、疾病等方面的不利因素,母鸡产蛋率较大幅度下降时,在改善饲养条件和鸡群恢复健康后,产蛋率虽有一定回升,但不可能再达到应有的产蛋率。产蛋率下降部分得不到完全补偿。越接近产蛋后期,下降的时间越长,越难回升,即使回升,回升的幅度也不大。如发现鸡群产蛋率异常下降,要尽快找出原因,采取相应措施加以纠正,以免造成更多的经济损失。

3. 产蛋曲线的意义分析　将实际产蛋曲线与标准产蛋曲线进行比较,可以衡量鸡群产蛋性能是否正常,预测下一步产蛋表现,分析导致产蛋异常的可能原因,及时纠正各项饲养管理措施,挖掘产蛋潜力,以图 8-2 为例进行具体分析。

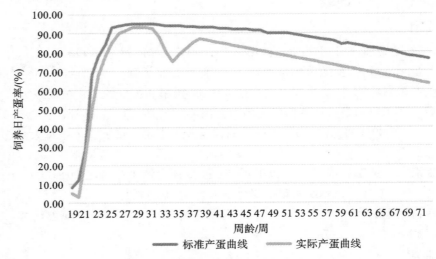

图 8-2　现代蛋鸡标准产蛋曲线与实际产蛋曲线比较

（1）标准产蛋曲线的特点:19 周龄饲养日产蛋率达到 8%,22 周龄产蛋率达 50% 以上,到 25 周龄时达到产蛋高峰,产蛋率达 93%,28 周龄达最高峰,产蛋率为 95%。90% 以上的产蛋率可保持 23 周,产蛋高峰过后,每周产蛋率平均下降 0.62% 左右。

（2）实际产蛋曲线的特点:19 周龄饲养日产蛋率达到 5%,22 周龄产蛋率达 50% 以后,到 26 周龄时达到产蛋高峰,产蛋率达 90%,28 周龄达最高峰,产蛋率为 93%。90% 以上的产蛋率保持至 32 周时,产蛋率发生异常,连续下降到 34 周龄,下降幅度达 18%。然后产蛋恢复,38 周龄达 87% 后产蛋率开始逐渐下降,每周平均下降 0.7% 左右。经分析是因为该批鸡因在产蛋高峰期发生疾病导致产蛋性能不理想,即使鸡群恢复健康后,产蛋率仍不能恢复标准水平。

三、产蛋期的饲养

(一)产蛋期的营养需要及饲养标准

1. 营养需要

（1）能量需要:产蛋鸡对能量的需要包括维持需要、生产的需要。据研究,产蛋鸡对能量需要的总量有 2/3 用于维持需要,1/3 用于生产的需要。饲养产蛋鸡必须在维持需要水平上下功夫,否则鸡就不产蛋或产较少的蛋。

（2）蛋白质需要:蛋白质主要用于维持、产蛋等,其与产蛋率和蛋重有很大的关系,大约有 2/3 用于产蛋、1/3 用于维持。蛋白质的需要实质上是指对必需氨基酸种类和数量的需要,也就是氨基酸是否平衡。产蛋鸡对蛋白质的需要不仅要从数量上考虑,而且要从质量上考虑。

（3）矿物质需要:产蛋鸡对矿物质的需要中较易缺乏的是钙和磷。产蛋鸡特别需要钙,骨骼是钙的储存场所,由于鸡体小,所以钙的储存量不多,当日粮中缺钙时,就会动用储存的钙维持正常生产,当长期缺钙时,则会产软壳蛋,甚至停产;产蛋鸡非植酸磷的需要量为 0.3%~0.33%,据研究 0.3% 的非植酸磷和 3.5% 的钙可使鸡获得最大产蛋量和最佳蛋壳质量。同时饲料中应保证适宜的钠、氯水平,一般添加 0.3% 左右的食盐即可满足需要。产蛋鸡还需要补充充足的微量元素及多种维生素。

2. 饲养标准 生产实际中在配制产蛋鸡的饲料时,应考虑季节、周龄、产蛋水平、饲料原料价格等综合因素,根据《鸡饲养标准》配制符合不同产蛋率的产蛋鸡营养需要的日粮,以满足产蛋的营养需要(表 8-1)。

表 8-1 产蛋鸡主要营养成分需要

项　　目	产蛋阶段		种鸡
	开产~高峰期	高峰后期(产蛋率小于85%)	
代谢能/(MJ/kg)	11.29	10.87	11.29
粗蛋白质/(%)	16.50	15.50	18.00
蛋白能量比/(g/MJ)	14.61	14.26	15.94
钙/(%)	3.50	3.50	3.50
总磷/(%)	0.60	0.60	0.60
非植酸磷/(%)	0.32	0.32	0.32
钠/(%)	0.15	0.15	0.15
氯/(%)	0.15	0.15	0.15
蛋氨酸/(%)	0.34	0.32	0.34
蛋氨酸+胱氨酸/(%)	0.65	0.56	0.65
赖氨酸/(%)	0.75	0.70	0.70

注:摘自中华人民共和国农业行业标准《鸡饲养标准》(NY/T 33—2004)。

(二)饲料形状与饲喂方式

根据产蛋鸡饲料形状的不同可将饲料分为粉料、颗粒料、粒料,产蛋鸡适合用粉料。粒料是指整粒或破碎的玉米、高粱等,用于晚间补料,但营养不全面,现在一般不用。饲喂方式有两种,一种是干粉料自由采食,多适用于料桶或喂料机加料,其优点是鸡随时都可以吃到饲料,强、弱鸡营养差距不大,节省劳力。另一种是湿料分次饲喂,是指分几次用水拌湿饲料喂鸡,适口性好,但弱鸡往往吃不到足够的饲料,导致强弱差距增大。目前生产中常采用干粉料让鸡只自由采食。

(三)饲养方法

1. 阶段饲养 根据鸡群的产蛋率和周龄将产蛋期分为几个阶段,并考虑环境因素按不同阶段喂给不同营养水平的蛋白质、能量和钙的日粮,使饲养更加合理,并且节约饲料,这种方法称阶段饲养。阶段的划分一般有两种方法,即两段法和三段法。

两段法是以 42 周龄或 50 周龄为界,前期为产蛋高峰期,后期为产蛋下降期,日粮中粗蛋白质含量分别为 16~17%、14~15%,钙含量分别为 3.5%~3.7%,3.7%~4.0%。

生产中一般采取三段法,日粮中蛋白质等的营养水平先高后低,符合鸡的产蛋规律和我国蛋鸡饲养标准,能更好地满足产蛋鸡对营养的需要。产蛋高峰出现早,上升快,高峰期持续时间长,产蛋量多。产蛋后期采取低蛋白质日粮,相当于限质饲养,在保证满足产蛋营养需要的基础上,还避免了产蛋鸡脂肪沉积、体重增加,影响产蛋。

(1)第一阶段(21~42 周龄):该阶段产蛋率急速上升到高峰并在高峰期维持,蛋重持续增加,同时鸡的体重仍在增加。为满足鸡的生长和产蛋需要,饲料营养浓度要高、均匀分配,自由采食促使鸡多采食。这一时期鸡的营养和采食量决定着产蛋率上升的速度和产蛋高峰期的长短。

微视频 8

(2)第二阶段(43~60周龄):该阶段鸡的产蛋率缓慢下降,但蛋重仍在增加,鸡的生长发育已停止,但脂肪沉积增多。所以在饲料营养物质供应上,要在抑制产蛋率下降的同时防止鸡体过多地脂肪沉积,可以在不控制采食量的条件下适当降低饲料能量。

(3)第三阶段(61~72周龄):该阶段产蛋率下降速度加快,鸡体内脂肪沉积增多,饲养上在降低饲料能量的同时对鸡进行限制饲养,以免鸡过肥而影响产蛋。母鸡淘汰前一个月可适当增加玉米含量,提高淘汰体重。

三个阶段日粮中粗蛋白质含量分别为17.5%、16.0%~17.0%、15.0%~15.5%;钙含量分别为3.5%、3.7%、4.0%。

2.调整饲养 调整饲养就是根据环境条件和鸡群状况的变化,及时调整日粮配方中主要营养成分的含量,以适应鸡的生理和产蛋需要的饲养方法。调整饲养必须以饲养标准为基础,保持饲料配方的相对稳定。要尽量保证日粮营养平衡,不能大增大减,不能因调整饲养而使产蛋量下降。为了经济利用饲料,应把握好调整时机,根据鸡的产蛋量、蛋重、鸡群健康状况、环境变化等适时调整。调整日粮时,主要调整日粮中蛋白质、必需氨基酸及主要矿物质的水平。当产蛋率上升时,要在产蛋量上升前提高饲料营养水平;当产蛋率下降时,要在产蛋量下降以后降低饲料营养水平。也就是上高峰时要"促",下高峰时要"保",这就是所谓的"前促后保"。还要注意观察调整后的效果,效果不好时,应立即纠正。主要有以下几种调整方法。

(1)按育成鸡体重调整:育成鸡体重达不到标准的,从转群后(18~19周龄)就应换用营养水平较高的饲料,粗蛋白质控制在18%左右,经3~4周饲养,使鸡只体重恢复正常。

(2)按产蛋规律调整:当产蛋率达到5%时,饲喂产蛋高峰期饲料,促使产蛋高峰早日到来。达到产蛋高峰后,维持喂料量的稳定,保证每只鸡每天蛋白质摄入量,轻型鸡不少于18 g,中型鸡不少于20 g。在高峰期维持最高营养2~4周,以维持高峰期持续的时间。到产蛋后期,当产蛋率下降时,应逐渐降低营养水平或减少喂料量,可参考限制饲养技术。

(3)按季节气温变化调整:在能量水平一致的情况下,冬季由于鸡只采食量大,日粮配方中应适当降低粗蛋白质水平;夏季由于采食量下降,日粮配方中应适当提高粗蛋白质水平,以保证产蛋的需要。不同季节产蛋鸡日粮的能量和蛋白质变化可参考表8-2。

表 8-2　不同季节产蛋鸡日粮的能量和蛋白质变化

饲养日产蛋率/(%)	炎热气候			寒冷气候		
	代谢能/(MJ/kg)	蛋白质/(%)	蛋白能量比/(MJ/kg)	代谢能/(MJ/kg)	蛋白质/(%)	蛋白能量比/(MJ/kg)
>80	11.49	18	15.7	12.67	17	13.4
70~80	11.27	17	15.1	12.65	16	12.6
<70	11.04	16	14.5	12.42	15	12.1

(4)采取管理措施时调整:断喙当天或前后,每千克饲料中添加2~3 mg维生素K;断喙后1周内,粗蛋白质增加1%;接种疫苗后的7~10天,日粮中也应增加1%的粗蛋白质。

(5)鸡群出现异常时调整:鸡群出现啄羽、啄趾、啄肛和啄蛋时,除消除引起啄癖发生的原因外,可适当增加饲料中粗纤维含量,也可短时间喂适量石膏。开产初期脱肛、啄肛严重时,加喂1%~2%的食盐1~2天。鸡群发病时,适当提高日粮中营养成分,如蛋白质增加1%~2%、多种维生素增加0.02%,还应考虑饲料品质对适口性和病情发展的影响。

3.限制饲养 对产蛋鸡特别是中型产蛋鸡在产蛋中后期实行限制饲养,不会降低正常产蛋量,还能节约饲料,达到提高养殖收益的目的。另外,还可防止产蛋后期因摄食过量沉积过多脂肪,而影响产蛋量。产蛋鸡的限制饲养,一般在产蛋高峰过后(40周龄)进行,与育成鸡的限饲一样,也有限质和限量两种方法。限质主要是限制能量和蛋白质,一般能量摄入可降低5%~10%、蛋白质降至12%~14%,但日粮中的钙要增加,后期钙为3.6%,高温时可提高到3.7%,但不超过4%。限量一般少喂正常采食量的 8%～9%。实践中,每只鸡每天的喂料量都有参考。不管是限质还是限量,都要做到鸡的体重不再增加。最后 4 周要通过消耗体重来产蛋,即使因限饲蛋重略有下降,也不能让产蛋率降低或急剧下降。这样,才能节约饲料,达到全期高产。

4.合理的饲喂工作

(1)补喂钙料:产蛋鸡产蛋量高,需较多的钙质饲料,一般在 17:00 时补喂大颗粒(颗粒直径 3～5 mm)的贝壳粉,每 1000 只鸡喂 3～5 kg。将微量元素添加量增加 1 倍,对增强蛋壳强度、降低蛋的破损率效果较好。实践证明,产蛋鸡日粮中钙源饲料采用 1/3 贝壳粉、2/3 石粉混合应用的方式,对蛋壳质量有较大的提高作用。

(2)喂足饲料:产蛋鸡食物在消化道中的排空速度很快,仅 4 h 就排空一次。因此,产前与熄灯前喂足饲料非常重要。一般 5:00—7:00 必须喂足饲料,使鸡开产有足够体力。夜间熄灯前需补喂 1～1.5 h,为鸡夜间产鸡蛋准备充足的营养。整个产蛋期以自由采食为宜,但每次喂料不宜过多,每天喂 2～3 次,夜间熄灯之前无剩余饲料。

(3)饮水管理:鸡的饮水量一般是采食量的 2～2.5 倍,一般情况下每只鸡每天饮水量为 200～300 mL。饮水不足会造成产蛋率急剧下降。在产蛋及熄灯之前各有一次饮水高峰,尤其是熄灯之前的饮水与喂料往往被忽视。试验证明,在育成期如断水 6 h,在产蛋期则导致产蛋率下降 1%～3%;产蛋鸡断水 36 h,产蛋量就不能恢复到原来水平。水槽要每天清洗,使用乳头式饮水器时应每周用高压水枪冲洗 1 次。

饲喂应掌握的原则:①合理搭配各种饲料原料,提高饲料的适口性。不要饲喂霉变的饲料、添加大蒜素等刺激鸡的食欲。②分次饲喂,经常匀料。当鸡看到饲养员进入鸡舍匀料时,往往比较兴奋,采食量会增加。③饲料破碎的粒度大小应适中,玉米、豆粕等一般使用 5 mm 筛片粉碎。④可以适当添加油脂或湿状微生物发酵饲料,减少料槽中剩余的粉末。

5.减少饲料浪费的措施

(1)选择高产优质蛋鸡品种:只有高产优质品种才能充分利用饲料,若饲养较差的品种,即使吃同样的饲料,产蛋量也不如优质品种的高。

(2)采用全价配合饲料:全价配合饲料既满足营养需要,又不会造成过多浪费。采用全价配合饲料时要特别注意各营养成分之间的合理配比。

(3)按需给料:鸡的不同生长阶段和不同产蛋水平对各种营养成分的需要量不同,要按照鸡本身的营养需要量投料。

(4)正确添加饲料:人工添加饲料时,要注意添加量不能高于料槽深度的 1/3。同时,要训练饲养人员在加料时,正确掌握投料方法,不能将饲料抛撒在料槽外边。

(5)严把饲料原料质量关:不能购进掺假、变质或不符合标准的饲料原料,否则会无形中增加饲料成本。

(6)注意饲料的粒度:过细的饲料不但适口性差,且易造成粉尘飞扬,导致浪费。最好采用颗粒料。产蛋鸡饲料中加喂适量的沙砾,可有效地提高饲料利用率。

(7)保管好饲料:饲料保存时要注意防潮、防霉变,饲料仓库通风要好,还要注意鼠害和鸟害。对一些易变质的饲料要少存勤购。

(8)改进料槽:料槽形状最好为口窄、肚大、底宽。同时要注意水槽内的水不能太深,否则也会造成饲料浪费。

(9)及时淘汰低产鸡和停产鸡:对于不产蛋的鸡或产蛋率很低的鸡只要及时淘汰,以免浪费饲料。

四、产蛋期的管理

(一)环境控制

1.温度 舍温对鸡的活动、采食、饮水、生理状态影响很大,对产蛋量、蛋重、饲料转化率等都有较大影响,可见表 8-3。鸡产蛋期的适宜温度是 20～25 ℃,最经济的温度是 21～22 ℃,一般保持在 7 ～22 ℃,冬季不低于 4 ℃,夏季不超过 30 ℃。温度过高或过低都会影响鸡的健康和产蛋,严重时会 造成死亡。因此,夏季应注意防暑降温,冬季应注意防寒保暖。

表 8-3　环境温度对产蛋鸡生产性能的影响

平均温度/℃	相对产蛋量/(%)	蛋相对大小/(%)	每枚蛋相对 饲料需要/(%)	每单位蛋重相对 饲料需要/(%)
15.6	100	100	100	100
18.3	100	100	95	95
21.1	100	100	91	91
23.9	100	99	88	89
26.7	99～100	96	86	89
29.4	97～100	93	85	91
32.2	94～100	86	84	98

(1)防暑降温采取的措施。

①减少鸡舍的辐射热和反射热:在鸡舍周围种树或种植一些藤类植物,屋顶刷白漆、喷水。研究 报道,屋顶刷白漆时室内温度可降低 4 ℃左右,屋顶喷水时室内温度可降低 5 ℃左右,最多可降低 10 ℃。

②加大鸡舍的通风换气量:夏季要打开窗户通风,并将所有风机打开,以降低室内温度。

③辅助鸡体散热:辅助鸡体散热的方法包括喷雾和淋水。喷雾是在鸡舍的上部或鸡笼的笼体上 安装水管,每隔 2～3 m 安装 1 个喷头。在喷雾时应注意加强通风,否则高温高湿对鸡影响更大,辅 助鸡体散热还可以在鸡舍墙壁安装水帘,效果更好。近几年,许多养鸡场降温常采用通风湿帘。

④给鸡群以适当的营养水平。在高温情况下,鸡的采食量下降 10%～15%。因此应在保证鸡采 食到各种营养物质的基础上,适当增加粗蛋白质的含量,一般粗蛋白质增加 1%～2%,并保持充足的 饮水。

⑤以药物增强鸡对热应激的抵抗力:研究表明,在鸡的日粮中按每千克饲料加入 44 mg 维生素 C 或加入 0.05% 的阿司匹林或加入 0.1%～0.3% 的碳酸氢钠,能增强鸡对热应激的抵抗力。

(2)防寒保暖采取的措施。

①减少鸡舍的热量散失:通过封窗,在舍内封塑料薄膜,或将鸡舍的侧墙壁用双层薄膜封严,减 少鸡舍的通风换气量来实现。

②减少鸡体的热量散失:垫料保持干燥,严防贼风进入鸡舍,避免饮水器漏水等。

③加强饲养管理:冬季在保证鸡采食到各种营养物质的基础上,适当增加日粮中的代谢能。

2. 湿度　鸡体能适应的相对湿度是 40%～72%,最佳相对湿度是 60%～65%。一般情况下,湿 度往往与温度共同发生作用,主要在高温高湿、低温高湿状态下对鸡的影响较大。在高温高湿环境 下,鸡采食量减少、饮水增加、生产水平下降,且易使病原体繁殖,导致鸡群发病;低温高湿环境使鸡 体热量损失增加,易使鸡受凉,且用于维持体温所需要的饲料消耗也会增加。可见,高温高湿和低温 高湿对蛋鸡的健康和产蛋都是不利的。如温度适宜,相对湿度范围可适当放宽至 50%～70%。

3. 光照　光照是蛋鸡高产稳产必不可少的条件,必须严格管理,准确控制。

(1)光照原则:产蛋阶段光照时间只能延长,不可缩短,强度不可减弱;不管采取何种光照措施, 一经实施,不能随意改变;保持鸡舍内光照均匀,并保证一定的光照强度。

(2)光照实施方法:产蛋鸡从 20 周龄开始每天延长光照时间,直到光照时间达 16 h,保持恒定。 产蛋高峰过后再采用较强的光照刺激,光照时间也延长至 17 h。开放式鸡舍可采用人工光照补充自 然光照的不足,一般为"两头"补,即早晨 5:00 开灯,日出后关灯;日落后开灯,晚上 9:00 关灯。密闭 式鸡舍充分利用人工光照,简便易行,只要在规定的时间开灯和关灯即可,但要防止漏光。补充光照时应注意灯光要渐明渐暗,避免骤明骤暗引起鸡群骚动。

(3)光照强度:光照强度应控制在一定范围内,不宜过大或过小,一般产蛋鸡的适宜光照强度在鸡头部为 10 lx。

4.通风 鸡舍中有害气体和灰尘、微生物含量超标时,会影响鸡体健康,使产蛋量下降。通风换气是调控鸡舍空气环境状况最主要、最常用的手段,它可以及时排出鸡舍内的污浊空气,保持鸡舍内的空气新鲜和一定的气流速度,还可以在一定范围内调节温湿度。一般舍内气温高于舍外,通风可以排出余热,换入较低温度的空气。蛋鸡舍内空气中氨气的浓度应低于 0.02 mL/L,二氧化碳的允许浓度为 0.15%。

在通风时要注意以下几点:进气口与出气口设置要合理,使气流能均匀流进全舍而无贼风;进气口要能调节方位与大小,从而使天冷时进入鸡舍的气流由上而下,不直接吹到鸡身上;鸡舍的通风量应随鸡的体重和环境气温的增加而增加;要根据鸡舍内外温差来调节气流的大小和通风量,夏季气流速度不能低于 0.5 m/s,冬季不能高于 0.2 m/s。

5.饲养方式及密度

(1)饲养方式:饲养方式分为平养和笼养。

平养又分为垫料地面平养、网上平养和混合平养。①垫料地面平养:将蛋鸡直接饲养在铺有一定厚度垫料的地面上,地面平养时喂料设备可采用吊式料桶或料槽,饮水设备可采用吊塔式饮水器或水槽,有条件的可采用链式料槽、螺旋式料盘等,每平方米地面可饲养 5~6 只鸡。这种方式投资少,冬季保温好,但饲养密度低,舍内易潮湿,在寒冷的季节,如果通风不良,有害气体浓度会很高,窝外蛋和脏蛋也较多。②网上平养:将蛋鸡饲养在离地面 60~70 cm 的金属网或板条上,每平方米可饲养 8~9 只鸡,粪便可在母鸡淘汰后一起清理。这种方式饲养的鸡易受惊吓,易发生啄癖、破蛋、脏蛋较多,且生产性能不能充分发挥。③混合平养:采用网上和垫料地面相结合平养,两者的分配比例是 3:2 或 2:1,一般垫料地面设在两侧,网状或栅状平面设在中间,采食、饮水在网上,每平方米可养 6~8 只鸡。这种方式用垫料少,产蛋多,但窝外蛋较多,且需人工捡蛋。

笼养又常分为全阶梯式、半阶梯式和重叠。①全阶梯式:鸡笼像楼梯一样分 2~3 层上下摆设,不重叠,不用承粪板,笼底下设粪沟,鸡粪直接落入粪沟内。②半阶梯式:每两层鸡笼有 1/4~1/3 重叠,鸡头朝向料槽,鸡粪可直接落入粪沟内。生产中这种饲养方式多应用于饲养产蛋鸡。③全重叠式:各层鸡笼在一条直线上重叠设置,每层笼下有承粪板或清粪传送带,除底层笼的鸡粪可直接落入粪沟外,其余均要经常刮粪。

(2)饲养密度:笼养可以提高饲养密度,每平方米可饲养产蛋鸡 16~25 只,比地面平养多养鸡 3~5 倍;由于多层鸡笼占地面积小,可充分利用空间,从而节约占地面积,提高工作效率;笼养鸡由于活动量少,维持消耗也同样减少,故可以节省饲料,同时也有利于防疫。但笼养建厂投资大,设备制造及安装技术要求高;对饲料要求高,必须是全价饲料;易过肥,影响产蛋;由于缺少阳光,蛋的品质较差;同时,蛋鸡的体质也较弱。目前,生产中鸡笼常常采用全阶梯方式摆放。鸡笼有固定尺寸,每个标准鸡笼装 3~4 只鸡。

(二)科学管理

1.开产前后的饲养管理

(1)转群:应在开产前完成,在 17~18 周龄,最迟不超过 20 周龄时进行,让鸡有足够时间熟悉和适应新的环境条件,以免环境应激影响产蛋。转群前,应淘汰生长发育不良的弱鸡、残次鸡及外貌不符合品种标准的鸡。对断喙不彻底的鸡应补断。料槽中装上饲料,饮水器中盛满饮水。为减少鸡群惊慌,尽量在夜间转群,抓鸡要抓脚,不能抓颈或抓翅,动作要迅速,但不能粗暴。转群后,要特别注意保持环境安静,饲喂次数增加 1~2 次,并保证充足饮水。

(2)增加光照:产蛋期的光照管理应与育成期光照具有连贯性。20 周龄开始,每周增加 0.5 h 的光照,直至 16 h 后维持恒定不变。若育成期母鸡体重在 20 周龄仍未达到该品种要求,可将补充光照时间推迟 1 周。

(3)适时更换饲料:产蛋前增加光照必须与更换饲料相结合,如果只增加光照,不改变饲料,或没有足够的喂料量,易造成生殖系统与鸡体发育不协调。如果只更换饲料,不增加光照时间,又会使鸡体聚积脂肪。所以,一般在增加光照1周后将育成料过渡为营养水平较高的产蛋鸡饲料。开产前2~3周母鸡体内储钙能力增强,应从鸡群17~18周龄提高饲料钙含量到2.5%,群体产蛋率达到0.5%时换成钙含量3.5%的产蛋鸡饲料,以满足蛋壳形成的需要。换料应有过渡期,减少应激。

(4)保证营养供给:开产是母鸡一生中的重大转折,是一个很大的应激,在这段时间内母鸡的生殖系统迅速发育成熟,青春期的体重仍在增长,大致要增重400~500 g,产蛋量也在增加,这些都需要增加营养。因此,开产前应停止限饲,让鸡自由采食,保证营养,促进产蛋量上升。

(5)称重:体重能保持品种所需的增长趋势的鸡群可以维持长久的高产,为此在转入蛋鸡舍后,仍应掌握鸡群体重的动态,一般固定50~100只做上记号,1~2周称测一次体重。

(6)保证饲料、饮水的供给:开产时,鸡体代谢旺盛,需水量大,采食增加,要保证充足饮水、饲料供应,让鸡自由采食、饮水,不限饲。饮水、饲料质量要符合国家饲料、饮水卫生标准。

(7)加强卫生防疫工作:开产前根据实际情况进行免疫接种,防治产蛋期传染病的发生。对鸡群体表、肠道内寄生虫、球虫开展驱虫工作。110~130日龄的鸡,每千克体重用左旋咪唑20~40 mg或枸橼酸哌嗪200~300 mg,拌料饲喂,每天一次,连用2天以驱除蛔虫;球虫卵囊污染严重时,上笼后要连用抗球虫药5~6天。平时做好鸡舍内外、场区的消毒工作。

(8)创造良好的生活环境:开产前鸡敏感性强,加上应激因素多,所以应合理安排作息时间,保持环境相对安静稳定。为缓解应激,也可在饲料或饮水中加入维生素C、速溶多维、延胡索酸和镇静剂等抗应激。

2. 产蛋期的日常管理 商品产蛋鸡饲养管理的主要任务是最大限度地消除或减少各种不良因素对产蛋鸡的有害影响,为它们提供最有利于健康和产蛋的环境,使其遗传潜力能充分发挥出来,以生产出更多的优质商品蛋。产蛋鸡的日常管理工作,主要从以下几个方面开展。

(1)注意观察鸡群:经常细心观察鸡群,是产蛋鸡生产中不可忽视的重要环节。一般在早饲、晚饲及夜间都应注意观察,主要观察内容如下。

①精神状态:观察鸡群是否有活力,动作是否敏捷,鸣叫是否正常等。

②采食情况:采食量是否正常,饲料的质量是否符合要求,喂料是否均匀,料槽是否充足,有无剩料等。

③饮水情况:饮水是否新鲜、充足,饮水量是否正常,水质是否卫生,有无漏水、冻结等现象。

④鸡粪情况:主要观察鸡粪的颜色、形状及稀稠情况,如茶褐色粪便是盲肠的排泄物,并非是疾病所致;绿色粪便是消化不良、中毒或新城疫所致;红色或白色的粪便,一般是球虫、蛔虫、绦虫所致。对颜色不正常的粪便,要查找原因,对症处理。

⑤有无啄癖:如发现有啄癖的鸡,应查找原因,及时采取措施。对有严重啄癖的鸡要立即隔离治疗或淘汰。

⑥及时发现低产鸡:对鸡冠发白或萎缩、开产过晚或开产后不久就换羽的鸡,要及时淘汰。

⑦产蛋情况:注意每天产蛋率和破蛋率是否符合产蛋规律,有无软壳蛋、畸形蛋,蛋壳颜色有无异常,异常比例;鸡舍温度是否适宜,有无防暑、保温等措施,室内有无严重的恶臭和氨味等。

(2)定时喂料:产蛋鸡消化力强,食欲旺盛,每天喂料以3次为宜:第1次为早晨7—8时、第2次为上午11—12时、第3次为傍晚6—7时,3次的喂料量分别占全天喂料量的30%、30%和40%。也可将1天的总喂料量于早、晚2次喂完,晚上喂的料应在次日早上喂料时还有少许余料,早上喂的料应在晚上喂料时基本吃完。每天喂2次料时,每天要匀料3~4次,以刺激鸡采食。应定期补喂沙砾,每100只鸡,每周补喂300~400 g沙砾。沙砾必须是不溶性沙,大小以能吃进为度。每次沙砾的喂量应在1天内喂完。不要无限量地喂沙砾,否则会引起硬嗉症。

(3)减少应激因素:保持良好而稳定的环境,固定工作程序,严格执行光照计划,每天按时开关灯;抓鸡、注射等动作要轻。

（4）调整鸡舍环境条件：通过观察鸡舍环境，了解温度、湿度、光照、通风、饲养密度等情况，及时发现问题，并根据具体情况，及时做出调整，为产蛋鸡创造最适宜的环境条件。

（5）按综合性卫生防疫措施的要求进行各项日常操作：保持舍内环境清洁卫生，及时清除粪便，经常洗刷水槽、料槽及用具，并定期消毒。

（6）减少饲料浪费：减少饲料浪费是养鸡者提高经济效益的途径。可采取以下措施，加料时，不超过料槽容量的1/3；及时淘汰低产鸡、停产鸡；做好匀料工作；使用全价配合饲料，注意饲料质量，不喂发霉变质的饲料；产蛋后期对鸡进行限饲；提高饲养员的责任心。

（7）做好生产记录：生产记录能反映鸡群的实际生产动态和日常活动的各种情况，以便于及时了解生产，指导生产，因此应认真完成。生产记录的内容应包括鸡舍存栏数、死亡数、产蛋量及耗料量等情况，如表8-4、表8-5所示。

表8-4　产蛋记录表

入舍母鸡数			品种			舍号	
入舍日龄			入舍平均体重			饲养员	
周龄	日龄	存栏数	死亡数	淘汰数	总耗料量	产蛋量	产蛋率	蛋重	备注

表8-5　月份产蛋记录表

舍号		品种		代号		出雏日期		入舍数	
		耗料情况			产蛋情况			鸡群情况					环境条件				卫生防疫				
日期	周龄	总耗料量/kg	只日耗料量/g	饲料类型	总产蛋量/枚	破壳蛋数/枚	软壳蛋数/枚	平均蛋重/g	当日死亡数/只	当日淘汰数/只	当日转入数/只	当日转出数/只	当日存栏数/只	光照时间/h	最高舍温/℃	最低舍温/℃	舍内湿度/%	用药情况	免疫接种情况	消毒情况	清粪情况	其他
合计																						

3. 季节性管理　鸡舍环境受季节变化的影响，尤其是开放式鸡舍受到的影响更大。生产中，应根据不同季节采取必要的管理措施。

（1）春季：气温逐渐变暖，光照时间延长，是产蛋量回升阶段，但也是微生物大量繁殖的季节。所以，春季的管理要点：提高日粮中的营养水平，满足产蛋的需要；产蛋箱要足够，逐步增加通风量；经常清粪，搞好卫生防疫和免疫接种，抓好绿化工作。

（2）夏季：气温高，光照时间长，要做好防暑降温，以促进鸡群食欲。为了做好防暑降温工作，可采用下列方法。

①减少鸡舍所受到的辐射热和反射热：在鸡舍的周围植树，搭置遮阴凉棚或种植藤蔓植物。鸡舍屋顶增加厚度，或内设顶棚，屋顶外部涂白色涂料；用喷头对房顶喷水；地面种植草皮，可减少辐射热。

②增加通风量：采取自然通风的开放性鸡舍应将门窗及通风孔全部打开，密闭式鸡舍要开动全

部风机昼夜运转。当通过加大舍内的换气量而气温仍不能下降时,应考虑纵向通风的问题,同时增加气流速度,以期达到降温的目的。一般的商品鸡饲养场可采用电风扇吹风,使鸡的体温尤其是头部温度下降。

③湿帘降温法:采取负压通风的鸡舍,在进风处安装湿帘,降低进入鸡舍的空气温度,可使舍温下降 5～7 ℃。

④喷雾降温法:在鸡舍或鸡笼顶部安装喷雾器械,当舍温高于 35 ℃时,直接对鸡进行喷雾降温。设备可选用高压隔膜泵,没有条件的也可用背负式或手压式喷雾器喷水降温。

⑤降低饲养密度:当气温较高、鸡舍隔热性能不良时,为了减少鸡舍内部鸡的自身产热,可适当降低饲养密度。

⑥间歇光照:夏季当舍温达到 25 ℃以上时,采用间歇光照,在夜间温度降低的时候安排 2 h 光照,使产蛋鸡白天高温环境中的采光不足在夜间得到补偿,可提高产蛋率 5%～10%。

⑦供给清凉的饮水:夏季的饮水要保持清凉,水温以 10～30 ℃为宜。水温 32 ℃以上时饮水量大减,水温达 44 ℃以上时则停止饮水。炎热环境中鸡主要靠水分蒸发散热,饮水不足或水温过高会使鸡的耐热性降低。让鸡饮冷水,可刺激食欲,增加采食,从而提高产蛋量和增加蛋重。笼养蛋鸡夏季高温时极易出现稀粪,主要原因就是高温使饮水量增加。防止稀粪的根本方法就是改善鸡舍温度和通风状况。

⑧调整饲料配方:气温高的夏季,鸡的采食量减少,为了保证产蛋率必须根据鸡的采食量调整饲料配方,如添加油脂。油脂容积小,热增耗少。在高温环境下,用 3%的油脂代替部分能量饲料,使鸡的净能摄入量增加,对提高母鸡的产蛋率有良好的作用。为了更好地防暑降温,可在饲料或饮水中添加 0.02%维生素 C,或其他一些抗热应激的添加剂。

我国长江中下游地区,通常每年六月中旬到七月上旬是梅雨季节,持续连绵的阴雨、高温高湿对产蛋鸡极为不利,应加强通风,提供充足的维生素,预防好体表寄生虫病。

(3)秋季:光照时间逐渐变短,入秋后鸡只开始换羽停产。秋季也是当年雏鸡发育成熟、逐渐开产的时期,所以秋季要做好换羽鸡的饲养管理,做好新开产鸡的饲养管理。

①换羽鸡的管理:产蛋鸡经过长时间的产蛋,到了秋季换羽为越冬做准备是正常现象。为延长产蛋期,增加产蛋量,在开始换羽前应尽量延缓换羽期的到来。具体措施是维持环境的稳定,减少外界条件变化的刺激。在日粮中减少糠麸类饲料,有条件的可增加青绿饲料,增加鸡只食欲,维持体况。在换羽开始时,适当增加日粮中的粗蛋白质,特别是蛋氨酸和胱氨酸的含量,也可补喂少量石膏粉,这样有利于羽毛生长,待产蛋率下降到 50%以下时可全群淘汰。

②新开产鸡的管理:对当年饲养的新鸡,除做好调整饲养和日常管理外,重点要做好补充光照工作,将鸡群引向产蛋高峰。从 20 周龄开始增加光照时间,每周增加光照 0.5 h,一直增加到 16 h,光照强度为 10 lx。

(4)冬季:气温低、光照时间短,应做好保温、防潮和补光工作。

①防寒保暖:温度对鸡的健康和产蛋影响很大,冬季鸡舍室温最好能保持在 10 ℃以上。冬季鸡舍保温,可采用鸡舍北侧设走廊、北侧墙壁用塑料薄膜封严、用草帘密封窗户、舍内铺垫料或适当增加饲养密度等方法来提高室温。

②换气防潮:冬季为了保温,往往把鸡舍封得很严,而且鸡舍内鸡只密度大,这样做容易造成鸡舍过于潮湿、空气污浊,会诱发鸡只呼吸道疾病。所以,冬季也应注意通风。

③补充光照:冬季光照时间缩短,补充光照将会增加产蛋量,应补充光照使产蛋期每天光照时间达到 14～17 h。

五、产蛋鸡的饲养效果评价

(一)体质健康,不过肥,死淘率低

产蛋期年死淘率控制在 5%～10%。

（二）高产、稳产

产蛋鸡适时开产,产蛋后到高峰期产蛋率上升快,高峰期维持时间长,产蛋率在 90% 以上维持 4～6 个月,下降平缓,每周下降速度平均在 0.5% 左右,不超过 1.0%。

（三）蛋品质好、蛋重相差小

蛋品质良好,蛋壳质量好,颜色符合品种特征。蛋重相差小,一般为 2%～3%。

（四）饲料转化率高

料蛋比平均为(2.1～2.3):1。

实践技能　高产蛋鸡的表型选择

目的与要求

产蛋鸡的生产力是养鸡场经济效益的关键因素,通过学习高产蛋鸡与低产蛋鸡的外貌特征区别,掌握高产蛋鸡的表型选择方法。

材料与用具

鸡笼、高产蛋鸡、低产蛋鸡、停产鸡、笔、纸等。

内容与方法

（1）根据外貌和生理特征区分高产蛋鸡和低产蛋鸡,参照表 8-6。

表 8-6　高产蛋鸡与低产蛋鸡外貌特征的区别

部位	高产蛋鸡	低产蛋鸡
头部	清秀,头顶宽、呈方形,冠、肉髯大,发育充分、细致,喙粗短而稍弯曲	粗大或狭小,头顶窄、呈长方形,冠、肉髯小,发育不充分、粗糙,喙长而直,似乌鸦嘴
胸部	宽而深,丰满,稍向前方突出,胸骨长而直	窄而浅,胸骨短而弯曲
体躯	背部长、宽、平,体躯深、长、宽,容积大,胸骨末端与耻骨间距 4 指以上	背部短而窄,体躯短、窄、浅,容积小,胸骨末端与耻骨间距 3 指或 3 指以下
耻骨	软而薄,耻骨间距在 3 指以上	厚而硬,耻骨间距在 3 指以下
换羽	秋季换羽开始晚,换羽速度快,换羽持续时间短	秋季换羽开始早,换羽速度慢,换羽持续时间长
色素消退（黄肤鸡）	褪色依次序进行,且褪色彻底,褪色部位多	褪色次序混乱,且褪色不彻底,褪色部位少
活力	活泼好动,食欲旺盛	行动迟缓,胆怯

（2）根据外貌和生理特征区分产蛋鸡和停产鸡,参照表 8-7。

表 8-7　产蛋鸡与停产鸡外貌特征的区别

部位	产蛋鸡	停产鸡
冠、肉髯	膨大、鲜红、有弹性,肤面细致、润泽而温暖	皱缩色淡,干而粗糙,无温暖感觉
肛门	湿润松弛,呈椭圆形,颜色粉红	干燥紧皱,呈圆形,颜色发黄
腹部容积	宽大柔软,胸骨末端与耻骨间距 3～4 指	小而硬,胸骨末端与耻骨间距 2～3 指

部位	产蛋鸡	停产鸡
触摸品质	皮肤柔软有弹性,耻骨末端薄、有弹性	皮肤和耻骨末端粗厚、无弹性
色素消退（黄肤鸡）	肛门、眼圈、喙、脚等呈白色	肛门、眼圈、喙、脚等呈黄色
换羽（秋季）	未换羽	已经换羽
性情	活泼温驯,觅食力强,接受交配	胆小呆板,觅食力差,拒绝交配

（3）将产蛋性能的表型判定结果与产蛋鸡的实际生产性能对比,验证判定结果。

 相关链接

鸡蛋的收集与运输

 知识拓展

产蛋鸡的光照
制度制定

项目九　蛋种鸡生产

扫码学课件9

学习目标

【知识目标】

1. 了解蛋种鸡的配种方式。

2. 掌握蛋种鸡的人工授精技术。

3. 掌握蛋种鸡的饲养管理要点。

【技能目标】

1. 能根据种鸡场的生产实践选择合适的配种方式。

2. 能熟练操作蛋种鸡的人工授精技术，解决生产问题。

3. 能对蛋种鸡进行合理的饲养管理，提高蛋种鸡的利用年限。

【思政目标】

1. 培养学生吃苦耐劳、不怕脏、不怕累的精神。

2. 通过蛋种鸡饲养管理技术的学习，培养科学养殖的理念，具备动物饲养的安全生产要领，具有良好的职业操守。

3. 通过两人合作采精，培养学生的团队合作精神。

任务一　蛋种鸡繁殖技术

蛋种鸡繁殖方式包括自然交配和人工授精。

一、自然交配

自然交配的繁殖方式适用于地面散养或网上平养的蛋种鸡。只要公、母鸡健康，生殖功能正常，一般都能获得良好的受精率。

（一）交配方式

1. 大群配种　根据鸡的品种和类型的不同，把一定数量的母鸡，以适宜的性别比配入一定数量的公鸡，使每一只公鸡和每一只母鸡都有均等的机会自由组合交配。采用这种配种方法，蛋种鸡受精率较高，但无法知道雏鸡的父母，一般仅用于繁殖场。群体的大小以鸡舍和繁殖规模的大小确定。2年以上的公鸡配种能力差，导致受精率下降，不宜作大群配种用。

2. 小间配种　放入1只公鸡和12~15只母鸡。公、母鸡均编脚号或带肩号，舍内配置自闭产蛋箱。蛋种鸡要记上配种间号数和母鸡脚号或肩号，这样就能清楚地知道雏鸡的父母，利于建立谱系。此法常被育种场采用。

（二）自然交配管理注意事项

1. 配偶比例　配偶比例是指1只公鸡能够负担配种的能力，即多少只母鸡应配备1只公鸡才能保证正常的受精率。为了保证蛋种鸡的受精率，配偶比例必须适宜。配种鸡群中，若公鸡过多，则会

Note

出现因争先交配而发生啄斗、踩伤母鸡,干扰交配,受精率反而降低。反之,若公鸡过少,每只公鸡配种任务过大,影响精液品质,甚至有些母鸡不能得到配种,同样会影响种蛋的受精率。适宜的公母比例:轻型鸡1:(12~15),中型鸡1:(10~12),重型鸡1:(8~10)。当然以上比例并不是绝对的,要依公鸡的年龄、健康状况、气候以及饲养条件而定。

2.种鸡利用年龄及年限 公鸡和母鸡的年龄对繁殖力都有影响,一般来说种鸡18月龄之前受精率最高。母鸡的产蛋量随年龄的增长而下降。第一年产蛋量最高、第二年比第一年下降15%~25%,第三年下降25%~35%。从产品和收益两方面考虑,种鸡场的优秀公、母鸡可利用2~3年。

二、人工授精

家禽的人工授精技术在我国推广应用始于20世纪80年代,人工授精技术的发展和完善,很好地解决了家禽养殖过程中自然交配造成的受精率低、种蛋污染严重、孵化率低等问题。目前在养鸡生产中已经得到普遍应用。

(一)鸡的采精技术

公鸡采精以背式按摩采精法为好,操作简单,又可减少透明液和粪尿污染。一般两人合作,助手两手分别握住公鸡大腿基部,并用拇指压住部分翅膀,使公鸡两腿自然分开、尾部向术者稍抬高,固定于助手腰部一侧。术者将集精杯夹于无名指和小指之间,食指和拇指横跨托在泄殖腔下方;另一手放在公鸡背部,自背鞍部向尾部方向轻快地紧贴背部滑动按摩2~3次,引起公鸡性反射,使公鸡泄殖腔外翻,露出乳状突时,迅速将手翻到尾部下面,并尽快将拇指和食指横跨在泄殖腔两侧,从乳状突后面捏住外翻的乳状突,一松一紧地施加适当压力,公鸡射出乳白色如牛奶样精液时,用集精杯刮接精液(图9-1)。如此反复地按摩采精2~3次,直至公鸡排完精液为止。

图9-1 鸡的采精

(二)精液的稀释和保存

目前在生产实践中,家禽精液多为现采现用,不进行稀释保存。事实上采集的新鲜精液在室温下几小时就会影响受精率,因此进行稀释保存是必要的。

1.精液的稀释 精液的稀释应根据精液的品质决定稀释倍数,一般稀释比为1:1。常用稀释液是0.9%的氯化钠溶液(即生理盐水)。精液稀释应在采精后尽快进行。

2.精液的保存 精液的保存主要包括短期保存和长期保存(冷冻保存)。

(1)精液的短期保存:精液的短期保存根据温度不同可分为常温保存和低温保存。

①常温保存:一般应用在人工授精过程中精液采集后立即输精时,保存时间比较短,一般为30 min。

②低温保存:精液在2~5 ℃低温条件下保存,保存时间一般可超过24 h。

(2)精液的冷冻保存:家禽精液的冷冻保存技术已取得了不少进展,但受精率远低于新鲜精液。这项技术还有待进一步完善,才能很好地应用于生产。

（三）输精技术

人工授精的质量是提高种蛋受精率的技术关键，实行人工授精的技术人员应有丰富的人工授精技能和相关知识，如采精时间、频率，精液保存温度、环境，输精的时间和次数等。必须熟练掌握人工授精的技术操作要领和注意事项，这样才能保证人工授精质量，进而提高种蛋受精率。

1. 输精方法

（1）阴道输精法：亦称输卵管口外翻输精法。由助手固定好母鸡，一手紧紧握住母鸡的两腿基部，将鸡尾部及双腿拉出笼门，使鸡的胸部紧贴笼门下缘，以增加母鸡腹腔内压力，另一手拇指和食指横跨泄殖腔上、下两侧，并按压泄殖腔，使泄殖腔外翻，露出输卵管口。术者将输精管插入，输入精液（图9-2）。

图 9-2　鸡的输精

（2）深部阴道输精法：亦称手指引导输精法。助手固定好母鸡，术者用食指插入母鸡泄殖腔，探到输卵管口后，将输精管沿食指插入输卵管内，输入精液。

（3）直接插入阴道输精法：助手固定好母鸡，术者用左手将母鸡尾巴压向一侧，并用拇指按压泄殖腔下缘，使泄殖口张开，右手以拿毛笔方式持输精管上部，将输精管插入泄殖腔后就向左方插进，便可插入输卵管、输入精液。

（4）扩张器输精法：利用扩张器扩张开母鸡的泄殖腔，找到输卵管，然后插入输精管注入精液，此法应用最少。

2. 输精部位　家禽的输精方法实际上是由输精深度决定的，采用不同的输精部位对种蛋的受精率有明显的影响，到达受精地点的精子数量在很大程度上取决于输精部位。一般输精部位为注入输卵管口内 1.5～3 cm。

3. 输精时间与输精量　母鸡输卵管子宫部有蛋存在时，会影响精子向受精地点运行，因此，一般在 16:00 后输精。

公禽的精子能在母禽生殖道内存活相当长的时间，故鸡 5～7 天输精一次，输入剂量为 0.025～0.05 mL 未稀释的新鲜精液。若以稀释的精液输精则要相应增加输精量，一般养鸡场通常采用未稀释的新鲜精液输精。

任务二　蛋种鸡的饲养管理

一、蛋种鸡培育目标

培育目标：获得健康、高产和稳产的蛋种鸡群；有最多的合格种蛋数；有最高的产蛋率和最佳的蛋重（50～60 g）；种蛋的破损率降到最低，减少因破损而降低种蛋的合格率；有最高的出雏率和最多的健康雏鸡；最大限度地降低种蛋的饲料成本；最大限度地降低种公鸡的饲养费用。

二、蛋种鸡饲养管理技术

(一)后备蛋种鸡的饲养管理

后备蛋种鸡的饲养管理在环境条件要求和饲料营养水平控制方面与商品蛋鸡无明显差别。其他饲养管理措施如下。

1.分群管理 蛋种鸡一般有两个系或组合(父母代)或四个系(祖代),个别有三个系。各个系的鸡群在遗传特点、生理特点、发育指标等方面有一定差异,应该按系分群进行管理。不同的系,有的只饲养公鸡,有的只饲养母鸡,因此分群有利于管理。

2.选择淘汰 对于公鸡和母鸡应在 6 周龄和 18 周龄前后进行,淘汰那些畸形、伤残、患病和毛色杂的个体。这两次选择时,留用的公鸡数占母鸡数的 12%~14%。

对于采用人工授精繁殖方式的蛋种鸡,公鸡应在 22~23 周龄期间进行采精训练,根据精液质量,按每 25 只母鸡留 1 只公鸡的比例选留公鸡。

3.白痢净化 这是种鸡场必须进行的一项工作,可在 12 周龄和 18 周龄时分别进行全血平板凝集试验,在鸡群开产后每 10~15 周重复进行 1 次,淘汰阳性个体。要求蛋种鸡群内白痢阳性率不能超过 0.5%。

4.强化免疫 蛋种鸡体内某种抗体水平高低和群内抗体水平的均匀度会对其后代雏鸡的免疫效果产生直接影响。蛋种鸡开产前,必须接种新支减三联苗、传染性法氏囊病疫苗,必要时还要接种传染性脑脊髓炎疫苗等。

5.公母混群 采用自然交配繁殖方式的蛋种鸡群,在育成末期将公鸡先于母鸡 7~10 天转入成年鸡舍。

(二)产蛋期种母鸡的管理

产蛋期种母鸡的日常管理是认真负责地执行各项生产措施并及时发现和解决生产问题,以保证高产和稳产。

1.转群时间 由于蛋种鸡比商品蛋鸡通常要推迟 1~2 周开产,转群时间也比商品蛋鸡推后 1~2 周。及时转群能让育成种母鸡对产蛋舍有熟悉的过程,可减少脏蛋、破损蛋,提高种蛋的合格率。

2.控制开产日龄 蛋种鸡开产过早,蛋重小、蛋形不规则,受精率低,易引起早衰,降低种蛋数量。因此,必须在蛋种鸡生长阶段通过控制光照、限制饲养等措施延迟其开产日龄。

3.观察鸡群 产蛋期每天必须认真观察鸡群。了解鸡群的健康和采食情况,挑出病、死、弱和停产的鸡。发现问题要及时报告并妥善解决。

(1)病鸡的特征:精神萎靡,冠色苍白或呈黑紫色,羽毛松乱,没有食欲,粪便颜色和形状异常。

(2)停产鸡的特征为冠小或萎缩而苍白,眼圈和喙的基部呈黄色,肛门干燥,耻骨间距小。及时发现和淘汰这些鸡,可以提高全年的产蛋量和饲料效率。

(三)种公鸡的饲养管理

1.种公鸡的选择 第一次选择在 6~8 周龄时,选择个体发育良好,胸肩宽阔、腿爪强健,冠、肉髯大且鲜红的个体,淘汰生长发育不良、体质差、有生理缺陷的公鸡,公母的选留比例为 1:10。

第二次选择在 17~18 周龄,选择发育良好、活泼健壮、腹部柔软、姿势雄伟、按摩时有性反射的符合品质标准的个体,淘汰体弱、体重过大或过小、有生理缺陷、性反射不强烈的个体,公母的选留比例为 1:(15~20)。

第三次选择在 21~22 周龄,选择射精量多、精液品质好和体重符合标准的个体,淘汰性欲差、采不出精液、精液品质差的个体。公母的选留比例为 1:(20~30)。对公鸡通过一段时间的按摩采精反应训练,淘汰 3%~5%。如果是全年实行人工授精的种鸡场,应留有 15%~20% 的后备公鸡。

2.种公鸡的营养与饲料 自然交配的种公鸡,在配种季节每天的交尾频率非常高,体力消耗大,应注意加强种公鸡的营养。在人工授精条件下的种公鸡,饲养管理尤为重要,应调整日粮营养水平,否则会影响采精量、精子浓度和活力,使精液品质下降。还要适当增加蛋白质和维生素 A、维生素 E,以提高精液品质。公母混养时,应设种公鸡专用料槽,放在较高的位置,让种母鸡无法吃到,以弥补种公鸡营养的不足。

目前对种公鸡的日粮营养需要量暂无统一标准,一般与种母鸡使用同样的饲料,在配种期适当提高蛋白质和维生素水平,这样能取得满意的受精率。生产实践证明,种公鸡配种期间以代谢能为 10.8~12.12 MJ/kg、粗蛋白质水平为 12%~14% 的日粮最为适宜。下列维生素水平可保持种公鸡良好的繁殖性能:每吨饲料中的添加量为维生素 A 2000 万 IU,维生素 E 30 g,维生素 B_1 4 g,维生素 B_2 8 g,维生素 C 150 g。

3. 剪冠、断喙、断趾

(1)剪冠:种公鸡成年后,在体内激素的调控下,鸡冠发育较大。过大的鸡冠在后期生产中容易出现啄破、挂伤或冻伤的情况。切除鸡冠后在采食和饮水中头部更易伸出笼外,冬季能防止鸡冠被冻伤。因此,对于种公鸡,在接入育雏舍时应进行剪冠处理(即在 1 日龄进行)。其目的在于易和羽色相同的种母鸡相区别,减少种公鸡鸡冠的挂伤或平养时种公鸡相互啄斗引起的损失。

剪冠可用手术剪,在贴近头部皮肤处将雏鸡的冠剪去,冠基剩余得越少越好。剪冠后用酒精或紫药水、碘酒进行消毒处理。注意不能剪破头皮。

(2)断喙:采用笼养方式时断喙要求与商品蛋鸡相同。若采用自然交配繁殖方式,种母鸡断喙要求与前相同,但是种公鸡上喙只能断去 1/3,成年后上、下喙基本平齐。种公鸡喙部断去过多会影响交配过程(有的自然交配的种公鸡不断喙)。

(3)断趾:为了防止种公鸡自然交配时刺伤种母鸡背部或人工授精时抓伤工作人员的手臂。在 1~3 日龄期间要对种公鸡进行断趾,断趾可使用断趾器或断喙器,将第一和第二趾从爪根处切去。

4. 环境要求

(1)光照:在 9~17 周龄间,可恒定 8 h 光照,至育成后期每周增加 0.5 h 光照,直至光照时间达 12~14 h。12~14 h 的光照可使种公鸡产生优质的精液。光照强度在 10 lx 即可维持种公鸡的正常生理活动。

(2)温度:成年种公鸡在 20~25 ℃环境下,可产生理想品质的精液,当温度高于 30 ℃或低于 5 ℃时,会严重影响种公鸡的性功能。

5. 种公鸡的运动　可以采用地面垫料和板条高床饲养相结合的方式增加种公鸡的运动量,也可在供应饲料时将谷粒饲料撒在垫料上,促进种公鸡运动。

6. 体重检查　为了保证整个繁殖期种公鸡的健康和精液的品质,应每月检查一次体重,凡体重过低或超过标准体重100 g的种公鸡,应暂停采精或延长采精间隔,并进行单独饲养,以使种公鸡尽快恢复体重。

实践技能　产蛋曲线绘制与分析

▶ **目的与要求**

学会绘制产蛋曲线,并根据产蛋曲线分析产蛋率变化规律及判断产蛋是否正常。

▶ **材料与用具**

坐标纸、绘图工具或计算机等、某养鸡场各周产蛋记录、该养鸡场饲养的该品种蛋鸡产蛋性能标准。

内容与方法

（1）在坐标纸上将该品种的产蛋率指标及其所对应的周龄连成曲线，即为标准产蛋曲线。

（2）在同一坐标纸上将某养鸡场产蛋率及所对应周龄连成曲线，即为该鸡群的实际产蛋曲线。

（3）将两条曲线进行对比分析，分析产蛋率变化规律及判断该养鸡场鸡群产蛋是否正常。

（4）具备计算机条件的使用 Excel 程序绘制标准产蛋曲线和实际产蛋曲线。

（5）结论及建议。写出分析判断结果，初步分析该养鸡场饲养管理方面可能存在的问题及下一步饲养管理建议。

相关链接

蛋禽种业

知识拓展

鸡的强制换羽技术

 思考与练习

在线答题

模块四
肉 鸡 生 产

项目十　快大型肉鸡生产

扫码学课件 10

任务一　快大型肉鸡的生产特点

微视频 10-1

一、快大型肉鸡的生产特点

(一)早期生长速度快

快大型肉鸡来源于肉种鸡父母代杂交,具有肉种鸡父母代的共同优点,其生长速度、饲料转化率均有强大的杂交优势。一般水平:7~8周龄平均体重可达 2 kg。先进水平:37日龄平均体重可达 2 kg。

(二)饲料转化率高

随着快大型肉鸡早期生长速度的不断提高,因饲养周期缩短而带来的饲料转化率已突破 2∶1 的大关,达到料肉比为(1.72~1.95)∶1 的水平。由于饲料的支出占养鸡成本的 70% 左右,所以,饲料转化率越高,其每千克产品生产成本就越低,由此带来的利润也越大。

(三)饲养周期短、周转快

快大型肉鸡一般饲养到 8 周龄时即可达到上市体重,出售完毕后经 2 周空舍并打扫、清洗、消毒后再进鸡。有些饲养单位,其饲养周期更短,6 周龄即可上市,每年至少周转 6 批。

(四)适用于高密度饲养,劳动生产率高

现代肉鸡生命力强,性情安静,具有良好的群居性,适合高密度大群饲养。快大型肉鸡主要靠规模效益取胜,生产过程中基本实现了机械化、自动化,一个饲养人员可饲养 1 万~2 万只,每年可出栏 5 万~10 万只。

(五)易出现营养代谢病、腿部疾病等

快大型肉鸡由于早期肌肉生长速度快,而骨组织和心肺等其他器官发育相对迟缓,因此易发生

Note

营养代谢病、腿部疾病、胸囊肿和腹水综合征等疾病和猝死,要注意预防。

二、快大型肉鸡的生长规律

(一)快大型肉鸡相对增重规律

快大型肉鸡相对增重随周龄增加而下降,1～2周龄相对增重较快,以后减慢。相对增重=(末重-始重)/始重×100%。这个指标反映了快大型肉鸡某个阶段的生长速度。如 AA 肉鸡初生重约为 40 g,1 周龄末体重增至 160 g,则相对增重为(160-40)/40×100%=300%。AA 肉鸡各周龄增重速度如表 10-1 所示。

表 10-1　AA 肉鸡各周龄增重速度

项目	周龄									
	1	2	3	4	5	6	7	8	9	10
始重/g	40	165	405	730	1130	1585	2075	2670	3055	3510
周龄内增重/g	125	240	325	400	455	490	495	485	455	435
相对增重/(%)	313	145	80	55	40	31	24	18	15	12

(二)快大型肉鸡绝对增重规律

绝对增重反映的是直接增重效果。绝对增重=末重-始重。如快大型肉鸡初生重约为 40 g,1 周龄末体重增至 150 g,则绝对增重为 150-40=110(g)。快大型肉鸡绝对增重随着周龄的增加而增加,7 周龄左右达到顶峰,8 周龄开始逐渐降低,且耗料量继续增加,饲料转化率显著下降(表 10-2)。

表 10-2　快大型肉鸡绝对增重　　　　　　　　　　　　　　　　单位:g

绝对增重	周龄									
	1	2	3	4	5	6	7	8	9	10
公鸡绝对增重	110	260	310	400	420	470	510	500	480	460
母鸡绝对增重	110	230	290	330	370	390	400	380	350	310
平均绝对增重	110	245	300	365	395	430	455	440	415	385

(三)快大型肉鸡饲料转化规律

饲料转化率也称为饲料报酬,指消耗单位风干饲料重量与所得到的动物产品重量的比值,是畜牧业生产中表示饲料效率的指标,它表示每生产单位重量的产品所耗用饲料的数量,也称为料肉比,即饲养的畜禽增重 1 kg 所消耗的饲料量。

饲料转化率随着快大型肉鸡周龄的增加而上升(表 10-3)。5 周龄前饲料转化率在 2 以下,8 周龄后可在 3 以上。饲养周期越长,饲料转化率越低,成本越高。

表 10-3　快大型肉鸡饲料转化率(料肉比)

饲料转化率	周龄									
	1	2	3	4	5	6	7	8	9	10
每周饲料转化率	0.8	1.21	1.49	1.74	2.03	2.32	2.63	2.99	3.39	3.84
累计饲料转化率	0.8	1.05	1.24	1.41	1.58	1.75	1.92	2.09	2.26	2.43

(四)快大型肉鸡内脏器官生长规律

内脏器官是动物生命的基础设施,其生长发育状况至关重要。生长发育良好的内脏器官可增强快大型肉鸡的新陈代谢、抗病力和抗应激能力,并能保证快大型肉鸡健康快速地生长。快大型肉鸡生长阶段(0～7周龄)内脏器官生长主要集中在 5 周龄前,所以快大型肉鸡生长过程中,应特别注意 5 周龄前饲料的全价和平衡性,以确保其迅速生长,满足快大型肉鸡肌肉快速增重对氧气和营养物

Note

质的需要。

(五)体组织成分变化规律

快大型肉鸡生长初期水分含量高、脂肪少,随后蛋白质、钙沉积增加,肌肉、骨骼生长加快,后期脂肪沉积加快,水分相对减少。5～7周龄有一脂肪沉积高峰,7周龄后公鸡脂肪沉积减少,母鸡持续。

快大型肉鸡生长规律表明,快大型肉鸡年龄越小,供生长发育的活性物质(维生素、微量元素和蛋白质)越重要,略有不足即可导致缺乏症发生,如果快大型肉鸡6周龄前营养不足,其生长发育和经济效益会受到影响。所以快大型肉鸡6周龄前的饲养是一个关键时期。生产中要根据快大型肉鸡的生长规律,结合市场行情、雏鸡成本和饲料价格等变化来决定出栏时间。如果饲料成本高、市场行情不好,应该尽早出栏(在6周龄前出栏);如果饲料成本低或适宜、市场行情好,可适当延迟出栏(可在7周龄后再出栏)。

三、快大型肉鸡的饲养方式

(一)地面平养

地面平养是目前快大型肉鸡生产中普遍采用的一种方式。在鸡舍地面铺设10 cm左右的厚垫料,鸡从入舍到出栏均在垫料上生活。常用垫料有稻草、麦秆、锯木屑等(图10-1、图10-2)。要求清洁、干燥松软、吸湿性强、不发霉、不结块,长度小于10 cm。优点是投资少,简单易行,管理也比较方便,胸囊肿和外伤发病率低;缺点是需要大量垫料,常因垫料质量差、更换不及时,鸡只与粪便直接接触易诱发呼吸道疾病和球虫病等。因快大型肉鸡饲养周期短,平养一般不更换垫料。

图 10-1　地面平养(空栏期)　　　　　　图 10-2　地面平养(饲养期)

(二)网上平养

在离地50～60 cm高度设置铁丝网或塑料垫网(也可用竹排代替铁丝网),网床带有1.25 cm×1.25 cm的网眼,鸡只在饲养期始终生活在网上(图10-3、图10-4)。网上平养的优点是减少了鸡只与粪便接触的机会,能及时清走粪便,舍内空气质量较好,减少了球虫病、呼吸道疾病等疾病的发病率;缺点是一次性投资大,快大型肉鸡在饲养后期,特别是垫网较硬时,腿部疾病和胸囊肿的发病率高。生产中常用塑料垫网饲养。

图 10-3　网上平养(空栏期)　　　　　　图 10-4　网上平养(饲养期)

（三）立体笼养

将快大型肉鸡饲养在 3～5 层笼内，鸡笼由镀锌或涂塑铁丝制成，网底可铺塑料垫网，四周挂料桶和水槽（图 10-5、图 10-6）。该法是现代肉鸡养殖的一种方向。笼养可提高饲养密度 2～3 倍，劳动效率高，节省取暖、照明费用，不用垫料，减少了球虫病的发生；缺点是一次性投资大，对电的依赖性大。由于笼底网较硬，笼养鸡活动受阻，胸囊肿和腿部疾病较多。

图 10-5　立体笼养（空栏期）

图 10-6　立体笼养（饲养期）

在对以上快大型肉鸡饲养方式有充分了解之后，养殖者可根据当地条件和自身经济状况，选择最适当的快大型肉鸡饲养方式。有的养殖场对 2～3 周龄内的快大型肉鸡实行笼养或网上平养，2～3 周龄后实行地面平养。

四、快大型肉鸡的营养需求

（一）营养需求特点

1. 要求各种营养成分齐全充足　任何营养成分的缺乏或不足都会导致病理状态。在这方面，快大型肉鸡比蛋鸡更为敏感，反应更为迅速。

2. 要求高能量、高蛋白质　高能量、高蛋白质能发挥最大的遗传潜力，获得最好的增重效果。

3. 各种营养成分的比例平衡适当　各种营养成分的比例平衡适当，才能满足快速生长需要，提高饲料利用率，降低饲料成本。

（二）营养需求量

根据快大型肉鸡营养需求量，选择优质价廉的饲料原料，加工生产出优质全价配合饲料，这既是满足快大型肉鸡营养需要的物质基础，也是快大型肉鸡快速生长潜力得以发挥的物质基础。

为了使快大型肉鸡生长的遗传潜力得到充分发挥，应保证供给快大型肉鸡高能量、高蛋白质、维生素和微量元素等营养成分丰富而平衡的全价配合饲料。快大型肉鸡饲料中代谢能水平在 12.97～14.23 MJ/kg 范围内，增重和饲料效率最好；而蛋白质含量以前期 22%、后期 20% 对生长最佳。AA 肉鸡的营养标准如表 10-4 所示。

表 10-4　AA 肉鸡的营养标准

项目	前期料（0～3 周龄）	中期料（4～6 周龄）	后期料（6 周龄后）
代谢能/（MJ/kg）	12.97	13.39	13.39
蛋白质/（%）	22	20	18
钙/（%）	0.95	0.90	0.85
可利用磷/（%）	0.47	0.45	0.43
食盐/（%）	0.45	0.45	0.45
赖氨酸/（%）	1.28	1.20	0.96
蛋氨酸/（%）	0.47	0.44	0.38
蛋氨酸＋胱氨酸/（%）	0.92	0.82	0.77

任务二　快大型肉鸡的饲养管理

一、快大型肉鸡各阶段的饲养管理

（一）1~3日龄快大型肉鸡的饲养管理

1. 饮水　水分占雏鸡身体的60%~70%，存在于鸡体组织中。由于长途运输和排泄加上育雏舍温度高，雏鸡很易脱水。因此，雏鸡接回后，应先给雏鸡饮水，2 h后开食。前7天采用20 ℃左右的开水，水中加入5%葡萄糖、电解多维、抗生素等，要有足够的水槽及饮水位置，防止水溢出污染饲料。饮水器周围污染的垫料要经常更换。

2. 开食　雏鸡饮水2 h后，开食给料。由于雏鸡消化功能尚不健全，开食料最好用全价破碎饲料，保证营养全面，又便于啄食。如使用粉料，则应拌湿后再喂，应少喂勤添，昼夜饲喂，一般每2 h饲喂一次，每次的喂料量应控制在雏鸡30 min左右吃完，并且1~3日龄的鸡一定要在平面上饲喂，用饲料盘或塑料布均可。

3. 调温　在1~3日龄内，通过供暖设备加温，使保温伞（或塑料棚）下的温度达到并保持在33~35 ℃，每降低1 ℃，会多耗料50 g，造成饲料浪费。因此，要严格控制温度。

4. 通风　在能够保证鸡舍温度的情况下，应保持空气流畅。在中午可短时间开窗，但要防止贼风吹入。更不可让强风直吹鸡的头部。

5. 光照　雏鸡视力差，为便于找到饮水，在1~3日龄内白天和夜晚均需进行光照，光照强度以鸡刚能看到饲料即可。也可采用21~22 h光照、2~3 h黑暗，有节奏地开关光源和喂料，效果比较好。

6. 饲养密度　适宜的饲养密度依饲养方式、鸡舍类型、饲养季节、饲养环境等情况而定。一般而言，地面平养，1周龄为每平方米30只；网上平养，1周龄为每平方米40只。

（二）4~14日龄快大型肉鸡的饲养管理

1. 采食与饮水　此阶段快大型肉鸡的消化系统趋于健全，且生长快，要求营养丰富、容易消化的全价饲料。每天给料7次，每次给料不宜过多，以鸡只同时采食的情况下，30 min吃完为宜。此时应改变饲喂用具，将平盘或塑料布换成料槽或吊桶。饮水应充足、清洁，用具要每天清洗，数量要适当增加。

2. 温度　此阶段的鸡自身能产热，周围温度可降至30~32 ℃，夜间比白天稍高些。

3. 通风　在保持温度的情况下，适当通风，每天开窗约30 min，使空气流通，但不能让强风直吹鸡身。

4. 光照　光照时间较1~3日龄缩短，每天20 h。光照强度2~3 W/m²。

5. 免疫　7日龄鸡新城疫、传染性支气管炎二联活疫苗免疫，滴鼻、点眼或饮水免疫皆可。14日龄法氏囊病疫苗饮水免疫。

6. 饲养密度　适宜的饲养密度依饲养方式、鸡舍类型、饲养季节、饲养环境等情况而定。一般而言，地面平养，2周龄为每平方米25只；网上平养，2周龄为每平方米30只。

（三）15~28日龄快大型肉鸡的饲养管理

1. 饲喂和饮水　开始逐渐过渡换料，注意不能突然换料，而应有一个适应过程，一般以1~2周的时间为过渡期，每天饲喂6次，料量不宜过多，避免饲料浪费，保证充足、清洁的饮水。

2. 温度与通风　调节室内温度，保持在28~29 ℃，加强通风换气。

3. 光照　此阶段对光照要求不甚严格，除白天自然光照外，夜间开灯2 h。

4. 饲养密度　适宜的饲养密度依饲养方式、鸡舍类型、饲养季节、饲养环境等情况而定。一般而言，地面平养，3周龄为每平方米20只，4周龄为每平方米15只；网上平养，3周龄为每平方米25只，

4周龄为每平方米20只。

(四)29～42日龄快大型肉鸡的饲养管理

1.饲喂与饮水 每日饲喂6次,适当调整料槽或料桶高度,水槽及饮水器高度以与鸡背平齐为度。

2.温度 此阶段温度控制在20～25℃。

3.免疫 在30日龄进行鸡新城疫Ⅳ系苗饮水免疫。

4.更换垫料 勤换垫料,注意预防球虫病。

5.饲养密度 适宜的饲养密度依饲养方式、鸡舍类型、饲养季节、饲养环境等情况而定。一般而言,地面平养,5周龄为每平方米12只,6周龄为每平方米9只;网上平养,5周龄为每平方米16只,6周龄为每平方米12只。

(五)43日龄～出栏阶段快大型肉鸡的饲养管理

1.饲喂与饮水 每日饲喂6次以上,适当增加饲喂次数可增加鸡的出栏体重,调整料桶与水槽高度至超过鸡背。

2.温度 此阶段温度保持在21℃。

3.通风 此阶段鸡日龄较大,密度大,代谢旺盛,换气量大,鸡舍内氨气浓度等有害气体浓度增加,要注意加强通风换气,防止引发呼吸道疾病。

4.光照 每天早晚各增加2h光照。

5.饲养密度 适宜的饲养密度依饲养方式、鸡舍类型、饲养季节、饲养环境等情况而定。一般而言,地面平养,7周龄为每平方米7只;网上平养,7周龄为每平方米10只。

6.打扫、消毒鸡舍 鸡只出售后,将鸡舍彻底清扫消毒,空舍2～3周,再进雏鸡。

二、快大型肉鸡各阶段的日常管理工作

(一)日常工作内容

(1)每天7:30更换脚踏消毒液。

(2)定期在16:30清除鸡粪。

(3)根据鸡舍小气候情况,随时调整通风量。

(4)每天仔细观察鸡群,至少上、下午各一次。

(5)每天及时做好记录工作,每天8:00记录死淘数、耗料量、温度、光照等情况。体重(随机取样2%称重)及成活率每周最后1天记录一次,做好免疫用药记录。

(二)弱残鸡处理

(1)每舍设立弱残鸡圈1～2个,其位置应远离饲料库,其大小应视弱残鸡数量多少而定,密度为每平方米8只,并备有足量的饮水及喂料器具,不限饲不限水。

(2)每天应几次将弱残鸡挑入圈中,服药护理,无治疗价值的鸡达到一定标准时,可以出售。

(三)死鸡处理

(1)每舍应设死鸡桶或塑料袋等不渗漏容器,发现死鸡随时捡出,放入其中,严禁从窗口向外扔,严禁死鸡放血,防止污染环境、扩散病原、传播疾病。

(2)对死鸡妥善处理,如深埋、焚烧或煮沸后用作饲料、肥料等。对盛死鸡的容器、场地要严格消毒。

三、提高快大型肉鸡经济效益的措施

(一)实行公母分群的饲养制度

1.分群饲养的原因 公、母鸡的生理基础不同,因而对生活环境、营养条件的要求和反应也不同。主要表现如下。

(1)生长速度不同:4周龄时公鸡比母鸡体重大13%,6周龄时大20%,8周龄时大27%。

(2)沉积脂肪的能力不同:母鸡比公鸡易沉积脂肪,反映出对饲料要求不同。

(3)羽毛生长速度不同:公鸡长羽慢,母鸡长羽快。

(4)其他:公、母鸡表现出胸囊肿的严重程度不同,对湿度的要求也不同。

2.公母分群饲养管理措施

(1)分期出售:母鸡生长速度在7周龄后相对下降,而饲料消耗急剧增加,因此在7周龄末左右出售;公鸡生长速度在9周龄以后才下降,故应到9周龄出售才划算。

(2)按公母调整日粮营养水平:公鸡能更有效地利用高蛋白质日粮,前期日粮中蛋白质含量可提高到24%～25%,母鸡则不能利用高蛋白质日粮,而且将多余的蛋白质在体内转化为脂肪,很不经济。在饲料中添加赖氨酸后公鸡反应迅速,饲料效益明显提高,而母鸡则反应很小。

(3)按公母提供适宜的环境条件:公鸡羽毛生长速度慢,前期需要稍高的温度,后期公鸡比母鸡怕热,温度宜稍低。公鸡体重大,胸囊肿比较严重,应给予更松软、更厚的垫料。

(二)实行"全进全出"制

"全进全出"即同一栋鸡舍装满同一日龄的雏鸡,又在出售时同一天全部出场,这一制度便于采用统一的温度、同标准的饲料,出场后统一打扫、清洗、消毒,切断病源的循环感染。熏蒸消毒后封闭2～3周再接养下一批雏鸡。"全进全出"制比"连续生产"制增重快,耗料少,死亡率低。

(三)保证足够的采食量

日粮的营养水平高,但若采食量上不去、吃不够,则快大型肉鸡的饲养同样得不到好的效果。为保证采食量,生产中常用的措施如下。

(1)保证足够的采食位置,保证充足的采食时间。

(2)高温季节采取有效的降温措施,加强夜间饲喂,必要时采用凉水拌料。

(3)检查饲料品质,控制适口性不良饲料的配合比例。

(4)采用颗粒料。

(5)在饲料中添加香味剂,提高饲料适口性。

(四)适当的密度

鸡的饲养密度是指在一定的面积饲养的鸡的数量,一般用每平方米饲养的鸡的数量来表示。密度不是越大越好,而是有一定限度的。快大型肉鸡的饲养密度控制根据鸡的日龄、体重,管理方式,通风条件和气温有所不同。板条或网上平养可比地面平养的密度增加20%;同样面积的鸡舍,冬天比夏天饲养密度要大一些。确定饲养密度有两种方法,一是依活体重确定每平方米饲养只数,体重大,占地面积也大,饲养密度应减少。二是随日龄增大降低饲养密度。

快大型肉鸡在同一鸡舍内饲养时采用逐步扩散的办法,即育雏时只用1/3的面积为育雏间,3周龄前集中保温;3周龄后撤除隔离装置,沿鸡舍纵向扩大饲养面积;5周龄后填满全舍。

四、影响快大型肉鸡生产的几个问题

(一)胸囊肿

胸囊肿是快大型肉鸡胸部皮下发生局部炎症肿大,是快大型肉鸡常见的疾病。它不传染也不影响生长,但影响快大型肉鸡的商品价值和等级。主要原因:快大型肉鸡早期生长快、体重大,在胸部羽毛未生长或正在生长的时候,胸部与地面或硬质网面接触,龙骨外皮质受到长时间的摩擦和压迫等刺激,造成皮质硬化,形成囊状组织,里面逐渐积累一些黏稠的渗出液,成为水泡状囊肿。应该针对产生原因采取有效措施。

(1)尽力使垫料干燥、松软,及时更换黏结、潮湿的垫料,保持垫料应有的厚度。

(2)减少快大型肉鸡卧地的时间。快大型肉鸡一天当中有68%～72%的时间处于卧伏状态,卧伏时体重的60%左右由胸部支撑,胸部受压时间长、压力大,胸部羽毛又长得晚,故易造成胸囊肿。

应采取少喂多餐的办法,促使鸡站起来多采食活动。

(3)若采用铁网平养或笼养,网底应加一层弹性塑料网。

(二)腿部疾病

随着快大型肉鸡生产性能的提高,腿部疾病的严重程度也在增加。引起腿部疾病的原因有很多,归纳起来有以下几类:遗传性腿病,如胫骨、软骨发育异常,脊柱滑脱症等;感染性腿病,如化脓性关节炎、鸡脑脊髓炎、病毒性腱鞘炎等;营养性腿病,如脱腱症、软骨症、维生素 B_2 缺乏症等;管理性腿病,如风湿性和外伤性腿病。预防快大型肉鸡腿部疾病,应采取以下措施。

(1)完善防疫保健措施,杜绝感染性腿病。

(2)确保微量元素及维生素的合理供给,避免因缺乏钙、磷而引起的软脚病,避免因缺乏锰、锌、胆碱、叶酸、维生素 B_6 等所引起的脱腱症,避免因缺乏维生素 B_2 而引起的卷趾病。

(3)加强管理,确保快大型肉鸡合理的生活环境,避免因垫料湿度过大、脱温过早以及抓鸡不当而造成的腿部疾病。

(三)腹水综合征

腹水综合征是一种非传染性疾病,典型的症状是病鸡腹腔内积累大量液体,腹部膨大,腹部皮肤变薄发亮,用手按压时有波动感。其发生与缺氧、缺硒及某些药物的长期使用有关。在缺氧条件下,红细胞增多,血液变稠,回流缓慢,血液在腹腔血管中滞留时间变长,血液内压增加,血浆渗出液增多,并积蓄在腹腔形成腹水综合征。控制快大型肉鸡腹水综合征发生的措施如下。

(1)改善环境通气条件,特别是在密度大的情况下,应充分注意鸡舍的通风换气。

(2)防止饲料中缺硒和维生素 E。饲料中含硒不应低于 0.2 mg/kg。

(3)饲料中呋喃唑酮不能长期使用,且用量控制在 0.025% 以下。

(4)早期发现轻度腹水综合征时,应在饲料中补加维生素 C,用量为 0.05%。同时对环境和饲料做全面检查,采取相应措施控制腹水综合征的发展。8～18日龄只喂给正常饲料量的 80% 左右可防止腹水综合征的发生。

(四)猝死

一些增重快、体大、外观正常健康的快大型肉鸡会突然狂叫,仰卧倒地死亡,剖检时可见肺肿、心脏扩大、胆囊缩小。快大型肉鸡猝死与快大型肉鸡快长、环境、营养三者不协调有关。控制快大型肉鸡猝死发生的措施如下。

(1)科学配制日粮,营养全价均衡,在日粮中适量添加多维。

(2)加强通风换气,防止密度过大。

(3)适当控制快大型肉鸡前期生长速度,3周龄以前喂粉料,以后喂颗粒料,在8～20日龄进行适当的限制饲养。

(4)避免突然的应激。

实践技能 肉鸡的屠宰与分割

➡ 目的与要求

掌握肉鸡屠宰方法、分割部位和分割技术,掌握家禽屠宰率的测定和计算方法。

➡ 材料与用具

肉鸡、解剖刀、剪子、镊子、手术盘、案板等。

 内容与方法

1. 肉鸡的屠宰操作步骤

(1)宰前的准备:肉鸡宰前必须禁食 12～24 h,只供饮水,这样既可节省饲料,又可使放血完全,保证肉的品质优良和屠体美观。称活体重。

(2)放血:可采取颈外放血法和口腔内放血法。

(3)拔毛:可采取干拔法和湿拔法。

2. 肉鸡的分割 分割、去内脏。一般小型加工厂多从胸骨后至肛门的正中线切腹开膛,清除内脏。有的采用拉肠,从肛门拉出肠管胆囊。剪开颈皮,取出气管、食管和嗉囊;剪去肛门。

3. 指标的计算

(1)称重项目。称重项目有活重,屠体重、半净膛重、全净膛重、腿重、翅膀重、腿肌重、胸肌重和腹脂重。

(2)产肉性能指标计算方法。屠宰率、半净膛屠宰率、全净膛屠宰率、胸肌率、腿肌率等。

 相关链接

快大型白羽肉鸡
主要品种

知识拓展

肉鸡饲料的高效
配制与使用

Note

项目十一　肉种鸡生产

扫码学课件 11

学习目标

【知识目标】

1. 掌握肉用种母鸡育雏期、育成期和产蛋期各阶段的饲养管理。

2. 掌握肉用种公鸡饲养管理

3. 了解人工强制换羽的意义。

4. 掌握人工强制换羽的方法和注意事项。

【技能目标】

1. 会对肉用种公鸡和各阶段肉用种母鸡进行饲养管理。

2. 能解决肉用种公鸡和种母鸡饲养过程中出现的各种问题。

3. 能对产蛋后期母鸡进行人工强制换羽。

4. 能采取措施降低人工强制换羽的死淘率。

【思政目标】

1. 培养学生吃苦耐劳、科学严谨的精神。

2. 通过肉用种母鸡、肉用种公鸡的选择、淘汰等知识讲解，帮助学生树立精益求精、优中选优的质量意识。

3. 通过肉用种母鸡人工强制换羽、合理选择换羽方法等知识讲解，帮助学生树立高效利用资源、保护和爱护动物的意识。

任务一　肉种鸡的饲养管理

根据肉种鸡生产过程来划分，肉种鸡的饲养管理大致可以分为三个阶段：育雏期、育成期和产蛋期。不同阶段对肉种鸡的饲养管理有着不同的要求。

一、肉种鸡育雏期饲养管理

肉种鸡育雏的好与坏直接决定着肉种鸡以后的生产性能，若育雏期任何一个环节管理不好，将会给生产带来巨大的损失。具体饲养管理可参考蛋用雏鸡饲养管理。

二、肉种鸡育成期饲养管理

肉种鸡的育成期一般是指 7～20 周龄这一时期。简单地讲，育成期生产管理目标就是通过控制鸡舍环境条件和鸡只的饲喂程序及传染病防治等培育出适合种用的均匀度高的后备种鸡。具体饲养管理可参考产蛋鸡育成期的饲养管理，主要饲养管理要点如下。

（一）育成鸡的选择

育成期开始时应观察、称重，不符合品种标准的鸡应尽早淘汰。一般第一次选择在 6～8 周龄，选择体重适中、健康无病的鸡。第二次在 18～20 周龄，可结合转群或接种疫苗进行，在平均体重

Note

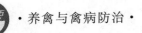

10% 以下的个体应予淘汰处理。

(二)公母分群饲养

父、母系通常属于不同的品种或品系,体重差异大,为了保证其正常发育,公母应分群饲养。

(三)饲养密度

根据肉种鸡体形大小、饲养方式、饲养条件和技术水平灵活掌握。

(四)光照

育成期光照原则:不能延长光照时间,只能逐渐减少或恒定光照时间。光照强度不能太强,一般为 5～10 lx。

(五)称重

每两周称重一次,根据体重变化及时调整饲喂方法。如体重未达到标准体重,应延长采食时间、增加喂料量。如体重超过标准体重,则应进行限制饲养。

(六)添加沙砾

从 7 周龄开始,每周每 100 只鸡给予砂粒 500 g。

(七)搞好免疫接种和卫生防疫

按免疫程序及时对鸡群进行免疫接种。每周对鸡群进行 1～2 次消毒,每月最后一天对鸡舍进行一次全面消毒。每天刷一次水槽或不超过两天刷一次,每日打扫一次卫生。及时清理粪便,要注意通风工作,排出舍内的各种有害气体,净化环境。夏季做好降温防暑工作,冬季做好防风保温工作。

(八)做好其他日常工作

上午和下午上班时对鸡舍各种设备进行检查,仔细观察鸡群采食饮水、粪便和行为等情况,发现问题及时解决。仔细做好日常饲养管理情况的记录和档案管理工作。

三、肉用种母鸡产蛋期饲养管理

(一)产蛋前期(18～21 周龄)的饲养管理

1.转群 在 18 周龄时完成转群,转出前 6 h 应停料,在转群前 2～3 天和入舍后 3 天,饲料内增加多种维生素和抗生素。转群最好在夜间进行,尽量降低光照强度,以免惊吓鸡群。转群的同时对病、弱、残鸡进行淘汰。

2.合适的公母比例 自然交配为 1∶10;人工授精为 1∶(25～30)。

3.饲喂方法 采用产蛋前期配合饲料,自由采食,补充贝壳粉和粗钙粉等补钙饲料。

4.温度、湿度 鸡舍内最适宜的温度是 18～23 ℃,最低不应低于 7 ℃,最高不超过 30 ℃。如超出此温度范围,肉种鸡采食量和产蛋量会受到影响。相对湿度保持在 60%～75%。

5.光照 光照管理参照同期蛋鸡和肉鸡光照方案。

6.准备产蛋箱 对于平养肉种鸡,在开产前 3～4 周,有些鸡就在寻找适合产蛋的处所,越是临近开产找得越勤,尤其是快要下蛋的肉用种母鸡,找窝表现得更为神经质。因此提早安置好产蛋箱和训练肉用种母鸡进产箱内产蛋是一项重要工作。为吸引肉用种母鸡在箱内产蛋,产蛋箱要放在光线较暗且通风良好、比较僻静的地方。垫料要松软,发现污染马上更换。

(二)产蛋高峰期(22～48 周龄)的饲养管理

1.饲喂方法 产蛋高峰期采用自由采食,保证饲料的全价营养,料槽添料量应为 1/3 槽高,添料过满会造成饲料抛撒。

2.饲养密度 地面平养为每平方米 4～5 只,网上平养为每平方米 5～6 只,立体笼养为每平方米 8～12 只。

3.增加光照 从 18 周龄开始,每周增加光照 0.5～1 h,到产蛋高峰期每天光照时间达 16 h。

4.种蛋收集 根据季节的不同,要求每日收集种蛋的次数为 4～5 次,夏季应增加收集种蛋的次数。肉用种母鸡 90% 以上的蛋集中在 9:00 到 15:00 这段时间,这段时间收集种蛋间隔时间应缩短,产蛋箱中存留的蛋越少,破损蛋就越少。蛋收集后应在半小时内进行熏蒸消毒,然后在温湿度适宜的环境下储存。

肉种鸡种蛋的蛋重要求范围比蛋鸡大,一般 50～68 g 都可以孵化,砂皮蛋、裂纹蛋在孵化操作过程中容易破损,污染其他种蛋,而且本身的孵化率也低,通常不进行孵化。

(三)产蛋后期(49 周龄至淘汰)的饲养管理

当鸡群产蛋率下降至 80% 时,为防止肉用种母鸡超重和保持良好的饲料利用率,应开始逐渐减少喂料量,适当增加饲料中钙和维生素 D 的含量,添加 0.1%～0.15% 的氯化胆碱。每次饲料减少量每 100 只不超过 230 g,以后产蛋量每减少 4%～5% 时,必须调整一次喂料量。从产蛋高峰到结束,每 100 只鸡喂料量大约减少 1.36 kg。

在每次饲料减少时,必须注意观察鸡群的反应,出现任何不正常的产蛋量下降,都必须恢复到原喂料量。同时要注意天气的突变、饲喂方式的改变、光照管理、鸡群的健康状况、疾病等因素,必须找出造成产蛋量下降的原因,及时改进,绝不能随意减少喂料量。

四、肉用种公鸡饲养管理

(一)体重控制

在保证肉用种公鸡营养需要量的同时应控制其体重,以保持品种应有的体重标准。在育成期必须进行限制饲养,从 15 周龄开始,肉用种公鸡的饲养目标就是让肉用种公鸡按照体重标准曲线生长发育,并与肉用种母鸡一起均匀协调地达到性成熟。混群前每周至少一次,混群后每周至少两次监测肉用种公鸡的体重和周增重。平养肉种鸡 20～23 周龄公母混群后,监测肉用种公鸡的体重更为困难,一般是在混群前挑选 20%～30% 的在(1±5%)标准体重范围内的肉用种公鸡做标记,在抽样称重过程中,仅对做标记的肉用种公鸡进行称重。根据肉用种公鸡抽样称重的结果确定喂料量的多少。

(二)肉用种公鸡的饲喂

肉用种公鸡常用的饲喂设备有自动盘式喂料器、悬挂式料桶和吊挂式料槽。每次喂完料后,将喂料器提升到一定高度,避免任何鸡只接触,喂料时再将喂料器放下。必须保证每只肉用种公鸡至少拥有 18 cm 的采食位置,并确保饲料分布均匀。采食位置不能过大,以免一些凶猛的公鸡多吃多占,使鸡群均匀度变差,造成生产性能下降。随着肉用种公鸡数量的减少,其喂料器数量也应相应减少。先喂肉用种母鸡料,后喂肉用种公鸡料,有利于公母分饲。要注意调节肉用种母鸡喂料器格栅的宽度、高度和精确度,检查喂料器状况,防上肉用种公鸡从肉用种母鸡喂料器中偷料,否则肉用种公鸡的体重难以控制。

(三)监测肉用种公鸡的体况

每周都应监测肉用种公鸡的状况,建立良好的日常检查程序。肉用种公鸡的体况监测包括肉用种公鸡的精神状态,是否超重,机敏性和活力,脸部、鸡冠、肉髯的颜色和状态,腿部、关节、脚趾的状态,肌肉的韧性、丰满度和胸骨突出情况,羽毛是否脱落,吃料时间,肛门颜色(肉用种公鸡交配频率高时肛门颜色鲜艳)等。平养肉种鸡时,肉用种公鸡腿部更容易出现问题,如跛行、脚底肿胀发炎、关节炎等,这些肉用种公鸡往往配种受精能力较弱,应及时淘汰。公母交配造成肉用种母鸡损伤时,应淘汰体重过大的肉用种公鸡。

(四)适宜的公母比例

公母比例取决于肉种鸡类型和体形大小,肉用种公鸡过多或过少均会影响受精率。自然交配时一般公母比例为 1:10 较合适。无论何时出现过度交配现象(有些肉用种母鸡头后部和尾根部的羽毛脱落是过度交配的征兆),应按 1:200 的比例淘汰肉用种公鸡,并调整以后的公母比例。按常规每周评估整个鸡群和个体公鸡,根据个体肉用种公鸡的状况淘汰多余的肉用种公鸡,保持最佳公母比例。人工授精时公母比例以 1∶(25～30)比较合适。

(五)创造良好的交配环境

饲养在"条板-垫料"地面的肉种鸡,肉用种公鸡往往喜欢停留在条板上栖息,而肉用种母鸡却往往喜欢在垫料上配种,这些肉用种母鸡会因肉用种公鸡不离开条板而得不到配种。为解决这个问题,可于下午将一些谷物或粗玉米颗粒撒在垫料上,诱使肉用种公鸡离开条板在垫料上与肉用种母鸡交配。

(六)替换公鸡

如果肉用种公鸡饲养管理合理,与肉用种母鸡同时入舍的肉用种公鸡足以保持整个生产周期全群的受精率。随着鸡群年龄的增长和不断的淘汰,肉用种公鸡的数量逐渐减少。为了保持最佳的公母比例,鸡群可在生产后期(如 45 周龄后)用年轻健康强壮的肉用种公鸡替换老龄肉用种公鸡。对替换的肉用种公鸡应进行实验室分析和临床检查,确保其不会将病原体带入鸡群。确保替换的肉用种公鸡完全达到性成熟,避免其受到老龄肉用种母鸡和其他肉用种公鸡的欺负。为防止肉用种公鸡间打架,加入替换的肉用种公鸡应在关灯后或黑暗时进行。观察替换的肉用种公鸡的采食饮水状况,将反应慢的肉用种公鸡圈入小圈,使其方便找到饮水和饲料。替换的肉用种公鸡(带上不同颜色的脚圈或在翅膀上喷上颜色)应与老龄肉用种公鸡分开称重,以监测其体重增长趋势。

任务二 肉种鸡人工强制换羽技术

一、人工强制换羽的概念

所谓人工强制换羽,就是人为地给鸡施加一些应激因素,在应激因素的作用下,使其停止产蛋、体重下降、羽毛脱落,从而更换新羽。人工强制换羽的目的是使整个鸡群在短期内停产、换羽、恢复体质,然后恢复产蛋,提高蛋的质量,从而达到延长肉种鸡的经济利用价值的目的。

二、人工强制换羽的意义

(一)节省饲料

人工强制换羽断料时间长达 10 天以上,可节省 1 kg 以上的饲料。

(二)改善蛋的品质

母鸡产蛋一年后,薄壳蛋、畸形蛋增加,破损率增高,人工强制换羽后蛋壳变厚。第二个产蛋期的蛋比第一个产蛋期重 6%～7%。人工强制换羽可使母鸡子宫腺中的脂肪耗尽,分泌蛋壳的功能恢复,从而改善蛋的品质。

(三)有利于调节蛋供应

当蛋的价格低于成本时,可采用人工强制换羽,使鸡停产,以减少经济损失。

(四)有助于淘汰劣质种鸡,提高种蛋合格率

那些病、弱、残等处于亚健康状态的肉种鸡,经过人工强制换羽后容易死亡,实际起到了自然选择的作用。肉种鸡人工强制换羽能促使鸡群产蛋,种蛋合格率提高 7.1%,孵化率提高 3.1%。

三、人工强制换羽的原理

鸡与其他禽类一样,每年在冬天来临之前,都要自然换羽一次,破损的旧羽脱落,重新长出新羽,这个过程就叫换羽。换羽与内分泌有关,因卵巢功能下降而使雌激素分泌不足,结果引起卵泡萎缩;换羽时甲状腺分泌促进羽毛生长的甲状腺素增加,激素分泌失去平衡,导致停产、换羽。鸡的全身羽毛更换顺序:头部→颈部→胸部及两侧→大腿部→背部→主翼羽和副翼羽→尾羽。一般来说,高产

鸡换羽迟,羽毛脱落快,新羽长出慢。

四、人工强制换羽的方法

用于人工强制换羽的鸡群,应是已产蛋9～11个月的健康鸡群,产蛋率降至70%～80%。

(一)生物学法(激素法)

给每只鸡肌内注射30 mg孕酮或2500 IU的睾丸甾酮＋5 mg甲状腺素。母鸡第二天即停产,6～7周恢复产蛋。

(二)化学法(高锌法)

此法应激较小,恢复产蛋较快,但大多换羽不完全。高锌可抑制调节食欲的中枢,引起鸡的采食量大幅度减少。

具体措施是不停水,减少光照5～7天,密闭式鸡舍降为每天8 h,开放式鸡舍停止补充光照;饲料由含锌50 ppm(0.005%)提高到含氧化锌2.5%。在喂高锌料后第1天,采食量减少一半,第7天采食量仅为正常的18%,第2周恢复正常饲料后开始恢复产蛋,到第5周产蛋率上升到约60%,第8周超过80%,并保持11周后开始下降。

(三)畜牧学法(饥饿法)

畜牧学法是采用停水、停料和控制光照等措施,使鸡群的生活条件突然发生剧烈变化,鸡群产生强应激而引起停产、换羽的方法。

1. 停水　停水0～3天。停水是最剧烈的应激,会引起蛋壳质量的急剧下降,在酷夏停水可能会增高死亡率。

2. 停料　停料7～10天,具体停料时间可根据鸡群健康状况、鸡只死亡率及体重变化进行调整,以鸡群的平均体重下降25%～30%,死亡率不超过3%为宜。

3. 控制光照　连续约30天把光照时间减至每天8 h(密闭式鸡舍);开放式鸡舍如每天日照时间在10 h内则停止补充光照,如超过10 h,可在停料前7天给予每天24 h光照,绝食开始后改为自然光照,给鸡一种光照突然减少的感觉,达到"光照应激"的作用。

五、人工强制换羽的注意事项

(一)鸡群的选择和淘汰

人工强制换羽只适用于产蛋率较高、健康的鸡群。实施前要认真淘汰弱、病、残鸡。

(二)抽测体重

抽取20～30只鸡称重,实施第7天开始称重,然后每2天称1次,在结束前几天每天称1次,以确定最佳的结束日期。一定要使其体重减少25%～30%或死亡率达3%时才能恢复给料。

(三)恢复喂料和增加光照应逐渐进行

第1天每只可喂20 g,以后每天增加约20 g,达到每天100 g后改为自由采食。连续短光照1个月后,每周增加1 h,至正常光照时间为止。

(四)不能连续人工强制换羽和给肉用种公鸡换羽

肉用种母鸡人工强制换羽只能进行一次,肉用种公鸡人工强制换羽会影响精液品质。

(五)遇到突发情况应中止执行人工强制换羽方案

当出现突发情况如天气骤变、免疫接种、疾病时应中止执行人工强制换羽。

换羽具有过程死亡率较高,换羽后耗料增多,换羽鸡产蛋6～7个月后产蛋率下降较快等缺点。因此人工强制换羽需谨慎,是否采取人工强制换羽,取决于经济效果。如果鸡群健康状况良好,第一个产蛋期的产蛋水平较高,则第二个产蛋期就长,产蛋率也较高,破蛋率和母鸡死亡率也低,这种情况下可以采用人工强制换羽。如若盲目采取人工强制换羽将在很大程度上提高养殖成本。

实践技能　肉种鸡群体重抽测及均匀度的计算

 目的与要求

通过对育成鸡进行抽样、称重、数据整理，计算鸡群均匀度。

→ 材料与用具

笼养或平养的育成鸡群、称鸡台秤、计算器、捕鸡栏网（平养鸡舍使用）等。

→ 内容与方法

1. 抽样称重　抽样必须有代表性。平养鸡舍应在不同地段抽样，用栏网分 4～5 组捕捉，凡是进入栏网的鸡都要逐只称重。笼养鸡采用对角线法抽样，从鸡舍两对角线位置上对称抽样 5 组或 9 组，抽样数量应为鸡群总数的 2%～3%，但不少于 50 只。抽样的鸡都要逐只称重并做好记录，称重应每 1～2 周进行一次，每次称重应在早晨空腹时进行。

2. 均匀度的计算　把称重结果按大小顺序进行排列，计算出平均体重，然后数出达到平均体重（1±10%）范围内的鸡数，按以下公式计算鸡群均匀度。

均匀度＝体重在抽测群平均体重（1±10%）范围内的鸡数÷抽测群总数×100%

3. 鸡群均匀度的评价　根据计算结果评价鸡群的均匀度。

相关链接

影响肉种鸡
产蛋率的因素

 知识拓展

种母鸡醒抱的方法

项目十二 优质肉鸡生产

扫码学课件12

学习目标

【知识目标】

1.了解优质肉鸡的饲养方式。

2.掌握优质肉鸡的生产特点。

3.掌握优质肉鸡放养技术。

4.掌握优质肉鸡各阶段饲养管理技术。

【技能目标】

1.能根据优质肉鸡生产特点制订生产方案。

2.能采用多种方式进行优质肉鸡饲养。

3.能对各阶段的优质肉鸡进行饲养管理。

4.能采用放养技术对优质肉鸡进行饲养管理。

【思政目标】

1.培养学生吃苦耐劳、认真负责的工作精神。

2.通过优质肉鸡肉质优良、风味浓郁、产品安全无污染等知识讲解,帮助学生树立质量与环保意识。

3.通过优质肉鸡饲养过程和日常管理等知识讲解,帮助学生树立科学严谨、认真细致的工作态度。

任务一 优质肉鸡的生产特点及饲养方式

一、优质肉鸡的生产特点

优质肉鸡是指肉质鲜美、风味独特、营养丰富,具有人们喜爱的外观,适用于传统方法加工烹调,商品价值较高的鸡种。可以把优质肉鸡理解为选育提高或杂交改良的地方鸡种。与快大型肉鸡相比,优质肉鸡的生产特点概括起来主要有以下几个方面。

(一)品种来源为我国的优良地方良种鸡

快大型肉鸡是通过专门化品系配套杂交产生的,优质肉鸡则来源于我国优良的地方品种鸡,其血统较为纯正。除符合一般"三黄鸡"的特征外,优质肉鸡还具有体形较为紧凑、脚高且细、羽色鲜艳、尾羽高翘等独特的体貌特征。

(二)生长发育较为缓慢,生产周期长

大多数优质肉鸡需饲养至3~4月龄,体重达1.2~1.5 kg方可上市。在正常的饲养管理条件下,每年饲养3批左右。

(三)优质肉鸡食性较广,且有其独特的饲喂制度和方法

快大型肉鸡一般采取全程饲喂全价配合饲料,自由采食,以促进其快速生长发育。优质肉鸡除

育雏期给予较多的配合饲料外,放养阶段(2～4月龄)则采取以虫、草、谷等为主,配合饲料为辅的饲喂方法。在配合饲料的投放方面,也大多采取清晨少喂、中午不喂、晚间多喂的饲喂制度,以充分发挥优质肉鸡的觅食能力,节省饲料。

(四)优质肉鸡性情活泼,具有追啄性、好斗性的特点,易发生啄癖

快大型肉鸡性情温顺、不善跳跃,适宜于大规模高密度饲养。优质肉鸡则性情活泼、追啄好斗,跳跃能力强。特别是在光线强烈、饲养密度大的集约化条件下更为明显,发生啄癖的机会较多,给生产带来损失,这是优质肉鸡生产中极为常见的一个问题。

(五)优质肉鸡有其独特的发病机制和特点

如鸡马立克病,通常以2～4月龄发病率最高,多发于40～60日龄,快大型肉鸡此时已达上市屠宰日龄,死亡率不高,而优质肉鸡由于生产周期较长,鸡马立克病的发生较为多见,常需进行两次免疫。优质肉鸡由于长期户外活动,且采食较多的虫、草,因而其呼吸道疾病发生较少,而寄生虫病较多。此外,由于优质肉鸡多采用厚垫料育雏方式,球虫病多发,防治费用较高。

(六)优质肉鸡肉质优良,风味浓郁,产品安全无污染

相对于生长快速的肉鸡和普通杂交三黄鸡而言,优质肉鸡以肌肉嫩滑、肌纤维细小、水分含量低、鸡味浓郁、风味独特、产品安全无污染而独具特色,深受市场的欢迎,价格是普通杂交三黄鸡的2～3倍。

二、优质肉鸡的饲养方式

优质肉鸡的饲养方式通常包括地面平养、网上平养、笼养和放牧饲养。前3种饲养方式与快大型肉鸡相同,在此不再介绍。现就放牧饲养介绍如下。

育雏脱温后,4～6周龄的优质肉鸡在自然环境条件适宜时可采用放牧饲养。即让鸡群在自然环境中活动、觅食、人工补饲,夜间鸡群回鸡舍栖息的饲养方式。该方式一般是将鸡舍建在远离村庄的山丘或果园之中,鸡群能够自由活动、觅食,可采食虫、草和沙砾及泥土中的微量元素等。这一饲养方式有利于优质肉鸡的生长发育,鸡群活泼健康、肉质好、外观紧凑、羽毛光亮,也不容易发生啄癖。

任务二　优质肉鸡的饲养管理及放养技术

一、优质肉鸡的饲养管理

优质肉鸡的养育可分为育雏期(小鸡,0～4周龄)、生长期(中鸡,5～8周龄)和育肥期(大鸡,9周龄至上市)3个阶段。

(一)育雏期的饲养管理

优质肉鸡育雏期指0～4周龄,称小鸡。这个阶段的小鸡对环境适应能力差,抗病力弱,稍有不当,容易生病死亡。因此,在雏鸡培育阶段需要给予细心的照料,进行科学的饲养管理,才能获得良好的效果。优质肉鸡和普通商品肉鸡在育雏阶段的饲养管理相差不大,不再重复。

(二)生长期的饲养管理

优质肉鸡生长期一般指5～8周龄,称中鸡。此时育雏已结束,鸡体增大,羽毛渐趋丰满,鸡只已能适应外界环境温度的变化,是生长高峰时期,也是骨架和内脏生长发育的主要阶段,在这期间采食量将不断增加。这个时期要使优质肉鸡的机体得到充分的发育,羽毛丰满,健壮。生产上应着重做好以下几个方面的工作。

1.调整饲料营养　根据优质肉鸡不同生长发育阶段的营养需要特点,及时更换相应阶段的饲料是加速其生长发育的重要手段。中鸡阶段发育快,长肉多,日采食量增加,需获取的蛋白质营养较多,应专门配制相应的饲料,促进生长。

2. 公母分群饲养　优质肉鸡的公鸡生长速度快,体形偏大,争食能力强,而且好斗,对蛋白质、赖氨酸利用率高,饲料转化率高。母鸡则相反。因此通过公母分群饲养,采取不同的饲养管理措施,有利于提高增重、饲养效益及均匀度,从而获得较好的经济效益。

3. 防止饲料浪费　中鸡的生长较为迅速,体形、骨骼生长快,且鸡有挑食的习性,因此很容易把料槽中的饲料撒到槽外,造成污染和浪费。为了避免饲料的浪费,一方面随着鸡的生长要更换喂料器,即由小鸡料槽换为中鸡料槽;另一方面应随着鸡只的生长,增加料槽的高度,以保持料槽与鸡的背部等高为宜。

4. 防止发生啄癖　优质肉鸡活泼好动,喜欢追逐打斗,特别容易发生啄癖。啄癖的出现不仅会引起鸡的死亡,而且影响长大后商品鸡的外观,给生产者带来很大的经济损失,必须引起高度重视。断喙是防止发生啄癖的有效措施,常在 10 日龄左右,利用断喙器进行断喙(具体方法参阅蛋鸡断喙技术)。也可通过降低光照强度,只让鸡看到吃食和饮水,并改善通风条件等措施加以预防。

5. 供给充足、卫生的饮水　中鸡采食量大,如果得不到充足的饮水,就会降低食欲,造成增重减慢。通常肉鸡的饮水量为采食量的 2 倍,一般以自由饮水、24 h 不断水为宜。为使所有鸡只都能充分饮水,饮水器的数量要充足且分布均匀,不可把饮水器放在角落,要使鸡只在 1～2 m 的活动范围内能饮到水。

水质的清洁卫生与否对鸡只的健康影响很大。应供给洁净、无色、无异味、不混浊、无污染的饮水,通常使用自来水或井水。每天加水时,应将饮水器彻底清洗。对饮水器进行消毒时,可定期加入 0.01% 的百毒杀溶液。这样既可以杀死病原体,又可改善水质,促进鸡只的健康。但鸡群在饮水免疫时,前后 3 天禁止在饮水中加消毒剂。

6. 做好舍外放牧饲养工作,加强户外运动,逐渐增加草、虫、谷等的采食量　这是优质肉鸡饲养方式与快大型肉鸡工厂化密闭式饲养的最大区别。优质肉鸡放牧饲养,就是把生长鸡放到舍外去养。凡有果园、竹林、茶园、树林和山坡的地方都可以用来放牧饲养。放牧饲养的好处很多,可以使优质肉鸡得到充足的阳光、运动,鸡只可采食杂草、虫子、谷物、矿物质等多种丰富的食料,促进鸡群生长发育、增强体质。放牧饲养既可节省饲料,又可节省人力和鸡舍。

放牧饲养前,首先要停止人工给温,使鸡群适应外界气温。其次要求所有的鸡晚上都能上栖息架。此外,还要训练鸡群听到响音时就能聚集起来吃料。从鸡舍转移到放牧地,或从一个放牧地转移到另一个放牧地,都要在夜间进行。第二天要迟些放鸡,使其认窝,料槽和饮水盆应放在门口使其熟悉环境。前 5 天仍按舍饲时的喂料量饲喂,以后早晨少喂、晚上喂饱、中午基本不喂。

夏季气候多变,常有暴风雨,要注意天气预报,避免遭受意外损失。晚上要关门窗,以防兽害。在果园放牧,当果树打农药时,要注意风向,避免农药洒到鸡身上。

(三)育肥期的饲养管理

优质肉鸡育肥期指 9 周龄至上市阶段,称大鸡。此期的饲养管理要点在于促进肌肉更多地附着于骨骼及体内脂肪的沉积,增加鸡的肥度,改善肉质和皮肤、羽毛的光泽,做到适时、安全上市。在饲养管理方面应着重做好以下工作。

1. 鸡群健康观察　优质肉鸡处于生长发育的旺盛阶段,稍有疏忽,就会产生严重影响。这就要求饲养人员不仅要严格执行卫生防疫制度和操作规程,按规定做好每项工作,而且必须在饲养管理过程中,细心地观察鸡群的健康状况,做到及早发现问题、及时采取措施,提高饲养效果。

观察的主要内容包括:鸡粪是否正常,鸡群中有无病弱个体,鸡舍内细听有无不正常呼吸声,采食量是否正常,有无啄肛、啄羽等啄癖发生。

2. 加强垫料管理　保持垫料干燥、松软是地面平养中大鸡管理的重要一环。潮湿、板结的垫料常常会使鸡只腹部受冷,并引起各种病菌和球虫的繁殖滋生,使鸡群发病。因此,要采取通风、定期翻动或除去潮湿、板结的垫料等措施以保持垫料干燥。

3. 带鸡消毒　带鸡消毒一般从 2～3 周龄便可开始。大鸡阶段春、秋季可每 3 天 1 次,夏季每天 1 次,冬季每周 1 次。使用 0.5% 的百毒杀溶液喷雾。应在距鸡只 80～100 cm 处向前上方喷雾,让雾粒自由落下,不能使鸡身和地面垫料过湿。

4. 及时分群 随着鸡只日龄的增长,要及时进行分群,以调整饲养密度。密度过高,易造成垫料潮湿,鸡只争抢采食和打斗,抑制育肥。大鸡的饲养密度一般为 10～13 只/米²,在饲养面积允许的情况下,饲养密度宁小勿大。在调整饲养密度时,还应进行大小、强弱分群,同时还应及时更换或添加料槽。

5. 减少应激 应激是指一切异常的环境刺激所引起的机体紧张状态,主要是由管理不良和环境不利造成的。管理不良因素包括转群、称重、免疫接种、更换饲料和饮水不足、断喙等。环境不利因素有噪声,舍内有害气体含量过多,温、湿度过高或过低,垫料潮湿过脏,饲养人员变更等。生产中应尽量克服以上不利因素,改善鸡舍条件,加强饲养管理,降低应激反应对鸡生长发育的影响。

6. 搞好卫生防疫工作

(1)人员消毒:非养鸡场工作人员不得进入养鸡场;非饲养区工作人员不经场长批准不得进出饲养区;进出饲养区必须彻底消毒;饲养人员进鸡舍前必须认真做好手、脚消毒。

(2)鸡舍消毒:饲养鸡舍每周带鸡用消毒药水喷雾 1～2 次。

(3)病死鸡及鸡粪处理:病死鸡必须用专用工具存放,经剖检后集中焚烧。原则上优质肉鸡饲养结束后一次清粪。

(4)加强免疫接种:某些优质肉鸡品种饲养周期与快大型肉鸡相比较长,除进行必要的肉鸡防疫外,应增加免疫内容,如鸡马立克病疫苗、鸡痘疫苗等;其他免疫内容应根据具体发病情况予以考虑。

7. 认真做好日常记录 记录是优质肉鸡饲养管理的一项重要工作。应及时、准确地记录鸡群变动、饲料消耗、免疫及投药情况、收支情况,为总结饲养经验、分析饲养效益积累资料。

8. 抓鸡、运鸡,减少创伤 优质肉鸡活鸡等级下降的一个重要原因是创伤,而且这些创伤多数是在出售鸡时抓鸡、装笼、装卸车过程中发生的。为减少创伤出现,优质肉鸡大鸡出栏时应注意以下 8 个问题。

(1)在抓鸡之前组织好人员,并讲清抓鸡、装笼、装卸车等注意事项。

(2)对鸡笼要经常检修,鸡笼不能有尖锐棱角,笼口要平滑,没有修好的鸡笼不能使用。

(3)在抓鸡之前,把一些养鸡设备如饮水器、料槽或料桶等拿出舍外,注意关闭供水系统。

(4)关闭大多数电灯,使舍内光线变暗,在抓鸡过程中要启动风机。

(5)用隔板把舍内鸡隔成几群,防止鸡挤堆窒息,方便抓鸡。

(6)抓鸡最好安排在凌晨进行,这时鸡群不太活跃,而且气候比较凉爽,尤其是夏季高温季节。

(7)抓鸡时要抓鸡腿,不要抓鸡翅膀或其他部位,每只手抓 3～4 只鸡,不宜过多。每个笼装鸡数量不宜过多,尤其是夏季,防止鸡闷死、压死。

(8)装车时注意不要压着鸡头部和爪等,冬季运输时上层和前面要用毡布盖上,夏季运输中途尽量不停车。

9. 适时出栏 根据目前优质肉鸡的生产特点,实行公母分饲。一般母鸡 120 日龄出售,公鸡 90 日龄出售。临近卖鸡的前 1 周,要掌握市场行情,抓住有利时机,集中一天将同一鸡舍内活鸡出售,切不可零售。此外应注意,上市前 1～2 周,优质肉鸡尽量不用药物,以防残留,确保产品安全。

二、优质肉鸡放养技术

(一)放养方式

1. 果园放养 果园放养是指利用林果地进行配套散养土鸡的模式。该模式的优点:一方面,鸡粪可以用作果树、林木的肥料,为树木提供有机肥,同时鸡可啄食害虫,促进果树生长;另一方面,树木又为土鸡创造了适宜的生长环境。种养结合形成了生物链,可获得很好的综合效益。一般每亩果园养鸡 100 只左右。

2. 茶园放养 茶树体矮,遮阴性好,有利于鸡群栖息和捕食,茶毛虫、茶刺蛾等多种害虫都是鸡群的好饲料,还能有效控制茶园内杂草;鸡粪可对茶园进行土壤改良,提高地力(图 12-1)。放养鸡群的茶园可降低农药用量约 80%,节省鸡饲料 50% 以上。

3. 山地放养 山地养鸡就是在山坡上搭棚建舍,将鸡放养于山地中(图 12-2)。山地养鸡有明显的自身优势:因放养于山林,鸡可觅食草虫,减少了饲料投入,降低了成本;空气清新,鸡可多晒太阳,充足运动,增强体质,提高抗病力;鸡肉质结实,品质鲜美细嫩,带有土鸡风味,市场销路好,价格高,经济效益好。

图 12-1　茶园放养

图 12-2　山地放养

(二)放养场地要求

(1)放养场地应面积适宜,通风,干燥,遮阴,不积水。

(2)搭好栖息架,可让鸡休息。

(3)场地可用铁丝网或竹片分隔,便于分群饲养或轮换放养。

(三)放养注意事项

(1)注意气候变化:下雨天、大风天、场地积水等不宜放养。

(2)夏季放养:一般 25 日龄左右即可放养,直到上市为止。

(3)冬季放养:40 日龄后的中鸡才可以室外放养,室外放养要选择晴天中午进行。

(4)注意放养时间:鸡刚放养时,时间不宜过长,以后可以慢慢延长放养时间。

(5)注意轮换放养:有利于放养场地的植物生长。

(6)果树施农药时,不要放养。

(7)注意天敌的防御和消除,如老鼠、黄鼠狼等。

实践技能　优质肉鸡体尺测量

→ **目的与要求**

掌握优质肉鸡体尺测量方法。

→ **材料与用具**

成年鸡若干只、皮尺、游标卡尺、电子秤、胸角器。

→ **内容与方法**

(1)称重:用电子秤称测空腹鸡只体重。

(2)体尺测量:测量部位按照表 12-1 进行。

Note

表 12-1　测量部位

项目	测量工具	测量部位	意义
体斜长	皮尺	肩关节到坐骨结节的距离	了解禽体在长度方面的发育情况
胸宽	游标卡尺	两肩关节间的距离	了解禽体胸腔发育情况
胸深	游标卡尺	第一胸椎到龙骨前缘的距离	了解禽体胸腔、胸骨和胸肌发育情况
胸角	胸角器	在龙骨前缘测量两侧胸部角度	了解禽体胸肌发育情况
胸围	皮尺	绕两肩关节和胸骨前缘 1 周	了解禽体胸腔和肌肉发育情况
龙骨长	皮尺	龙骨突前端到龙骨末端	了解体躯和胸骨长度的发育情况
胫长	游标卡尺	胫部上关节到第三趾与第四趾间的距离	了解体高和长骨的发育情况
胫围	皮尺	胫骨中部的周长	了解体躯和体重的发育情况
髋宽	游标卡尺	两髋关节间的距离	了解禽体腹腔发育情况
骨盆宽	游标卡尺	两坐骨结节间的距离	了解禽体腹腔发育情况

（3）结果记录：将数据记录在表 12-2 中。

表 12-2　优质肉鸡体尺测量记录表

鸡号	性别	活重/g	体斜长/cm	胸宽/cm	胸深/cm	胸角/(°)	胸围/cm	龙骨长/cm	胫长/cm	胫围/cm	髋宽/cm	骨盆宽/cm

 相关链接

优质肉鸡的
概述与分类

 知识拓展

我国优质肉鸡
发展趋势

思考与练习

在线答题

模块五
水 禽 生 产

项目十三　蛋鸭生产

学习目标

【知识目标】

1. 了解不同时期鸭的生理特点。

2. 掌握蛋鸭的品种。

3. 掌握雏鸭的饲养技术及管理要点。

4. 掌握育成鸭的饲养技术及管理要点。

5. 掌握产蛋鸭的产蛋规律。

6. 掌握蛋种鸭的饲养管理要点。

7. 熟悉鸭人工强制换羽的方法。

【技能目标】

1. 能正确识别蛋鸭品种。

2. 会给雏鸭开水、开食,能正确饲养雏鸭。

3. 熟悉雏鸭舍环境的调控和消毒方法。

4. 会制订圈养育成鸭的管理程序。

5. 能正确地饲养育成鸭。

6. 能正确地饲养产蛋鸭。

7. 能对产蛋鸭的环境进行调控。

8. 能进行蛋种鸭的饲养管理。

9. 能够对鸭进行人工强制换羽。

【思政目标】

通过蛋鸭生产学习,树立科学养殖、健康养殖的意识,树立"预防为主,防重于治"的理念。

任务一　雏鸭的饲养管理

微视频 13-1

一、雏鸭的生理特点

(一)体温调节能力差

刚出壳的雏鸭体温比正常成年鸭的体温低 2～3 ℃,体温调节能力弱,难以适应外界环境温度的急剧变化。当外界温度低于 25 ℃时,会冷得发抖、成堆,易引起感冒。因此,雏鸭保温十分重要,15～20 日龄,雏鸭体内温度调节机制发育完全,体温逐渐恒定为正常成年鸭的状态。

(二)消化功能尚未健全

雏鸭的胃容积小,每次采食和储存的饲料量有限,消化功能尚未发育完全。为满足自身快速增重的需要,必须从饲料中摄入足够的营养物质。因此,雏鸭对饲料中各种营养成分的要求较高,稍不

Note

注意,易造成营养缺乏,出现代谢性疾病。

(三)消化器官短小

雏鸭消化道总长约 54 cm,只有成年鸭的 40% 左右,对饥渴比较敏感。因此需勤给料,不断水。另外,鸭排粪量大,易产生有害气体,使鸭舍内潮湿,从而引起雏鸭眼部疾病;时间久了,还会引起肺充血、水肿等病变。

(四)抵抗力弱,免疫能力差

雏鸭免疫器官发育不完善,很容易受到病原体侵袭而感染疾病,实际生产中应保持环境清洁卫生,经常消毒。

二、育雏方式及特点

(一)地面育雏

在育雏舍地面铺上 5～10 cm 厚的垫料,将雏鸭直接饲养在垫料上。这种育雏方式简单易行、投资少、成本低,缺点是育雏舍利用率低。雏鸭直接与粪便接触,羽毛较脏,易感染疾病。

(二)网上育雏

网上育雏是指在育雏舍内设置离地面 30～80 cm 高的金属网、塑料网和竹木栅条。将雏鸭饲养在网上,这种方式雏鸭不与地面接触,感染疾病少,育雏舍的利用率比地面饲养增加 1 倍以上,且节省了大量垫料,提高了劳动生产率。缺点是投资大,雏鸭不能与土壤接触,因此要求饲料营养全面。

(三)立体育雏

立体育雏是将雏鸭饲养在特制的多层金属笼或毛竹笼内,既有网上育雏的特点,又可以提高劳动生产率,缺点是投资较大。

三、育雏季节的选择

根据当地的具体条件,选择合适的育雏季节。圈养蛋鸭一年四季均可饲养,但最好避免在盛夏和严冬进入产蛋高峰期。放牧饲养,应依据放牧条件来确定育雏的最佳时期,因育雏时间不同,一般将雏鸭分为三类。

(一)春鸭

从春分到立夏,甚至到小满之间,即 3 月下旬至 5 月饲养的雏鸭称为春鸭。春鸭有生长速度快、省饲料、开产早、产蛋高峰期长等特点。

(二)夏鸭

从芒种至立秋,即从 6 月上旬至 8 月上旬饲养的雏鸭称为夏鸭。这个时期气温高、雨水多、气候潮湿、农作物生长茂盛。此时育雏一般不需要保温,可节省能源费用,但气温高、天气闷热,因此夏鸭饲养前期要做好防潮、防暑及防病工作。

(三)秋鸭

从立秋到白露,即从 8 月中旬至 9 月饲养的雏鸭称为秋鸭。此时期秋高气爽,外界气候正适合鸭的生理需要,是育雏的好季节。秋鸭此时能充分利用晚稻田进行放牧,降低饲养成本。但秋鸭的育成期正值严冬,气温低,放牧时天然饲料少,因此要注意防寒和适当补料。

四、雏鸭的营养需要

(一)能量需要

雏鸭对能量的需要包括维持需要和生长需要,影响维持需要的因素主要有雏鸭的体重和活动量、环境温度等。雏鸭每天从饲料中摄取的能量首先要满足维持需要,然后才能满足生长需要。全价配合饲料的代谢能一般为 12.26 MJ/kg。

（二）蛋白质需要

生产条件下，满足蛋白质需要对达到标准体重十分重要。不仅要从数量上满足需要，更要考虑生长发育所必需的氨基酸的充足与平衡。雏鸭全价配合饲料中要求粗蛋白质含量为19%，蛋氨酸＋胱氨酸含量为0.5%。

（三）矿物质需要

自然饲料常不能满足雏鸭对矿物质的需求，必须另外补充，全价配合饲料中钙含量为1%，磷含量为0.5%。饲料中如果缺乏钙和磷，很容易造成营养缺乏症。

五、雏鸭的饲养

（一）开水

雏鸭出壳后，第一次饮水称"开水"，也称"潮水"。培养雏鸭要掌握"早开水、早开食，先开水、后开食"的原则。开水应在雏鸭出壳后12～24 h进行，如果运输路途遥远，待雏鸭到达育雏舍后休息0.5 h左右再开水。传统养鸭开水方式是将雏鸭装在竹篓里，慢慢将竹篓放在15 ℃的浅水中，以浸没鸭爪为宜。集约化养鸭开水多采用饮水器或浅水盘，直接让雏鸭饮水，整个育雏期应供给雏鸭清洁、新鲜的饮水。在饮水中加入适量的葡萄糖及多种维生素，以促进肠道蠕动，排出胎粪，促进新陈代谢，加速吸收剩余的蛋黄，增进食欲，增强体质，因此要先饮水后开食。在饮水中加入0.01%的高锰酸钾，可对肠道起到消毒作用。

（二）开食与饲喂

雏鸭第一次喂食称"开食"。可在开水后1 h左右进行。开食料一般用雏鸭全价配合饲料，或将碎米煮成半熟后，放到清水中浸一下，捞起后饲喂，将饲料均匀撒在塑料布上，边撒边吆喝，调教雏鸭采食，开食时吃到六成饱就行。另外，鸭有一边饮水一边吃料的习性，因此可将饮水器放在料槽旁。3日龄内的雏鸭喂料应做到少喂勤添、随吃随给，且一次不能太多，否则易酸败变质。白天每1.5～2 h喂1次，晚上再喂1～2次。对不会自行采食的弱雏，加以人工辅助采食。6日龄起可定时饲喂，每2 h饲喂一次；8～12日龄每昼夜喂8次；13～15日龄，每昼夜喂6次；16～20日龄，每昼夜喂5次；21日龄及以后，每昼夜喂4次。从出壳到28日龄，每只雏鸭共需全价配合饲料1.4～1.5 kg。

六、雏鸭的管理

（一）提供适宜的环境条件

1. 温度　温度是能否育雏成功的关键所在。雏鸭的体温调节能力差，绒毛稀少，温度过低会影响雏鸭的采食和运动，严重时挤压成堆，死亡率增高。温度过高，雏鸭远离热源，张口呼吸，饮水量增加。温度适宜，雏鸭精神活泼，羽毛光滑整齐，伸腿伸腰，三五成群，静卧无声，有规律地采食、饮水，排泄粪便。3周龄后雏鸭已有一定抗寒能力，如气温达到15 ℃左右，可不再人工给温。若外界气温低，需要到25～28日龄才可脱温。脱温时要注意天气变化，在脱温前2～3天，如遇到气温突然下降，也要适当提高温度，待气温回升后再完全脱温。育雏适宜温度见表13-1。

表 13-1　育雏适宜温度

日龄	温度/℃
1～7	25～30
8～14	20～25
15～21	15～20
22～28	15

2. 湿度　湿度是指相对湿度，即空气中水汽的相对含量。雏鸭适宜的相对湿度：1～7日龄，65%～70%；8～14日龄，60%～65%；15～28日龄，55%～60%。如湿度过低，雏鸭饮水量增加，食欲减退，羽毛生长缓慢，蛋黄吸收不良，爪干，脱水，下痢，群体生长发育不均，灰尘刺激易引起呼吸道

疾病。如湿度过高,细菌、病毒及寄生虫容易滋生繁殖,导致球虫病、呼吸道和消化道疾病的发生。

雏鸭下水时间要严格控制,垫料必须保持干燥,尤其是采食或下水洗浴后,休息时更应提供干燥洁净的垫料。

3. 通风换气 4 日龄内的雏鸭,呼吸量小,排泄量和产生的污浊气体少,加之需要保持较高的环境温度,这段时间适当换气即可。随着日龄增长,排泄物增多,空气中二氧化碳含量增高,粪便发酵、腐败产生的氨气和硫化氢等有害气体的增加,使室内湿度升高,应逐步加大换气量以保持舍内空气新鲜。

4. 光照 光照可促进雏鸭机体新陈代谢,促进维生素 D 和色素的形成,维持骨骼迅速生长。蛋用雏鸭控制光照的目的是控制其性成熟,防止过早开产,提高产蛋量。雏鸭开食后,采食量小,采食速度慢。为保证雏鸭有足够的采食、饮水时间,1 周龄内,每昼夜光照时间为 20~24 h,光照强度为 2 W/m²;2 周龄开始,逐步降低光照强度,缩短光照时间;3 周龄起通常不再增加人工光照,只利用自然光照即可。

5. 饲养密度 饲养密度指每平方米雏鸭舍饲养雏鸭的数量。饲养密度对雏鸭生长发育影响很大。密度过大会造成雏鸭活动不便,采食、饮水困难,室内空气污浊、易潮湿,雏鸭因拥挤造成生长受阻,个体大小参差不齐,易患疾病,死亡率高。密度过小,雏鸭生长较快,成活率高,但舍内温度不易控制,鸭舍利用率低、能源消耗多。蛋用雏鸭适宜的饲养密度见表13-2。

表 13-2 蛋用雏鸭适宜的饲养密度 (单位:只/米²)

季节	1~10 日龄	11~20 日龄	21~30 日龄
夏季	30~35	25~30	20~25
冬季	35~40	30~35	20~25

(二)及时分群

雏鸭分群是提高成活率的重要环节,根据鸭的个体大小、强弱,及时分群饲养。笼养的雏鸭,将弱雏放在笼的上层温度较高的地方。平养时将弱雏放在鸭舍中温度最高处。育雏 3 天左右,将少食或不食的雏鸭放在一起饲养,适当增加饲喂次数,提高环境温度 1~2 ℃。1~14 日龄每群以 100~150 只为宜,15~28 日龄每群以 200~250 只为宜,另外,还可根据雏鸭各阶段的体重和羽毛生长情况进行分群。

(三)适时下水和放牧

"洗浴"要从小开始训练,用水盆给水,可逐步提高水的深度,并将水由室内逐步转到室外。连续几天后,雏鸭就习惯下水了。若是人工控制下水,必须先喂料后下水,且要等雏鸭全部吃饱后再放水。开始可引 3~5 只雏鸭先下水,然后逐步扩大下水鸭群,以达全部自然下水。雏鸭下水的时间开始每次 10~20 min,以后逐步延长,每天上午、下午各一次。随着水上生活的不断适应,下水次数也可逐渐增加。下水的雏鸭,上岸后,要让其在无风而温暖的地方理毛,使身上的湿毛尽快干燥后进育雏舍休息,千万不要让湿毛雏鸭进育雏舍休息。

雏鸭能够自由下水活动后就可以进行放牧训练,放牧训练的原则是距离由近到远、次数由少到多、时间由短到长。最开始放牧时,时间不能太长,每天放牧两次,每次 20~30 min。放牧后要让雏鸭回育雏舍休息。随着日龄的增加,放牧时间可以延长,次数也可以增加。适合雏鸭放牧的场地有稻田、浅水沟、池塘等,这些场地水草丰富,浮游生物、昆虫较多,便于雏鸭觅食。施过化肥、农药的水田及场地均不能放牧,以免中毒。

(四)搞好环境卫生

随着雏鸭日龄增大,排泄物不断增多,鸭舍极其潮湿、污秽,必须及时打扫干净,勤换垫料,保持室内干燥清洁。料槽、饮水器每天要清洗、消毒,育雏舍周围应经常打扫,四周的排水沟必须通畅,以保持干燥、清洁、卫生的环境。

微视频 13-2

（五）建立稳定的管理程序

蛋鸭的各种行为都要在雏鸭阶段开始培养、训练，以形成习惯。饲喂、饮水、洗浴、理毛、放牧、休息等都要定时定地，形成规律，这个规律不要轻易改变；如果必须改变，也要循序渐进。如果频繁地改变饲料和生活秩序，不仅不能使雏鸭形成良好而有规律的生活习惯，还会影响雏鸭生长，引发疾病，降低成活率。

任务二　育成鸭的饲养管理

育成鸭通常是指 5～16 周龄（或 18 周龄）的青年鸭。此时期鸭的生长速度加快，羽毛生长迅速，性器官发育快，对外界环境的适应性增强。育成鸭饲养管理的好坏，会极大地影响鸭性成熟后的体质、产蛋状况和种用价值。因此，对于育成鸭应加强饲养管理，为将来产蛋期的稳产、高产打下良好的基础。

一、育成鸭的生理特点

（一）体重增长迅速

育雏期过后，鸭的活动能力增强了，贪吃贪睡，而且食性广，此时鸭的增重速度快，至 6～7 周龄达高峰，8 周龄后增重速度逐渐下降，16 周龄时体重接近成年鸭。

（二）羽毛生长迅速

育雏期结束后，鸭的绒毛逐渐脱换，至 6～7 周龄，胸、腹部羽毛基本长齐，7～8 周龄时背部羽毛长齐，并很快长出翼羽，至 15 周龄时，鸭的全身羽毛长齐。

（三）性器官发育迅速

育成鸭生长到 10 周龄后，母鸭卵巢上的卵泡快速增长，尤其至 12 周龄后，性器官发育更为迅速，到 16 周龄时即可达到性成熟。

（四）适应性强、抗病力强

育成鸭随着日龄的增长，体温调节能力增强，对外界气温变化的适应能力也在增强。同时，由于全身羽毛的长齐，御寒能力逐步加强，对疾病的抵御能力也增强。因此，育成鸭可以在常温下饲养甚至露天饲养。

二、育成鸭的营养需要

育成鸭与其他时期的鸭相比，给予的营养水平宜低不宜高。饲料宜粗不宜细。目的是使鸭长好骨架。放牧饲养的育成鸭，可以采食天然动植物饲料来满足其生长发育的需要。舍饲的鸭主要依靠人工饲喂，因此，可根据育成鸭营养需要的特点，配制出全价日粮。配方要满足鸭对能量、蛋白质的需求，氨基酸、维生素、矿物质应充足。日粮中的营养需要：代谢能 11～11.5 MJ/kg，粗蛋白质 15%～18%，钙 0.8%～1%，磷 0.45%～0.5%。

三、放牧饲养

（一）放牧前的信号调教

放牧前调教鸭觅食各种动植物饲料。放牧前应用固定信号和动作进行训练调教，使其建立条件反射。常用的口令是"嘎，嘎嘎"或用哨子轻吹，一边呼唤，一边给料，久而久之即可建立条件反射，做到"呼之即来，赶之即走"。

（二）放牧方法

育成鸭放牧方法主要有两种，一是定时放牧法，即每天定时放牧，路线相对固定，将鸭群赶到放牧地，让鸭群自由分散，自由采食，适合放牧场地饲料丰富或可较长时间放牧的地方。二是由 2～3

人管理,前面让 1 人带路,后面 1 人压阵,赶鸭群缓慢前进觅食,适合范围较小或饲料较少的地方。

(三)放牧饲养注意事项

(1)注意选择放牧场地:在选择放牧场地时要注意以下几点:由于鸭行动笨拙、速度缓慢,放牧场地距离鸭舍不宜过远;放牧的路途要求平坦,坡度不能太大,尤其不能有较大的沟坎;鸭对牧草有一定的选择性,放牧场地要有鸭喜欢采食的牧草等天然饲料;要有清洁的水源供鸭饮用和洗浴。水中有小鱼、小虾、螺蛳等更佳;夏天如有树林供鸭群遮阴更好。

(2)酌情补饲:如果放牧地点天然饲料丰富,可以减少鸭群补饲。但如果在放牧时,鸭采食量不足,不能满足其正常生长发育需要时,则必须进行适当的补饲。

(3)夏季防暑:在炎热的夏季,鸭在烈日暴晒下易中暑。因此,最好在清晨和傍晚放牧,中午选择通风良好、阴凉的地方休息,不可让鸭在烈日下暴晒。

(4)防止中毒:不可在刚喷过农药的草地、果园、农田里放牧。喷过农药后应过 15 天,确认无毒害后方可放牧。

(5)防兽害:在放牧过程中要注意防野猫、野犬、黄鼠狼等野兽侵袭鸭群。

(6)防猛赶:鸭行走较缓慢,故在放牧过程中切勿猛赶乱追。

(7)注意放牧鸭群数量:以 500～1000 只为宜,按大小、公母分群放牧饲养。

(8)防风、防雨:在水中放牧,要逆水而放,便于鸭在水中采食;气温低、有风的天气放牧应逆风而放,避免鸭因冷风吹起身上的羽毛而受凉。

四、圈养

(一)圈养鸭的饲养

整个饲养过程始终在鸭舍内进行,称为圈养。圈养的优点是环境条件可控制,受自然制约的因素较少,还可节约劳力。育成鸭主要采用限制饲养,限制饲养的目的在于控制鸭的开产体重,不使其过肥、早产,在适当的周龄达到性成熟。

限制饲养的方法有限时、限量、限质。育成鸭主要采用限质的方法限制饲养,即限制日粮中的能量、蛋白质、氨基酸等营养水平。一般从 8 周龄开始,到 16～18 周龄停止。当鸭的体重符合本品种各阶段体重时,可不限饲;如发现鸭体重过大,则可进行限制饲养。降低饲料中的营养水平,适当增加青绿饲料、粗饲料。限制饲养时,要保证鸭群有足够的采食位置,注意控制投料的次数,限制程度大时,可不分餐饲喂。每天或两天喂一次。每周进行一次随机抽样称重,抽样比例为鸭群的 5%。称重后与标准体重进行比较,根据体重的差异确定限制饲养方案。

(二)圈养鸭的管理

1.合理分群　分群可以使鸭群生长发育一致,便于管理。在育成期分群的另一个原因是饲养密度较大时,鸭群互相挤动,易使刚生长出的羽毛受伤出血,甚至互相践踏,导致生长发育停滞。育成鸭可按体重、强弱和公母分群饲养。舍饲育成鸭每栏 200～300 只较为合适。其饲养密度为 5～8 周龄每平方米 15 只,9～12 周龄每平方米 12 只,13 周龄起每平方米 10 只。

2.适当加强运动　适当加强育成鸭的运动,可以促进骨骼和肌肉的发育,防止过肥。每天定时赶鸭,在室内或运动场做转圈运动,也可在水上运动场活动、洗浴,每次 5～10 min,每天活动 2～4 次。

3.控制光照　育成鸭的光照时间宜短不宜长,有条件的养鸭场,育成鸭于 8 周龄起,每天光照 8～10 h,光照强度 5 lx。但为了便于鸭夜间饮水,防止老鼠或鸟兽走动时惊群,鸭舍内可通宵弱光照明。

4.搞好环境卫生　搞好鸭舍的清洁卫生,常对鸭舍消毒,及时更换垫料,保持垫料干燥。料槽、水槽要常清扫,冲洗。定时清除鸭舍粪污,保持鸭体清洁。

5.建立稳定的管理程序,减少应激　根据鸭的生活习性,定时作息,制订操作规程。形成作息制度后,尽量保持稳定,不要经常更换。噪声、拥挤、惊吓、恐惧、驱赶、运输、转群、免疫接种、高温、寒冷、气温骤变、停电、缺水、光线过强、饲料突变等均可引起应激。

微视频 13-3

任务三　产蛋鸭的饲养管理

一、产蛋鸭的特点及产蛋规律

(一)产蛋鸭的特点

1. 性情温顺、胆大、喜欢离群　产蛋鸭与青年鸭相反,胆子较大,性情温顺,喜欢接近人。进舍后喜欢安静,不乱跑乱叫,放牧时喜欢单独活动。

2. 觅食勤、食量大　产蛋鸭放牧时勤于走动,四处觅食,喂料时抢食。

3. 代谢旺盛、对饲料要求高　产蛋鸭由于连续产蛋,体内消耗的营养物质多,每天约需粗蛋白质 8.8 g,粗脂肪 9.5 g。若饲料中的蛋白质、脂肪、矿物质和维生素等营养物质供应不足,则产蛋量下降,蛋重变小,产蛋鸭体重下降,甚至停产。

4. 生活有规律,要求环境安静　正常情况下,鸭在夜深人静时产蛋,如此时出现异常的声音,则可引起鸭群骚乱、惊群,影响产蛋。因此,要保持饲养环境的相对稳定,避免外人随意进入鸭舍及各种鸟兽在舍内进出。

(二)产蛋鸭的产蛋规律

蛋鸭开产早,产蛋高峰出现快,持续期长。18～20 周龄开产,26～28 周龄产蛋率达 90%,产蛋高峰期可持续 10～15 周。高产蛋鸭第一年产蛋量高达 270～300 枚。蛋重增加较快,初产时蛋重 40 g 左右,34～36 周达到标准蛋重。鸭群产蛋时间主要集中在 1:00—5:00,只有个别的鸭在白天产蛋。

二、产蛋鸭的饲养

(一)饲喂

母鸭开产后,日粮营养水平特别是粗蛋白质含量要随产蛋率的递增而调整,促使鸭群尽快达到产蛋高峰。产蛋前期白天喂料 3 次,21:00—22:00 给料一次。每只鸭的喂料量为 150 g 左右。产蛋中期的鸭群进入产蛋高峰期,日粮营养水平要在产蛋前期的基础上适当提高,注意钙的添加,并适量喂给青绿饲料或添加多种维生素,每天喂料 3 次,每只鸭的喂料量约 175 g。产蛋后期产蛋量将逐渐下降,此时应将日粮中的能量、蛋白质含量适当下调,适量增加青绿饲料。

(二)放牧饲养

产蛋鸭的放牧饲养主要是利用丰富的天然牧场放牧,应加强人工补料。要选择水生动植物饲料较多、水质好、水流缓慢的水域或农田进行放牧;并根据天气和季节的变化、天然饲料的数量、鸭群产蛋情况来确定放牧时间以及补饲的次数和数量。产蛋水平高时每天补饲 2～3 次,每天每只补料50～100 g。在寒冷的冬季、早春、深秋或炎热的夏季,应缩短放牧时间,适当增加补饲量。

三、产蛋鸭的管理

(一)提供适宜的环境条件

1. 温度　鸭对外界环境温度的变化有一定的适应范围,成年鸭适宜的环境温度为 5～27 ℃。温度超过 30 ℃时,采食量降低,产蛋量下降。温度低时其采食量增加,饲料利用率降低;在 0 ℃以下时,产蛋率明显下降。产蛋鸭最适宜的环境温度是 13～23 ℃,此环境温度下的饲料利用率及产蛋率都处于最佳状态。

2. 湿度　产蛋鸭的采食量较大,排出的粪尿较多,易造成栏舍潮湿,应勤换垫料,保持室内干燥。产蛋鸭适宜的相对湿度为 55%～60%。

3. 通风换气　产蛋鸭栏舍内要求通风良好,当外界温度高时,可在鸭舍内安装湿帘,实施纵向通风,也可安装排风扇或吊扇,加强通风换气。

4.光照 鸭达到性成熟后,要逐渐延长光照时间,提高光照强度,促进鸭的性器官发育,适时开产;进入产蛋高峰期后,要稳定光照时间和光照强度,使鸭持续高产。光照时间从 17～19 周龄开始逐渐延长,22 周龄达每昼夜 16～17 h 后恒定不变。在整个产蛋期,光照时间不能缩短,更不能忽长忽短。光照强度为 5 lx。当灯泡离地面 2 m 时,一个 25 W 的灯泡即可满足 20 m² 的鸭舍照明。

5.饲养密度 地面平养以每平方米 5～6 只为宜,每群 800～1000 只较为合适。

(二)及时淘汰低产鸭和停产鸭

每年寒冷季节到来之前要对鸭群进行调整,将老、弱、病、残鸭,低产鸭和停产鸭及时淘汰。低产鸭和停产鸭的翼羽明显脱落,喙基部变黄,体弱;泄殖腔小而干燥,腹部容积小且硬,耻骨间距小。调整好鸭群后,把生产性能好、体质健壮的产蛋鸭作为冬季产蛋的核心鸭群,为提高鸭群产蛋率打好基础。

(三)搞好环境卫生

产蛋鸭舍内要保持清洁卫生,及时清除粪便,常更换垫料,保持栏舍干燥、通风。料槽、水槽要每天清洗,同时要注意饮水卫生,舍内外应定期消毒。

(四)季节管理

1.春季 春季气温逐渐转暖,日照时数逐渐增加,气候条件对产蛋有利。要充分利用这一有利条件,促使产蛋鸭多产蛋。首先,提供全价日粮,满足产蛋鸭对各种营养物质的需求;其次,要注意气温变化,做好防寒保暖工作。舍内垫料不要堆积过厚,要定期清除并进行消毒。平时应注意搞好室内外清洁卫生工作。另外,早春也是鸭传染病的多发季节,应做好防疫工作。

2.夏季 夏季炎热多雨,应注意防暑防雨,鸭舍内要加强通风换气。运动场可搭凉棚或种植藤蔓植物;并做到早放鸭迟关鸭,延长中午舍内休息时间。晚上可让鸭在露天过夜,但须点灯以防兽害。饮水要充足,最好饮清凉的井水。多喂青绿饲料,促进食欲。要防止雷雨袭击,雷雨来临前赶鸭入舍。

3.秋季 秋季要克服气候多变的影响,尽量使鸭舍内的小气候保持相对稳定,注意补充光照,使每日光照时间达到 16 h。适当增加日粮营养水平,做好防风、防寒、防湿、保温工作。

4.冬季 冬季的管理重点是防寒保暖,鸭进舍后要关好门窗,防止贼风侵袭,特别是北侧窗户必须堵严。舍内垫厚干草,常保持干燥,鸭舍内温度最低应保持在 5 ℃,提高日粮中代谢能水平,最好饮用温水。早上迟放鸭,晚上早关鸭,控制下水时间。

任务四 蛋种鸭的饲养管理

微视频 13-4

蛋种鸭的饲养管理和产蛋鸭基本相同。不同的是饲养蛋种鸭不仅要获得较高的产蛋量,而且要保证蛋的质量。

一、种公鸭的饲养管理

种公鸭的选留须按蛋种鸭的标准经过育雏期、育成期和性成熟初期三个阶段来选择。在育成期进行公母鸭分群饲养。公鸭以放牧为主,让其多运动,多锻炼。配种前 20 天放入母鸭群中。为了提高种蛋的受精率,公鸭应早于母鸭 1～2 个月饲养,以便在母鸭产蛋前达到性成熟。蛋种鸭交配活动都在水上进行,早晚交配次数最多。

二、公母比例

我国麻鸭类型的蛋鸭品种,在早春和冬季,公母配偶比例为 1∶20,夏、秋季公母配偶比例为 1∶30,这样的公母配偶比例受精率可达 90% 以上。在配种季节,应观察种公鸭配种表现,发现伤残的种公鸭要立即淘汰,及时补充新种公鸭。

三、加强运动和洗浴

蛋种鸭每天饲喂后将其赶下水洗浴,冬、春季每天放水 1～2 次,夏季 2～4 次,每次放水时间为 20～60 min,冬短夏长。冬季可在每天 10:00、14:00—15:00 各放水 1 次;放鸭前先打开门窗通风,驱赶鸭运动几分钟,同时让舍内外温度平衡一致,此时放鸭可防感冒。洗浴后,冬季让鸭晒太阳,夏季让鸭在阴凉处休息。

四、及时收集种蛋

种蛋温度的变化是影响种蛋质量的重要因素。刚产下时种蛋温度与产蛋鸭体温一致,如不及时捡蛋,将会影响种蛋的品质。另外,蛋产出 30 min 后,细菌可通过气室进入蛋内,造成污染,因此,必须勤捡蛋,不使种蛋受潮、暴晒及受到粪便、细菌污染。每日早晨及时收集种蛋,尽快进行消毒并存入蛋库。

五、保持环境卫生

鸭舍应清洁、干燥和安静,冬暖夏凉,通风透气。夏季注意防暑降温,冬季防止冷湿和贼风,母鸭大都在 1:00—5:00 产蛋,早上放鸭后捡蛋,然后清扫粪便,铺上垫料。料槽、水槽和陆上运动场应每天清扫,舍内、舍外要经常消毒。

实践技能　鸭的人工强制换羽

目的与要求

学会鸭的人工强制换羽技术。

材料与用具

鸭、鸭舍等。

内容与方法

1. 关蛋　把产蛋率下降到 30% 的母鸭群关入鸭舍内,3～4 天内只供给水,不放牧,不喂料,或者在前 7 天逐步减少喂料量,即第 1 天饲料开始减少,喂料 2 次,给料 80%,逐渐减少至第 7 天给料 30%,至第 8 天停料只供给饮水,关养在舍内。这两种方法都可使用,后一种较安全。在限饲期间,应将灯关掉,减少光照对内分泌腺的刺激。鸭群由于生活条件和生活规律急剧改变,营养缺乏,体质下降,体脂迅速消耗,体重急剧下降,产蛋完全停止。此时,母鸭前胸和背部的羽毛相继脱落,主翼羽、副翼羽和主尾翼的羽根透明干涸而中空,羽轴与毛囊脱离,拔之易脱而无出血,这时可进行人工拔羽。

2. 拔羽　拔羽最好在晴天早上进行。具体操作是用左手抓住鸭的双翼,右手由内向外沿着该羽毛的尖端方向,用力瞬间拔出来。先拔主翼羽,后拔副翼羽,最后拔主尾羽。公、母鸭要同时拔羽,在恢复产蛋前,公、母鸭要分开饲养。拔羽的当天不放水、不放牧,防止毛孔感染,但可以让其在运动场上活动,并供给饮水,给料 30%。

3. 恢复　鸭群经过关蛋、拔羽,体质变弱,体重减轻,消化功能降低,必须加强饲养管理,但在恢复饲料供给时不能操之过急,喂料量应由少至多,质量由粗到精,经过 7～8 天逐步恢复到正常饲养水平,即由给料 30% 逐步恢复到全量喂给,以免因暴食招致消化不良。拔羽后第 2 天开始放牧、放水,加强活动。拔羽后 25～30 天新羽毛可以长齐,再经 2 周后便可恢复产蛋。

 **相关链接**

常见蛋鸭品种

 知识拓展

鸭的生理特点

项目十四 肉鸭生产

任务一 商品肉鸭的饲养管理

一、商品肉鸭的生产特点与饲养方式

(一)商品肉鸭生产特点

1. 生长迅速、饲料转化率高 商品肉鸭早期生长速度快,如大型肉鸭 7 周龄体重可达 3.2～3.5 kg,即可上市,全程料肉比为(2.6～2.8):1,现在有的养殖场商品肉鸭饲养 6 周龄就可上市。

2. 体重大、净肉率高、肉质好 大型商品肉鸭的上市体重为 3 kg 以上,其胸肌和腿肌特别发达、产肉率高。7 周龄上市的大型商品肉鸭的胸腿肌肉可达 600 g 以上,占全净膛重的 25% 以上,胸肌可达 350 g 以上;且肉品质好,瘦肉率高,肉嫩多汁,风味独特。

3. 生产周期短 商品肉鸭饲养期为 6～7 周,因此每一批肉鸭的生产周期短,一年可批量生产 4～6 批,资金周转快,适合集约化生产。

4. 采用"全进全出"的生产流程 每批肉鸭同一时期进雏饲养,养成后在同一时间内全部出栏。可根据市场的需要,在最适宜屠宰的日龄上市出售,以获得最佳的经济效益。

(二)商品肉鸭饲养方式

1. 网上平养 所谓网上平养,即在离地面 60 cm 左右高度搭设网架,架上再铺设金属、塑料或竹木制成的网片、栅片，鸭群在网片、栅片上生活，鸭粪通过网眼或栅条间隙落到地面。网眼或栅缝的大小以鸭掌不能进入而鸭粪能落下为宜。

网上平养的特点：一是鸭与粪便不接触，可降低疾病的发生率；二是鸭粪干燥，舍内空气新鲜；三是鸭周围的环境条件均匀一致；四是便于实行机械化作业。另外，网上平养肉鸭不用垫料，具有占地少、鸭床干净、管理方便等优点。网上平养的缺点是产前投入多，肉鸭活动空间小，饲养密度比较大，易发生啄癖。

2. 地面平养 在水泥或砖铺地面铺上垫料，将肉鸭直接饲养在垫料上的方式为地面平养。常用的垫料有麦秸、稻草或谷壳。因鸭粪发酵，寒冷的季节有利于舍内增温。因此采用这种方式饲养肉鸭时，舍内必须通风良好，否则垫料潮湿，空气污浊、氨浓度上升，易诱发各种疾病。这种方式的优点是前期投入小，生产操作方便；缺点是需要大量垫料，舍内尘埃多，细菌也多，鸭与粪便直接接触，易引发疾病。

3. 笼养 目前我国笼养鸭多用于商品肉鸭的育雏阶段。笼养育雏，在保证通风的情况下可提高饲养密度，一般每平方米 60～65 只。若分两层，则每平方米 120～130 只。笼养鸭不用垫料，舍内灰尘少，环境处于人工控制下，受外界影响小，疾病发生率低，成活率高。其缺点是投入多。

二、圈养舍饲育肥

（一）育雏期（0～3 周龄）饲养管理

1. 育雏前的准备

（1）确定饲养数量。根据饲养密度与鸭舍面积，估算饲养数量。

（2）鸭舍准备、修整与消毒。清扫舍内地面，清洗料槽、饮水器，疏通排水沟，然后对舍内外彻底消毒。所有设备、用具在洗净之后用 2% 氢氧化钠溶液消毒。育雏舍采用熏蒸法消毒时，可将所有洗净的设备、用具放入室内，关闭门窗，密闭熏蒸消毒。

（3）垫料、饲料与常规药品的准备。雏鸭进舍前一天应铺好垫料。垫料要求干净、干燥、柔软，无坚硬杂物，切忌霉烂，用麦秸、稻草或谷壳铺 4～5 cm 厚。饲料要用全价颗粒料；常用药物如消毒药、抗生素等应适当准备。

（4）进鸭前鸭舍升温。室温应在 24 ℃以上，育雏器温度不低于 30 ℃。

2. 提供适宜的育雏条件

（1）合适的温度：前三天温度应高于 30 ℃，以后逐渐下降，每天下降幅度不能太大。以每两天降低 1 ℃为宜，直到 20 ℃左右。

（2）合理的密度：密度太大，容易造成空气污浊、环境潮湿，影响生长，并且容易诱发啄癖的发生。育雏前两周每平方米 20～30 只，中大鸭每平方米 7～10 只。饲养密度的大小与季节、鸭舍类型、鸭舍的通风能力有关。

（3）良好的通风：鸭舍内要加强通风，排出舍内的水汽与有害气体，保持舍内空气清新。

（4）保证光照：0～3 日龄的小鸭，每天 24 h 光照，以后每天 23 h 光照，夜晚 1 h 黑暗。0～7 日龄时光照强度稍强 2～3 W/m²，7 日龄后 1 W/m²。

（5）适当晒太阳：鸭在运动场上适当晒太阳，可促进骨骼发育，减少瘫跛。

3. 雏鸭饲养管理

（1）饮水：小鸭进场后，先饮水，前 2 天的饮水中，适当加入 0.01% 的高锰酸钾或多种维生素。对于不会饮水的雏鸭，要人工调教，整个饲养期内均应提供清洁的饮水。

（2）饲喂：开水后 1～2 h 开食，起初每天喂料不少于 6 次，每次数量不宜太多，以下次喂料时刚好吃完为宜。饲料的配制要合理，并保证饲料卫生、不喂发霉变质饲料。整个饲养期内可实行自由采食。

（3）分群饲养：每群鸭不要太多，一般每群不超过 1000 只，挑选鸭群中过小的鸭子，集中单独饲喂，否则鸭群中的小鸭易被挤伤或踩伤。

（4）实行"全进全出"的饲养制度：肉鸭饲养施行"全进全出"，在肉鸭出场后，彻底打扫卫生、清洗、消毒,切断病原体的循环感染,保证鸭群健康,便于饲养管理,提高肉鸭的出栏率。

（5）环境卫生与日常消毒:严格的消毒是养好商品肉鸭的关键一环。舍内垫料不宜过脏、过湿,场内的杂草要及时铲除。每天早、中、晚要清扫鸭舍过道,刷洗水槽。对鸭舍内所有用具应定期消毒,每周1～2次。场区门口和鸭舍门口要设消毒池,进出场区或鸭舍要脚踩消毒,每周进行1～2次常规带鸭消毒。

（二）生长育肥期(4周龄至出栏)饲养管理

1. 生长育肥期的生理特点　此期鸭体温调节功能已趋于完善,消化功能已经健全,采食量增大,骨骼和肌肉生长旺盛,绝对增重处于最高峰。

2. 生长育肥期的饲养

（1）饮水:在整个生长育肥期应随时提供清洁的饮水,特别是在夏季,不可缺水。每只鸭占有水槽长度应在1.25 cm以上。

（2）饲喂:从育雏结束转入生长育肥期之前2～3天,将雏鸭料逐渐转换成生长育肥料,切记突然更换饲料。生长育肥阶段采取自由采食,为防止饲料浪费,可将料槽宽度控制在10 cm左右,每只鸭占有料槽长度在10 cm以上。

3. 生长育肥期的管理

（1）温度、湿度和光照。最适宜室温为15～18 ℃,冬季应加温,使室温达到10 ℃以上。相对湿度控制在50％～55％,应保持地面垫料干燥。光照以鸭能看见饲料、适应采食为准。白天利用自然光照,早晚加料时才开灯。

（2）适时更换饲料。4周龄时,肉鸭采食量增加,生长速度加快,此时应更换生长育肥期日粮。转换饲料时,可利用3天的时间过渡。第1天用2/3的雏鸭料和1/3的生长育肥料混匀后饲喂;第2天雏鸭料和生长育肥料各用1/2混匀饲喂;第3天则用1/3的雏鸭料和2/3的生长育肥料混匀后饲喂;第4天全部用生长育肥料。这样过渡可减少因饲料突然变化而造成消化不良、腹泻,甚至拒食。

（3）及时调整密度。生长育肥期肉鸭生长发育快,应注意饲养密度的调整。地面平养的饲养密度:4周龄每平方米7～8只,5周龄每平方米6～7只,6周龄每平方米5～6只,7～8周龄每平方米4～5只。

（4）保持环境卫生。进入生长育肥期的肉鸭采食量、饮水量大,排粪多,鸭舍易潮湿、腐臭和滋生蚊蝇。因此,鸭粪需经常清除,地面常扫,垫料常换,饲养工具常洗,保持舍内清洁干净。

三、放牧育肥

放牧育肥具有耗料少,成本低,育肥好的优点。这种育肥方法主要是结合夏牧、秋收,在水稻或小麦收割后,将肉鸭赶至田中,觅食天然饲料,达到育肥目的。我国很多地方天然动植物饲料丰富,尤其是南方,每年有3个放牧育肥期可养肉鸭,即春花田时期、早稻田时期、晚稻田时期,后两个时期是农作物收获季节,田地里有"落谷";春花田时期,田地里有草和草籽,还有野生浮游生物。放牧育肥特别适合麻鸭地方品种,其体形小、灵活、觅食力强。放牧时应慢赶慢放,吃饱吃好,少运动,以促进增重。放牧时间,一般上午、下午各4 h,中午赶到岸上休息。每日早、中、晚各补料1次,补料量视放牧觅食情况而定。

任务二　肉种鸭的饲养管理

一、后备种鸭的培育

5～26周龄的肉种鸭称为后备种鸭,此期主要采用限制饲养的方法进行饲养。

（一）限制饲养

1. 限制饲养的目的　使种鸭达到标准产蛋体重,适时达到性成熟和体成熟,减少初产期产过小

微视频 14-2

蛋和产蛋后期产过大蛋的数量,防止因采食过多而导致过肥;减少死亡和淘汰数,提高种鸭的产蛋率和受精率;延长种鸭的有效利用期,节省饲料,从而提高饲养父母代种鸭的经济效益。

2.限制饲养的方法　　主要包括限时、限质、限量三种方法。

(1)限时。限时饲喂,可减少饲喂次数,也可缩短饲喂时间。

(2)限质。降低日粮中蛋白质、能量、氨基酸等营养水平,增加纤维素。钙、磷等微量元素和维生素要充足供给,以促进鸭骨骼和肌肉正常生长发育。

(3)限量。限量可分为每日限量和隔日限量。每日限量即将每天的喂料量早上一次性投给,这种方法适用于群体较小的种鸭群。隔日限量,即将2天规定的喂料量合在1天饲喂,喂料1天,停喂1天,这种方法适用于饲养密度较大的种鸭群。

3.限制饲养注意事项

(1)限饲前,应将体重过小的鸭和病鸭挑出,这些鸭不能进行限制饲喂。

(2)保证鸭有足够的采食、饮水位置。每只鸭占料槽位13～15 cm为宜,占水槽位3.5～5 cm为宜。运动场内应设置洗浴池,供鸭洗浴,保持鸭体清洁。

(3)控制鸭群适宜的密度。保证每只鸭有足够的活动空间,并将鸭舍分隔成栏,每栏以200～250只为宜。群体过大,往往造成个体差异大和伤残率高。

(4)限饲期确保运动场和鸭舍内无异物,垫料要求干燥、无霉变,以免鸭误食。

(5)从第4周开始,每周末随机抽样鸭群的10%进行称重,计算其平均体重,根据体重大小来确定下周的喂料量,并及时调整分群,缩小群体间个体差异。

(6)每天的喂料量要准确。将称量好的饲料在早上一次性快速投入料槽,尽可能使鸭群在同一时间吃到饲料,且保证吃料均匀。

(7)免疫接种或转群时,应在饮水或饲料中添加维生素和电解质以防应激。

(二)光照控制

后备种鸭育成期光照的原则:18周龄前不要延长光照时间和增加光照强度,以防过早性成熟。5～16周龄的鸭多采用自然光照。

光照对种鸭的繁殖性能影响很大,增加光照能刺激性激素分泌,可调节后备种鸭的性成熟时间。在18周龄时,应结合公母鸭增重情况,将光照时间增加到每天16～17 h,以后采取恒定光照方案,光照强度保持在15～20 lx。

二、产蛋期间肉种鸭的饲养管理

(一)转群及选种

1.转群　　肉种鸭常在24周龄转入产蛋鸭舍,在转群前1周应准备好鸭舍,转群应在夜间进行,因为夜间转群可以减少应激。转群时尽量保持环境条件的基本恒定,使两舍环境尽可能相似。另外,要保证鸭在进入新舍时有充足的饮水和适量的饲料。转群后,饲养人员要注意观察鸭群的精神状态,采食、饮水情况,活动表现等,一旦发现问题,要及时采取措施,确保转群后饲养的成活率。

2.选种　　在转群的同时可对肉种鸭进行第二次选择。这次选择的重点是公鸭,选择符合品种特征、体重适宜、生长发育良好、体质健壮、活泼灵敏、体形好、羽毛丰满、双爪强壮有力的公鸭留种,淘汰多余的公鸭。而母鸭的选择主要是淘汰体质特别弱的个体,此时的公母配偶比例应为1:5。

(二)更换饲料

当鸭产蛋率达到5%时,应及时将育成料更换为产蛋前期饲料,提高日粮中的营养水平,粗蛋白质含量可达16%,钙的含量为3%～3.5%。更换饲料约需1周的时间过渡。

(三)增加光照

产蛋期肉种鸭对光照刺激的反应与肉种鸡相同,增加光照可刺激产蛋。因而,在产蛋期不能缩短光照时间。产蛋期要求每天光照达16～17 h,补充光照时,早上开灯时间定在4:00最好。光照强

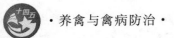

度为 5 W/m²,灯高 2 m,灯分布要均匀。停电时,要点灯照明,或自备发电设备,否则鸭蛋破损率和脏污蛋将增加。

(四)饲养密度

肉种鸭的饲养密度一般为每平方米 2～3 只。如果有户外运动场,舍内饲养密度可以加大到每平方米 3.5～4 只。户外运动场的面积一般为舍内面积的 2～2.5 倍。另外,肉种鸭群的规模也不宜过大,一般每群以 240 只为宜。

(五)公母配比

肉种鸭群中公母鸭的配比,对种蛋的受精率起着决定性作用。合理搭配肉种鸭的公母比例,可最大限度地发挥肉种鸭的繁殖性能。一般肉种鸭适宜的公母比例为 1:(5～8)。公母鸭的配偶比例受品种、年龄、饲养管理和配种方法等因素的影响。在实际生产中要根据具体情况适当调整。一般来说,年轻公鸭比老年公鸭配种力强,母鸭比例可大些;公鸭在春季配种力强,母鸭比例可比其他季节大些;公鸭营养状况好或大群配种时,母鸭的比例同样可大些。

(六)收集种蛋

鸭习惯于 1:00—5:00 产蛋,早晨应尽早收集种蛋,初产母鸭可在 5:00 捡蛋。饲养管理正常时,母鸭通常在 7:00 以前产完蛋,可根据产蛋时间固定每天早晨收集种蛋的时间,迟产的蛋也应及时捡走。若迟产蛋数量超过总蛋数的 5%,则应检查饲养管理制度是否正常。炎热的季节种蛋要放凉后再入库。种蛋必须当天入库,凡不符合要求的种蛋不得入库。鸭蛋的破损率不得高于 1.5%。

(七)搞好环境卫生

鸭舍、运动场及周围环境每天进行一次药物消毒,饲养人员进入鸭舍要换上经过消毒的工作服。料槽、水槽要每天清扫,鸭舍内保持干燥清洁,勤换垫料。

(八)建立稳定的管理程序,减少应激

肉种鸭产蛋期间生活有规律,采食后洗浴、交配、休息,不到处乱跑,夜间休息时静卧不动。因此,一定要保持操作规程和饲养环境的稳定,建立一套稳定的作息制度,使肉种鸭保持良好的生产性能。具体应从光照时数、光照强度、喂料量、饲喂次数、捡蛋次数、捡蛋时间、肉种鸭下水时间、卫生消毒等日常管理工作着手,使各项日常管理工作进入程序化,避免各种应激因素对肉种鸭产蛋产生不良的影响。

实践技能　肉种鸭限制饲养方案的拟定

目的与要求

掌握肉种鸭限制饲养的方法。

材料与用具

某种鸭场肉种鸭各周体重的记录,父母代肉种鸭体重标准表,计算器,后备种鸭的营养需要及饲料配方等材料。

内容与方法

根据体重记录,计算出全群鸭的平均体重,将平均体重与标准体重进行比较后调整日喂料量,调整原则为体重超过标准体重百分之几,喂料量就减少相应百分比,体重比标准体重低百分之几,喂料量就增加相应百分比。

相关链接

常见肉鸭品种

知识拓展

快大型肉鸭的
生产特点

Note

项目十五 鹅 生 产

学习目标

【知识目标】

1. 了解不同时期鹅的生理特点。
2. 掌握雏鹅的饲喂方法和管理要点。
3. 了解肉用仔鹅的生产特点。
4. 掌握肉用仔鹅的饲喂方式和方法。
5. 了解后备种鹅的选留方法。
6. 掌握后备种鹅的饲养管理技术。
7. 掌握种鹅不同产蛋阶段的饲养管理技术。
8. 掌握活拔羽绒前的准备、操作技术及拔羽绒后的饲养管理技术。
9. 掌握肥肝鹅填饲期的饲养管理技术。

【技能目标】

1. 掌握雏鹅的管理技术。
2. 掌握肉用仔鹅育肥的方法。
3. 能为种鹅做好产蛋前的准备。
4. 能正确饲养和管理产蛋期的种鹅。
5. 能进行活拔羽绒的操作。
6. 能进行活拔羽绒后鹅的饲养管理。
7. 能正确选择肥肝鹅。
8. 能进行人工填饲的操作。

【思政目标】

通过鹅生产的学习,培养学生绿色生态养殖的意识,树立"预防为主,防重于治"的理念。

任务一　雏鹅的饲养管理

微视频 15-1

一、育雏季节的选择

通常以秋季育雏较好,来年春季即开始产蛋,之后由于阳光、饲料充足,高产的鹅产蛋可持续较长时间。一般来说,我国北方地区大多选择 3—6 月育雏,苏南地区从早春 2 月开始,苏北地区从晚春开始,华南地区则多在春、秋两季育雏。饲养条件较好、育雏设备比较完善的单位,可以根据生产计划和栏舍的周转情况全年育雏。

二、雏鹅的选择

健康的雏鹅应是正常孵化日期出壳,个头大,绒毛细长、洁净、光亮;蛋黄吸收良好,脐带收缩完全；眼睛灵活有神，反应灵敏，叫声响亮；用手握住颈部并提起雏鹅时，两爪能迅速收缩且挣扎有力；泄殖腔周围的绒毛无胎粪黏着；跖和蹼伸展自如无弯曲；将雏鹅仰翻放置，雏鹅很快能翻身站起。此外，所选雏鹅绒毛、喙、跖、蹼颜色还应具有该品种的特征。一般雏鹅初生重量：中小型品种约 100 g，大型品种约 130 g。

三、雏鹅的饲养

(一)及时潮口与开食

雏鹅出壳后的第一次饮水俗称"潮口"或"开水"，第一次吃料俗称"开食"。潮口与开食要及时，并且潮口一定要在开食之前进行，否则影响雏鹅的生长发育和成活率。

雏鹅最佳潮口时间是出壳后 24～36 h。当有 2/3 的雏鹅站立走动、伸颈张喙、有啄食现象时，可进行潮口。潮口的水温以 25 ℃为宜。如果是从较远距离运输回来的雏鹅，则宜首先饮用 5%～10% 的葡萄糖水或电解多维溶液，在饮水中可加入 0.1%维生素 C，其后可改用普通清洁水；雏鹅潮口时间越早越好，否则会引起呛水暴饮现象，造成生理上酸碱失衡引发水中毒，死亡率极高。

潮口后即可开食。开食料可用雏鹅配合饲料，或颗粒破碎饲料加上切碎的少量青绿饲料（比例为 1∶1），或煮成半生半熟(有硬芯)的米饭加一些青绿饲料。青绿饲料要求新鲜、幼嫩多汁，以莴苣叶、苦荬菜为佳。开食时，可先将配制好的全价饲料撒在塑料薄膜或草席上，引诱雏鹅自由啄食，然后喂青绿饲料。这样可保证雏鹅食入的精饲料适量，防止因食青绿饲料过量、精饲料不足而引起排稀粪。第一次喂食不要求雏鹅吃饱，只要能吃进一点饲料即可。

(二)合理饲喂

雏鹅的消化系统尚不健全，消化功能很弱，因此喂雏鹅时，每次不宜喂得过多，只喂六七成饱。饲喂次序：应先精饲料，后青绿饲料。夜间喂料可促进生长发育，增重较快，雏鹅饲料消耗量及饲喂方法可分别参考表 15-1 和表 15-2。

表 15-1　每 100 只雏鹅的日饲料消耗量

饲料	周龄			
	1	2	3	4
精饲料/kg	2～4	9～11	12～14	15～17
青绿饲料/kg	4～6	15～17	19～21	24～26

表 15-2　雏鹅饲喂次数

次数	周龄			
	1	2	3	4
每日总次数	6～8	6～7	5～6	4～5
夜间次数	2～3	2～3	1～2	1

四、雏鹅的管理

(一)保温

适宜的温度有利于初生雏鹅的生长发育和成活率的提高。雏鹅保温是管理的重点，育雏温度要求见表 15-3。育雏温度是否合适，可通过雏鹅的表现及食欲来判断。温度适宜，雏鹅食欲旺盛，饮水正常，分布均匀，安静无声；温度低时，雏鹅集中成堆，并且不时发出尖叫声，不食不饮，腹泻，死亡率增高；温度过高，雏鹅张口喘气、行动不安、饮水增加、采食量减少、不睡。雏鹅一般保温 2～3 周。脱温时应注意天气变化情况，做到逐渐脱温。

表 15-3　雏鹅的保温要求

周龄	温度/℃
1	27～28
2	25～26
3	22～24
4	19～21

（二）放湿

鹅虽然属于水禽,但潮湿会影响雏鹅的健康生长和发育,尤其是 30 日龄以内的雏鹅。因此,育雏舍应有良好的通风、透光条件,舍内适宜的相对湿度为 60％～70％,垫料经常更换,饮水用具固定放置并防止水外溢,注意通风换气等。

（三）及时分群,防止扎堆

雏鹅喜欢聚集成群,易出现压伤、压死现象,尤其是温度低时更易出现。所以雏鹅出壳后,应按体质强弱或定期按大小分群饲养,以提高育雏期成活率。饲养人员要注意及时赶堆分散,在天气寒冷的夜晚更应注意适当提高育雏舍温度。雏鹅阶段一般每群以 100～120 只为宜。分群时,要注意密度,一般雏鹅的饲养密度要求见表 15-4。

表 15-4　雏鹅的饲养密度要求

日龄	饲养密度/(只/米²)
1～10	20～24
11～20	15～18
20～30	5～10

（四）放牧和放水

雏鹅 7 日龄起可开始适当放牧、放水,气温低时可延迟到 14 日龄后进行。初次放牧和放水必须选择天气晴好、气温适宜的日子,饲喂后可将雏鹅缓慢赶到牧草青嫩、距水源较近的草地上活动,采食青草,放牧 20～30 min,然后赶至清洁的浅水池塘中,任其自由嬉水,放水约 10 min,赶上岸边理羽,干后才赶回鹅舍。放牧和放水时间随着日龄的增加而逐渐延长。20 日龄后白天可全天放牧,晚上补料 1～2 次。切忌在阳光暴晒的中午放牧和放水,遇暴风雨应把鹅群赶回鹅舍或赶到遮风避雨的地方休息。

（五）搞好卫生防疫

加强鹅舍的卫生和环境消毒工作。要经常打扫场地,勤换垫料,保持用具及周围环境清洁,经常进行消毒。要按时进行雏鹅的免疫接种。在日常管理中一旦发现体质瘦弱、行动迟缓、食欲不振、粪便异常者,应及时剔除隔离,并加强饲养管理和对病雏进行治疗。生产中雏鹅易发生的疾病有小鹅瘟、鹅巴氏杆菌病、鹅球虫病等。

任务二　肉用仔鹅的饲养管理

一、肉用仔鹅的生产特点

（一）肉用仔鹅生产具有明显的季节性

肉用仔鹅的生产多集中在每年的上半年,这是由鹅的繁殖季节性所造成的。肉用仔鹅的饲养季

微视频 15-2

节要考虑当地的气候状况、青草和水草等青绿饲料的生长情况、农作物的收割时间以及市场的需要等因素,以能充分利用天然青绿饲料和采食田间遗粒、节省精饲料,降低成本,提高销售价格,增加经济效益为原则。但随着市场对肉鹅的常年需求及养鹅新技术的应用,这种季节性生产已逐渐变为常年生产。

(二)肉用仔鹅饲养方式灵活

可采用舍饲、放牧或放牧与舍饲相结合的方式饲养。舍饲适用于规模化批量生产,但设备、饲料、人工等费用相对较高,舍饲鹅如饲养管理水平达不到要求,往往不及放牧鹅增重效果好。放牧方式则可灵活掌握,并充分利用天然牧地以节约成本,特别是我国南方地区青绿饲料可全年供应,为放牧鹅提供了良好条件,但饲养规模受到限制。放牧鹅的胸、腿肉率高于舍饲鹅,而皮脂率则相反较低。从我国当前养鹅业的社会经济条件和技术水平来看,采用放牧和舍饲相结合的方式,小群多批次生产肉用仔鹅更为可行。

(三)肉用仔鹅生长迅速

一般9~10周龄体重可达4 kg以上即可上市出售。因此,肉用仔鹅生产具有投资少、收益快、获利多的优点。

(四)适应性和抗病力强

肉用仔鹅适应性和抗病力均较强,容易饲养,成活率高。

二、放牧饲养

雏鹅在3周龄前,习惯上采用放牧饲养,有利于降低成本,提高养鹅的经济效益。此期间饲养特点是放牧为主,补饲为辅。

(一)放牧时间

春、秋季雏鹅到10日龄左右,气温暖和,天气晴朗时可在中午放牧,夏季可提前到5~7日龄,放牧初期控制时间,每天上、下午各一次,每次1 h左右,以后逐步延长,到21~25日龄可采用全天放牧,并尽量早出晚归。放牧时可结合放水,时间从15 min逐步延长到0.5~1 h,每天2~3次,再过渡到自由嬉水。

放牧的原则:尽量早出晚归,但寒冷季节应上午晚出晚归,下午早出早归,炎热夏季上午要早出早归,下午要晚出晚归,防止中午烈日暴晒。

(二)放牧场地的选择

放牧场地要有鹅喜欢采食的丰富优质的牧草。鹅喜欢采食的草类很多,一般只要无毒、无刺激、无特殊气味的草都可以供鹅采食。放牧场地要开阔,可划分为若干区域,有计划地轮牧。放牧场地附近应有湖泊、小河或池塘,鹅有清洁的饮水和洗浴清洗羽毛的水源。农作物收割后的茬地也是极好的放牧场地。选择放牧场地时还应注意了解放牧场地附近的农田是否喷洒过农药,如使用过农药,一般要1周后才能在附近放牧。鹅群所走的道路应比较平坦。

(三)鹅群的调教

放牧前应对鹅群进行调教,先将各个小群的鹅分别放到一起吃食,几天后再合并扩大群体,在周围环境不复杂的地方放牧,让鹅群慢慢熟悉放牧路线,然后进行速度的训练,按照空腹快、饱腹慢、草少快、草多慢的原则进行调教。

(四)放牧方法

鹅群一般以250~300只为一群,如放牧场地开阔,饲草充足,可增加到500只左右一群,由3~4人管理,但不同年龄的鹅要分群管理。放牧应有固定的信号,使鹅群对出牧、休息、缓行、归牧建立条件反射,便于放牧管理。

放牧时应注意观察其采食情况,待大多数鹅吃到七分饱时应将鹅群赶入池塘或河中,让其自由嬉水。

（五）注意事项

1. 防惊群　鹅胆小、敏感，途中遇到意外情况，易受惊吓，应防止其他动物及有鲜艳颜色的物品、喇叭声的突然出现引起惊群。

2. 防跑伤　放牧时驱赶鹅群速度要慢，路线由近渐远，慢慢增加，途中有走有歇，不可急赶，防止践踏致伤。

3. 防中暑　应避免在夏天炎热的中午、大暴雨等恶劣天气放牧，无论白天、晚上，当鹅群有鸣叫不安时，应及时放水，防止闷热引起中暑。

4. 防中毒和感染疾病　对放牧路线要提早几天进行观察，凡是疫区及用过农药的牧草地绝对不可放牧，要尽量避开粪便堆集之处，严防鹅吃到死鱼、死鼠及其他腐败变质的食物。

三、放牧鹅的补饲

鹅群全天放牧时要适当补饲。补饲的饲料以糠麸、秕谷为主，以降低饲料成本。补料应在鹅群下午归牧后进行，补料量视鹅群放牧时采食青草的情况灵活掌握。放牧场地条件好，放牧鹅能吃到丰富的饲草和收割的遗谷，能满足生长的营养需要，一般可不补饲或少补饲。放牧场地条件较差，饲料贫乏，又不在稻、麦收获季节，营养不能满足鹅生长发育的需要，放牧的鹅群应进行补饲。补饲饲料包括精饲料和青绿饲料。每天补喂的饲料量及饲喂次数主要根据增重速度和羽毛生长情况而定。精饲料可按 50 日龄以下每天每只补饲 100～150 g，每昼夜喂 3～4 次，50 日龄以上每天每只 150～300 g，每昼夜喂 1～2 次。补饲或利用稻、麦收获季节放牧是广泛使用的一种育肥方法，此法应用时应特别注意饲养期的安排，一旦稻、麦茬田结束，要及时出售，以免掉膘。

四、肉用仔鹅的育肥

肉用仔鹅的育肥方式有放牧育肥、舍饲育肥和填饲育肥三种方法。

（一）放牧育肥

利用稻田或麦田收割后遗落的谷粒进行放牧，给以适当的补饲，一般育肥期为 2～3 周。采用这种方法可节省饲料，但必须充分掌握当地农作物的收割季节，有计划地育雏及育肥。

（二）舍饲育肥

这是放牧鹅后期快速育肥的一种方法，又称关棚饲养。采用专用鹅舍，鹅舍要求干燥，通风良好，光线暗，环境安静。肉用仔鹅全部人工喂料，饲料以全价配合饲料或以玉米加蛋白质饲料为主，补以青绿饲料，每天喂食 3～4 次，采用自由采食，每次喂足后可放鹅下水活动适当时间。每平方米饲养 4～6 只，育肥期一般 3 周左右。舍饲育肥肉用仔鹅生长速度快，育肥的均匀度较好，适用于放牧条件较差的地区或季节，最适合集约化批量饲养，符合大规模养鹅的发展趋势，但饲养成本较放牧育肥高。

（三）填饲育肥

填饲育肥又称强制育肥，分人工填饲和机器填饲两种。鹅经过 3 周左右时间人工强制填饲营养丰富的配合饲料，鹅生长速度快、增重快，效果好。但饲养成本高，需要一定的人工和物力。填饲育肥的成本在鹅肥肝生产技术中介绍。

任务三　后备种鹅的饲养管理

一、后备种鹅的特点

后备种鹅觅食力、消化力、抗病力大大提高，对外界的适应性很强，肌肉、骨骼、羽毛生长快。因此，应逐渐减少补饲日粮的喂料量和补饲次数，采用以放牧食草为主的粗放饲养，补饲日粮保持较低

微视频 15-3

Note

的蛋白质水平,有利于骨骼、羽毛和生殖器官的充分发育。补饲日粮的喂料量减少,既节约饲料,又不至于使鹅体过肥、体重太大,可使鹅保持健康结实的体格。

二、后备种鹅的选留

从 80 日龄起至产蛋配种前的种鹅叫后备种鹅。后备种鹅的培育是提高种鹅质量的重要环节。

(一)选留方法

多采用外貌选择法,选择生长发育正常、符合本品种特征的健壮公、母鹅留作种用。选种时应在清晨进行。一般分别在两个不同时期进行两次选择。第一次在 80 日龄时,选择体形大、符合品种特征、羽毛生长快、健康无病、无生理缺陷的个体。公母比例:大型鹅 1∶2,中型鹅 1∶(3～4),小型鹅 1∶(4～5)。第二次选择是在开产前,选择公鹅的标准是体形大、体质健壮、胸宽背长、腿粗有力;母鹅的标准是体形匀称、颈细清秀、后躯宽广而丰满、两腿结实。公母比例:大型鹅 1∶(3～4),中型鹅 1∶(4～5),小型鹅 1∶(6～7)。

(二)选留季节

可根据当地农业生产、市场消费需求、放牧场地的具体情况以及饲料条件等考虑后备种鹅选留的季节;东北地区一般在 9—10 月选留,江浙地区在 6 月上旬至中旬选留,广东的狮头鹅一般在 3 月下旬至 4 月上旬选留。

三、后备种鹅的饲养管理

(一)加强饲养

后备种鹅体重过大过肥,不仅以后产蛋少,而且蛋的品质也会受到影响。对后备种鹅进行限制饲养,可控制体重和性成熟,防止过早开产,并有利于培养种鹅耐粗饲性。后备种鹅处于生长发育与长毛换羽时期,需要有一定的营养物质满足其需要,不能过早进行限制饲养。要经过一段时间的舍饲至第二次换羽完毕,即将 80～150 日龄分为三个阶段:早期以舍饲为主结合放牧,精饲料逐渐减少,由精向粗过渡,每日喂 3 次;中期转入粗饲料阶段,以放牧为主,饲料主要是瘪谷、米糠、麸皮、玉米秸秆粉、甜菜叶粉、树叶粉及玉米面、杂草籽等,混合后用水泡软饲喂,尽量延长放牧时间,如有草质良好的牧场,可不喂或少喂精饲料,每日喂 1～2 次;后期开始增加精饲料,减少粗饲料,采取定时不定料、不定量的喂料方式,每日喂 2～3 次。

(二)精心管理

鹅舍应宽敞明亮,保持料槽、水槽及舍内外环境清洁,垫料干爽,严防阴冷潮湿,要特别注意鹅舍冬季保温防寒。供给充足的饮水。在小鹅瘟流行的地区,母鹅开产前 1 个月进行小鹅瘟预防接种,并注意做好种鹅的日常防病工作,防止早熟公鹅过早配种,以免发育不良,日后配种能力降低。应将公、母鹅分开饲养。

任务四 种鹅的饲养管理

微视频 15-4

一、种鹅的特点

鹅产蛋存在明显的季节性,主要产蛋期在冬、春季,但也有四季都产蛋的,如太湖鹅、豁眼鹅等。公、母鹅交配有选择性,有的鹅群中有 40% 的母鹅和 20% 的公鹅是单配偶。所以大型养鹅场的种鹅公母比例为 1∶(2～3),中小型场为 1∶(4～6)。老年公鹅参与配种时母鹅的数量要适当减少,而体质强壮的适龄公鹅参与配种时母鹅的数量可适当增加。大多数鹅具有就巢性,在一个繁殖周期内,窝蛋 8～12 枚,就要停产就巢,直至小鹅孵出。这样明显缩短了产蛋时间,产蛋量明显比鸡、鸭少;母鹅就巢时可及时隔离,采取积极措施,促使其醒巢。

Note

二、种鹅的产蛋规律

鹅的性成熟期较其他家禽要迟,一般中小型鹅从出壳到性成熟需要 7 个月,大型鹅则更迟一些,需 8～10 个月,品种间差异很大。鹅产蛋较少,年产蛋量仅为 30～100 枚,小型鹅产蛋较多。鹅往往全年有多期产蛋,每产一定数量的蛋即就巢孵化。蛋重一般为 130～200 g,母鹅在开产后,产蛋量随着年龄增长逐年提高,一般第二年比第一年增加 15%～20%,第三年比第二年增加 30%～45%,以后逐年降低,因此种母鹅可利用 4～5 年,种公鹅为 3 年。通常鹅群体的年龄结构为 1 岁龄母鹅占 30%,2 岁龄母鹅占 35%,3 岁龄母鹅占 25%,4 岁龄母鹅占 10%。母鹅产蛋时间多数集中在清晨至 9:00。

三、产蛋前期的饲养管理

开产前一个月要根据鹅的体质状况、脱换新羽情况和气温变化情况适时开始补喂精饲料。一般在主翼羽与副翼羽换完以后开始逐步增加精饲料量,每天每只 90～180 g。每天喂 2～3 次,注意定时饲喂,使鹅群体质恢复,增加体重,在体内积累一定的营养。此期间公、母鹅最好分开饲养,公鹅应比母鹅提前 3～6 周进行补料,这样公鹅可提前换羽完毕,使其在母鹅开产前体质强健、精力充沛,以利于配种。在繁殖季节开始前 2～3 周组群,公母搭配。母鹅有在固定地点产蛋的习惯,所以,在开产前应每 4～5 只种鹅备一个产蛋箱或产蛋窝,让母鹅在固定的地方产蛋。保证充足清洁饮水,适当运动,放牧要晚出早归,路线不宜太长,放水时间可适当延长。另外,根据不同的季节,考虑逐渐增加光照。

四、产蛋期的饲养管理

种鹅经过产蛋前期的饲养,体重有所增加,体质增强,将陆续转入产蛋期。产蛋期的母鹅以舍饲为主、放牧为辅,放牧晚出早归。放牧前检查鹅群,观察产蛋情况,有蛋者应留在舍内产蛋。舍饲饲料采用配合饲料,除自由采食青绿饲料外,精饲料每日喂料量:大型鹅为 150～180 g,中型鹅为 120～150 g,小型鹅为 100～120 g,分 3～4 次喂给,喂料应定时定量,先粗后精。日粮中注意加适量贝壳粉或蛋壳粉。

为了提高种鹅的产蛋量和种蛋的受精率,种鹅的公母比例以 1:(3～5)为宜。鹅的自然交配在水中进行,适宜环境是水面宽阔,岸坡平缓、安静的池塘或河道。交配的最佳时间是早晨和 16:00—17:00。

母鹅在产蛋期间腹部饱满,行动比较迟缓,放牧时尽量少走坡地和高低不平的路,并做到慢慢驱赶。上下坡时应防止鹅群拥挤,以防造成腹内和输卵管内出血导致腹膜炎等。放牧地选择近水处,放牧 2～3 h 后,应赶鹅群下水 1 次。产蛋鹅每天光照时间以 16 h 为好,如光照时间不足,每天定期补充光照至 16 h。冬季做好防寒保暖工作。发现就巢母鹅要采取隔离、停料、供水,经 2～3 h,可促使其醒巢,以提高产蛋量。

初产蛋时,要训练母鹅在产蛋棚内产蛋。每天捡蛋 3～5 次,以防蛋受到污染或损坏。鹅群产蛋环境要保持安静。公鹅善斗,特别在早晚配种时,应及时赶开,以免公鹅受伤。

五、休产期的饲养管理

种鹅每年产蛋时间只有 5～6 个月,一般是当年的 10 月开始产蛋,到第二年的 2 月左右。以后产蛋量减少,蛋重减少,畸形蛋增多。此时大部分母鹅羽毛干枯,部分出现贫血现象,公鹅下水交配频率下降,种蛋受精率降低。至 3—4 月结束产蛋进入休产期。

在停产时间内对种鹅进行一次淘汰选择,择优去劣,并按比例补充新的后备种鹅。新组成的鹅群必须按公母比例同时换放公鹅。选留的种鹅将日粮由精饲料改粗饲料,并逐步停止补饲,实行以放牧为主的粗放饲养。粗放饲养可促进母鹅体内脂肪消耗、羽毛脱换,又可培养鹅群的耐粗能力,还可降低饲养成本。

微视频 15-5

任务五　鹅活拔羽绒生产

一、活拔羽绒鹅的选择

凡生长 3 个月以上、体质比较健壮的任何品种鹅,无论公母,都可以进行活拔羽绒,但以白色羽绒价格较高。选择活拔羽绒鹅时还要结合当地的气候、养鹅的季节,尽量做到不影响种鹅的产蛋、配种、健康及肉用仔鹅生长发育。

二、活拔羽绒前的准备

准备初次拔羽绒的鹅在拔羽绒前几天,要进行抽样检查。如果绝大多数羽绒容易拔下,而且毛根已干枯,无未成熟的血管毛,说明羽绒已经成熟,正是活拔羽绒的适宜时期。否则就要再养一段时间,等羽绒长足成熟时再拔。拔羽绒前一天晚上要停止喂料供水,以免拔羽绒过程中鹅因受机械刺激,不时排粪污染羽绒,对羽绒不洁的鹅,可在清晨让鹅群下河洗澡,随即赶上岸让鹅沥干羽毛后再行拔羽绒。拔羽绒前还要检查一遍鹅群,剔除体质瘦弱、发育不良、体形明显偏小的鹅。

选择晴朗、温度适中的天气拔羽绒。场地要避风向阳,以免羽绒随风飘失。地面打扫干净后,可铺上一层干净的塑料薄膜或旧报纸,以免羽绒被尘土污染。准备围栏及放羽绒的容器,可以用硬的纸板箱或塑料桶。再准备好一些布口袋,把拔下的羽绒集中到口袋中储存。另外,还要配备一些凳子、称、消毒用的汞溴红溶液、药棉。拔羽绒环境内的有关器具总的要求是光滑细腻、清洁卫生、不勾染羽绒。

三、活拔羽绒操作

(一)鹅体保定

1. 双腿保定　操作者坐在凳子上,把鹅体固定住,双爪绑起来,将鹅头朝向操作者,背置于操作者腿上,用双腿夹住鹅,然后开始拔羽绒。这种方法易掌握和操作,较常用。

2. 半站立式保定　操作者坐在凳子上,用手抓住鹅颈上部,使鹅呈直立姿势,用双脚踩在鹅双爪的趾或蹼上面,也可踩在鹅的双翅上,使鹅体向操作者前倾,然后开始拔羽绒。这种方法比较省力、安全。

3. 卧地式保定　操作者坐在凳子上,右手抓鹅颈,左手抓鹅的双爪,将鹅横放在操作者前面的地面上,左脚踩在鹅颈肩交界处,然后开始拔羽绒。这种方法比较牢固,但掌握不好时,易使鹅受伤。

4. 专人保定　由 1 人专做保定,另外 1 人拔羽绒。此方法操作最为方便、安全、牢固,但需较多人力。

(二)活拔羽绒部位

鹅的颈下部以及肩部、胸部、腹部、两肋、背部羽绒均可活拔,这些部位羽绒较多。头部、颈上部、翅、尾部的羽绒不能活拔。

(三)活拔羽绒操作

1. 毛、绒齐拔法　先从颈的下部、胸的上部开始拔,从左到右、从胸到腹,一排排紧挨着用拇指、食指和中指捏住羽绒的根部往下拔。拔时不要贪多,拔羽方向为顺拔或逆拔,以顺拔为主,以防撕裂皮肤。拔绒朵时,手指需紧贴着皮肤,捏住绒朵基部,以免拔断而成为飞丝,降低羽绒的质量。胸、腹部的羽绒拔完后,再拔体侧、腿侧和尾根旁的羽绒,拔光后把鹅从人的两腿下拉到腿上面,左手抓住鹅颈下部,右手再拔颈下部的羽绒,接下来拔翅膀下的羽绒。拔下的羽绒要轻轻地放入身旁的容器中,放满后及时装入布袋中,装满装实后用细绳将袋口扎紧储存。这种方法简单易行,但毛片和绒朵混合一同出售,分级困难,影响售价。

2. 毛、绒分拔法　先用三指将鹅体表的毛片轻轻地由上而下拔光,装入专用容器,然后用拇指和食指平放紧贴鹅的皮肤,由上而下将皮肤上的绒朵轻轻地拔下,放在另外一只专用容器中。一般熟练的技术人员拔1只鹅的羽绒需要4~5 min。这种方法是先拔毛片,再拔绒朵,分级出售,按质计价,更能够提高羽绒的利用率和价值,比较受买卖双方的欢迎,而且对加工业也有利。

(四)活拔羽绒中出现的问题及处理方法

血管毛多,较大毛片难拔:拔毛时,如遇到大片的血管毛,或难拔的较大毛片,能避开的毛片,可避开不拔,如果不能避开,应将其剪短。剪血管毛或较大的毛片时,只能用剪刀一根一根从毛根部剪断,注意不要剪破皮肤和剪断绒朵。

鹅挣扎:在刚拔羽绒时,鹅毛孔紧缩,可能挣扎,要注意抓紧,以防挣扎时断翅或发生其他意外事故。但也不能抓得过紧、压迫过猛,以免使鹅窒息过久而引起死亡。

伤皮、出血:拔羽绒过程中,如误拔血管毛引起出血或小范围破皮,可擦些红药水、紫药水或用消毒棉蘸2%高锰酸钾溶液涂擦。如果皮肤破损严重,为防止感染,涂药水后在室内饲养一段时间再放牧和下水。伤口愈合前禁止下水,防止雨淋,以免伤口感染。

羽绒根部带肉:健康的鹅拔羽绒时羽绒根部是不会带肉的。如遇到少许羽绒根部带肉时,可稍放慢拔羽绒的速度;如果鹅表皮出现轻微出血点,拔后涂些红药水或紫药水;如果大部分羽绒带有肉,表明这只鹅营养不良,应暂停拔毛,待喂养育肥后再拔。

出现"脱肛":由于拔羽绒时鹅受刺激强烈,有极少数鹅会出现"脱肛"现象。一般无须任何处理,1~2天就自然地收缩恢复正常。如果发现肛门溃烂或水肿,可用0.2%的高锰酸钾溶液涂抹患处数次,有条件的可涂些消炎类药物,经1~2天便可治愈。

(五)羽绒的包装和储存

羽绒的包装大多数采用双层包装,即内衬厚塑料袋,外套塑料编织袋,包装时要尽量轻拿轻放,包装后分层用绳子扎紧。羽绒要放在干燥、通风的室内储存。在储存期间,要注意防潮、防霉、防蛀、防热。羽绒包装与储存时要注意分类、分别标志,分区放置,以免混淆。

四、鹅活拔羽绒后的饲养管理

活拔羽绒对鹅来说是一个比较大的刺激,鹅的精神状态和生理功能均会因此而发生一定的变化,如精神萎顿、活动减少、喜站不卧、行走摇晃、胆小怕人、翅膀下垂、食欲减退等,个别鹅甚至会体温升高、脱肛等。一般情况下,上述反应在活拔羽绒后第2天可见好转,第3天恢复正常,通常不会引起生病或造成死亡。但经过活拔羽绒,鹅体失去了一部分体表组织,对外部环境的适应能力和抵抗力均有所下降。为确保鹅群的健康,使其尽快恢复羽毛生长,应加强活拔羽绒后的饲养管理。

(一)提供适宜的生活环境

刚拔完羽绒的鹅应立即轻轻放下,让其在舍内自行采食和饮水,在舍内应尽量多铺干净的垫料,保持温暖干燥,以免鹅的腹部受潮受凉。另外,拔完羽绒的鹅不要急于放入未拔羽绒的鹅群中。

(二)防止日晒和下水

刚拔完羽绒的鹅全身皮肤裸露,3天内不宜在强烈阳光下放养,7天内不要让鹅下水和淋雨。夏季拔完3天内还要防止蚊虫叮咬。7天以后,皮肤毛孔已经闭合,就可以让鹅下水和放牧。

(三)加强营养

拔完羽绒后,鹅体不仅需要维持体温和各器官所需的营养,还需较多的营养成分供羽绒的生长发育,所以拔完羽绒后应加强鹅的营养,拔完后1~7天饲料中适当补充精饲料,增加蛋白质的含量,补充微量元素,促进羽绒生长发育。此外,还应有些青绿饲料。7天以后减少精饲料,增加粗饲料,多给青绿饲料。如果放牧,一定要去牧草丰富的地方,让鹅吃好,另外应给予补饲。

(四)精心管理

活拔羽绒后要注意鹅的动态,若发现活拔羽绒后的鹅出现摆头、鼻孔甩水、不食,甚至不喝水等病态,要及时诊治。拔完羽绒后,如果发现拔破皮肤,应涂药防止感染。

微视频 15-6

任务六 鹅肥肝生产

一、肥肝鹅的选择

鹅肥肝是用 3 月龄左右,生长发育良好的肉用鹅,在育肥后期用超额的高能量饲料进行一段时间人工强制催肥后所生产的脂肪肝。通常情况下,鹅肝重 50～100 g,但鹅肥肝重可达 700～900 g,最高可达 1800 g。肥肝鹅选择体形大的品种,以保证鹅肥肝的重量和质量,如法国的朗德鹅是较理想的品种。我国鹅种资源丰富,尤其以狮头鹅、溆浦鹅为好。为了提高鹅肥肝的生产潜力,通常采用肥肝性能好的大型鹅品种作为父本、产蛋多的小型鹅作为母本杂交,杂种鹅生产发育快、适应性增强,有利于肥肝的生产。

二、肥肝鹅预饲期饲养管理

肉用仔鹅通过选择,经过驱虫和预防接种后,转入预饲期的饲养。预饲期的长短应根据品种大小、体重情况、日龄大小和生长均匀度灵活掌握,均匀度高、体况好的可短些,差的可长些,一般为 2～3 周。

(一)预饲期的饲养

预饲期喂给高能量饲料,促进鹅的生长发育,使鹅群迅速增加体重,使其肝细胞建立储存脂肪的能力,具有良好体况适应填饲。预饲期的饲料:含碳水化合物丰富的黄玉米、碎米占 70%～80%,豆饼或花生饼占 25%～30%,有条件的可加入 0.2% 的蛋氨酸。每天早、中、晚 3 次定时饲喂,自由采食,每只采食量为 200～240 g。预饲期以自由采食青绿饲料为主,促进消化道柔软膨大,以便填饲期填入大量饲料。同时还要注意饮水和沙砾的整日供应,以促进消化。

(二)预饲期的管理

预饲期以舍饲为主,逐步减少外出活动和下水时间,上午、下午各一次,预饲期结束前 3 天停止放牧,使鹅群慢慢习惯填饲阶段的圈养。在这期间,鹅舍应经常清扫和消毒,保持通风干燥。鹅群按品种、公母分圈饲养,每圈鹅群数不超过 30 只为宜。一般饲养密度以每平方米 3～4 只为宜。鹅舍采用暗光线,保持安静,避免一切应激因素,为填饲准备良好的环境条件,并做好疾病防控工作。

三、肥肝鹅填饲期的饲养管理

(一)填饲期

填饲期是鹅肥肝生产的关键环节。填饲期的长短根据鹅的品种、生理特点、消化能力、肥肝增重规律和外形表现来确定。一般填饲期为 3～4 周,大中型鹅 4 周、小型鹅 3 周即可屠宰取肝。

(二)填饲饲料及填饲量

玉米是普遍采用的鹅肥肝生产的理想填饲饲料。用黄玉米填饲,鹅肥肝大且呈纯黄色,商品价值高。粒状玉米用文火煮至八成熟,随后沥去水,加入 0.5%～1% 的食盐,还可加入 1%～2% 的猪油,将饲料搅拌即可。大型鹅填饲量为每日 850～1000 g,中型鹅为 700～850 g。填饲量由少逐渐增多,每日填饲次数一般为 2～3 次。

(三)填饲方法

肥肝鹅填饲方法有手工填饲和机器填饲两种。人工填饲由一人独自完成,操作者把肥肝鹅夹在两膝间,使鹅头朝上、露出颈部,左手把鹅喙掰开,右手抓料投放到鹅口中,每天填饲 3～4 次。机器填饲法由两人操作,助手固定鹅体,填饲员用右手的拇指和中指固定鹅喙的基部,食指伸入鹅的口腔内按压鹅舌的基部,向上拉鹅头,将填饲管插入鹅口腔,沿咽喉、食管直插至食管膨大部中端,填饲时应该注意把鹅颈伸直。为防止填饲时鹅窒息,填饲人员应把鹅喙封住,把鹅颈部垂直地向上拉,用食指和拇指把饲料向下捋 3～4 次,直到饲料填到比喉头低 1～2 cm 时停止填饲。此时鹅头咽部缓慢从填饲管中退出,填饲员松开鹅头,填饲结束,取出鹅轻轻放回圈舍。

(四)填饲期的管理

填饲期内的饲养密度为每平方米 3～4 只,每小群 30 只左右为宜。肥肝鹅在填饲期最好采取网养或圈舍饲养,只给适当运动,不给下水,以尽量减少其能量消耗。鹅舍要求平坦、干燥、通风;冬暖夏凉,圈舍常清粪便、常换垫料以保持清洁,环境安静,光线宜稍暗。到填饲后期,随着鹅体重增大和肥肝形成,抓鹅时必须轻提、细填、轻放,防止挤伤或惊吓。填饲期内保证充足清洁饮水,以促进鹅消化食物。

(五)屠宰取肝

1.屠宰　肥肝鹅的屠宰方法和肉鹅一样,但放血一定要充分,一般需要 3～5 min。

2.浸烫　将放血后的鹅置于 60～65 ℃的热水中翻动浸烫,时间 3～5 min,使身体各部位的羽毛能完全浸透,受热均匀。

3.拔毛　拔毛不宜用脱毛机,只适合手拔。整个屠宰过程做到轻捉轻放,切不可碰撞或挤压鹅的胸腹部。更不可相互挤压堆放,以免损伤肥肝。

4.预冷　将刚脱毛屠体洗净,腹部向上平放在分层的金属架上,沥干水分后,置于温度为 4～10 ℃的冷库中预冷 18 h,使其干燥,脂肪凝结,内脏变硬而又不至于冻结,以防含脂高的肥肝破损。

5.剖腹　操作间最适宜的温度为 4～6 ℃,保持清洁卫生。将鹅胸腹部朝上,尾部对着操作者。操作者左手按胴体,右手持刀剖腹,可根据需要采用横向、纵向、开胸三种剖腹法,打开胸腹腔,使内脏暴露。

6.取肝　用刀仔细将肥肝与其他脏器分离。取肝者双手插入腹腔轻轻托住肥肝,最重要的是保持肥肝的完整性和胆囊不破。若胆囊破了应立即用冷水冲洗胆汁,直至干净为止。

7.整修　取出的肥肝用小刀修除附在肥肝上的神经纤维、结缔组织和胆囊下的绿色渗出物,再切除肥肝中的淤血、出血或破损部分。去掉肝上残留的脂肪,用净水冲洗后将肥肝放入 1% 的盐水中,浸泡 10～15 min,捞出沥水,再用洁净的布吸干肥肝表面的水,称重分级。

实践技能　肥肝鹅的人工填饲操作

目的与要求

掌握人工填饲的操作方法及技能。

材料与用具

黄玉米粒等饲料、填饲设备及用具、90～120 日龄的鹅若干。

内容与方法

1.调制填饲饲料　取若干黄玉米粒,用文火煮至八成熟,随后沥去水,加入 0.5%～1% 的食盐,拌调均匀备用。

2.人工填饲操作

(1)抓鹅。抓鹅的食管膨大部,抓时四指并拢,拇指握颈部,用力适当,即可将鹅提起提稳。不能抓鹅的颈部或翅膀或爪,以免鹅挣扎而造成伤残。

(2)填饲。填饲时,左手握鹅的头部,掌心握鹅的后脑,拇指与食指撑开上下喙,中指压住鹅舌,右手将填饲胶管小心送入鹅的咽下部,注意鹅体应与胶管平行,然后将饲料压入食管膨大部,随后放开鹅,填饲完成。

相关链接

羽绒的分类和特点

知识拓展

鹅肥肝的营养
价值与分级

思考与练习

在线答题

Note

模块六
养禽场经营与管理

项目十六　养禽场生产计划管理

扫码学课件 16

微视频 16

任务一　制订生产计划的依据

一、养禽场的远景规划

远景规划又称长期计划，从总体上规划养禽场若干年内的发展方向、生产规模、进展速度和指标变化等，以便对生产与建设进行长期、全面的安排，统筹成为一个整体，避免生产盲目性，并为职工指出奋斗目标。长期计划时间一般为 5 年，其内容与目标、措施与预期效果分述如下。

内容与目标：确定经营方针；规划养禽场部门结构、发展速度、专业化方向、生产结构、工艺改造进程；技术指标的进度；产品产量；对外联营的规划与目标；科研、新技术与新产品的开展与推广等。

措施：实现奋斗目标应采取的技术、经济和组织措施，如基本建设计划、资金筹集和投放计划、优化组织和经营体制的改革等。

预期效果：主产品产量与增长率、劳动生产率、利润、全员收入水平等的增量与增幅。

二、养禽场的年度生产计划

养禽场年度生产计划由编制年度生产计划的依据和计划的具体内容两部分组成，任何一个养禽场必须有详尽的生产计划，以指导饲养各环节。养殖业的计划性、周期性、重复生产性较强，不断修订、完善的计划可以大大提高生产效益。生产计划的制订常依据下面几个因素。

Note

（一）生产工艺流程

制订养禽场生产计划，必须以生产流程为依据。生产流程因企业生产的产品不同而异。例如：综合性养鸡场，从孵化开始，育雏、育成、蛋鸡以及种鸡饲养，都由本场解决。各鸡群的生产流程顺序，蛋鸡场为种鸡（舍）→种蛋（室）→孵化（室）→育雏（舍）→育成（舍）→蛋鸡（舍），肉鸡场的生产流程为"全进全出"生产模式。为了完成生产任务，一个综合性养鸡场除了涉及鸡群的饲养环节外，还有饲料的储存、运送，供电、供水、供暖，疾病防治，对病死鸡的处理，粪便、污水的处理，成品储存与运送，行政管理和为职工提供必备生活条件。一个养鸡场总体流程有两条：一条是饲料（库）→鸡群（舍）→产品（库）；另外一条流程为饲料（库）→鸡群（舍）→粪污（场）。

不同类型的养鸡场生产周期日数是有差别的。如饲养地方鸡种，其各阶段周转的日数差异与现代鸡种差异很大，地方鸡种生产周期日数长，而现代鸡种生产周期日数短。

（二）经济技术指标

各项经济技术指标是制订计划的重要依据。制订计划时可参照饲养管理手册上提供的指标，并结合养禽场近年来实际达到的水平，特别是最近1～2年正常情况下养禽场达到的水平，这是制订生产计划的基础。

（三）生产条件

将当前生产条件与过去的生产条件对比，主要在禽舍设备、家禽品种、饲料和人员等方面进行比较，看是否改进或倒退，根据过去的经验，确定新计划增减的幅度。

（四）创新能力

采用新技术、新工艺或开源节流、挖掘潜力等可能增产的措施。

（五）经济效益制度

效益指标常低于计划指标，以保证承包人有产可超，也可以两者相同，提高超产部分的提成，或适当降低计划指标。

任务二　养禽场年度生产计划的制订

养禽场年度生产计划的具体内容主要包括产品生产计划、禽群周转计划、饲料供应计划、物资供应和产品销售计划、劳动工资计划、财务计划等。

一、产品生产计划

这个计划决定了一个养禽场的主要收入来源，是年度生产计划的主体。主要包括产蛋计划和产肉计划。产蛋计划包括各月及全年每只禽的平均产蛋量、产蛋率、蛋重、全场总产蛋量等。产蛋指标须根据饲养的商用品系生产标准，综合本场的具体饲养条件，同时参考上一年的产蛋量来制订，计划应切实可行，可完成或超额完成；商品肉禽场的产肉计划比较简单，主要根据每月及全年的淘汰禽数和重量来编制。商品肉禽场的产品计划中除每月的出栏数、出栏重外，应制订合格率与一级品率，以同时反映产品的质量水平。

产品生产计划应以主产品为主，如肉禽以进雏禽数的育成率和出栏时的体重进行估算；蛋禽则按每饲养日即每只禽日产蛋重量估算出每日、每月、每年产蛋总重量，按产蛋重量制订出禽蛋产量计划。

根据种禽的生产性能和养禽场的生产实际，确定月均产蛋率和种蛋合格率。

计算每月每只种母禽产蛋量和每月每只种母禽产合格种蛋数。

每月每只种母禽产蛋量＝月平均产蛋率×本月天数
每月每只种母禽产合格种蛋数＝每月每只种母禽产蛋量×月平均种蛋合格率

根据禽群周转计划中的月平均饲养母禽数,计算月产蛋量和月产合格种蛋数。

月产蛋量＝每月每只种母禽产蛋量×月平均饲养母禽数

月产合格种蛋数＝每月每只种母禽产合格种蛋数×月平均饲养母禽数

根据以上数据就可以计算出每只禽产蛋个数和产蛋率。产蛋计划可根据月平均饲养产蛋母禽数和历年的生产水平,按月规定产蛋率和各月产蛋量。

二、禽群周转计划

(一)养鸡场周转计划的制订

鸡群周转计划是根据养鸡场的生产方向、鸡群构成和生产任务编制的。养鸡场应以鸡群周转计划作为生产计划的基础,以此来制订引种、孵化、产品销售、饲料供应、财务收支等计划。

制订鸡群周转计划必须考虑养鸡场合理的结构和足够的更替,以便确定全年总的淘汰和补充只数,同时根据生产指标确定每月的死淘数(率)和存栏数(存笼率)等。在实际编制鸡群周转计划时还要考虑鸡群的生产周期,一般蛋鸡的生产周期是育雏期 42 天(0～6 周龄)、育成期 98 天(7～20 周龄)、产蛋期 364 天(21～72 周龄),而且每批鸡生产结束还要留一定时间清洗、消毒鸡舍。各阶段的饲养日数不同,只有各种鸡舍的比例恰当才能保证生产流程正常运行(表 16-1)。

表 16-1　蛋鸡场周转模式(6.6 万只)

项目	雏鸡	育成鸡	蛋鸡
饲料阶段日龄	1～49	50～140	141～532
饲养天数/天	49	91	392
空舍天数/天	19	11	16
每栋周期天数/天	68	102	408
鸡舍数/个	2	3	12
每栋鸡位数/个	6864(成活率 90%)	6177(成活率 90%)	5560
408 天饲养批数/批	6	4	1
总笼数/个	13728	18531 (成活率高于 90%,笼数可减少)	66720

1. 雏鸡群的周转计划　专一的雏鸡场,必须安排好本场的生产周期以及保持本场与孵化场鸡苗生产的周期同步,一旦衔接不上,就会打乱生产计划,造成经济损失。

(1)根据育成鸡的周转计划确定各月份需要补充的鸡只数。

(2)根据养鸡场生产实际确定育雏、育成期的死淘率指标。

(3)计算各月份现有鸡只数、死淘鸡只数及转入育成鸡群只数,并推算出育雏日期和育雏数。

(4)统计出全年总饲养只数和全年平均饲养只数。

2. 商品蛋鸡群的周转计划　商品蛋鸡原则上以养一个产蛋年为宜。这样比较符合鸡的生物学规律和经济规律,意外情况才施行强制换羽,延长产蛋期。

(1)根据养鸡场的生产规模确定年初、年末各类鸡的饲养只数。

(2)根据养鸡场生产实际确定各月死淘率指标。

(3)计算各月各类鸡群淘汰数和补充数。

(4)统计出全年总饲养只数和全年平均饲养只数。1 只母鸡饲养 1 天就是 1 个饲养只日,总饲养只日除以 365 即为年平均饲养只数。

(5)入舍鸡数。一个蛋鸡场可能有几批日龄不同的鸡群,计算当年的入舍鸡数的方法:把入舍时(141 日龄)鸡只数乘到年底应饲养日数,各群入舍鸡饲养日累计被 365 除,就可求出每只入舍鸡的产蛋量。按笼数计算、按饲养日平均饲养只数计算或按入舍只数计算都可以用来评价养鸡场的生产水平。

表 16-2、表 16-3 分别列出雏禽、育成禽与蛋禽的周转计划表。

表 16-2　雏禽、育成禽周转计划

日期	0～42 日龄					43～132 日龄				
	初期只数	转入数	转出数	成活率	平均饲养只数	初期只数	转入数	转出数	成活率	平均饲养只数
合计										

表 16-3　蛋禽周转计划(133～504 日龄)

日期	初期只数	转入数	死亡数	淘汰数	成活率	总饲养只日数	平均饲养只数
合计							

3. 种鸡群周转计划

(1)根据生产任务首先确定年初和年末饲养只数,然后根据养鸡场实际情况确定鸡群年龄组成,再参考历年经验定出鸡群大批淘汰和各自死亡率,最后统计出全年总饲养只日数和全年平均饲养只数。

(2)根据种鸡周转计划,确定需要补充的鸡数和补充月份,并根据历年育雏成绩和本鸡种育成率指标,确定育雏数和育雏日期,再与祖代养鸡场签订种雏或种蛋订购合同。计算出各月初现有只数、死淘只数及转入成年鸡只数,最后统计出全年总饲养只日数和全年平均饲养只数。计算公式如下:

$$全年总饲养只日数 = \sum(一月饲养只日数+二月饲养只日数+\cdots\cdots+十二月饲养只日数)$$

$$月饲养只日数=(月初饲养只数+月末饲养只数)\div2\times本月天数$$

$$全年平均饲养只数=全年总饲养只日数\div365$$

(二)养鸭场周转计划的制订

目前,我国鸭的生产经营多数比较分散,商品性生产和自给性生产并存,销售产品市场需求的影响很大。因此,进行养鸭生产时,尽可能与当地有关部门或销售商签订合同,根据合同及自己的资源、经营管理能力,合理地组织人力、物力、财力,制订养鸭的生产计划,进行计划管理,以减少盲目生产经营。

1. 肉鸭周转计划　有的养鸭场引进种蛋,有的引进种鸭。现以拟引进种鸭,年产 3 万只樱桃谷鸭为例,制订生产计划。

生产肉鸭,首先要饲养种鸭。年产 3 万只肉鸭,需要计算种鸭的数量。计算种鸭数量时,要考虑公母鸭比例,种母鸭产蛋量,种蛋合格率、受精率和孵化率等。樱桃谷鸭在公母鸭比例为 1∶5 的情况下,种蛋合格率和受精率均在90%以上,受精蛋孵化率为80%～90%。每只种母鸭年产蛋量在200枚以上,雏鸭成活率平均为90%。为留余地,以上数据均取下限值。生产3万只樱桃谷鸭,以成活率为90%计算,最少要孵出的雏鸭数为

$$30000 \div 90\% \approx 33334(只)$$

需要受精种蛋数为

$$33334 \div 80\% \approx 41668(枚)$$

全年需要种鸭生产合格种蛋数为

$$41668 \div 90\% \approx 46298(枚)$$

全年需要种蛋数为

$$46298 \div 90\% \approx 51443(枚)$$

全年需要饲养的种母鸭只数为

$$51443 \div 200 \approx 258(只)$$

考虑到雏鸭、肉鸭和种鸭在饲养过程中的病残、死亡数,应留一些余地,可饲养母鸭280只。由于公母鸭比例为1∶5,还需要养种公鸭60只。共需饲养种鸭340只。

由于种母鸭在一年中各个月份产蛋率不同。所以,在分批孵化、分批育雏、分批育肥时,各批的总数不相同。养鸭场在安排人力和场舍设施时,要与批次、数量相适应。同时,在孵化、育雏、育肥等方面,要做好具体安排。

(1)孵化方面:当母鸭群进入产蛋旺季,产蛋率达70%以上时,280只母鸭每天约可产200枚种蛋,每7天入孵一批,则每批入孵数为1400枚种蛋,孵化期为28天,有2天为机动时间,以30天计算,则在产蛋旺季,每月可入孵近5批种蛋,孵化的种蛋数量最多时可达7000枚。养鸭场孵化设备的能力应确保能完成孵化7000枚种蛋的任务,以保证孵出一批后,即可入孵一批,实现流水作业。

(2)育雏方面:樱桃谷鸭种蛋受精率90%,孵化率为80%～90%,即7000枚种蛋最多可孵化5670只雏鸭。平均一批可孵化雏鸭约1134只,育雏期20天。因此,养鸭场的育雏舍、用具和饲料应能承担同时培育3批雏鸭、约3402只雏鸭的任务。育肥鸭场舍、用具、饲料也要与之相适应。

(3)育肥方面:以成活率为90%计算,每批孵出的雏鸭约1134只,可得成鸭1020只。鸭的育肥期为25天,则养鸭场的育肥鸭场舍、用具和饲料应能完成同时饲养4批,约4080只肉鸭的育肥任务。

通过以上计算,养鸭场要年产商品肉鸭3万只,每月孵化数最高时需要种蛋7000枚,饲养数量最高时,包括种鸭、雏鸭、育肥鸭在内,共计7822只,其中包括种鸭340只、雏鸭约3402只、育肥鸭约4080只。此外,还要考虑种鸭的更新,需饲养一些后备种鸭。可根据以上数据制订雏鸭、育肥鸭的日粮定额,安排全年和每月饲料计划。

2.蛋鸭周转计划 以拟引进种蛋,年饲养3000只蛋鸭为例,制订生产计划的方法如下。要获得3000只蛋鸭,需要计算购进种蛋数,一般种蛋数与孵出的母雏鸭数比例为3∶1,即在正常情况下,9000枚种蛋只能获得3000只蛋鸭。现从种蛋孵化、育雏、育成三个方面进行计算。

(1)孵化方面:先购进蛋鸭种蛋9000枚,进行孵化,能获得的雏鸭数如下。

破损蛋数:种蛋在运输过程中会有一定数量的破损,破损率通常按1%计算,即

$$9000 \times 1\% = 90(枚)$$

受精蛋数:种蛋受精率在90%以上,即

$$8910 \times 90\% = 8019(枚)$$

孵化雏鸭数:受精蛋孵化率为75%～85%,为留有余地,取孵化率为80%,即

$$8019 \times 80\% \approx 6415(只)$$

孵化的母雏数:公母雏的比例通常按1∶1计算,母雏数为

$$6415 \div 2 \approx 3207(只)$$

(2)育雏方面:育雏期通常为 20 天。

育成的雏鸭数:雏鸭经过 20 天培育,到育雏期末的成活率为 95%。

$$育成的雏鸭数＝3207×95\%＝3046(只)$$

(3)育成方面:对 3046 只选留下 3000 只母雏进行饲养,其余的淘汰。

通过以上计算,如果在春季三月初进行种蛋孵化,由于蛋鸭性成熟早,一般 16～17 周龄开产,在饲养管理正常的情况下,20～22 周龄产蛋率可达 50%,即在当年七月下旬,每天可收获 1500 枚鸭蛋,母鸭可利用 1～2 年,以第 1 个产蛋年产蛋率高。

三、种禽场的孵化计划

种禽场应根据本场的生产任务和外销雏禽数,结合当年饲养品种的生产水平和孵化设备及技术条件等情况,参照历年孵化成绩,制订全年孵化计划。

根据种禽场孵化生产成绩和孵化设备条件,确定月平均孵化率。

根据种蛋生产计划(表 16-4),计算每月每只母禽提供的雏禽数和每月总出雏数。

$$每月每只母禽提供的雏禽数＝平均每只母禽产种蛋数×平均孵化率$$

$$每月总出雏数＝每月每只母禽提供的雏禽数×月平均饲养母禽数$$

一般要求的孵化技术指标如下:全年平均受精率,蛋种禽种蛋为 85%～90%,肉种禽种蛋在 80% 以上;受精蛋孵化率,蛋种禽种蛋在 88% 以上,肉种禽种蛋在 85% 以上;出壳雏禽的健雏率在 96% 以上。

统计全年总计概数。根据种禽群周转计划资料,假设在种禽场全年孵化生产的情况下,编制孵化计划,见表 16-5。

在制订孵化计划的同时对入孵工作也要有具体安排,包括入孵的批次、入孵日期、入孵数量、照蛋、移盘、出雏日期等,以便统筹安排生产和销售工作。此外,种蛋预热及出雏后期的处理工作也要一定的时间,在安排入孵工作时要予以考虑。

四、饲料供应计划

根据各阶段禽群每月的饲养数、月平均耗料量编制。饲料费用一般占生产总成本的 65%～75%,所以在制订饲料供应计划时既要特别注意饲料的价格,同时又要保证饲料质量。

五、物资供应和产品销售计划

为保证生产计划和基本建设计划得以顺利实现,需要对全年所需的生产资料做出全面安排,尤其是饲料、燃料、基建材料中各种物资的需要量、库存量和采购量,确定供应量和供应时期。

六、产品成本计划

此计划是加强成本管理的重要环节,是贯彻勤俭办企业的重要手段。计划中一定要有各种生产费用指标、各部门总成本、降低率指标,主产品的单位成本。如产品成本上升,一定要阐明其上升额(率)和上升原因。

七、基本建设计划

计划新的一年里进行基本建设的项目和规模是生产与扩大再生产的重要保证,包括基本建设投资和效果的计划。

八、劳动工资计划

劳动工资计划包括在职职工、合同工、临时工的人数和公职总额及其变化情况,各部门职工的分配情况、工资水平和劳动生产率等。

九、财务计划

对养禽场全年一切财务收入进行全面核算,保证资金的供给和各项资金的合理使用。内容包括财务收支计划、利润计划、流动资金与专用资金计划和信贷计划等。

表16-4 种蛋生产计划

项目	1	2	3	4	5	6	7	8	9	10	11	12	全年总计概数
平均饲养母禽数/只	9900	9700	9500	9300	9100	8875	8625	8350	8050	7650	14036	10127	9434
平均产蛋率/(%)	50	70	75	80	80	70	65	60	60	60	50	70	65.8
种蛋合格率/(%)	80	90	90	95	95	95	95	95	90	90	90	90	91.25
平均每只产蛋量/枚	16	20	23	24	25	21	20	19	18	19	15	22	242
平均每只产种蛋数/枚	13	18	21	23	24	20	19	18	16	17	14	20	223
总产蛋量/枚	158400	194000	218500	223200	227500	186375	172500	158650	144900	145350	210540	222794	2262709
总产种蛋数/枚	128700	174600	199500	213900	218400	177500	163875	150300	128800	130050	196504	202540	2084669

表16-5 孵化计划

项目	1	2	3	4	5	6	7	8	9	10	11	12	全年总计概数
平均饲养母禽数/只	9900	9700	9500	9300	9100	8875	8625	8350	8050	7650	14036	10127	9434
入孵种蛋数/枚	128700	174600	199500	213900	218400	177500	163875	150300	128800	130500	196504	202540	2084669
平均孵化率/(%)	80	80	85	86	86	85	84	82	80	80	78	76	81.4
每只母禽提供雏鸡数/只	10.4	14.4	17.9	19.9	20.6	17.0	16.0	14.8	12.8	13.6	10.9	15.2	183.5
总出雏数/只	102960	139680	170050	185070	187460	150875	138000	123580	103040	104040	152992	153930	1711677

实践技能　2万只商品蛋鸡场的鸡群周转计划、产蛋计划和饲料供应计划制订

目的与要求

学会为2万只商品蛋鸡场制订周转计划、产蛋计划和饲料供应计划。

材料与用具

蛋鸡场相关数据,计算器等。

内容与方法

1. 制订鸡群周转计划

(1)育成鸡周转计划。

①根据养鸡场生产规模确定年初、年终各类鸡的饲养只数。

②根据养鸡场生产工艺流程和生产实际确定鸡群死淘率指标。

③计算每月各类鸡群淘汰数和补充数。

④统计全年总饲养只日数和全年平均饲养只数。

(2)雏鸡周转计划。

①根据育成鸡的周转计划确定各月需要补充的鸡数。

②根据养鸡场生产实际确定育雏期、育成期的死淘率指标。

③计算各月初现有鸡数、死淘鸡数及转入育成鸡群数,并推算出育雏日期和育雏数。

④统计全年总饲养只日数和全年平均饲养只数。

2. 制订产蛋计划

(1)按每饲养日即每只鸡日产蛋克数,计算出每只鸡每月产蛋重量。

(2)按饲养日计算每只鸡产蛋量。

(3)按笼数计算每鸡位产蛋量。

(4)根据以上数据统计鸡群产蛋量和产蛋率。

3. 制订饲料供应计划

(1)根据鸡群周转计划,计算月平均饲养鸡数。

(2)根据蛋鸡场生产记录及生产技术水平,确定各类鸡群每只每月饲料消耗定额。

(3)计算每月饲料需要量。

　　　　　　　每月饲料需要量＝每只每月饲料消耗定额×月平均饲养鸡数

(4)统计全年饲料需要总量。

 **相关链接**

家禽生产的阶段计划

Note

知识拓展

1 万只商品蛋鸡场的
年度生产计划

项目十七　养禽场生产成本核算与经济效益分析

扫码学课件 17

任务一　养禽场生产成本核算

养禽场生产成本核算就是把养禽场为生产产品所发生的各项费用,按用途、产品进行汇总、分配,计算出产品的实际总成本和单位产品成本的过程。

一、生产成本的构成

家禽生产成本一般由固定成本和可变成本构成。

(一)固定成本

固定成本是在已经正常生产的养禽场中,不因生产的产品量的多少而变动的成本费用,包括养禽场的房屋、禽舍、饲养设备、运输工具、动力机械、生活设施、研究设备等的折旧费,土地税,基建贷款利息等。固定成本使用期长,以完整的实物形态参加多次生产过程,并可以保持其固有物质形态。随着养禽场生产的不断进行,其价值逐渐转入产品中,并以折旧费方式支付。

Note

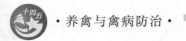

（二）可变成本

可变成本是指随生产规模、产品产量变化而变化的成本费用，是在生产和流通过程中使用的资金，也称为流动资金，包括饲料费、防疫费、燃料费、能源费、临时工工资等。其特点是仅参加一次养禽生产过程即被全部消耗，价值全部转移到产品中。

家禽生产成本按国家新规定指直接材料费用、直接工资、制造费用、进货费用及业务支出等。

从生产成本构成可以看出，要提高养禽场的经济效益，首先应降低固定资产折旧费，尽量提高饲料费用在总成本中所占比重，提高每只禽的产蛋量、活重和降低死亡率。

二、生产成本的支出项目

根据家禽生产特点，禽生产成本支出项目的内容，按生产费用的经济性质，分为直接生产费用和间接生产费用两大类。

（一）直接生产费用

直接生产费用即直接为生产禽产品所支付的费用。具体项目如下。

（1）工资和福利费：直接从事养禽生产人员的工资、津贴、奖金、福利等。

（2）禽病防治费：用于禽病防治的疫苗、药品、消毒剂和检疫费，专家咨询费等。

（3）饲料费：养禽场各类禽群在生产过程中实际消耗的自产和外购的各种饲料原料、预混料、饲料添加剂和全价配合饲料等的费用。自产饲料一般按生产成本（含种植成本和加工成本）进行计算，外购饲料按买入价格加运费计算。

（4）种禽摊销费：生产每千克蛋或每千克活重所分摊的种禽费用。

$$种禽摊销费 = （种禽原值 - 种禽残值）÷ 禽只产蛋重$$

（5）固定资产修理费：为保持禽舍和专用设备的完好所发生的一切维修费用，一般占年折旧费的 5%～10%。

（6）固定资产折旧费：禽舍和专用机械设备的折旧费。禽舍等建筑物一般按 10～15 年折旧，专用机械设备一般按 5～8 年折旧。

（7）燃料及动力费：直接用于养禽生产的燃料、动力和水电费等，这些费用按实际支出的数额计算。

（8）低值易耗品费：价值低的工具、材料、劳保用品等易耗品的费用。

（9）其他直接费用：凡不能列入上述各项而实际已经消耗的直接费用。

（二）间接生产费用

间接生产费用即间接为禽产品生产或提供劳务而发生的各种费用，包括经营管理人员的工资、福利费，经营中的办公费、差旅费、运输费，季节性、修理期间的停工损失等。这些费用不能直接计入某种禽产品成本中，而需要采取一定的标准和方法，在养禽场内各产品之间进行分摊。

除了上述两项费用外，禽产品生产成本还包括期间费用。所谓期间费用就是养禽场为组织生产经营活动发生的、不能计入特定核算对象的成本，而应计入发生当期损益的费用，包括管理费用、销售费用和财务费用。管理费用是指养禽场为组织管理生产经营活动所发生的各种费用，包括非直接生产人员的工资、办公费、差旅费、各种税金和研发费用、排污费等；销售费用是指养禽场为组织销售活动所发生的各种费用，包括产品运输费、产品包装费、广告费及销售人员费用等；财务费用主要是贷款利息、银行及其他金融机构的手续费等。按照我国最新的会计制度，期间费用不能进入成本，但是养禽场为了便于各禽群的成本核算及横向比较，会将各种费用列入来计算单位产品的成本。

以上各项目的费用构成养禽场的生产成本。计算养禽场生产成本就是按照成本项目进行的。产品成本项目可以反映企业产品成本的结构，通过分析考核找出降低成本的方法。

三、生产成本的核算

生产成本的核算是以一定的产品为对象，归集、分配和计算各种物料的消耗及各种费用的过程。

（一）生产成本核算对象

养禽场生产成本的核算对象为每枚种蛋、每只雏禽、每只育成禽、每只肉用禽和每千克禽蛋等。

（二）生产成本核算方法

1.种蛋生产成本的计算

每枚种蛋生产成本＝（种蛋生产费－副产品价值）÷入舍种禽出售种蛋数

种蛋生产费为每只入舍种禽自入舍至淘汰期间的所有费用之和，包括种禽育成费、饲料费、人工费、禽舍与设备折旧费、水电费、医药费、管理费、低值易耗品费等。副产品价值包括期内淘汰禽、期末淘汰禽、禽粪等收入。

2.雏禽生产成本的计算

每只雏禽生产成本＝（种蛋费＋孵化生产费－副产品价值）÷出售种雏数

种蛋费为种蛋采购费，孵化生产费包括采购费、孵化禽舍与设备折旧费、人工费、水电费、公母鉴别费、疫苗注射费、雏禽运送费、销售费等。副产品价值主要是未受精蛋、毛蛋和公雏等收入。

3.每只育成禽生产成本的计算

每只育成禽生产成本＝（期内全部饲养费－副产品价值）÷期内饲养只日数

期内全部饲养费包括蛋雏费、饲料费、人工费、禽舍与设备折旧费、水电费、管理费和低值易耗品费等；副产品价值是指禽粪、淘汰禽等收入。

4.每只肉禽生产成本的计算

每只肉禽生产成本＝（肉禽生产费用－副产品价值）÷出栏肉禽只数

肉禽生产费用包括入舍雏禽禽苗费与整个饲养期其他各项费用之和。副产品价值主要是禽粪收入。

5.每千克禽蛋生产成本的计算

每千克禽蛋生产成本＝（蛋禽生产费用－副产品价值）÷入舍母禽总产蛋量

蛋禽生产费用包括蛋禽育成费用、饲料费、人工费、禽舍与设备折旧费、水电费、医药费、管理费和低值易耗品费等。副产品价值主要是蛋禽残值、禽粪收入。

四、总生产成本中各项费用的大致构成

（一）禽蛋的生产成本构成

禽蛋的生产成本构成见表 17-1。

表 17-1 禽蛋的生产成本构成

项目	占比/（%）
后备禽摊销费	16.8
饲料费	70.1
工资和福利费	2.1
禽病防治费	1.2
燃料及动力费	1.3
固定资产折旧费	2.8
固定资产修理费	0.4
低值易耗品费	0.4
其他直接费用	1.2
期间费用	3.7
合计	100

（二）育成禽的生产成本构成

育成禽（达 20 周龄）总生产成本构成见表 17-2。

表 17-2 育成禽（达 20 周龄）总生产成本构成

项目	占比/（%）
雏禽费	17.5
饲料费	65.0
工资和福利费	6.8
禽病防治费	2.5
燃料及动力费	2.0
固定资产折旧费	3.0
固定资产修理费	0.5
低值易耗品费	0.3
其他直接费用	0.9
期间费用	1.5
合计	100

任务二　养禽场经济效益分析

一、生产效益的分析评估

家禽生产是指以流动资金购入饲料、雏禽、医药、燃料等，在人的劳动作用下转化为禽蛋产品，其中每个生产经营环节都影响着养禽场的经济效益，而产品产量、禽群工作质量、成本、利润、饲料消耗和劳动生产率的影响尤为重要。下面就以上因素对养禽场的经济效益进行分析。

（一）成本分析

产品成本直接影响着养禽场的经济效益。进行成本分析，可弄清各个项目成本的增减及其变化情况，找出引起变化的原因，寻求降低成本的最佳途径。进行成本分析时要确保数据的真实性，统一计算方法，确保成本资料的准确性和可比性。

1. 成本结构分析　分析各个项目成本占总成本的比例，并找出各阶段的成本结构。成本构成中饲料是一大项支出，而该项支出最直接地用于生产产品，它占生产成本比例的高低直接影响着养禽场的经济效益。

2. 成本项目增减及变化分析　根据实际生产报表资料，与本年计划指标或先进的养禽场比较，检查总成本、单位产品成本的升降，分析各个成本项目增减情况，找出差距，查明原因。

（二）饲料消耗分析

饲料消耗分析应从饲料日粮、饲料消耗定额和饲料利用率三个方面进行。先根据生产报表统计各类禽群在一定时期内的实际耗料量，然后同各自的消耗定额对比，分析饲料在加工、运输、储藏、保管、饲喂等环节上的浪费情况及原因。此外，还要分析在不同饲养阶段饲料的转化率。生产单位产品耗用的饲料越少，说明饲料转化率越高，经济效益就越好。

（三）禽群工作质量分析

禽群工作质量是评价养禽场生产技术、饲养管理水平、职工劳动质量的重要依据。禽群工作质量分析主要是通过家禽的生活力、产蛋力、繁殖力和饲料转化率等指标的计算、比较来进行的。饲养人员的劳动成效通常也可通过家禽的工作状况表现出来。只有禽群工作质量处于好的状态,才有可能获得较多的产品和较高的经济效益。

(四)产品产量分析

1.计划完成情况分析 通过产品的实际产量与计划产量的对比,对养禽场的生产经营状况做出概括评价及原因分析。

2.产品产量增长动态分析 通过对比历年历期产品产量增长动态,查明是否发挥自身优势、是否合理利用资源,进而找出增产增收的途径。

(五)劳动生产率分析

劳动生产率反映劳动者的劳动成果与劳动消耗量之间的关系。劳动生产率分析包括两个方面:①劳动力数量一定的条件下,分析劳动生产率的变动对产量的影响。②产量一定的条件下,分析劳动生产率的变动对劳动力数量的影响。

(六)利润分析

1.养禽场利润的构成 养禽场利润是指产品收入多于全部支出的部分。养禽场产品分为主产品、副产品与联产品三类。如商品蛋鸡场的主产品为鸡蛋,其他各类禽场的主产品不言而喻;禽粪皆为副产品;淘汰的老残禽皆为联产品。

2.养禽场利润的影响因素

(1)商品蛋禽场:其利润的影响因素首先是蛋价高低,其次是产蛋量与蛋重构成的总产蛋重及饲料转化率,再次是淘汰禽产值,最后是禽粪收入。

(2)肉仔禽场:其利润的影响因素首先是活禽售价高低,其次是出场活重及饲料转化率,再次是成活率及正品率高低,最后是禽粪收入。

(3)种禽场:其利润的影响因素首先是主产品合格种蛋或苗禽的产量和销量,其次是售价高低,再次是淘汰禽的收入,最后是禽粪收入。其他因素如市场需求变化、产品质量与售后服务等影响也较大。

3.养禽场利润的考核指标

(1)产值利润及产值利润率。

$$产值利润 = 产品产值 - 产品成本$$
$$产值利润率 = 产值利润 \div 产品产值 \times 100\%$$

(2)销售利润及销售利润率。

$$销售利润 = 销售收入 - 生产成本 - 销售费用$$
$$销售利润率 = 销售利润 \div 销售收入 \times 100\%$$

(3)营业利润及营业利润率。

$$营业利润 = 销售利润 - 推销费用 - 推销管理费$$

推销费用包括推销人员工资及差旅费、接待费、广告宣传费等。

$$营业利润率 = 营业利润 \div 销售收入 \times 100\%$$

(4)经营利润及经营利润率。

$$经营利润 = 营业利润 \pm 营业外损益$$
$$经营利润率 = 经营利润 \div 销售收入 \times 100\%$$

(5)资金周转率及资金利润率。

$$(年)资金周转率 = 年销售总额 \div 年流动资金总额 \times 100\%$$
$$资金利润率 = 年利润总额 \div (年流动资金总额 + 年固定资金平均值) \times 100\%$$

养禽场盈利的最终指标一般以资金利润率为主。

二、投资效益的分析与评价

投资效益分析就是对投资项目的经济效益和社会效益进行分析,并在此基础上,对投资项目的

155

技术可行性、经济营利性以及进行此项投资的必要性做出相应的结论,作为投资决策的依据。

评价投资项目的经济效益,以对投资项目的财务分析和国民经济分析为基础。根据投资效益分析中是否考虑时间因素、是否把项目期内各项收支折算成现值,可分为静态投资效益分析和动态投资效益分析。静态投资效益分析不考虑投资项目各项支出与收入发生的时间,动态投资效益分析要考虑投资项目各项支出与收入发生的时间,通过折算成现值进行分析。

(一)静态分析法

1.投资回收期法 投资回收期法是以企业每年的净收益来补偿全部投资得以回收需要的时间,根据回收期的长短来评价项目的可行性及其效益高低的方法。

2.投资报酬率法 投资报酬率是投资者从实际投资中所得到的报酬比率。投资报酬率法也被广泛应用于评价各种投资方案。

(二)动态分析法

1.净现值法 净现值是指项目在考察期内各年发生的收入和支出折算为项目期初的值的代数和。通过净现值可以直接比较整个项目期内全部的成本与效益,如果某个项目的净现值大于0,则说明该项目是可行的,否则该项目就不可行,应予拒绝。

2.内部报酬率法 内部报酬率是净现值为0时的贴现率。如果所用的贴现率小于内部报酬率,则投资项目的净现值是正值,投资方案可以接受;如果所用的贴现率大于内部报酬率,则投资项目的净现值是负值,投资方案应被拒绝。

三、提高企业经济效益的措施

(一)降低成本

1.降低饲料成本 饲料是生产禽产品的物质基础,是发挥良种高产性能的重要支柱。饲料费占总生产成本的比例最高,对收益的作用显著。故而需要仔细研究,科学而巧妙地降低饲料成本。

(1)根据效益指数,科学选用饲料:生产实践中,正确的做法是通过配合全价饲料,提高生产水平,降低增重或产蛋的耗料比,从而降低单位产品的饲料费,这一点很重要。所谓全价饲料,并非不顾饲料成本,把养分浓度配得越高越好,而是要求饲料既能满足家禽的营养需要,又可获得较高的经济效益,即营养与效益必须兼顾。兼顾这两个方面应计算"饲料的效益指数","饲料的效益指数"是指饲料的投入产出比,是全面衡量和评价饲料的营养价值与经济效益的综合性指标,选用效益指数高的饲料或配方,就可达到目的。

肉禽和蛋禽饲料的效益指数表明了在禽饲养中一定饲料费所获产值的高低,其计算公式如下:

$$肉禽饲料的效益指数=\frac{出场体重(千克/只)\times活禽价格(元/千克)}{总耗料量(千克/只)\times饲料价格(元/千克)}$$

$$蛋禽饲料的效益指数=\frac{产蛋量(千克/只)\times禽蛋价格(元/千克)}{耗料量(千克/只)\times饲料价格(元/千克)}$$

(2)通过降低平均饲料价格而减少总饲料费:由公式可见,饲料的效益指数越高越好。运用这一指标,可为我们全面评价,正确选用饲料或饲料配方,提供了准确可靠的依据。

(3)通过减少各种浪费现象而降低总耗料量,有效地节省饲料开支:生产中导致饲料浪费的原因很多,可以概括为直接浪费和间接浪费两大类。直接的饲料浪费可占总饲料量的4%~8%,其中料槽设计不合理及添料过满浪费占2%~6%、鼠类为害浪费占1%、尘埃飞扬浪费占0.5%,各种抛撒浪费占0.5%。间接的饲料浪费可占总饲料量的11%~22%,其中环境温度过低浪费占4%~6%、羽毛不全浪费占2%~4%、采食过量浪费占3%~5%、寄生虫病及传染病造成的浪费占2%~7%。

综上,饲料浪费量占总饲料量的15%~30%,这意味着养禽成本因饲料浪费可提高10%~20%。因此,要群策群力减少饲料浪费,值得注意的是,间接的饲料浪费应特别重视,因为这类浪费量大且不易察觉。

（4）减少饲料浪费的具体措施如下。

①科学设置料槽。首先要合理设计料槽，要求底平、深度适宜、有较多的容料量；料槽外侧边应稍高，并斜向外上方延伸，以减少投料时的抛撒浪费；料槽靠禽的侧边上缘应向内折，并使该上缘的高度比禽背略高，可减少禽采食时的浪费；料槽两端应封口，防止饲料撒出。

②添料得当。一次添料不宜过多，若超过料槽高度的1/3，就会使禽采食时的浪费明显增加；添料操作应稳、准而快，防止添料过程中的抛撒浪费。

③严防饲料霉变。无论长期还是短期储料场所，地面必须经防潮处理，确保干燥，不致使饲料霉坏。

④饲料粉碎适当。饲料粉碎不宜过细，过细则粉尘大，加工及运输过程中的各次装卸，以及添料及禽采食过程的浪费都会明显增加。过细还可能引起禽吞咽困难而边采食边饮水，使部分饲料落入饮水中而浪费。

⑤防止舍温过低。养禽的适宜温度为 $15\sim25\ ℃$，资料表明，当环境温度低于该温度下限时，每降低 $1\ ℃$ 会浪费 1% 的饲料，因而需从禽舍设计和保温措施等多方面着手，防止冬季禽舍温度过低。

⑥改进饲料配方。如通过平衡可消化氨基酸可明显降低饲料的粗蛋白水平；应坚持试验总结，不断改进饲料配方。

⑦谨防鼠害损失。每只老鼠一年可吃掉饲料 $9\ kg$，且易传染疾病，所以料库与禽舍都要注意防鼠灭鼠。

⑧搞好保健管理。只有禽群健康状况良好时，饲料转化率才能正常。在人不易察觉的应激情况下，就可能浪费 $1\%\sim2\%$ 的饲料；患病时浪费量则可能达到 7%。所以必须采取各项保健措施，搞好饲养管理、减轻各种应激。发现病禽及时处置，对无希望者尽快淘汰。

⑨断喙。及时、正确断喙也是防止饲料浪费的有效措施。

2. 降低更新禽培育费　主要从两个方面采取措施：①通过加强饲养管理及卫生防疫措施，尽可能降低死亡率，提高育成率，从而降低每只禽的培育费；②适当进行限制饲喂，尽早淘汰公雏，减少饲料消耗及饲料费。

3. 节省能源及机械设备费　养禽场一年消耗的燃料、电力等能源开支颇为可观，应采取有效措施尽量节省。用于机械设备方面的开支各养禽场差别较大，应注意防止盲目追求机械化程度过高的倾向。正确的原则是在增加或改革某种机械设备时，全面考虑三个问题：①在降低劳动强度的同时能否真正提高劳动生产率；②是否能提高生产水平或改善防疫效果；③增改设备后所获效益能否补偿因此而增加的费用，亦即最终还要考虑经济效益如何。

4. 减少人工费用　主要从三个方面采取措施：①这是最根本的，即抓工人的技术培训，提高工人的技术水平及劳动生产率，减少用工量；②搞好生产劳动组织，妥善安排人力、抓好定额管理，不致浪费劳动力；③搞技术革新，在劳动强度较大或生产条件较差的环节开展工具改革，采用有效的机械，以求提高效率，减少人工。

5. 正确使用药费　养禽场防疫要特别强调并坚持"防重于治"的原则，对消毒、防疫用药应保证数量，选用良药（含疫苗等），必要的设备应尽可能配齐；治疗用药应尽量减少，降低治疗药费。

6. 减少间接费用　间接费用在各养禽场之间差异较大，一个场内变异范围也大，节支潜力不小，应予注意。

（二）增加收入

1. 提高生产水平，扩大产品销量　我国养禽场生产水平与国际水平差距较大，国内场间差异也不小。通过调动全员积极性、改进技术、改善管理，可以显著提高生产水平，从而增加产品销量和收入。

2. 改善产品品质，增加正品率　如出栏肉禽应减少弱、小、病、残禽数，出口肉禽应符合药残标准；蛋禽场和种禽场应降低破损蛋率、软壳蛋率及畸形蛋率，提高正品率和种蛋合格率。

3. 提高育成率及成活率　降低各期死淘率，通过增加总有效生产禽数来提高产品总量。

4. 提高单位建筑面积上的年产量　以肉仔禽场为例,可采取下列措施。

(1)选用适宜的饲养方式,加大饲养密度和总饲养量。如网上平养比地面平养密度大,笼养密度最大。

(2)在不影响舍内环境与设备的前提下,适当加大饲养密度。

(3)改一段制为二段制养肉仔禽,前期养在保温育雏舍,后期转入常温禽舍。同样大的总面积分为两舍后,由于前期密度大,饲养量可加大而使全年的总饲养量加大。

(4)周密计划,按时转群,除了必要的清舍消毒及防疫间隔时间(7~14天)外,要争取舍内养满禽。

(5)缩短饲养期,加快禽舍周转,增加养禽批次。

5. 适度扩大规模,获取规模效益　我国蛋禽业已步入薄利经营阶段,通常农户养禽,每只蛋禽饲养一个周期(72周龄左右)可获利5~8元。那么假若每户养禽500只,一年仅获利2500~4000元;假如每户养禽1000只,一年可获利5000~8000元;如果每户养禽2000只,一年可获利10000~16000元。可见,农户养禽应达到适度规模,以求获取规模效益。

对于国有大型养禽场来说,由于诸多原因,如建场投资额过大,折旧费与利息偏高,加上管理不善,往往导致产品成本偏高,因此大多处于亏损状态。这些养禽场在采取重大改革措施的基础上,尚需根据保本点销售量,确定最小饲养规模。

6. 准确适时淘汰低产禽

(1)通过勤观察,及时淘汰低产个体:蛋禽在产蛋高峰过后,个别禽会因病、伤或其他原因而休产或寡产,应通过勤观察,及时发现,及早淘汰,以免这些禽吃料多而产蛋少。

(2)仔细核算,适时淘汰低产禽群:禽群在产蛋的前、中期,应该是每天的产蛋收入大于当日的成本支出,但到产蛋后期,随着产蛋率的逐渐降低,就可能由日收入大于日支出转为日收入小于日支出的"入不敷出"阶段,如果继续饲养,会日益增加亏损额,若能及时淘汰,就可避免或减少亏损。通过仔细核算,根据盈亏临界产蛋率,即可查出这一转折的关键时间,从而及时淘汰低产禽群,或者将群中的低产个体剔出淘汰。

7. 总结养禽与蛋价变化规律,摸索避峰生产经验　以往多数养禽户习惯于春季购雏(形成孵化旺季),秋、冬季普遍进入产蛋高峰季节,导致蛋价较低,效益不佳。据此规律,可以将进雏时间调整至孵化淡季,使鸡产蛋高峰避开社会高峰期而赶上蛋价上升之时,从而取得高效益,称为避峰生产。

上述避峰生产经验,实际上是将逆向思维方式用来指导养禽补栏的一种表现,如果进一步扩展延伸,还有用处。养禽业的发展特点是呈波浪式的,发展是总趋势,但是有起有落,每次大落后总会有一次较大的发展。从蛋价上看,每次低谷后就有一个较大的回升,这时正在养禽的场、户就可获得丰厚的利润。目前普遍认为禽蛋已呈现全国性产大于销之势,估计低谷后的蛋价上升幅度相对较小,利润率不会太高。然而上述总的规律趋势依然存在。因此,当蛋价持续低下,社会存栏禽数下降到一定程度后,抓住机遇,适时进雏补栏,可获得较好利润。

8. 开展产品加工,获取多次增值　肉禽企业出售活禽的盈利较少;屠宰后销售,可增值一次;经过冷藏,既可缓冲产销矛盾,又能按计划持续供应市场;加工成熟食再卖,又可增值一次;变换品种花样,增值可能更大。

9. 组织配套生产,确保企业稳步发展　肉禽业若想发展为高产、优质、低耗、高效率、高效益的全能畜牧业,必须做好两个配套:一是生产技术配套,即优良品种、全价饲料、先进设备与管理技术、防疫措施等配套;二是生产环节配套,做到各生产环节规模配套。将种禽饲养、孵化、肉禽饲养、饲料及产品加工安排在不同场里,充分利用各场的设备,做好配套生产,彼此制约,成一整体。通过两个配套,形成一个现代化的生产体系,这样才能确保肉禽业的稳步发展。

10. 科学决策　正确的经营决策可收到较高的经济效益,错误的经营决策能导致重大经济损失甚至破产。养禽场的正确决策包括正确的经营类型与方向、适度规模、合理布局、优化的设计、成熟的技术、安全生产、充分利用社会资源等方面。收集大量与养殖业有关的信息,如市场需求、产品价格、饲料价格、疫情、国家政策等方面的信息,以指导做出正确的预测。只有这样才能保证决策的科学性、可行性,从而提高养禽场的经济效益。

11.提高产品产量 产品的技术含量高低是企业竞争实力强弱的重要标志。养禽场提高产品产量要做好的工作如下:饲养优良禽种、提供优质的饲料、开展科学的饲养管理、适时更新禽群、重视防疫工作。养禽场必须制订科学的免疫程序,严格执行防疫制度,降低禽只死淘率,提高禽群的健康水平和产品质量,才能获得好的经济效益。

12.搞好市场营销 养禽场要获得较高的经济效益,就必须研究市场、分析市场,搞好市场营销。以信息为导向,迅速抢占市场。要及时准确地捕捉信息,迅速采取措施,适应市场变化,以需定产,有需必供。要树立品牌意识,生产优质的产品,建立良好的商品形象,提高产品的市场占有率。

实践技能 肉用仔鸡生产成本计算及盈亏原因分析

目的与要求

掌握肉用仔鸡生产成本计算的方法和盈亏平衡点的计算方法。

材料与用具

肉用仔鸡生产数据、计算器。

内容与方法

某肉用仔鸡场每批饲养肉用仔鸡 10000 只,年饲养 5 批,相关数据见表 17-3。

表 17-3 某肉用仔鸡场饲养相关数据

项目		费用
雏款		4.0 元/只
药款(含疫苗款)		1.3 元/只
劳务费		1.2 元/只
全价饲料费	育雏料	1.2 千克/只,1.5 元/千克
	中雏料	4.75 千克/只,1.30 元/千克
	大雏料	3.95 千克/只,1.20 元/千克
其他费用	水电费	0.20 元/只
	煤款	0.30 元/只
	运输费	0.18 元/只
	检疫费	0.02 元/只
	折旧费、维修费、杂费	0.45 元/只
成本合计		
成活率		98%
毛鸡平均成本		3 元/只
回收价格		7.50 元/千克
毛鸡收入		
鸡粪(副产品收入)		
利润		

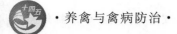

1. **计算肉用仔鸡生产成本**

　　每千克肉用仔鸡生产成本＝(肉用仔鸡生产费用－副产品价值)÷出栏肉用仔鸡总重

2. **计算肉用仔鸡日增重保本点**

　　肉用仔鸡日增重保本点＝(饲料价格×日耗料量)÷(饲料费占总费用的比例×日增重)

 相关链接

养禽场的劳动定额

 知识拓展

养禽场利润的预测

 思考与练习

在线答题

模块七
禽病防治技术

项目十八　禽病的发生和控制

任务一　禽病的发生与流行特点

扫码学课件 18

微视频 18-1

学习目标

【知识目标】

1.掌握禽病发生的原因、特征和传播的基本环节。

2.掌握禽病的流行病学特点。

【技能目标】

1.培养动手能力,掌握家禽常见中毒病的临床诊断和防治技术。

2.对所学知识能够活学活用,解决生产问题。

3.培养自主学习获取知识和技能的能力。

【思政目标】

培养学生具备家禽防疫员的基本素质,爱岗敬业、勇于奉献、努力学习、工作积极、遵纪守法、不谋私利。

案例导入

家禽个体小,抵抗力弱,饲养密度大,一旦发病,传播相当迅速,会给养禽业带来严重的后果。禽病发生的原因包括哪些?通过哪些途径进行传播?

一、禽病发生的原因

禽病种类繁多,比较复杂。根据病因、特征和危害程度,可将禽病分为两大类:一类是由生物性因素引起的流行病,通常具有传染性;另一类是由非生物性因素引起的普通病,通常没有传染性。

(一)生物性因素

凡是由病原体引起的,具有一定的潜伏期和特征性的临床表现,并具有传染性的疾病,称为传染病,通常包括病毒性传染病、细菌性传染病、霉形体病、真菌病等。

由病毒引起的禽病有新城疫、禽流感、马立克病、白血病、传染性法氏囊病、传染性支气管炎、传染性喉气管炎、禽脑脊髓炎、鸭瘟和小鹅瘟等;由细菌引起的禽病有鸡白痢、禽副伤寒、大肠杆菌病、禽霍乱等;由支原体引起的禽病有鸡慢性呼吸道病;由衣原体引起的禽病有鸟疫;由真菌引起的禽病有曲霉菌病、念珠菌病等。

由病原体引起的疾病是危害比较大的一类禽病。这些疾病不仅可以水平传播,其中有些疾病如白血病、禽脑脊髓炎、病毒性关节炎、支原体病和鸡白痢等,还可以经种蛋垂直传播给下一代。此外,一些家禽传染病,如禽流感、大肠杆菌病、禽副伤寒、禽弯曲杆菌病、禽葡萄球菌病等是人畜共患病,威胁人类的健康,具有重要的公共卫生意义。

Note

（二）非生物性因素

非生物性因素引起的没有传染性的疾病称为普通病，主要有营养代谢病、中毒病和与管理因素有关的其他疾病等。

1. 营养代谢病 家禽由于解剖生理和代谢特点，对某些营养物质较为敏感。随着饲料配方设计和饲料加工生产等技术水平的提高，大规模、严重性营养缺乏或代谢障碍性疾病已较少发生，但有时仍会对生产造成一定的损失。一些养殖户为追求家禽增重、产蛋率等生产性能的提高，盲目滥用营养物质，超量使用维生素、矿物质、油脂等，引起某些营养成分的过剩、代谢障碍甚至中毒。

2. 中毒病 由毒物引起的家禽中毒病时有发生，并在家禽生产中造成较大的损失。引发中毒病的原因很多，如使用磺胺类药物、庆大霉素、卡那霉素、亚硒酸钠等时剂量过大、使用时间过长，使用杀虫剂时浓度过高，饲料中混有毒鼠药、杀虫剂等有毒物质，饲料中使用过量未去毒的棉籽饼或菜籽饼，使用含有黄曲霉毒素的发霉饲料饲喂家禽等。

3. 与管理因素有关的其他疾病 尽管家禽的饲养管理水平已有了很大的提高，但由于饲养管理不当引起的禽病仍时有发生。例如，雏禽冻伤、家禽热应激、严重缺水、过分拥挤引起啄癖；地面不平整或网、笼上突出的铁丝、刺、钩引起的皮肤和脚垫的创伤；禽舍由于氨气浓度过高、空气质量不好、垫料过分干燥导致尘土飞扬而引起眼结膜炎或上呼吸道疾病；产蛋禽由于受到异常声响或陌生人的惊吓跳跃奔跑引起的卵黄性腹膜炎；冬季为了保温而忽视通风透气、长时间缺氧而加剧了肉鸡腹水综合征的形成等。

二、禽病发生的特征

（一）群发性

家禽个体小、抵抗力弱、密度高又实行群饲，往往发病初期不易发觉，一旦暴发传染病后蔓延很快。此外，有些传染病尚无有效的药物或疫苗防治，更容易造成严重的损失。

（二）并发感染和继发感染

由两种及两种以上病原体同时引发的感染称为并发感染。已经感染了一种病原体，又由新侵入的或原来存在于体内的另一种病原体所引起的感染称为继发感染。生产实践中，并发感染或继发感染非常普遍，厌氧菌和需氧菌同时存在可能导致协同作用的发生。细菌混合共存，其中一些细菌能抵御或破坏宿主的防御系统，使共生菌得到保护。更为重要的是并发感染常使抗生素活性受到干扰，体外药物敏感试验常不能反映混合感染病灶中的实际情况。病原体相互作用还使一些传染病的临床表现复杂化，给诊断和防治都增加了难度。

（三）症状类同性

在临床上，不同传染病的表现千差万别，但也具有一些共同特征。

1. 病原体与机体的相互作用 传染病是病原体与机体相互作用所引起的，每一种传染病都有其特异的致病性病原体，如新城疫病毒感染鸡群引起鸡新城疫。

2. 传染性和流行性 病原体能在病禽体内增殖并不断排出体外，通过一定的途径再感染另外一个易感的健康禽体。当具有适宜的条件时，在一定时间内，某一地区易感禽群中可能有许多家禽被感染，使传染病散播蔓延，形成流行。

3. 机体的特异性反应 在感染发展过程中由于病原体的抗原刺激作用，机体发生免疫生物学的改变，产生特异性抗体的变态反应等。

4. 一定的临床表现和病理变化 大多数传染病具有其特征性的临床症状和病理变化，而且在一定时期或地区范围内呈现群发性的表现。

5. 获得特异性免疫 多数传染病发生后，没有死亡的病禽能产生特异性免疫，并在一定时期内或终生不再感染该种传染病。

当家禽发生疾病时,不同疾病可能有相似的症状,因此在诊断疾病时,要综合分析,充分利用病理剖检和实验室检验等手段,以求得到正确诊断。

三、传染病病程的发展阶段

传染病的病程发展过程,在大多数情况下具有严格的规律性,大致可以分为潜伏期、前驱期、明显(发病)期和转归(恢复)期四个阶段。

(一)潜伏期

从病原体侵入机体并进行繁殖时起,直到疾病的临床症状开始出现为止的这段时间称为潜伏期。不同传染病的潜伏期长短往往是不同的,即使是同一种传染病的潜伏期也有很大的变动范围。一般来说,急性传染病的潜伏期变动范围小。慢性传染病或症状不明显的传染病潜伏期差异大。一种传染病若潜伏期短、传播迅速,疾病经过常较严重,反之,疾病经过较轻缓。

家禽传染病的潜伏期常常因种属和品种的不同或个体的易感性不一致,以及病原体的种类、数量、毒力和侵入途径、部位不同而出现差异,但相对来说还是有一定的规律性。

(二)前驱期

前驱期是疾病的征兆阶段,其特点是临床症状开始表现出来,但疾病的特征性症状尚不明显,大多数传染病在这个时期仅可出现一般性的症状,如体温升高、食欲减退、精神异常等。各种传染病和各个病例的前驱期长短不一,通常只有数小时至一两天。

(三)明显(发病)期

前驱期之后疾病的特征性症状逐步明显表现出来,是疾病发展的高峰阶段。这个阶段因为很多有代表性的特征性症状相继出现,在诊断上比较容易识别。

(四)转归(恢复)期

传染病发展的最后阶段为转归(恢复)期,这一阶段有两种可能。如果病原体致病性增强或家禽机体的抵抗力下降,则传染过程以家禽死亡为转归;如果家禽抵抗力得以增强,则机体逐步恢复健康,表现为临床症状逐渐消退,体内的病理变化逐渐减弱,正常的生理功能逐步恢复。

四、家禽传染病流行的基本环节

家禽传染病的一个基本特征是能在家禽之间直接接触传染,或间接通过媒介物传染,构成流行。家禽传染病的流行过程就是从家禽个体感染、发病,发展到家禽群体发病的过程,也就是传染病在禽群中发生和发展的过程。传染病在禽群中蔓延流行,必须具备三个相互衔接的基本环节,即传染源、传播途径和易感禽群。当这三个环节同时存在并相互联系时,就会导致家禽传染病的发生,缺少任何一个环节,传染病的发生与流行都是不可能的。因此,掌握家禽传染病流行过程的基本环节及其影响因素,有助于我们制订正确的防疫措施,控制传染病的流行。

(一)传染源

传染源是指某种传染病的病原体在其中寄居、生长、繁殖,并能排出体外的动物机体。具体来说传染源就是受感染的家禽,包括患病家禽(即病禽)和病原携带者。

1. 病禽　病禽是重要的传染源。不同病期的病禽,其作为传染源的意义也不相同。前驱期和明显(发病)期的病禽因能排出病原体且具有症状,尤其是在急性过程或者病程转剧阶段可排出大量毒力强大的病原体,因此作为传染源的作用也最大。潜伏期和转归(恢复)期的病禽是否起传染源的作用随传染病病种的不同而异。

病禽能排出病原体的整个时期称为传染期。不同传染病传染期长短不同。各种传染病的隔离期就是根据其传染期的长短制订的。为了控制传染源,对病禽原则上应隔离至传染期终了为止。

2. 病原携带者　病原携带者是指外表无症状但携带并排出病原体的家禽。病原携带者是一个统称,如已明确所带病原体的性质,也可以相应地称为带菌者、带毒者、带虫者等。病原携带者排出病原体的数量一般不及病禽,但因缺乏症状而不易被发现,有时可成为十分重要的传染源,如果检疫不严,还可以随家禽的运输散播到其他地区,造成新的暴发或流行。研究各种传染病存在形式的病原携带状态不仅有助于对流行过程特征的了解,而且对控制传染源、防止传染病的蔓延或流行也具有重要意义。病原携带者一般分为潜伏期病原携带者、恢复期病原携带者和健康病原携带者三类。

(1)潜伏期病原携带者:感染后至症状出现前即能排出病原体的家禽。在这潜伏期,大多数传染病家禽的病原体数量还很少,一般不具备排出条件,因此不能起传染源的作用。但有少数在潜伏期后期能够排出病原体,此时就有传染性了。

(2)恢复期病原携带者:在临床症状消失后仍能排出病原体的家禽。一般来说,这个时期的传染性已逐渐减少或已无传染性。但还有不少传染病家禽在临诊痊愈的恢复期仍能排出病原体。在很多传染病的恢复阶段,机体免疫力增强,虽然外表症状消失但病原体尚未肃清,对于这种病原携带者除应考查其过去病史,还应做多次病原学检查,才能查明是否仍携带病原。

(3)健康病原携带者:过去没有患过某种传染病但却能排出该种病原体的家禽。一般认为这是隐性感染的结果,通常只能靠实验室方法检出。这种携带状态一般为时短暂,作为传染源的意义有限,但是巴氏杆菌病、沙门菌病等传染病的健康病原携带者较多,可成为重要的传染源。

病原携带者存在着间歇排出病原体的现象,因此仅凭一次病原学检查的阴性结果不能得出正确的结论,只有反复多次的检查均为阴性时才能排除病原体携带状态。消灭和防止引入病原携带者是传染病防控中艰巨的主要任务之一。

(二)传播途径

病原体由传染源排出后,经一定的方式再侵入其他易感禽群所经的途径称为传播途径。研究传染病传播途径的目的在于切断病原体传播的途径,防止易感禽群被传染,这是防治禽传染病的重要环节之一。传播途径可分为如下两大类:一是水平传播;二是垂直传播。

1. 水平传播

(1)直接接触传播:在没有任何外界环境因素的参与下,病原体通过病禽(传染源)与易感禽群直接接触(交配、啄咬等)而引起传染的传播方式。仅能以直接接触传播的传染病,其流行特点是一个接一个地发生,形成明显的链锁状。这种方式使疾病的传播受到限制,一般不易造成广泛的流行。

(2)间接接触传播:在外界环境因素的参与下,病原体通过传播媒介使易感禽群发生传染的方式。传染源将病原体传播给易感禽群的各种外界环境因素称为传播媒介。传播媒介可能是生物,也可能是无生命的物体。大多数传染病如禽流感、新城疫等以间接接触为主要传播方式,同时也可以通过直接接触传播。两种方式都能传播的传染病也可称为接触性传染病。

间接接触传播一般通过如下几种途径传播。

①经空气(飞沫、尘埃)传播:空气不适合任何病原体的生存,但空气可作为传染的媒介物,它可作为病原体在一定时间内暂时存留的环境。经空气散播的传染主要是以飞沫或尘埃为媒介传播的。经飞散于空气中带有病原体的微细泡沫而散播的传染称为飞沫传染。呼吸道传染病主要是通过飞沫传播的,如鸡传染性支气管炎、传染性喉气管炎等。这类病禽的呼吸道往往积聚很多渗出液,刺激机体发生咳嗽或打喷嚏,将带着病原体的渗出液从狭窄的呼吸道喷射出来形成飞沫飘浮于空气中,可被易感禽群吸入而感染。家禽正常呼吸时,一般不会排出飞沫,只有在呼出的气流强度较大(如鸣叫、咳嗽)时才排出飞沫。传染源排出的分泌物、排泄物和处理不当的尸体散布在外界环境的病原体附着物,经干燥后,由于空气流动冲击,带有病原体的尘埃在空气中飘扬,被易感禽群吸入而感染,称为尘埃传染。实际上尘埃传染的传播作用比飞沫要小,因为只有少数在外界环境中生存能力较强的病原体能耐过这种干燥环境或阳光的曝晒。能借尘埃传播的传染病有

结核病、痘等。

经空气飞沫传播的传染病的流行特征:因传播途径易于实现,病例常连续发生,多为传染源周围的易感禽群。潜伏期短的传染病如流行性感冒等,易感禽群集中时可暴发。未加有效控制时,此类传染病的发病率多有周期性和季节性升高现象,一般以冬春季多见。此类传染病的发生常与畜舍条件不佳及拥挤有关。

②经污染的饲料和水传播:以消化道为主要侵入门户的传染病如新城疫、沙门菌病、结核病等,其传播媒介主要是污染的饲料和饮水。传染源的分泌物、排泄物和病禽尸体及其流出物污染了饲料、牧草、料槽、水池、水井、水桶,或由某些污染的管理用具、车船、禽舍等辗转污染了饲料、饮水而传给易感禽群。因此,在防疫上应特别注意防止饲料和饮水的污染,防止饲料仓库、饲料加工场、禽舍、牧地、水源、有关人员和用具的污染,并做好相应的防疫消毒卫生管理工作。

③经污染的土壤传播:随病禽排泄物、分泌物或其尸体一起落入土壤而能在其中生存很久的病原体可称为土壤性病原体。它所引起的传染病有猪丹毒等。经污染的土壤传播的传染病,其病原体对外界环境的抵抗力较强,疫区的存在相当牢固。因此应特别注意病禽排泄物,污染的环境、物体和尸体的处理,防止病原体落入土壤,以免造成难以收拾的后患。

④设备、用具、其他动物和人:养禽场的一些设备和用具,尤其是一些禽群共用的设备和用具,场内外共用的设备和用具,如饲料箱、蛋箱、装禽箱、运输车等,如管理不善、消毒不严,即可成为传播传染病的重要媒介。飞鸟、鼠类、野生动物、蚊蝇等也能传播传染病。如鼠类传播沙门菌病、钩端螺旋体病,野鸭传播鸭瘟等。饲养人员和兽医如不注意遵守防疫卫生制度、消毒不严,也容易传播病原体。如在进出病禽和健康禽的禽舍时将手上、衣服、鞋底沾染的病原体传播给健康禽;兽医的体温计、注射针头以及其他器械消毒不严就可能成为新城疫等传染病的传播媒介。

2. 垂直传播 垂直传播的主要表现为病原体经卵传播。卵细胞携带有病原体,在发育时使胚胎受到感染。例如鸡白痢、禽伤寒、白血病、传染性贫血、脑脊髓炎等。

(三)易感禽群

易感性是抵抗力的反面,指禽对每种传染病病原体感受性的大小。禽易感性的高低虽与病原体的种类和毒力强弱有关,但主要还是由禽体的遗传特征、疾病流行之后的特异免疫等因素决定。外界环境条件如气候、饲料、饲养管理卫生条件等因素都可能直接影响到禽群的易感性和病原体的传播。

1. 禽群的内在因素 不同种类的禽对于同一种病原体表现的临诊反应有很大的差异,这是由遗传性决定的。不同品系的禽对传染病抵抗力的遗传性差别往往是抗病育种的结果。例如通过选种培育而成的白来航鸡对雏鸡白痢沙门菌的抵抗力有一定的增强。一定年龄的禽对某些传染病的易感性较高,如幼禽对大肠杆菌、沙门菌的易感性较高。年轻的禽群对一般传染病的易感性较年老者高,这往往和禽的特异免疫状态有关。

2. 禽群的外界因素 各种饲养管理因素包括饲料质量、禽舍卫生、粪便处理、禽群拥挤程度、饥饿以及隔离检疫等都是与传染病发生有关的重要因素。在考虑同一地区同一时间内类似养禽场和禽群的差别时,很明显地可以看出饲养管理条件是非常重要的疾病因素。但对于这些饲养管理因素在养禽场条件下的实际重要性还很少进行过周密对照的研究,因此它们对疫病发生的影响很难具体测定。

3. 特异免疫状态 在某些疾病流行时,禽群中易感性最高的个体易于死亡,余下的禽或已耐受,或经过无症状传染获得了特异免疫力。所以在发生流行之后该地区禽群的易感性降低,疾病停止流行。

家禽传染病传播就是来自传染源的病原体通过一定的传染途径,使那些有易感性的禽感染发病。传染源、传播途径、易感禽群这三个因素缺一不可,相互联系构成了传染病的流行过程。

任务二　禽病预防与控制的基本原则

学习目标

【知识目标】

1. 掌握禽病的综合防治措施。

2. 掌握免疫接种的方法和技术要点。

3. 掌握消毒的方法和技术要点。

【技能目标】

1. 能对禽舍进行合理消毒。

2. 能对家禽进行免疫接种。

3. 能发现禽群中存在的问题,进行正确的处理。

【思政目标】

培养学生树立安全意识和自我防护意识,恪守职业道德。

家禽生产是群体化、集约化的,如果预防不力,家禽发生了疾病,传播会相当迅速,不仅耗费大量的人力、物力、财力,而且即使能够挽救一些病禽,其生产性能和经济效益也会受到影响。因此,养禽生产中一定要以预防为主,尽量避免疾病的发生。预防禽病的饲养管理和卫生防疫措施,就像一条环状链条的各个环节,缺一不可。只有抓好每个环节,才能使禽病无机可乘、无孔不入。在生产中应坚持"预防为主、养防结合、防重于治"的基本原则。

一、建立兽医卫生防疫制度

(一)场区卫生防疫制度

养禽场门口消毒池内要经常保持 $50 \sim 80$ cm 深的有效消毒液,由专人负责更换消毒液,每天更换 1 次;凡进入场内的车辆必须对车身、车厢进行喷雾消毒 5 min;进入场内的人员要洗手、消毒、换鞋。场区道路应平坦,以方便消毒,道路两旁植树绿化,设置排水沟,沟底应硬化,不积水,且有一定坡度,排水方向从清洁区流向污染区。生活管理区要求卫生整洁,每隔 2 天对生产区的地坪进行冲洗,每月环境消毒 2 次。非工作人员不得进入生产区,工作人员必须每日洗澡、更衣方能出入。生产区净道和污道分开,工作人员、饲料车走净道,粪车、淘汰禽、病死禽走污道。每天要清除粪道的积粪,以免氨气浓度过大。用过的废弃物如针头、药瓶、疫苗瓶要集中处理、烧毁;每天清洗用过的纱布、试管、授精器具。场内禁止饲养其他畜禽,也不允许采购禽肉进入食堂。

(二)舍内卫生防疫制度

(1)新建禽舍要求:屋顶、墙壁和地面要光滑,使用前用消毒液消毒 1 次。饮水器、料槽、其他设备充分清洗消毒后方可进舍。

(2)旧禽舍要求:首先撤出养禽设备(饮水器、料槽、鸡笼等),彻底清扫禽舍地面粪便、羽毛以及窗台、屋顶每一个角落的尘土,然后用高压水枪由上到下、由内向外冲洗,要求无羽毛、无禽粪、无尘土。待禽舍干燥后,用消毒液从上到下整体喷雾消毒 1 次。撤出的饮水器、料槽等设备用消毒液浸泡 30 min;然后用清水冲洗,在阳光下曝晒 $2 \sim 3$ 天,搬入禽舍。进禽前 $6 \sim 7$ 天,封闭门窗,保持舍内温度 $25 \sim 27$ ℃,相对湿度 $75\% \sim 80\%$,每立方米用高锰酸钾 21 g,甲醛 42 mL,熏蒸 24 h,打开门窗通风 2 天。

(3)禽舍门口设脚踏消毒池和消毒盆:消毒液每天更换 1 次。工作人员进入禽舍必须洗手、脚踏消毒液、穿工作服和工作鞋。工作服不能穿出禽舍。坚持每周对禽舍带禽消毒 2～3 次,禽舍工作间每天清扫 1 次,每周消毒 1 次。

（4）饲养人员不得互相串舍,禽舍内工具固定,不得串用,进舍的所有用具消毒后方可使用。

（5）及时捡出死禽、病禽、残禽、弱禽,做出诊断并采取相应处理措施。

（6）定期做好灭鼠、灭蚊、灭蝇工作。

（7）采取"全进全出"的饲养制度。

（三）粪便的无害化处理

粪便的无害化处理方法有深埋、焚烧或化学处理。深埋法即挖深坑埋入粪便,并在粪便表面撒上石灰,再填上 0.5～1.0 cm 厚的土。粪便量较少或垫料较多时,可以采用焚烧法,在垫料上焚烧粪便,若燃烧不完全可加干草或油类助燃,直至烧完。也可以将粪便填入坑内,再加上适量化学药品,如 2% 来苏尔、20% 漂白粉或 3% 甲醛等,搅拌均匀,填土长期封存。

二、防止疾病传播

传染病的发生必须有传染源、传播途径和易感禽群。人、病死禽、带毒（菌）禽、鼠类和蚊、蝇、蜱、虻等媒介昆虫是养禽场传染病的主要传染源和传播途径。如果能杜绝传染源的出现,切断传播途径,则基本上可杜绝传染病的发生。

（一）控制人员流动

人是造成传染病发生的最大潜在因素。由于人自身感染而散播疾病的情况极为罕见。但是,经常会出现由于人们使用了污染的设备,或者是在管理禽群时太大意,而造成传染病的散播。生产实践中,工作人员要严格执行消毒制度,防止病原体的传播。因此,在养禽场中应专门设置供工作人员出入的通道,进场时必须通过消毒池、淋浴更衣,最大限度地防止可能携带病原体的工作人员进入养殖区。同时,应严禁一切外来人员进入或参观家禽养殖区。工作人员不能在生产区内各禽舍间随意走动。

（二）隔离饲养

将假定健康禽或病禽、可疑病禽控制在一个有利于生产和便于防疫的地方,称为隔离。隔离是预防、控制和扑灭传染病的重要措施。隔离可以有效控制传染源,防止病禽继续扩散传染,将疫情控制在最小范围内加以就地扑灭,在国内外的应用非常普遍。

传染病发生时,兽医应深入现场,对感染禽群逐只进行临床检查或血清学检验,查明传染病在群体中的分布状态,根据检查结果,将受检禽分为病禽、可疑病禽、假定健康禽三类,分别采取不同的处理措施。

（三）康复带菌（毒）禽的处理

康复带菌（毒）禽是已从临床诊断感染中恢复的禽类,但它们本身的某些部分仍然有传染性病原体存在。虽然它们貌似健康,但传染因子还会继续在体内繁殖,并排入周围环境,能在养禽场散播疾病,威胁其他禽群。许多常见的疾病都是由康复带菌（毒）禽传播的。这些带菌（毒）禽能通过各种途径构成疾病的潜在来源。因此对康复带菌（毒）禽应单独饲养或淘汰。

（四）病死禽的处理

病死禽的处理是避免环境污染、防止与其他家禽交叉感染的有效方式。

焚烧法是一种传统的处理方式,是杀灭病原体最可靠的方法。可用专用的焚尸炉焚烧死禽,也可利用供热的锅炉焚烧。但近年来,许多地区制定了防止大气污染条例,限制了焚烧炉的使用。当然,如果病死禽由于传染病而死亡,最好进行焚烧。

深埋法是一个简单的处理方法,费用低且不易产生气味,但埋尸坑易成为病原体的储藏地,并有可能污染地下水。故必须深埋,且有良好的排水系统。

堆肥法已成为场区内处理病死禽最受欢迎的选择。其经济实用,如设计和管理得当,不会污染地下水和空气。运病死禽的容器应便于消毒密封,以防运送过程中污染环境。

(五)杀虫灭鼠

(1)杀虫:害虫是养禽场传染病的传染源或传染媒介,包括蚊、蝇和蜱等节肢动物的成虫、幼虫和虫卵。常用的杀虫方法有物理杀虫法、生物杀虫法和化学杀虫法三种方法。

物理杀虫法采用机械性的拍打捕捉、火焰烧杀、沸水或蒸汽热杀进行杀虫,也可选用电子灭蚊器、灭蝇灯具杀虫。

生物杀虫法主要通过改善饲养环境,阻止有害昆虫的孳生以达到减少害虫的目的。平时改造好禽舍环境,填平禽舍内外的污水坑,疏通排水及排污系统,及时清除垃圾和积粪,禽粪做堆积发酵和无害化处理,病死禽及时深埋或焚烧。

化学杀虫法是指在养禽场舍内外的有害昆虫栖息地、孳生地大面积喷洒化学杀虫剂以杀灭昆虫成虫、幼虫和虫卵的措施。常见的杀虫剂包括有机磷杀虫剂,如敌敌畏、倍硫磷、马拉硫磷等;除虫菊酯类杀虫剂,如胺菊酯等;硫酸烟碱类以及多种驱避剂,如邻苯二甲酸二甲酯、避蚊胺等。粪池和排水沟在蚊蝇繁殖季节,每周撒布0.5%敌百虫或0.2%溴氰菊酯。

(2)灭鼠:鼠类作为人和动物多种共患病的传播媒介和传染源,可以传播许多传染病。在规模化养禽生产实践中,要根据害鼠的种类、密度、分布规律等生态学特点,在圈舍墙基、地面和门窗的建造方面加强投入,让鼠类难以藏身;在管理方面,应从禽舍内外环境的整洁卫生等方面着手,让其难以得到食物和藏身之处,并且要做到及时发现漏洞、及时解决。可采用器械灭鼠,用各种工具以不同方式扑杀鼠类,如关、夹、压、扣、套、翻、堵、挖、灌等。目前利用灭鼠药杀鼠是应用较广的方法。

(六)控制飞鸟入舍

飞鸟传播禽病的可能性比鼠类更大,这是因为许多飞鸟对多种家禽的传染病和寄生虫病易感。开放式禽舍要设置纱窗网或铁丝网防护,也可用人工驱赶或捕捉等办法,赶走在禽舍等建筑物上筑巢的飞鸟。

三、建立科学的管理制度

(一)建立岗位责任制度

在养禽场的生产管理中,要使每一项生产工作都有人尽心去做,充分发挥生产者的主观能动性和聪明才智,需要建立联产计酬的岗位责任制。

联产计酬岗位责任制的制定主要是责、权、利分明。其内容包括承担哪些工作职责、生产任务或饲养定额,必须完成的工作项目或生产量,以及奖罚细则。根据生产实践经验,技术人员和饲养人员岗位责任制度的制定大体有如下几种办法。

1. 完全承包法 对饲养人员停发工资及一切其他福利,每只禽按入舍计算交蛋,超过部分全部归己。育成禽、淘汰禽、饲料、禽蛋都按场内价格记账结算,经营销售由场部组织进行。这种办法经营者省时省力,能充分发挥饲养人员的主观能动性,但对饲养人员个人来说风险很大。

2. 超产提成承包法 饲养人员基本工资固定,确定各项承包指标,承包指标为平均先进指标,要努力才能超额完成。奖罚的比例以奖多罚少为原则。这种承包办法各类养禽场都可以采用。

3. 有限奖励承包法 养禽场为防止饲养人员因承包超产收入过高,可以采用按百分比奖励的办法。如一养鸡场对育雏育成人员的承包办法,20周龄育成率为90%,日工资每人每天为30元,超过一个百分点奖励2元。育成率最高100%,即日工资50元等于封顶。如果基数定得低,奖励可高一些。

4. 计件工资法 养禽场有许多工种可以采用计件工资的办法。如每加工一吨饲料、每鉴别一只母雏,就能得到相应的工资报酬。对销售人员取消工资,按销售额提成。只要指标定得恰当,都能调动工作人员的主观能动性。

5. 目标责任制 现代养禽企业投入产出的关系开始标准化、高度机械化和自动化,工作人员很多,生产效率很高,工资水平也很高。在这种情况下,一般不用承包制而使用目标责任制,完成目标即拿工资,年底还有年终奖,完不成者将被辞退。这种制度适用于私有现代化养禽企业。

承包办法中的奖励必须按期兑现。由于生产成绩突出而获得的高额奖励,必须如数付给。如因指标确定不当也应兑现。承包指标不应经常修订,应在年初修订,场方与饲养人员签订合同,合同期至少为一年或一个生产周期。

一旦建立了岗位责任制度,还要通过各项记录资料统计分析,不断进行检查,用计分方法科学计算出每一职工、每一部门、每一生产环节的工作成绩和任务完成情况,并以此作为考核成绩及奖罚的依据。

(二)制订技术操作规程

技术操作规程是养禽场按照科学的管理制订出的日常工作的技术规范。对不同饲养阶段的禽群,按照生产周期制订不同的技术操作规程。主要内容:对主要生产任务提出具体的生产指标,使饲养人员明确目标,重点管理;按不同的饲养阶段分步落实并采取先进的生产技术。

在制订技术操作规程时要集体研究、认真讨论、综合分析,并结合本场实际制订出切实可行的技术操作规程,同时要有贯彻执行的保证措施。

(三)实行"全进全出"的饲养管理制度

"全进全出"是指同一栋禽舍或同一养禽场在同一时间饲养同龄的家禽,在同一时间出售或出栏。现代家禽生产大多采用"全进全出"的饲养管理制度。因为不同阶段的家禽有不同的易发疾病,养禽场内如果有几种不同饲养阶段的家禽共存,较大的禽群可能带有某些病原体,本身虽不发病却不断地将病原体传给同场内日龄小的易感雏禽,引起疾病的暴发。"全进全出"的饲养方法,便于生产管理,有助于实行统一的饲养标准、技术方案和防疫措施。家禽出场后,可以彻底清洁、消毒禽舍及全部养鸡设备,以杜绝病原体的循环感染,降低死亡率,提高鸡舍利用率。

(四)制订稳定的工作日程

禽舍从早到晚按时间规划,规定每项具体操作内容和时间,使每日的饲养管理工作按部就班准时完成。以笼养蛋鸡为例,制订的工作日程见表18-1。

表18-1　笼养蛋鸡的工作日程

时间	工作内容
5:30	开灯;抽查触摸鸡只嗉囊,掌握消化状况
6:30	喂料;观察鸡群采食、饮水、粪便情况;检查料槽、饮水器;如有异常及时采取相应措施;记录室内温度;清刷水槽,打扫室内外卫生等
7:30	早餐
9:30	匀料一次,检查饮水器供水情况,抓回地面的跑鸡
10:30	捡蛋
11:30	喂料;观察鸡群采食、饮水、粪便情况;检查料槽、饮水器状况
12:00	午餐
14:00	检查料槽、饮水器状况
15:00	喂料;观察鸡群采食、饮水、粪便情况
17:00	捡蛋、打扫室内卫生,擦拭灯泡(每周1次);做好饲料消耗、产蛋、死亡、淘汰鸡数记录工作
17:30	匀料一次,检查饮水器供水情况;抓回地面的跑鸡
18:00	晚餐,关灯
20:00	喂料;1 h后关灯;抽查触摸鸡只嗉囊,以掌握采食情况

（五）保证饲料和饮水卫生

俗话说"病从口入"，饲料和饮水卫生不好，就会给病原体的入侵大开方便之门。因此饲料和饮水卫生是养禽生产的关键因素，也是预防疾病的先决条件。

养禽生产中要防止饲料污染、霉败、变质、生虫等。对每种饲料原料进行检验，特别是对鱼粉、肉骨粉等质量不稳定的原料，要经过严格检验后才能使用。生产场应配备专用运料车辆，饲料应分禽舍专用，不能互相混用。饲料要求新鲜，应当每周送到鸡舍1次，散装饲料塔的容积应能容纳7天的喂料量和2天的储备量。对运料卡车进行有效的消毒，卡车必须驶过加有有效消毒液的消毒池，驾驶室和车子底盘部分可以用同样的消毒液喷洒。因为运料卡车是病原体侵入鸡舍的一个重要途径。料槽等应经常清洗，保持干净。

家禽的饮水卫生问题十分重要，一般要求饮用优质地下水，并定期测定水中大肠杆菌数量和固体物总量，前者要求不超过2万/mL，后者不得超过290 mg/L。饮水消毒一般用氯制剂，并按说明使用。在7日龄前用温开水，8～10日龄用半开水，11日龄后用自来水。每天清洗、消毒饮水器1次，饮水器内的水每天至少更换2次，杜绝喝过夜水。最好使用乳头式饮水器，即节约供水量，又可杜绝水污染。

（六）搞好环境建设和卫生管理

1. 绿化 禽舍周围植树种草，使进入禽舍的空气经过"预冷"，从而降低夏季舍内温度。冬季由于树木的阻挡，可以降低气流速度，减轻冬季冷风对禽舍造成的危害。

2. 卫生管理

（1）排污：养禽场中每天产生大量禽粪和污水，其中含有大量的微生物，妥善地排出各禽舍内的粪便和污水，是保证环境卫生的重要措施。禽舍内应有下水道，可将污水排出场外。排出的污水应进行无害化处理。养禽场有专门的净道和污道，净道专门运输饲料和产品，污道运送禽粪、病死禽和垃圾。养禽场应有粪便处理场，位于主风向的下方或坡度下处，禽粪要经发酵或烘干处理，并进行无害化处理。

（2）消毒：入舍前，场内、舍内的一切设备、设施都应消毒处理。场内应有消毒池、洗浴室、更衣室、换衣室、消毒隔离间。工作人员须经消毒后，穿工作服、工作鞋方能进入舍内。严格控制人员及车辆进出，做好人员分工，专人或分片负责各自的卫生区，定期或不定期地对饮水、禽体、用具、禽舍及周围环境进行消毒，要经常保持清洁、干燥，防止交叉感染。养禽场的垃圾、杂草、粪便及污物要做到及时清除。病死禽经诊断后，应及时焚烧或深埋，防止病原体的传播。

（3）通风：禽舍通风不良，容易导致病原体的大量繁殖。禽群若长期生活在污浊的空气中，机体抵抗力下降，极易发生各种疾病。在做好禽舍清洁消毒的基础上，应保持良好的通风，尽量降低舍内有害病原体的数量，减少禽群感染的机会。

（4）控湿：绝大多数病原体是在适温和高湿的条件下大量繁殖的，因此控制舍内湿度非常重要。控湿的方法通常有加强通风换气、及时清粪、使用乳头式饮水器、减少舍内作业用水、勤换垫料等。

四、免疫接种技术

免疫接种是激发动物机体产生特异性抵抗力，使易感动物转化为不易感动物的一种手段。为防止传染病的发生，在平时有计划地给健康禽群进行的免疫接种称为预防接种。预防接种通常使用疫苗、菌苗、类毒素等生物制剂作为抗原激发免疫。用于人工自动免疫的生物制剂统称为疫苗，包括由细菌、支原体、螺旋体制成的菌苗，用病毒制成的疫苗和用细菌外毒素制成的类毒素等。根据其性质的不同，采用皮下注射、皮内注射、肌内注射、皮肤刺种、点眼、滴鼻、喷雾、口服等不同的接种方法。接种后可获得数月甚至一年以上的免疫力。

（一）免疫接种方式

1. 预防接种前的准备

（1）根据家禽的免疫接种计划，统计禽群只数，确定接种日期（应在传染病流行季节前进行接

171

种),准备足够的生物制剂、器材和药品,安排及组织免疫接种人员,按免疫程序有计划地工作。

(2)免疫接种前,对饲养人员进行免疫接种知识培训,包括免疫接种的重要性、基本原理、接种后饲养管理及观察等。

(3)免疫接种前,必须对使用的生物制剂进行仔细检查,如有不符合要求者,一律不能使用。

(4)为保证免疫接种的安全和效果,接种前应对预定接种的动物进行了解及临诊观察,必要时进行体温检查。凡体质弱、体温偏高者或疑似患病的均不应接种疫苗。这类未接种的家禽须单独饲养,以后再补此免疫接种。

2. 紧急接种　紧急接种指在发生传染病时为了迅速控制和扑灭传染病的流行,而对疫区和受威胁区尚未发病的家禽进行的应急性接种。紧急接种使用免疫血清较为安全有效,但因价格高、免疫期短、用量较大,大批家禽使用时没有经济价值。实践证明,使用疫苗进行紧急接种是可行的。如发生新城疫和鸭瘟等一些急性传染病时,用疫苗进行紧急接种,效果较好。

(二)生物制品的保存、运送与检查

1. 生物制品的保存　一般生物制品怕热,特别是活苗,必须低温保存。冷冻真空干燥的疫苗,多数要求在$-15\ ℃$温度下保存,温度越低,保存时间越长。在$-15\ ℃$条件下可保存 1 年以上,在 $0\sim8\ ℃$条件下只能保存 6 个月,若放在 25 ℃左右,最多 10 天即失去了效力。灭活苗、血清、诊断液等在$2\sim11\ ℃$温度下保存,不能过热,也不能低于 0 ℃。

2. 生物制品的运送　运送时,药品要逐瓶包装,衬以厚纸或软草然后装箱。如果是活苗,需要低温保存,可先将药品装入盛有冰块的保温瓶或保温箱内运送。运送灭活铝胶苗或油乳苗时,冬季要防止冻结。大批量运输的生物制品应放在冷藏箱内,用冷藏车以最快速度运送。

3. 生物制品的用前检查　各种生物制品用前均须仔细检查,有下列情况之一者不得使用。

(1)没有瓶签或瓶签模糊不清,没有经过合格检查者。

(2)过期失效者。

(3)生物制品的质量与说明书不符者,如色泽不同、有沉淀、有异物、发霉和有臭味者。

(4)瓶盖不紧或玻璃瓶破裂者。

(5)没有按规定方法保存者,如加氢氧化铝的菌苗经过冻结后,其免疫力可降低。

(三)免疫接种方法

免疫接种是用人工的方法把疫苗或菌苗等引入禽体内从而激发禽体自身的抵抗力,使易感禽体变成有抵抗力的禽体,从而避免传染病的发生和流行的方法。定期进行免疫接种,以增强禽体自身的抵抗力,是预防和控制禽传染病极为重要的手段。免疫接种的方法包括个体免疫方法和群体免疫方法,其中个体免疫方法包括注射、滴鼻、点眼、刺种、涂肛或擦肛,群体免疫方法包括饮水法和气雾法。

1. 皮下注射法　皮下注射宜选择皮薄、被毛少、皮肤松弛、皮下血管少的部位,家禽主要选择颈部、翼下或胸部。

注射时,注射者右手持注射器,左手食指与拇指将皮肤提起成三角形,沿三角形基部刺入皮下约注射针头的 2/3,注射相应剂量后,左手轻轻捻压针孔处,然后将针头拔出。

新城疫油佐剂灭活苗及免疫血清均采用皮下注射法接种。此法优点是免疫确切、效果佳、吸收较快,缺点是副作用较大。现在广泛使用的马立克病疫苗,也采用颈背皮下注射法接种。

2. 肌内注射法　肌内注射应选择肌肉丰满、血管少、远离神经的部位。家禽宜选择翅膀基部、胸部肌肉或大腿外侧。肌内注射时,左手固定注射部位的皮肤,右手持注射器垂直刺入肌肉后,改用左手夹住注射器和针头尾部,右手回抽一下活塞,如无回血,即可慢慢注入药液。根据家禽大小和肥瘦程度掌握刺入深度,以免刺入太深伤及骨骼、血管、神经,或因刺入太浅将疫苗注入皮下脂肪而不能吸收。注射的剂量应严格按照规定的剂量注入,同时避免药液外漏。此法优点是操作简便,吸收快;

缺点是有些疫苗会损伤肌肉组织,如注射腿部位置不当,可能引起跛行。禽流感、禽霍乱等的疫(菌)苗以肌内注射为好。

3. 滴鼻、点眼接种法 滴鼻与点眼是禽类有效的免疫途径,鼻腔黏膜下有丰富的淋巴样组织,能产生良好的局部免疫。点眼与滴鼻的免疫效果相同,比较方便、快速。据报道,眼部的哈德腺呈现局部应答效应,不受血清抗体的干扰,因而抗体产生迅速。但若多次采用滴鼻、点眼方法接种,会发生眼炎。为了保护家禽眼(或鼻)的健康,可采用涂肛方法代替滴鼻、点眼接种法。

接种时按疫苗说明书注明的羽份和稀释方法,用生理盐水进行稀释后,用干净无菌的吸管吸取疫苗,滴入鸡的一侧鼻和眼内(各 1 滴),待疫苗吸入后再释放家禽。本法适用于鸡新城疫 II 系、III 系、IV 系疫苗和传染性支气管炎疫苗及传染性喉气管炎弱毒型疫苗的接种。对幼雏,此法可避免疫苗病毒被母源抗体中和,并能保证禽群普遍得到免疫且剂量一致,禽群免疫接种时此法效果最佳。用此法接种时,要求 1000 羽份的疫苗稀释于 50 mL 或 100 mL 生理盐水中,充分摇匀后使用。

4. 刺种接种法 按疫苗说明书注明的稀释方法稀释疫苗,充分摇匀,然后用接种针或蘸水笔尖蘸取疫苗,刺种于家禽翅膀内侧无血管处皮下。要求每针均蘸取疫苗 1 次,刺种时最好选择同一侧翅膀,便于检查接种效果,此法主要用于鸡痘疫苗的接种。具体操作时,要求 1000 羽份疫苗稀释于 25 mL 生理盐水中,充分摇匀后使用,小鸡刺种 1 针即可,较大的鸡可刺种 2 针。另外,羽毛涂擦法也用于鸡痘疫苗的接种,但目前使用较少。

5. 涂肛或擦肛法 按要求稀释好疫苗后,直接用刷子蘸取疫苗涂擦家禽肛门来进行接种。此法一般仅用于接种传染性喉气管炎的强毒疫苗。

6. 饮水接种法 按家禽羽份的 2～3 倍剂量进行饮水免疫,要求饮水免疫前 2～4 h 停止供水,以保证饮用疫苗时每只家禽有足够的剂量,饮完后经 1～2 h 再正常供水。对于大群家禽的群体免疫,最常用、最简便的就是饮水接种法。常用饮水接种法接种的疫苗有鸡新城疫 II 系及 IV 系疫苗、传染性支气管炎 H_{52} 及 H_{120} 疫苗、传染性法氏囊病弱毒疫苗等。饮水接种法免疫虽然省时省力,但每只家禽免疫用量不一,免疫抗体参差不齐,往往不能产生足够的免疫力。因此必须注意以下几个问题:①疫苗必须是高效价的;②稀释疫苗的饮水,必须不含有任何使免疫灭活的物质(如氯、锌、铜、铁等),必要时要用蒸馏水;③饮水器具要干净,数量要充足,以保证所有家禽能在短时间内获得足够的免疫量;④饮用疫苗前停止饮水 2～4 h,以便使家禽能尽快而又一致地饮用疫苗;⑤饮水中最好能加入 0.1% 的脱脂奶粉或山梨糖醇;⑥稀释疫苗的用水量要适当,正常情况下,每 500 份疫苗,2 日至 2 周龄鸡用水 5 L,2～4 周龄 7 L,4～8 周龄 10 L,8 周龄以上 20 L;⑦免疫间隔时间不要太长。

7. 气雾接种法 根据家禽数量计算所需疫苗数量、稀释液数量,根据家禽的日龄选择雾滴的大小。对疫苗进行无菌稀释后用气雾发生器在家禽头上方约 50 cm 处喷雾。要求关闭舍内风机,暗光下操作。在禽群周围形成一个良好的雾化区。通过口腔、呼吸道黏膜等部位起到免疫作用。此法优点是省力、省工、省苗;缺点是容易激发潜在的慢性呼吸道病,这种激发作用与粒子大小呈负相关,粒子越小,激发的危险性越大,因此有慢性呼吸道病潜在危险的禽群,不应采用气雾接种法。

(四)制订免疫程序的依据

免疫程序即根据传染病、疫苗和禽群的特点,以及禽场(舍)条件所制订的具体的计划免疫实施程序。制订最佳免疫程序的目的在于用最少的人力、物力,收到最理想的免疫效果,以全面提高禽群的抗体水平,从而控制和消灭传染病。

一个好的免疫程序不仅要具有严密的科学性,而且还要考虑在生产实践中实施的可行性。制订免疫程序的依据如下。

(1)本地区近年来曾发生过哪些传染病,发病季节、发病家禽的日龄、流行的强度等。

(2)所养家禽的品种、代次、来源、用途、饲养方式及雏禽的母源抗体水平。

(3)拟使用的生物制品(疫苗)的种类,其免疫原性、免疫持久性、免疫反应、免疫途径,以及过去在本地区使用的效果。

（4）可用于兽医防疫工作的人力、物力及血清学检测等实际条件。

我国幅员辽阔，情况千差万别，不可能有一个可以适合全国不同地区、不同类型禽场（舍）的统一的免疫程序。有条件的地区可根据上述原则充分衡量利弊，制订适合本地各类禽群的最佳免疫程序，也可以选择与本地（禽群）情况近似的免疫程序试用，在实施中进行免疫监测并考查其综合效益，总结经验，不断调整完善，以选择出适宜的、合理的免疫程序。

（五）免疫接种的注意事项

（1）无论哪种免疫接种方法都属于应激因素，因此免疫接种前后 3 天内不允许发生其他应激事件。

（2）接种前后 2 天内不允许用抗生素，也不允许使用消毒剂，以免对免疫效果造成干扰。

（3）稀释后的疫苗要求在 2 h 内使用完，同时疫苗在使用过程中要避免光与热的干扰。

（4）饮水接种的疫苗必须是活苗。对于应激反应严重的禽群常采用饮水接种法。操作时要求饮水器具数量充足。

（5）采用气雾接种法时，要求关闭风机，在暗光下操作。

（6）有些疫苗可以同时免疫，而有些疫苗必须分别免疫。三联苗没有单苗免疫效果好，但比几种单苗同时接种的免疫费用低。

（六）提高免疫程序的措施

1. 正确选择疫苗　应选用正规生物制品厂或技术力量雄厚的院校和科研单位生产的疫苗。不购买以下疫苗：瓶上无标签或字迹不清，没有说明书的疫苗；没有常规疫苗保存设施的单位出售的疫苗；过期、瓶塞破损和变质的疫苗；有残渣、异物的疫苗。

2. 按正确剂量使用　疫苗的使用剂量非常严格，不得随意改动。

3. 正确稀释疫苗　稀释疫苗和接种疫苗的器械不要与消毒剂接触。稀释疫苗时，除马立克病疫苗专用稀释液和禽霍乱疫苗及其联苗用铝胶水稀释外，其他活苗用灭菌生理盐水或蒸馏水稀释。稀释用水不得含有消毒剂、金属离子及抗生素等，以防微生物抗原被破坏。疫苗要现配现用，稀释的疫苗应放在阴凉处，最好在 2 h 内用完。自来水、凉开水、井水均不得用于稀释疫苗。

4. 严格技术操作　接种疫苗要树立无菌操作意识，对所有接种工具按规定进行无菌消毒，注射部位要用碘酒消毒。注射前应将液体疫苗或稀释好的疫苗充分振荡均匀。用过的空瓶进行无害化处理或深埋。

5. 注意联苗的使用　一般联合使用的疫苗，生产厂家已将其配合在一起制成联苗，如新支二联苗等。免疫人员不能随意把多种疫苗混合使用，以免疫苗间产生拮抗作用，导致免疫效果不佳。

6. 选择合适的免疫时间　使用疫苗要选择合适的时间，一方面要尽可能在传染病发生之前的一段时间使用，如新城疫疫苗、传染性法氏囊病疫苗、传染性支气管炎疫苗等的接种；另一方面要在机体免疫的最佳时间使用，如马立克病疫苗在 1 日龄使用，传染性法氏囊病疫苗在 15 日龄使用。同时还要考虑母源抗体的影响，根据家禽抗体水平来确定免疫的最佳时间。

7. 正确掌握接种方法　疫苗的接种方法很多，有点眼、滴鼻、口服、涂肛、刺种、气雾、饮水和注射等多种方法。滴鼻法要等家禽将疫苗吸入后才可放开；鸡痘疫苗刺种不可将翅膀刺透，要选择肌肉丰满处；接种马立克病疫苗要刺入皮下；用饮水接种法前要先用清水洗净水槽，然后稀释，且接种前应停止饮水 2～4 h。

8. 防止接种时造成应激　用点眼、滴鼻等方法接种时，应在免疫前 4～5 h 投给抗应激药物，避免应激反应造成家禽死亡。产蛋高峰期的鸡最好不采用抓鸡的方法进行接种。在接种禽霍乱活菌苗的前后 5 天内停止使用抗生素；接种病毒性疫苗时，在 2 天前和 3 天后在饲料中添加抗生素，以防免疫接种应激引起其他强细菌感染；各类疫（菌）苗接种后应喂给多种维生素，以增强体质。

9. 注意经饮水接种的疫苗的正确使用　此类疫苗应在所要混入的水中打开瓶口，因瓶内常被封成真空,当在空气中开封时,会使污染的空气进入瓶内。饮水接种的家禽应提前断水 2～4 h,稀释好的疫苗最好在 0.5 h 内饮完,稀释疫苗时在水中添加 0.1% 的脱脂奶粉,以增强免疫效果。

10. 病禽不接种疫苗 患传染性法氏囊病、马立克病、球虫病等疾病的家禽免疫系统功能较弱,接种疫苗后不能承受疫苗的攻击,所以应等病禽康复后再接种疫苗。

11. 气温太高时不要接种疫苗 预防接种应在 1 天内较凉爽的时间进行,除天气太冷外,应暂时关掉孵化室内的热源。

12. 接种后要加强饲养管理 接种疫苗前后 2～3 天不要投喂抗生素,可在饲料中添加复合维生素,连用 1 周。同时搞好环境卫生,提供优质饲料,饮水要充足。

13. 抓好紧急接种 毒性较低、抗体产生迅速的疫苗,如新城疫疫苗等,可用于紧急接种,适用于发病的初期,控制大群的发病率和死亡率。疫苗毒性低,紧急接种会造成一部分病禽的病情加重或死亡,但有利于及时淘汰病禽,控制传染病的蔓延。

14. 制订合理的免疫程序 应根据当地疾病流行情况,免疫状态和家禽的品种、年龄,因地制宜结合养禽场具体情况和实践经验制订一个完善、经济、有效的免疫程序,这是免疫接种成功的保证。

15. 加强疫苗的保存运输 各种疫苗必须按照其说明书上的要求及规定进行保存。保存温度要相对稳定。在运输过程中尽量减少运输距离、缩短途中时间、减少疫苗周转次数。领苗时要用保温瓶,将每一种疫苗的编号、类型、规格、生产厂名和有效期、接种日期登记在记录本上,并标明参加接种人员的姓名。

五、药物预防技术

养禽场可能发生的传染病种类很多,其中有些疾病目前已研制出有效的疫苗,还有不少疾病尚无有效的疫苗,有些疫苗在实际应用中还有很多问题。而且,家禽无法用语言与人类进行沟通,所以当人们发现家禽患病时,其体内组织、器官的功能和完整性已经受到损害,此时即使通过投放药物减少死亡损失,家禽的生产性能也会受到很大的影响。因此,防治疾病,除了加强饲养管理,搞好检验检疫、预防接种和消毒工作外,应用药物预防也是一项重要措施。将安全药物加入饲料或饮水中可进行群体化学药物预防,常用的有磺胺类药物和抗生素,还有诺氟沙星、吡哌酸等,对预防雏鸡白痢、禽类肠炎、慢性呼吸道病等具有良好效果。但长期使用化学药物预防,容易使禽群产生耐药菌株,影响防治效果,因此目前倾向于以疫(菌)苗来防治疾病,而不主张药物预防的方法。

六、消毒技术

消毒是传染病预防措施中的一项重要内容,它可将养禽场、交通工具和各种被污染物体中病原体的数量减少到最低或无害的程度。具体的消毒内容有以下几点。

(一)环境消毒

经常消除禽舍附近的垃圾、杂草;定期进行灭鼠和杀虫,防止活体媒介物和中间宿主与禽接触;消灭蚊蝇孳生地,消灭传染病的传染媒介,及时清除死禽和病禽,不让犬、猫及饲养人员吃死禽、病禽,必须深埋或烧毁。场内禁止养犬、养猫、养鸽子等。

(二)人员消毒

凡进入禽舍的人员必须消毒,进入禽舍要换衣、帽、胶鞋。胶鞋必须浸入消毒池或缸内。养禽场生产区谢绝参观。

(三)禽舍消毒

禽舍消毒的程序:清空禽舍、清扫、清洗、整修、检查、化学消毒。

1. 清空禽舍 将所有家禽全部清转。

2. 清扫 在禽舍内外将笼具清扫干净。清扫的顺序为由上到下、由里到外。

3. 清洗 对天花板、横梁、壁架、地板用高压水枪进行清洗。清洗的顺序同清扫。

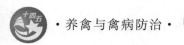

4. 整修　冲洗之后,对各种损坏的东西进行整修。如地板、门窗及禽舍内的其他固定设施。

5. 检查　对清扫、清洗、整修后的禽舍进行检查,合格后进行下一步工作,不合格的要重做。

6. 化学消毒　禽舍清洗干燥后才能进行化学消毒。禽舍最好使用两种或三种不同的消毒剂消毒 2～3 次,只用一种消毒剂消毒效果是不完全的,因为不同的病原体对不同的消毒剂敏感性不同,一次消毒不能杀灭所有的病原体。一般化学消毒的顺序为碱性消毒剂消毒,酚类、卤素类、表面活性剂或氧化剂消毒,甲醛熏蒸消毒。

碱性消毒剂消毒:一般用 2％～3％的氢氧化钠溶液或 10％的石灰乳。氢氧化钠溶液可喷雾消毒,石灰乳可粉刷墙壁和地面。

酚类、卤素类、表面活性剂或氧化剂消毒:酚类消毒剂可用 3％～5％的来苏尔或 0.3％～1％的复合酚;卤素类,可用 5％～20％的漂白粉乳剂;表面活性剂可用百毒杀;氧化剂可用 0.5％的过氧乙酸溶液,用喷雾方法进行消毒。

甲醛熏蒸消毒:1 m³ 空间用甲醛 28～42 mL、高锰酸钾 14～21 g。一般密闭门窗熏蒸 1～2 天,然后打开门窗,使甲醛气体充分排出后再进家禽。

(四)用具消毒

蛋箱、蛋盘、孵化器、运雏箱可先用 0.1％的新洁尔灭或 0.2％～0.5％的过氧乙酸溶液浸泡或洗刷,然后在密闭的室内,在 15～18 ℃下,用甲醛熏蒸消毒 5～10 h(1 m³ 空间用甲醛 14～28 mL、高锰酸钾 7～14 g、水 7～14 mL)。

(五)带禽消毒

带禽消毒是在禽舍进禽后至出舍整个存养期内,定期使用有效消毒剂对禽舍内环境和禽体表喷雾消毒,以杀灭病原体,达到预防消毒的目的。

1. 带禽消毒的作用　带禽消毒可以实现全面消毒、沉降粉尘,夏季防暑降温、提供湿度,使禽羽毛洁白、皮肤洁净,净化空气,有利于禽生长发育和饲养人员的健康。

2. 消毒剂的选择　带禽消毒应选用广谱高效、无毒无害、刺激性小、腐蚀性小、黏附性大的消毒剂。

3. 常用消毒剂和使用浓度　百毒杀,1 m³ 水加 150 mL;新洁尔灭,0.1％;过氧乙酸,育雏期用 0.2％的浓度,育成期及成年禽用 0.3％的浓度;次氯酸钠,0.2％～0.3％;复合酚类,育雏期间用 1:300 的浓度,育成期及成年禽用 1:250 的浓度。

4. 带禽消毒的方法　消毒时使用高压喷雾器。首次消毒的日龄,鸡、鸭不低于 8 日龄,鹅不低于 10 日龄,以后再次消毒的时间可根据舍内的污染情况而定,一般育雏期间每周进行 1 次,育成期间 7～10 天进行 1 次,成年禽 15～20 天进行 1 次。发生传染病时可每天进行 1 次,清除粪便后也要带禽消毒 1 次。

5. 带禽消毒的注意事项　禽舍要勤打扫,及时清除粪便、污物及灰尘。禽舍喷雾消毒时,喷口不能直射家禽,药液的浓度和剂量一定要掌握准确。喷雾以地面、墙壁、屋顶均匀湿润和禽体表稍湿为度。稀释用水的温度要适当,高温育雏或寒冷的冬季用自来水直接稀释喷雾,易使禽体突然受冻感冒,水温应提前加热到室温。喷雾造成禽舍、禽体表潮湿,过后要开窗通气,促使其尽快干燥。禽舍应保持一定的温度,尤其是入雏时喷雾消毒,要升高舍温至比平时温度高 3～4 ℃,使被喷湿的雏禽得到适宜的温度,及时驱湿、驱寒,以免雏禽受冷挤压。各类消毒剂应交替使用,每月轮换 1 次,否则单一消毒剂长期使用可导致杀灭率下降。禽群接种弱毒疫苗前后 3 天内停止喷雾消毒。

七、检疫和净化鸡群

(一)检疫

检疫是指应用各种动物医学的诊断方法,对动物及其产品进行传染病检查,并采取相应措施,防止传染病发生和传播。

健康的雏禽是培养健康成年家禽或减少雏禽发病的基础。应从防疫严格、种禽饲养管理好、孵化质量高的种禽场购进雏禽,接雏时要仔细检查,认真挑选。引进雏禽时,还必须做好检验工作,尤其是对家禽危害严重的传染病和新发病,更要认真检疫,不要把病禽引进饲养场区。凡需要从外地购买禽苗时,必须提前调查了解当地传染病的流行情况,以保证从非疫区引进健康禽。运回养禽场后,一定要隔离1个月,经临床检查、实验室检验,确认健康无病后,方可进入健康禽舍饲养。

有些疾病,禽体感染后症状不明显,或虽治愈但长期带菌,这不仅严重影响禽体本身的生长发育和生产性能,更严重的是种禽群一旦感染,可经种蛋传到下一代,造成更大的损失。因此,要对这些疾病进行定期检疫,如鸡白痢、禽白血病、马立克病和产蛋下降综合征等疾病,及时隔离、淘汰病禽,建立一个健康良好的禽群。

(二)净化鸡群

净化鸡群是指在某一限定地区或养殖场内,根据特定传染病的流行病学调查结果和传染病监测结果,及时发现并淘汰各种形式的感染病鸡,使限定的鸡群中某些传染病逐渐被消除的疾病控制方法。净化鸡群对鸡传染病控制起到了极大的推动作用。对垂直传播的传染病如鸡白痢、鸡白血病、慢性呼吸道病要定期检查,并同步进行抗体监测;对有病鸡群,应定期反复用凝集试验进行检疫,将阳性鸡及可疑鸡全部挑出淘汰,使鸡群净化。

1.鸡白痢的净化　种鸡群定期通过全血平板凝集试验进行全面检疫,淘汰阳性鸡和可疑鸡。有该病的种鸡场或种鸡群,应每隔4~5周检疫一次,将全部阳性鸡检出并淘汰,以建立健康种鸡群。

2.鸡白血病的净化　通过对种鸡检疫、淘汰阳性鸡,培育出无禽白血病病毒(ALV)的健康鸡群,也可通过选育培育出对鸡白血病有抵抗力的鸡种。

3.鸡支原体的净化　支原体感染在养鸡场普遍存在,在正常情况下一般不表现临床症状,但如遇环境条件突然改变或其他应激因素的影响时,可能暴发本病或引起死亡。应定期进行血清学检查,一旦出现阳性鸡,立即淘汰。也可以采用抗生素处理和加热法来降低或消除种蛋内支原体。

任务三　禽病的扑灭措施

微视频18-3

对家禽重大传染病的控制,《中华人民共和国动物防疫法》及畜牧兽医行政管理部门等均已有了明确的规定,应严格执行,以预防这些传染病的发生。一旦发生则要尽快将其扑灭于萌芽之中,确保养禽业的健康发展。下面介绍一些控制重大传染病的主要措施。

一、及时上报疫情

任何单位或者个人发现患有传染病或者类似传染病的家禽,都应及时向当地动物防疫监督机构

报告。动物防疫监督机构应尽快确诊并迅速采取措施,按国家有关规定上报。

二、隔离

对病禽和可疑感染的家禽进行隔离,目的是控制传染源,防止病禽继续扩散感染,以便将疫情控制在最小的范围内加以就地扑灭。

将家禽分为患病家禽、可疑感染家禽和假定健康家禽等,分别进行隔离处理。

(一)患病家禽

病禽是最主要的传染源,应选择不易散播病原体、消毒处理方便的场所,将病禽和健康禽隔离开,不让它们有任何接触,以防健康禽受到感染,并指派专人饲养管理。隔离场所禁止人、家禽出入和接近,工作人员应严格遵守消毒制度。隔离区内的用具、饲料、粪便等,未经彻底消毒不得运出。病死禽尸体要焚烧或深埋,不得随意抛弃。在隔离的同时,要尽快诊断,以便采取有效的防治措施。经诊断,属于烈性传染病时,要报告当地政府和动物防疫部门,以便采取封锁措施。

(二)可疑感染家禽

可疑感染家禽是指发病前与病禽有过明显接触的家禽,如同群、同舍,使用共同的水源等。这类家禽有可能处在潜伏期,并有排菌(毒)的危险,必须单独饲养,观察情况,不发病时才能与健康禽合群,出现症状者则按病禽处理。

(三)假定健康家禽

假定健康家禽是指疫区内其他易感家禽。应与上述两类家禽严格隔离饲养,加强防疫消毒和相应的保护措施,立即进行紧急接种,必要时可根据实际情况分散喂养或转移至偏僻区域。

对已隔离的病禽,要及时进行药物治疗。根据发生的疫情,对假定健康禽和可疑感染禽进行疫苗紧急接种或用药物进行预防性治疗。对于细菌性传染病则早做药敏试验,避免盲目用药。

三、消毒

消毒是贯彻预防为主方针和执行综合性防治措施的重要环节,其目的是消灭环境中的病原体,切断传播途径,阻止疫情继续蔓延。在隔离的同时,要立即采取严格的消毒措施,包括消毒养禽场门口、禽舍门口、道路及所有器具,彻底清扫垫料和粪便,对病死禽进行深埋或无害化处理。在场区门口设置消毒池,专人执行消毒工作,每天更换一次消毒液,消毒剂可选用复合酚、氢氧化钠、抗毒威等。在最后一只病禽治愈或处理2周后,再进行一次全面的大消毒,方能解除隔离或封锁。

四、封锁

当发生某些重大传染病时,对疫源地进行封锁,防止传染病向安全区散播和健康禽误入疫区而被感染,以达到保护其他地区家禽的安全和人身健康、迅速控制疫情和集中力量就地扑灭的目的。

根据我国《中华人民共和国动物防疫法》的规定,当确诊为一类禽病(禽流感、新城疫)时,当地县级以上地方人民政府、农村农业主管部门应立即派人到现场,划定疫点、疫区、受威胁区,采集病料,调查疫源,及时报请同级人民政府对疫区实行封锁。

执行封锁时掌握"早、快、严、小"的原则,即发现疫情时报告和执行封锁要早、行动要快、封锁要严、范围要小。

根据我国《家畜家禽防疫条例实施细则》,具体措施如下。

(一)疫点采取的措施

严禁人、家禽及车辆出入和家禽产品及可能污染的物品运出。在特殊情况下必须出入时,需经当地农村农业主管部门许可,严格消毒后出入;对病、死禽及其同禽群,县级以上农村农业主管部门有权采取扑杀、销毁和无害化处理等措施;疫点出入口必须有消毒设施,疫点内用具、禽舍、场地必须进行严格消毒,家禽粪便、垫料、受污染的物品,必须在兽医人员监督指导下进行无害化处理。

(二)疫区应采取的措施

交通要道必须建立临时性检疫消毒哨卡,备有专人和消毒设施,监视家禽及其产品的移动,对出入人员、车辆进行消毒,停止集市贸易和疫区内家禽及其产品的交易,疫区内的易感家禽必须进行检疫或预防注射。

(三)受威胁区应采取的措施

威胁区内的易感家禽应及时进行预防接种,以建立免疫带;管好本区易感家禽,禁止出入疫区,并避免饮用疫区流过来的水,禁止从疫区购买家禽饲料和家禽产品;对设于本区的屠宰厂、加工厂、禽成品仓库进行兽医卫生监督,拒绝接受来自疫区的活禽及其产品。

(四)解除封锁

疫区内最后一只病禽扑杀或痊愈后,经过该病一个潜伏期以上的检测、观察,未再出现新的病例时,经彻底消毒,由县级以上农村农业部门检查合格后,经原发布封锁令的部门发布解除封锁令,并通报邻近地区和有关部门。疫区解除封锁后,病愈禽需根据其带毒时间,控制在原疫区范围内活动,不能将它们调到安全区。

五、紧急接种

紧急接种是指在发生传染病时为了迅速控制和扑灭传染病的流行,而对疫区和受威胁区尚未发病的家禽进行的应急性接种。理论上,以使用免疫血清较为安全有效,但因免疫血清用量大、价格高、免疫期短,大批禽群使用不大可能,所以不能满足需要。实践证明,使用疫苗进行紧急接种是可行的,但仅能对正常无病的家禽实施接种,对病禽和可能受到感染的潜伏期病禽,必须在严格的消毒下立即隔离,不能再接种疫苗。对于受威胁区的紧急接种,其目的是建立"免疫带"包围疫区,以防蔓延,以便就地扑灭疫情。但这一措施必须与疫区的封锁、隔离、消毒等综合措施相配合才能取得较好的效果。

六、紧急药物治疗

对病禽和可疑病禽进行治疗,挽救病禽,减少损失,消除传染源,这是综合性防治措施的一个组成部分。同时,对假定健康禽的预防性治疗也不能放松。治疗的关键是在确诊的基础上尽早实施,这对控制传染病的蔓延和防止继发感染起着十分重要的作用。

(一)高免卵黄抗体或免疫血清

高免卵黄抗体或免疫血清对某些病毒性疾病早期应用有较好的治疗效果。目前已应用于生产的有鸡传染性法氏囊病卵黄抗体、鸡传染性法氏囊病-新城疫二联高免卵黄抗体或免疫血清等。高免卵黄抗体或免疫血清成本高、疗效好,但生产量少,在生产实践中的应用远不如抗生素或磺胺类药物广泛。

(二)干扰素

干扰素可用来防治家禽的各类病毒性疾病,具有效果明显、无停药期和任何残留的特点。当家禽发生病毒性疾病而不能在短时间内确诊时,立即使用干扰素,可在短时间内控制传染病的流行,有效降低死亡率。

(三)抗生素

抗生素为细菌性急性传染病的主要治疗药物,但要注意合理使用,不能滥用,否则会引起不良后果。一方面可能使敏感病原体对药物产生耐药性,另一方面可能使机体产生不良反应,蓄积残留甚至引起中毒。

(四)化学疗法

化学疗法所用药物主要是磺胺类药物、甲氧苄啶等。抗病毒感染的药物在临床上很少应用。

（五）中药疗法

目前的研究表明,某些中药能够增强机体的免疫力,具有抗应激、抗菌、抗病毒、促生长和改善家禽产品质量及风味等多重作用。由于中药具有天然性、多功能性、毒副作用小、无抗药性、在产品中不出现残留、使用简单、效果持久等优点,在一些传染病的治疗过程中有明显的效果。因此,应加强中药的研究和开发,以便在临床实践中发挥更大的作用。

（六）对症治疗

在传染病治疗中,为了减缓或消除某些严重的症状、调节和恢复机体的生理功能而按病症选用药物的疗法,即为对症治疗。如退热止痛、镇静、兴奋、利尿、止泻、防治酸中毒和碱中毒、调节电解质平衡等。

七、扑灭

扑灭是指在兽医行政部门的授权下,宰杀感染特定传染病的病禽及同群可疑病禽,并在必要时宰杀直接接触家禽或可能传播传染病病原体的间接接触家禽的一种强制性措施。当某地暴发法定一类传染病时,如禽流感、鸡新城疫等,应按照防疫要求一律宰杀,家禽的尸体通过焚烧或深埋销毁。扑灭通常和封锁、消毒措施结合使用。

八、病死禽尸体的妥善处理

病死禽的尸体带有大量的病原体,可成为重要的传染源,因此,处理时一定要严格遵守"四不准"原则,即不准食用、不准运输、不准销售、不准随意丢弃,必须进行无害化处理,方法有深埋法、焚烧处理。

1. 深埋法　深埋法即挖深坑,地点应远离居民区、水源和交通要道,坑的位置和类型要有利于防洪,坑深大于 2 m,坑底铺垫生石灰。病死禽尸体置于坑中后,应覆盖一层厚度大于 10 cm 的生石灰,再用土覆盖,与周围持平。填土不要太实,以免尸体腐败产气造成气泡冒出和液体渗漏,深埋完毕后,要对掩埋地周围环境进行彻底消毒。

2. 焚烧处理　病死禽尸体还可采用焚烧炉焚烧处理。在养禽场比较集中的地区,应设置焚烧设备,同时对焚烧产生的烟气应采取有效的净化措施,防止烟尘、一氧化碳、恶臭等对周围环境造成污染。

生产实践中禽病
发生的主要原因

商品蛋鸡的参考
免疫程序

商品肉鸡的参考
免疫程序

家禽疫病的
分类

思考与练习

在线答题

Note

项目十九　家禽常见病毒病及其防治

扫码学课件19

学习目标

【知识目标】

1. 掌握禽流感、新城疫、传染性支气管炎、传染性喉气管炎、马立克病、禽白血病、传染性法氏囊病、产蛋下降综合征、禽痘、禽脑脊髓炎、鸡传染性贫血、禽病毒性关节炎等的流行病学特点、临床症状、病理变化与防治措施。

2. 掌握鸡安卡拉病、鸡包涵体肝炎、禽网状内皮组织增殖病的流行病学特点、临床症状、病理变化与防治措施。

3. 掌握鸭瘟、鸭病毒性肝炎、小鹅瘟、鸭坦布苏病毒病、鸭大舌头病、鹅副黏病毒病的流行病学特点、临床症状、病理变化与防治措施。

【技能目标】

1. 熟练进行鸡新城疫抗体水平检测。

2. 具备禽舍消毒技能。

3. 具备家禽免疫接种技能。

【思政目标】

1. 解读我国在家禽病毒病方面的成就,增强学生民族自豪感。

2. 培养学生保护生态环境及公共卫生意识。

3. 教育学生养成良好的职业道德,培养学生独立完成符合传染病防治员实际工作标准的禽病诊治工作。

任务一　禽　流　感

微视频 19-1

禽流感(avian influenza,AI)是禽流行性感冒的简称,它是由 A 型流感病毒引起的家禽和野禽的一种从无临床症状到呼吸系统疾病和产蛋量下降,或严重的全身性疾病的传染病。目前禽流感在许多国家和地区都有发生。禽流感也能感染人,人感染后的主要表现为高热、咳嗽、流鼻涕、肌痛等,多数伴有严重的肺炎,严重者心、肾等多种脏器衰竭并导致死亡。人感染高致病性禽流感(HPAI)在我国被列为乙类传染病。

一、病原

禽流感病毒(avian influenza virus,AIV)属正黏病毒科,下设 A 型流感病毒属、B 型流感病毒属和 C 型流感病毒属,A 型流感病毒可使猪、马、禽类等动物和人致病,而 B 型和 C 型仅能使人及少量的猪致病。

A 型流感病毒的囊膜上有两种纤突,分别为血凝素(HA)和神经氨酸酶(NA)。HA 和 NA 都是糖蛋白。迄今为止,已知 HA 有 16 个亚型(H_1~H_{16})、NA 有 10 个亚型(N_1~N_{10})。它们之间的不同组合使 A 型流感病毒形成 100 多种亚型,常见的有 H_1N_1、H_2N_2、H_3N_2、H_5N_1、H_5N_2、H_7N_7、

H_9N_2 等,各亚型之间无交互免疫力。HA 是决定病毒致病性的主要抗原成分。

迄今为止,高致病性禽流感病毒(HPAIV)都是 H_5 和 H_7 血清型,而所有其他亚型毒株对禽类均为低致病性。虽然 H_5 和 H_7 亚型中的病毒只有一小部分是 HPAIV,但低致病性禽流感病毒(LPAIV)在条件合适时很容易变为 HPAIV。低致病性禽流感可以由 H_5 和 H_7 亚型中非 HPAIV 引起,也可由 HA 其他亚型引起,前者引起的流行可以演变为高致病性禽流感。1990 年以来,H_9 亚型受到特别重视,在一些亚洲国家的禽群中成为占优势的血清亚型。

禽流感病毒对外界环境抵抗力较弱,不耐热、不耐酸和乙醚,对紫外线、甲醛和常用消毒剂敏感,对碘蒸气和碘溶液特别敏感,但对干燥和低温的抵抗力较强。

禽流感病毒存在于病禽所有组织、体液、分泌物和排泄物中。禽流感病毒能凝集禽和某些哺乳动物的红细胞,并能被特异性免疫血清所抑制。

二、诊断要点

(一)流行病学特点

病禽和带毒禽是主要传染源,特别是鸭带毒比其他禽类严重,带毒候鸟和野生水禽在迁徙中,沿途散播禽流感病毒。曾分离出禽流感病毒的禽类有燕子、麻雀、乌鸦、斑鸭、鹤、八哥、鹦鹉、苍鹭等。本病传播途径有经呼吸道和通过排泄物或分泌物经口传染,亦可经损伤的皮肤和眼结膜传染。发病或带毒水禽造成水源和环境污染,对扩散本病有特别重要的意义。母鸡感染可造成蛋壳和蛋内容物带毒。禽流感病毒可使鸡胚死亡,蛋内污染病毒的种蛋不能孵出雏鸡。

禽流感的发病率和死亡率差异很大,这取决于禽的种类和感染的血清型以及年龄、环境和有无并发感染等。

禽流感一年四季均能发生,但以天气骤变的晚秋、早春以及寒冷的冬季多发。饲养管理不当、营养不良和内外寄生虫侵袭均可促进本病的发生和流行。

(二)临床症状

禽流感的潜伏期一般为 3～5 天。潜伏期的长短与病毒的致病性高低、感染强度、感染途径和感染禽的种类及年龄等有关。

1.高致病性禽流感 多数情况下不出现前驱症状,发病后迅速死亡,死亡通常发生在感染后的 1～2 天。病情较缓和时主要表现为精神沉郁,体温迅速升高,可达 42 ℃以上。采食、饮水明显减少。冠和肉髯肿胀、发绀(图 19-1)、出血甚至坏死(图 19-2)。头颈及眼睑肿胀,眼结膜潮红,有分泌物。流鼻涕、咳嗽、呼吸困难。口腔中黏性分泌物增多。下痢,粪便呈黄绿色并带有大量黏液或血液。有的病鸡腿部皮下和鸡爪鳞片出血、变色,跗关节肿胀。蛋鸡产蛋量急剧下降,或几乎完全停止,同时蛋壳变薄、褪色,无壳蛋、畸形蛋增多,种蛋受精率和受精蛋的孵化率明显下降。有的病鸡出现头颈震颤、转圈、共济失调、不能站立等神经症状。禽舍异常安静,因为禽的活动性下降。发病率和死亡率达 50%～89%,有的达 100%。

图 19-1 病死鸡皮肤发绀(肉鸡)　　图 19-2 鸡冠局部坏死

扫码看彩图

2. 低致病性禽流感　野禽感染后大多不产生临床症状。本病多发于 1 月龄以上的家禽,主要是成年蛋鸡感染发病,鹌鹑、鸭、鹅亦可感染发病,也有 15 日龄鸡发病的报道。潜伏期从几小时至 3 天不等。由于家禽的种类、年龄和有无并发症以及外界环境的不同,表现的症状差异很大。主要表现为精神沉郁、不愿活动,采食量下降、产蛋量下降,下降幅度为 30%～90%,轻度至严重的呼吸道症状,包括咳嗽、打喷嚏、出现啰音,流泪,头部、肉髯水肿、发绀,或排黄白绿稀粪。蛋壳颜色变淡,破壳蛋增多。病程 7～10 天,若继发大肠杆菌病等,症状加重,死亡率 3%～30%。病愈后产蛋量恢复需要 30～60 天,产蛋率仅能恢复到原来的 70%～90%,在恢复阶段,蛋壳质量非常差,有大量的无壳蛋、薄壳蛋、软皮蛋、沙皮蛋、小蛋、无黄蛋等。

(三)病理变化

高致病性禽流感最急性型一般无明显病理变化。急性型病鸡头、眼睑、颈和胸等部位肿胀,组织呈淡黄色。内脏器官较固定的病变是浆膜或黏膜面的出血和实质脏器的坏死灶。口腔、腺胃、十二指肠和盲肠扁桃体出血,肌胃角质层下出血、溃疡(图 19-3)。胸部肌肉、腹壁脂肪有点状出血。气管黏膜水肿,并伴有浆液和干酪样渗出物(图 19-4)。胰常有淡黄色坏死点和暗红色区域。肝、脾、肾和肺常可见到坏死灶。气囊增厚并有纤维素性或干酪样渗出物。心冠脂肪和心外膜出血,心包积液,心肌软化。法氏囊和胸腺萎缩或呈黄色水肿、充血、出血。母鸡卵泡充血、出血、变形(图 19-5),卵黄液稀薄,严重者卵泡破裂,常见卵黄性腹膜炎。输卵管水肿、充血,内有黏液或干酪样物质(图 19-6)。公鸡睾丸变性坏死。

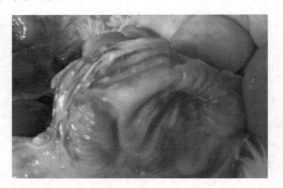

图 19-3　肌胃角质层下出血

图 19-4　气管环出血,内有大量黄色黏液

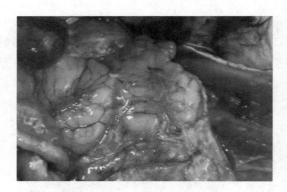

图 19-5　卵泡变形,呈菜花样(蛋鸡)

图 19-6　输卵管内有黄色干酪样物质(蛋鸡)

低致病性禽流感病鸡鸡冠轻度发绀,有的病鸡头颈部皮下胶样浸润。病变主要在呼吸道,尤其是窦的损害。眶下窦有浆液性和浆液脓性渗出物。喉头有针尖大出血点,气管黏膜水肿、充血并有出血,气管黏液从浆液样到干酪样不等,有时可造成气管阻塞。若继发细菌感染可导致纤维素性支气管肺炎。常见卵黄性腹膜炎,卵泡充血、出血、变形、破裂,输卵管内有白色或淡黄色胶冻样或干酪样物质。有些病鸡肾肿胀,有尿酸盐沉积。胰腺带白斑。若继发大肠杆菌病,可见典型的纤维素性气囊炎、心包炎、肝周炎和输卵管炎。

（四）诊断

根据临床诊断综合分析或通过禽流感抗体检测可做出初步判断。确诊必须检测病毒抗原或基因，或分离鉴定禽流感病毒。

诊断方法有病毒的分离与鉴定、RT-PCR 分子生物学诊断、神经氨酸酶抑制试验和血凝抑制试验、病毒中和试验、酶联免疫吸附试验和琼脂免疫扩散试验（AGIP）等。

对高致病性禽流感的疫情诊断，应严格规范四级疫情诊断程序，即专家临床初步诊断、省级实验室确认疑似、国家参考实验室毒性鉴定、农业部最终确认和公布。

三、防治

禽流感的防治主要采取扑杀、强制性免疫和生物安全相结合的措施。

（一）平时综合预防措施

养禽场实行"全进全出"饲养方式，控制人员、车辆出入，严格规范消毒。鸡和水禽禁止混养，养鸡场与水禽饲养场应相互间隔 3 km 以上，且不得共用水源。养禽场要有良好的防止外来禽鸟（包括水禽）进入饲养区的管理设施。严禁从疫区或可疑地区引进家禽或禽制品。

（二）免疫接种

禽流感病毒抗原血清型多，且易发生变异，不仅有许多亚型，而且各个亚型之间有一定的抗原性差异，缺乏明显的交叉保护作用，所以疫苗研制很困难。目前预防禽流感还没有理想的疫苗。常规的卫生防疫措施仍是目前防治本病的主要手段。目前在临床应用的疫苗有禽流感灭活苗、H_5N_1 重组禽流感灭活苗、禽流感 H_5 和 H_9 二联苗、H_5 亚型禽流感-新城疫重组活疫苗等。尚在研制中的 DNA 疫苗，是一种安全且易长期保存的疫苗。有条件的养禽场要进行禽群免疫状态与抗体效价的检测。

（三）发病时的措施

当发生低致病性禽流感时，在严格隔离的情况下，可以用抗病毒药物如利巴韦林、盐酸吗啉胍、盐酸金刚烷胺或盐酸金刚乙胺、板蓝根、大青叶等治疗，可缓解病情，同时注意预防继发感染。

当发生高致病性禽流感时，因发病急，发病率和死亡率很高，目前尚无治疗方法。根据《重大动物疫情应急条例》和《全国高致病性禽流感应急预案》规定，对高致病性禽流感的防治措施包括疫情报告、疫情诊断、疫点疫区的划分、隔离封锁、扑杀销毁、环境消毒、紧急接种等。

任务二 新 城 疫

微视频 19-2

新城疫（newcastle disease，ND）在我国民间俗称"鸡瘟"，是由新城疫病毒引起鸡和火鸡的一种急性、热性、高度接触性传染病，常呈败血症经过，其特征是高热、呼吸困难、下痢、神经症状、浆膜和黏膜出血，发病率和死亡率都很高。

一、病原

新城疫病毒（newcastle disease virus，NDV）属于副黏病毒科腮腺炎病毒属，完整病毒粒子近圆形，有囊膜，在囊膜的外层呈放射状排列的突起物称纤突，具有刺激宿主产生抑制红细胞凝集素和病毒中和抗体的抗原成分。

本病毒存在于病鸡所有器官、体液、分泌物和排泄物中，以脑、脾和肺含毒量较高，骨髓含毒时间最长。从不同地区和鸡群分离到的 NDV，对鸡的致病性有明显差异。NDV 毒株间差异的区别标准指标是鸡胚平均死亡时间（MDT）、1 日龄雏鸡脑内接种致病指数（ICPI）和 6 周龄鸡静脉注射致病指数（IVPI）。根据致病性试验将 NDV 毒株分为强毒力、中等毒力和低毒力三个型。

NDV 一个很重要的生物学特性就是能吸附于鸡、火鸡、鸭、鹅及某些动物（人、豚鼠）的红细胞表面，并引起红细胞凝集（HA），这种特性与其囊膜上纤突所含血凝素和神经氨酸酶有关。这种血凝现象能被抗 NDV 的抗体(HI)所抑制,因此可用 HA 和 HI 来鉴定病毒和进行流行病学调查。

NDV 对乙醚、氯仿敏感。病毒在 60 ℃、30 min 失去活力,真空冻干病毒在 30 ℃可保存 30 天。在阳光直射下,病毒经 30 min 死亡。病毒在冷冻的尸体中可存活 6 个月以上。常用的消毒剂如 2%氢氧化钠溶液、5%漂白粉溶液、70%乙醇,20 min 即可将 NDV 杀死。NDV 对 pH 稳定,pH 3～10 时不被破坏。

二、诊断要点

(一)流行病学特点

在自然条件下,本病主要发生于鸡、火鸡和鸽子,但近年来在我国常对鹅严重致病,野鸭、野鸡、鹌鹑、斑鸠、乌鸦、麻雀、八哥、燕子等其他野生或笼养的鸟类大部分也能自然感染本病或伴有临床症状或隐性经过。在所有易感禽中,以鸡最易感,不同品种和日龄的鸡均可感染,但雏鸡和青年鸡易感性较高,两年以上的鸡易感性较低。

传染源主要是病鸡和间歇期的带毒鸡,但鸟类的传播作用也不可忽视,传染源通过口、鼻分泌物和粪便排出病毒。本病主要经消化道和呼吸道传播,病毒也可经眼结膜、受伤的皮肤和泄殖腔黏膜侵入鸡体,鸡蛋也可带毒而传播本病。非易感的野禽、外寄生虫、人畜也可机械传播病毒。

该病一年四季均可发生,但以春秋较多。养鸡场内一旦有鸡发生本病,未免疫易感鸡群感染时,4～5 天可波及全群,发病率、死亡率可超过 90%,免疫效果不好的鸡群感染时症状不典型,发病率、死亡率较低。

(二)临床症状

自然感染的潜伏期一般为 2～14 天,平均为 5 天。根据临床表现和病程的长短,本病分为典型新城疫和非典型新城疫两种病型。

1. 典型新城疫 当非免疫鸡群或免疫失败的鸡群受到强毒株感染时,可引起典型新城疫的暴发,发病率和死亡率可超过 90%。典型新城疫往往发生在流行初期,各个年龄段的鸡都可发生,以 30～50 日龄的鸡多发。鸡群突然发病,常无明显症状,个别鸡只迅速死亡。随后在感染鸡群中出现比较典型的症状,病鸡体温升高达 43～44 ℃,食欲减退或废绝,垂头缩颈,鸡冠及肉髯渐变暗红色或紫黑色。咳嗽,呼吸困难,有黏液性鼻漏,常伸头、张口呼吸,并发出"咯咯"的喘鸣声。口流黏液,嗉囊内充满液体内容物,倒提时常有大量酸臭的液体从口内流出。粪便稀薄,呈黄绿色或黄白色(图 19-7),后期排蛋清样的粪便。随着病程的发展有的病鸡还会出现神经症状,如

图 19-7　病鸡排黄绿色稀粪

翅、腿麻痹,转圈,头颈歪斜或后仰。病鸡动作失调,反复发作,最终瘫痪或半瘫痪、体温下降,不久死亡。病程 2～5 天,1 月龄内的雏鸡病程较短,症状不明显,死亡率高;成年母鸡在发病初期产蛋量急剧下降,产软壳蛋等畸形蛋或停止产蛋。

2. 非典型新城疫 鸡群在具备一定免疫力时遭受强毒株攻击而发生的一种表现形式。主要是由于雏鸡的母源抗体含量高,接种新城疫疫苗后,不能获得坚强的免疫力;或因免疫后时间较长,保护力下降到临界水平,而鸡群内存在 NDV 强毒株循环传播;或有其他免疫抑制性疾病存在;或免疫程序不合理、抗体不整齐、疫苗质量不佳或免疫剂量不足等原因,当强毒株侵入时,仍可发生新城疫。其主要特点是病情比较缓和,症状不典型,仅表现为呼吸道症状和神经症状,其发病率和死亡率变动幅度大,可从百分之几到百分之十几。

雏鸡:常见呼吸道症状,张口伸颈,气喘,咳嗽,口有黏液,有摇头或吞咽动作,并出现零星死亡。排绿色稀粪,1 周左右大部分鸡趋向好转,病程稍长者少数出现神经症状,如歪头、扭脖或呈仰面观星状、翅腿麻痹,稍遇刺激或惊扰,全身抽搐就地旋转,数分钟后又恢复正常。

青年鸡：常见于二次弱毒苗（Ⅱ系或Ⅳ系）接种之后，病鸡排黄绿色稀粪，呼吸困难，10％左右出现神经症状。

成年鸡：症状不明显，或仅有轻度的呼吸道和神经症状，发病率和死亡率低，有时蛋鸡仅表现为产蛋量下降，下降幅度为10％～30％，并出现畸形蛋、软壳蛋和糙皮蛋，半个月后逐渐回升，但要2～3个月才能恢复正常。

（三）病理变化

典型新城疫主要病变为全身黏膜、浆膜出血和坏死，尤以消化道和呼吸道较为明显。个别死鸡可见胸骨内面及心外膜上有出血点。口腔有大量黏液，嗉囊内充满大量酸臭液体和气体，在食管与腺胃、腺胃与肌胃交界处常见条状或不规则出血斑，腺胃黏膜水肿，其乳头或乳头间有明显的出血点，或有溃疡和坏死，这是比较有特征性的病变。肌胃角质层下也常见出血点，有时形成溃疡。由小肠到盲肠和直肠黏膜有大小不等的出血点，肠黏膜上有时可见"岛屿状或枣核状溃疡灶"（图19-8），有的在黏膜上形成伪膜，伪膜脱落后即成溃疡，这亦是本病的一个特征性病理变化。盲肠扁桃体常见肿大、出血和坏死（枣核样坏死）。严重者肠系膜及腹腔脂肪上可见出血点。喉头、气管黏膜充血，偶有出血，肺有时可见淤血或水肿。心外膜、心冠脂肪有细小如针尖大的出血点。蛋鸡的卵泡和输卵管显著充血，卵膜破裂，卵黄流入腹腔引起卵黄性腹膜炎。脑膜充血或出血。肝、脾、肾无特殊病变。

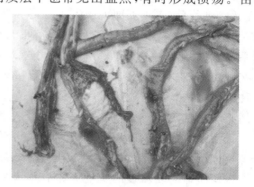

扫码看彩图

图19-8 病鸡肠道枣核样出血

非典型新城疫病理变化不明显，仅见黏膜出现卡他性炎，喉头和气管黏膜充血，小肠有不同程度的出血，直肠黏膜弥漫性出血。腺胃乳头出血很少见，但多剖检一些病死鸡只，可见有的病鸡腺胃乳头有少数出血点，直肠黏膜和盲肠扁桃体出血多见。

（四）诊断

根据本病的流行病学特点、症状和病理变化进行综合分析，可做出初步诊断。

实验室检查有助于对新城疫的确诊。病毒分离和鉴定是诊断新城疫最可靠的方法，常用的是鸡胚接种、HA和HI试验、中和试验及荧光抗体试验。但应注意，从鸡体内分离出的NDV不一定是强毒株。因为有的鸡群存在强毒力和中等毒力的NDV，必须针对分离的毒株做毒力测定，才能确诊。免疫组化和ELISA也可用于诊断本病。

新城疫应注意与禽霍乱、传染性支气管炎和禽流感相区别。新城疫与禽流感的鉴别要点见表19-1。

表19-1 新城疫与禽流感的鉴别要点

项目	新城疫	禽流感
鸡冠、肉髯、眼睑肿胀	－	＋＋＋
气囊壁增厚、纤维素性渗出物	－	＋＋＋
出血性素质	＋＋	＋＋＋＋
心脏、肝脏灶状坏死	－	＋＋＋
肠管伪膜性、溃疡性病变	＋＋＋	－
肾小球坏死	－	＋＋＋＋
淋巴组织坏死	＋＋＋	＋
脚鳞出血	－	＋＋

Note

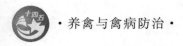

三、防治

(一)严格采取生物安全措施

日常坚持隔离、卫生消毒制度,防止一切带毒动物和污染物品进入鸡群,进出人员、车辆及用具应严格消毒。

(二)预防接种

鸡新城疫疫苗种类很多,但总体上分为弱毒活苗和灭活苗两大类。

弱毒活苗:国内使用的有Ⅰ系苗(Mukteswar株)、Ⅱ系苗(HB1株)、Ⅲ系苗(F株)、Ⅳ系苗(LaSota株)和Clone 30等。Ⅰ系苗属中等毒力,在弱毒活苗中毒力最强,一般用于2月龄以上的鸡,或经2次弱毒活苗免疫后的鸡,幼龄鸡使用后可引起严重反应,甚至导致发病。Ⅰ系苗多采用肌内注射,接种后3～4天即可产生免疫,免疫期可超过6个月。在发病地区常用作紧急接种。

Ⅱ系苗毒力最弱,Ⅲ系苗比Ⅱ系苗毒力稍强,Ⅳ系苗比Ⅰ系苗毒力弱,比Ⅲ系苗毒力强。Ⅱ系、Ⅲ系、Ⅳ系和Clone 30弱毒活苗,大、小鸡均可使用,多采用滴鼻、点眼、饮水及气雾接种。当进行气雾接种时,若鸡群存在支原体、大肠杆菌和其他呼吸道病毒感染则易诱发呼吸道疾病,因而使用气雾接种时应慎重。目前应用最广的是Ⅳ系苗及其克隆株(Clone 30),可应用于任何日龄的鸡。Ⅱ系苗常用于小鸡首免。

灭活苗:多与Ⅲ系或Ⅱ系弱毒活苗配合使用。灭活苗接种后产生的抗体水平高而均匀,因不受母源抗体干扰,免疫力可持续半年以上。

母源抗体对新城疫的免疫应答有很大的影响,雏鸡在3日龄时抗体滴度最高,以后逐渐下降。在有条件的养鸡场,根据对鸡群HI抗体免疫监测结果确定初次免疫和再次免疫的时间。对鸡群抽样采血做HI试验,如果HI抗体的效价高于2,进行首免几乎不产生免疫应答,一般将抗体水平在$4log_2$作为免疫接种的临界值。免疫检测可了解免疫接种效果,也可为制订或修改免疫程序提供依据。

(三)注意防治免疫抑制性疾病

鸡群患有马立克病、传染性法氏囊病、白血病网状内皮组织增殖病等免疫抑制性疾病时接种新城疫疫苗产生的抗体水平较低,严重时甚至无抗体产生。使用中等偏强毒力的IBD疫苗,亦可使新城疫的免疫应答受到严重抑制。

(四)发生新城疫时的扑灭措施

新城疫是Ⅰ类动物疫病,发生本病时应按《中华人民共和国动物防疫法》及其有关规定处理。主要措施如下:对被污染的用具、物品和环境要彻底消毒,病鸡和死鸡尸体深埋或焚烧。同时对全场鸡用Ⅰ系或Ⅳ系苗接种,接种顺序为先假定健康鸡群后可疑病鸡群,一般免疫注射后3天、饮水免疫后5天死亡可停止或减少。在发病初期注射免疫血清或卵黄抗体可控制本病。

对非典型新城疫在注射Ⅰ系苗的同时,还应注射油乳剂灭活苗,后者能产生高水平且均一的抗体,从而清除在鸡群中长期存在的强毒株。

任务三　传染性支气管炎

微视频 19-3

传染性支气管炎(infectious bronchitis,IB)是由传染性支气管炎病毒引起的鸡的一种急性、高度接触传染性的呼吸道疾病。其特征是病鸡咳嗽、打喷嚏和气管发生啰音。雏鸡还可出现流鼻涕,蛋鸡产蛋量减少。肾型病鸡表现为排白色稀糊状粪便,肾肿大、苍白,有大量尿酸盐沉积。该病具有高度传染性,感染鸡生长受阻、耗料增加、产蛋量和蛋质量下降、死淘率增高,给养鸡业造成巨大经济损失。

Note

一、病原

传染性支气管炎病毒(infectious bronchitis virus,IBV)属于冠状病毒科冠状病毒属中的一个代表种,多数呈圆形,有囊膜和纤突,基因组为单股正链 RNA。目前已分离出 30 多个血清型,并且新的血清型和变异株不断出现。多数毒株能使气管产生特异性病变,有些毒株能引起肾病变和生殖道病变。不同血清型或毒株之间的交叉保护力较低或完全不能交叉保护。病毒主要存在于病鸡呼吸道渗出物中,肝、脾、肾和法氏囊中也能发现,病毒在肾和法氏囊内停留的时间可能比在肺和气管中还要长。

本病毒能在 10~11 日龄的鸡胚中生长。自然毒株初次接种鸡胚,多数鸡胚能存活,少数生长迟缓。到第十代时,可在接种后的第九天引起 80% 的鸡胚死亡。特征性变化是发育受阻、胚体萎缩成小丸形,羊膜增厚、紧贴胚体,卵黄囊缩小,尿囊液增多等。感染鸡胚经 1% 胰蛋白酶或磷脂酶 C 处理后,才具有血凝性。

多数毒株在 56 ℃、15 min 灭活,−20 ℃ 下能保存 7 年。本病毒对一般消毒剂敏感,在 0.01% 高锰酸钾溶液中 3 min 内死亡。本病毒在室温中能抵抗 1% HCl(pH 2)、1% NaOH(pH 12)1 h,新城疫病毒、传染性喉气管炎病毒和鸡痘病毒在室温中不能耐受 pH 2 的酸度,这在鉴别上有一定意义。

二、诊断要点

(一)流行病学特点

本病仅发生于鸡,各种年龄的鸡都可发病,但雏鸡和蛋鸡较为严重。有母源抗体的雏鸡有一定抵抗力(约 4 周)。过热、严寒、拥挤、通风不良以及维生素、矿物质和其他营养成分缺乏以及免疫接种等均可促进本病的发生。适应于鸡胚的毒株脑内接种乳鼠,可引起乳鼠死亡。

本病的主要传播方式是病鸡从呼吸道排出病毒,经飞沫传染给易感鸡。此外,本病也可通过饲料、饮水等,经消化道传染。病鸡康复后可带毒 49 天,在 35 天内具有传染性。本病无季节性,传播迅速,几乎在同一时间内有接触史的易感鸡都发病。

(二)临床症状

本病的潜伏期为 36 h 或更长。常无前驱症状,突然出现呼吸症状,并迅速波及全群为本病特征。4 周龄以下鸡常表现为伸颈、张口呼吸、打喷嚏、咳嗽、啰音,病鸡全身衰弱、精神不振、食欲减退、羽毛松乱、昏睡、翅下垂。个别鸡鼻窦肿胀,流黏性鼻涕,眼泪多,逐渐消瘦。康复鸡发育不良。

成年鸡出现轻微的呼吸道症状,蛋鸡产蛋量下降,并产软壳蛋、畸形蛋或粗壳蛋。蛋的质量变差,如蛋清稀薄呈水样,蛋黄和蛋清分离以及蛋清黏着于壳膜表面等。

病程一般为 1~2 周,雏鸡的死亡率可达 25%,6 周龄以上的鸡死亡率很低。康复后的鸡具有免疫力,至少在一年内可在血清中检测到相应抗体,但其高峰期是在感染 3 周后。

肾型毒株感染鸡,呼吸道症状轻微或不出现,或呼吸道症状消失后,病鸡沉郁、持续排白色或水样粪便、迅速消瘦、饮水量增加。雏鸡死亡率为 10%~30%,6 周龄以上鸡死亡率为 0.5%~1%。

(三)病理变化

气管、支气管、鼻腔和窦内有浆液性、卡他性和干酪样渗出物。气囊可能混浊或含有黄色干酪样渗出物。病死鸡后段气管或支气管中可能有一种干酪样栓子(图 19-9)。在大的支气管周围可见小灶性肺炎。蛋鸡的腹腔内可以发现液状卵黄,卵泡充血、出血、变形。18 日龄以内雏鸡,有的可致输卵管发育异常,致使成熟期不能正常产蛋。

肾肿大出血,多数呈斑驳状的"花斑肾"(图 19-10),肾小管和输尿管因尿酸盐沉积而扩张。在严重病例中,白色尿酸盐沉积可见于其他组织器官表面。

(四)诊断

肾型 IB 一般可现场做出诊断,一般 IB 和混合感染的 IB 确诊需进行实验室检查。

Note

扫码看彩图

图 19-9　支气管干酪样栓子

图 19-10　花斑肾

病毒的分离：无菌采集急性期病鸡气管渗出物和肺组织，制成悬液，每毫升加青霉素和链霉素各1万单位，置4℃冰箱过夜，以抑制细菌污染。经尿囊腔接种于10～11日龄鸡胚。初代接种的鸡胚，孵化至19日龄，可使少数鸡胚发育受阻，而多数鸡胚能存活，这是IVB的特征。若在鸡胚中连续传几代，则可使鸡胚呈现规律性死亡，并出现特征性病变。也可收集尿囊液后经气管内接种易感鸡，如有本病毒存在，则被接种的鸡在18 h后可出现症状，发生气管啰音。也可将尿囊液经1%胰蛋白酶37℃作用4 h，再做血凝及血凝抑制试验进行初步鉴定。近年来已建立起直接检查感染鸡组织中IBV核酸的RT-PCR方法。

干扰试验：IBV在鸡胚内可干扰NDV-B1株（即Ⅱ系苗）血凝素的产生，因此可利用这种方法对IBV进行诊断。取9～11日龄鸡胚10枚，分两组，一组尿囊内接种被检IBV鸡胚液；另一组作为对照。10～18 h后两组同时尿囊内接种NDV-B1，孵化36～48 h后，置鸡胚于4℃、8 h，取鸡胚液做HA抗体试验。如果为IBV，则试验组鸡胚液有50%以上HA滴度在1：20以下，对照组90%以上鸡胚液HA滴度在1：40以上。

气管环培养：利用18～20日龄鸡胚，取1 mm厚气管环做旋转培养，37℃、24 h，在倒置显微镜下可见气管环纤毛运动活泼。感染IBV后，1～4天可见气管环纤毛运动停止，继而上皮细胞脱落。此法可用于IBV分离、滴定及血清分型。

血清学诊断：由于IBV抗体具多型性，不同血清学方法对群特异和型特异抗原反应不同。酶联免疫吸附试验、免疫荧光试验及免疫扩散试验一般用于群特异性抗体检测；而中和试验、血凝抑制试验一般用于初期反应抗体的型特异性抗体检测。抗体IgG水平于接种IBV后1～3周达到高峰，然后下降；IgM水平在第3周上升，保持到第5周，因此，可于感染初期和恢复期分别检测IBV抗体，如恢复期血清效价高于初期，可诊断为本病。

三、防治

(一)预防措施

严格执行卫生防疫措施。鸡舍要注意通风换气，防止过度拥挤，注意保温，加强饲养管理，补充维生素和矿物质，增强鸡体抗病力。

常用M41型的弱毒苗如H120、H52及其油剂灭活苗。一般认为M41型对其他型病毒株有交叉免疫作用。H120毒力较弱，对雏鸡安全；H52毒力较强，适用于20日龄以上鸡；油剂灭活苗各种日龄均可使用。一般免疫程序为5～7日龄用H120首免；25～30日龄用H52二免；种鸡于120～140日龄用油剂灭活苗三免。使用弱毒苗时应与NDV弱毒苗同时免疫或间隔10天再进行NDV弱毒苗免疫，以免发生干扰作用。

对肾型IB，弱毒苗有Ma5，1日龄及15日龄各免疫一次，方法同上。除此之外还有多价(2～3型毒株)油剂灭活苗，按雏鸡0.2～0.3 mL、成年鸡0.5 mL的剂量皮下注射。

(二)治疗方法

本病无特效药物，可选用抗病毒药抑制病毒的繁殖，添加抗生素以防止继发感染，使用黄芪多糖等提高鸡群的抵抗力,配合镇咳等进行对症治疗。对肾型 IB 可减少蛋白质饲喂量、多饮水,以降低危害和死亡率。

任务四　传染性喉气管炎

微视频 19-4

传染性喉气管炎(infectious laryngotracheitis,ILT)是由传染性喉气管炎病毒引起的鸡的一种急性高度接触性呼吸道传染病。其特征是呼吸困难,咳嗽和咳出含有血液的渗出物,喉头、气管黏膜肿胀、出血,甚至黏膜糜烂和坏死,蛋鸡产蛋率下降。本病传播快,死亡率较高。本病于 1924 年首次报道于美国,现已遍布世界养禽的国家和地区。

一、病原

传染性喉气管炎病毒(infectious laryngotracheitis virus,ILTV)属于 α 疱疹病毒亚科中的禽疱疹病毒 I 型(gallid herpesvirus I)。病毒粒子有囊膜,基因组为双股 DNA。

病毒大量存在于病鸡的气管组织及其渗出物中,肝、脾和血液中较少见。病毒容易在鸡胚中繁殖,使鸡胚感染后 2～12 天死亡,胚体变小,绒毛尿囊膜增生和坏死,形成混浊的斑块病灶。病毒易在鸡胚细胞培养物上生长繁殖,最早(接种后 4～6 h)的细胞变化为核染色质变位和核仁变圆。随后胞质融合,成为多核的巨细胞(合胞体),并且早在接种后 12 h 便能检出核内包涵体。随着培养时间的延长,多核细胞的胞质出现大的空泡,并且由于细胞变性而变为嗜碱性。

ILTV 的不同毒株在致病性和抗原性上均有差异,但其只有一个血清型。不同毒株对鸡的致病力差异很大,给本病的控制带来了困难。

ILTV 的抵抗力很弱,55 ℃下只能存活 10～15 min,37 ℃下存活 22～24 h,但在 13～23 ℃中能存活 10 天。其对一般消毒剂都敏感,如 3% 来苏尔或 1% 氢氧化钠溶液,1 min 即可杀灭 ILTV。

二、诊断要点

(一)流行病学特点

在自然条件下,本病主要侵害鸡,不同年龄的鸡均易感,但以成年鸡的症状最具特征性。孔雀、幼火鸡也可感染。

病鸡和康复后的带毒鸡是主要传染源。病毒存在于气管和上呼吸道分泌液中,通过咳出血液和黏液而经上呼吸道传播,污染的垫料、饲料和饮水也可成为传播媒介。易感鸡与接种活苗的鸡长时间接触,也可感染本病。

(二)临床症状

本病自然感染的潜伏期 6～12 天。

急性病例的特征性症状是鼻孔有分泌物和呼吸时发出湿啰音,继而出现咳嗽和喘气。严重病例出现明显的呼吸困难(图 19-11),咳出带血的黏液,有时死于窒息。检查口腔时,可见喉部黏膜上有淡黄色凝固物附着,不易擦去。病鸡迅速消瘦,鸡冠发紫,有时排绿色稀粪,衰竭死亡。病程 5～7 天或更长。有的逐渐恢复成为带毒鸡。

有些比较缓和的病例呈地方流行性,其症状为生长迟缓、产蛋减少、流泪、结膜炎,严重病例见眶下窦肿胀,病鸡多死于窒息。

(三)病理变化

典型的病变为喉和气管黏膜充血和出血。喉黏膜肿胀,有出血斑,并覆盖黏性分泌物,有时这种渗出物呈干酪样假膜,可能会将气管完全堵塞(图 19-12)。炎症也可扩散到支气管、肺和气囊或眶下窦。比较缓和的病例,仅见结膜和窦内上皮的水肿及充血。

组织学变化可见黏膜下水肿,有细胞浸润。在本病早期可见核内包涵体。

图 19-11 病鸡张口呼吸、呼吸困难

图 19-12 气管内有黄色干酪样渗出物

（四）诊断

根据流行病学特点、特征性症状和典型的病理变化，即可做出诊断。症状不典型，与传染性支气管炎、鸡毒支原体病不易区别时，须进行实验室诊断。

1. 鸡胚接种　以病鸡的喉头、气管黏膜和分泌物，经无菌处理后，接种于10～12日龄鸡胚尿囊膜上，接种后4～5天鸡胚死亡，见绒毛尿囊膜增厚，有灰白色坏死斑。

2. 包涵体检查　取发病后2～3天的鸡喉头黏膜上皮或者用病料接种鸡胚，取死胚的绒毛尿囊膜做包涵体检查，可见细胞核内有包涵体。

3. 用已知免疫血清与病毒分离物做中和试验　可用单层细胞培养的蚀斑减数或绒毛尿囊膜坏死斑减数试验加以测定。此外，荧光抗体试验、免疫琼脂扩散试验也可作为本病的诊断方法。

传染性支气管炎与传染性喉气管炎的鉴别要点见表19-2。

表 19-2　传染性支气管炎与传染性喉气管炎的鉴别要点

项目	传染性支气管炎	传染性喉气管炎
病原体	冠状病毒	疱疹病毒
发病年龄	所有年龄	成年
死亡率	雏鸡75%～90%，成年鸡低	低
流鼻涕	无	有
其他症状	雏鸡张口伸颈	严重咳嗽，咳出血痰
剖检变化	气管充满黏痰，输卵管发炎	喉头和气管黏膜严重出血，气管内有干酪样渗出物

三、防治

严格坚持隔离、消毒等措施，封锁疫点，禁止可能污染的人员、饲料、设备和鸡只的移动。病毒感染和免疫接种都可造成 ILTV 潜伏感染，因此避免将康复鸡或接种疫苗的鸡与易感鸡混群饲养。药物治疗仅是对症疗法，可使呼吸困难的症状缓解。

目前有两种疫苗可用于预防。一种是弱毒疫苗，经点眼、滴鼻免疫。但 ILT 弱毒疫苗一般毒力较强，免疫鸡可出现轻重不同的反应，甚至引起成批死亡，接种途径和接种量应严格按说明书进行。另一种是强毒苗，可涂擦于泄殖腔黏膜，4～5天后，泄殖腔黏膜出现水肿和出血性炎症，表示接种有效，但排毒的危险性很大，一般只用于发病养鸡场。灭活苗的免疫效果一般不理想。

任务五　马立克病

马立克病（Marek's disease，MD）是由马立克病病毒引起的一种高度接触性传染病，以各种内脏器官、周围神经、性腺、虹膜、肌肉和皮肤单独或多发淋巴样细胞浸润并形成肿瘤为特征。MD 存在于世界所有养禽国家和地区,其危害随着养鸡业的集约化而增大。世界动物组织及我国都将鸡马立克病列为Ⅱ类动物疫病。

一、病原

马立克病病毒(Marek's disease virus,MDV)是一种细胞结合性病毒。MDV分三个血清型:1型为致瘤的MDV;2型为不致瘤的MDV;3型为火鸡疱疹病毒(HVT)毒株。MDV基因组为线状双股DNA,可在鸭胚成纤维细胞(DEF)和鸡肾细胞(CK)上繁殖,并产生蚀斑。

MDV的复制为典型的细胞结合病毒复制方式。MDV感染后,在体内与细胞之间的相互作用有3种形式。第一种是生产性感染,主要发生在非淋巴细胞,病毒DNA复制,抗原合成,产生病毒颗粒。第二种是潜伏感染,主要发生于T细胞,但也可见于B细胞、脊神经节的施万细胞和卫星细胞。第三种是转化性感染,是MD淋巴瘤中大多数转化细胞的特征。转化性感染仅见于T细胞,且只有强毒的1型MDV能引起。转化性感染常伴随着病毒DNA整合进宿主细胞基因组。转化细胞表达多种非病毒抗原。

MDV对理化因素作用的抵抗力不强,对热、酸、有机溶剂及消毒剂抵抗力均较弱。5%甲醛溶液、3%来苏尔、2%氢氧化钠溶液以及甲醛蒸气熏蒸等均可杀死病毒。

二、诊断要点

(一)流行病学特点

鸡是最重要的自然宿主,除鹌鹑外其他动物自然感染没有实际意义。致病力强的毒株可对火鸡造成严重损害。不同品种或品系的鸡均能感染MDV,但对发生MD(肿瘤)的抵抗力差异很大。感染时鸡的年龄对发病有很大影响,特别是出雏舍和育雏舍的早期感染具有高发病率和高死亡率。年龄大的鸡发生感染,病毒可在体内复制,并随脱落的羽囊、皮屑排出体外,但大多不发病。母鸡比公鸡对MD更易感。

病鸡和带毒鸡是主要的传染源,病毒通过直接或间接接触经空气传播。在羽囊上皮细胞中复制的病毒随羽毛、皮屑排出,使鸡舍内的灰尘成年累月保持传染性。很多外表健康的鸡可长期持续带毒、排毒,故在一般条件下MDV在鸡群中广泛传播,于性成熟时几乎全部感染。本病不发生垂直传播。人工感染可用病鸡血液、肿瘤匀浆悬液或无细胞病毒接种1日龄易感雏鸡,或与感染鸡直接或间接接触。

鸡群所感染MDV的毒力对发病率和死亡率影响很大。根据HVT疫苗能否提供有效保护,可将MDV分为温和毒MDV(mMDV)、强毒MDV(vMDV)和超强毒MDV(vvMDV)。我国已有超强毒MDV存在。应激等环境因素也可影响MDV的毒力。

(二)临床症状

MD是一种肿瘤性疾病,潜伏期较长,受病毒的毒力、剂量、感染途径和鸡的遗传品系、年龄和性别的影响,MD的临床症状可以存在很大差异。种鸡和蛋鸡常在16~20周龄出现临床症状,甚至可延迟至24~30周龄或60周龄以上。

MD的临床症状与MDV的毒力有关,一般可分为神经型、内脏型、眼型和皮肤型。特征性症状是一个或多个肢体非对称的进行性不全麻痹,随后发展为完全麻痹。因侵害的神经不同而表现不同的症状。翅受累以下垂为特征。控制颈肌的神经受害可导致头下垂或头颈歪斜。迷走神经受害可引起嗉囊扩张或喘息。步态不稳是最早出现的症状,后完全麻痹,不能行走,蹲伏地上,或呈一腿伸向前方、另一腿伸向后方的特征性姿势,这是坐骨神经受侵害的结果。

有些病鸡虹膜受害,导致失明。一侧或两侧虹膜正常视力消失,呈同心环状或斑点状以至弥漫的灰白色。瞳孔开始时边缘变得不齐,后期则仅为一针尖大小孔。

(三)病理变化

最恒定的病变部位是周围神经,以腹腔神经丛、前肠系膜神经丛、臂神经丛、坐骨神经丛和内脏大神经较常见。受害神经横纹消失,变为灰白色或黄白色,有时呈水肿样外观。病变常为单侧性,将两侧神经进行对比有助于诊断。

内脏器官和组织中最常被侵害的是卵巢,其次为肾、脾、肝、心、肺、胰、肠系膜、腺胃和肠道。肌肉和皮肤也可受害。在上述器官和组织中可见大小不等的肿瘤块(图19-13),呈灰白色,质地坚硬而致密,有时肿瘤呈弥漫性,使整个器官变得很大。除法氏囊外内脏的眼观变化很难与禽白血病等其他肿瘤相区别。

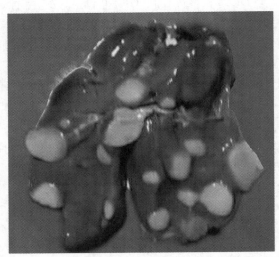

图19-13　肝脏中大小不等的肿瘤块

法氏囊通常萎缩,极少数情况下发生弥漫性增厚的肿瘤变化,由肿瘤细胞的滤泡间浸润所致。皮肤病变常与羽囊有关,但不限于羽囊,病变可融合成片,呈清晰的带白色结节,在拔毛后的胴体上尤为明显。

(四)诊断

MDV是高度接触传染性的,在商业鸡群中几乎无所不在,但在感染鸡中仅有一小部分发生MD。此外,接种疫苗的鸡虽能得到保护不发生MD,但仍能感染强毒MDV。因此,是否感染MDV不能作为诊断MD的标准,必须根据疾病特异的流行病学特点、临床症状、病理变化和肿瘤标记做出诊断。

MD一般发生于1月龄以上的鸡,2~7月龄为发病高峰时间;病鸡常有典型的肢体麻痹症状,出现周围神经受害、法氏囊萎缩、内脏肿瘤等病理变化。这些都是MD的特征,一般不会造成误诊。

虽然检查鸡群MDV感染情况对MD诊断并无多大帮助,但对流行病学监测和病毒特性研究具有重要意义。常用的方法有病毒分离,检查组织中的病毒标记和血清中的特异性抗体。病毒分离常用DEF和CK细胞(Ⅰ型毒)或CEF(Ⅱ、Ⅲ型毒),分离物用特异性单抗进行鉴定。组织中的病毒标记,可用荧光抗体(FA)、琼脂扩散试验(AGP)和酶联免疫吸附试验(ELISA)等查病毒抗原,或用DNA探针查病毒基因组。FA、AGP和ELISA等也可用于检查血清中的MDV特异性抗体。

三、防治

免疫接种是防治本病的关键,以防止出雏舍和育雏舍早期感染为中心的综合性防治措施,对提高免疫效果和减少损失亦起重要作用。

用于制作疫苗的病毒有三种:人工致弱的Ⅰ型MDV(如CVI988)、自然不致瘤的Ⅱ型MDV(如SBl、Z4)和Ⅲ型MDV(HVT)(如FCl26)。HVT疫苗使用最广泛,因为制苗经济,而且可制成冻干制剂,保存和使用较方便。多价疫苗主要由Ⅱ型和Ⅲ型或Ⅰ型和Ⅲ型MDV组成。Ⅰ型MDV和Ⅱ型MDV只能制成细胞结合疫苗,需在液氮条件下保存。

早期感染可能是引起免疫鸡群超量死亡最重要的原因,因为免疫接种后需7天才能产生坚强免疫力,而在这段时间内在出雏舍和育雏舍都有可能发生感染。

由超强毒株引起的MD暴发,常在用HVT疫苗免疫的鸡群中造成严重损失,用Ⅰ型CVI988疫苗,Ⅱ、Ⅲ型 MDV 组成的双价疫苗可以控制。Ⅱ型和Ⅲ型 MDV 之间存在显著的免疫协同作用,由它们组成的双价疫苗免疫效率相比单价疫苗显著提高。由于双价疫苗是细胞结合疫苗,其免疫效果受母源抗体的影响很小。

任务六 禽 白 血 病

微视频 19-6

禽白血病(avian leukemia,AL)是由白血病/肉瘤病毒群中的病毒引起的禽类多种肿瘤性疾病的统称。其特征是造血组织发生恶性的、无限制的增生,在全身很多器官中产生肿瘤性病灶,死亡率很高,危害非常严重。

一、病原

禽白血病的病原体是禽白血病/肉瘤病毒群中的病毒,属反转录病毒科禽 C 型反转录病毒群,俗称 C 型肿瘤病毒。本病包括多种肿瘤,如淋巴细胞白血病、成红血细胞白血病、成髓细胞白血病和骨髓细胞瘤。其中以淋巴细胞白血病的发生最为普遍。

二、诊断要点

(一)流行病学特点

淋巴细胞白血病常发生在 16 周龄以上的鸡,主要通过种蛋垂直传播,也可通过与感染鸡或污染的环境接触而水平传播。公鸡比母鸡的发病率低,且随着日龄的增长,本病的发病率逐渐增高。

(二)临床症状及病理变化

本病根据发病部位的不同,临床症状及病理变化也有所差异。

(1)淋巴细胞白血病:病鸡表现为精神沉郁,食欲不振,腹泻,逐渐消瘦。有些病鸡腹部膨大,鸡冠苍白、皱缩,偶见发绀。剖检可见肝大数倍,有结节型、果粒型或弥散型肿瘤。肝呈苍白色或灰黄色,有时有出血或坏死。上述肿瘤变化也可见于肾、卵巢、皮下、黏膜下、趾爪部、法氏囊、腺胃、胰、脾等器官和组织(图 19-14)。

(2)骨髓细胞瘤:此型可见于头骨、肋骨、胸骨以及跗骨等处,有肿大增生,也可发生于软骨、骨表面及骨膜连接处,呈弥漫结节状(图 19-15)。

图 19-14 肝、脾及肾弥漫性肿瘤病变

图 19-15 胸骨腹面浆膜多发性肿瘤

扫码看彩图

(3)间皮瘤病:病鸡食欲不振,消化不良,排黄白色稀粪。剖检在肠系膜、胃肠浆膜上可见大量米粒大小至黄豆粒大小的肿瘤结节(图 19-16)。

(4)血管内皮瘤:皮肤或内脏出现血泡,可单个或多个出现。瘤体破裂后,可导致流血不止,直至死亡。

(5)骨石化症:感染的骨骼通常为两侧胫骨、跗骨的骨干,表现为明显肿粗,呈"穿靴样"。随着病情的发展,趾爪发生坏死、脱落。

图 19-16 肠系膜多发性肿瘤

Note

（三）诊断

根据临床症状、流行病学特点、病理变化等可以做出初步诊断，确诊要进行实验室诊断。本病应注意与马立克病进行区别。

三、防治

本病目前尚无有效的治疗方法，也没有合适的疫苗进行免疫预防，只能做好日常的防疫工作。

（1）注重养禽场的防疫消毒工作，防止水平传播和垂直传播。使用不带病毒的母禽产的种蛋，以避免发生垂直传播。养禽场环境及禽舍用具要定期消毒，对进出车辆、人员也要采取切实可行的方法进行消毒，这是最有效的预防办法。

（2）定期检查，发现病禽随时淘汰，发现可疑病禽立即隔离观察。雏禽与成年禽要隔离饲养。因为病毒可随粪便排出，所以病禽和可疑病禽的粪便要堆肥发酵以杀死病毒。

任务七　传染性法氏囊病

微视频 19-7

一、病原

传染性法氏囊病是由传染性法氏囊病病毒（IBDV）引起的幼禽的一种急性、高度接触性传染病。传染性法氏囊病病毒属于双 RNA 病毒科、禽双 RNA 病毒属。

二、诊断要点

（一）流行病学特点

IBDV 主要感染鸡、火鸡、鸭等，IBDV 耐酸、耐碱，对紫外线有抵抗力，主要经消化道、眼结膜及呼吸道感染。一般 2～15 周龄的鸡较易感，以 3～6 周龄的鸡易感性最强。本病往往突然发生、传播迅速，在未免疫鸡群中发现病鸡时，全群鸡几乎已全部感染。典型的传染性法氏囊病死亡率高。

（二）临床症状

（1）病鸡精神不振、食欲下降，腹泻，排出大米汤样或牛奶样白色稀粪，泄殖腔周围的羽毛沾有粪便。

（2）病鸡脱水，眼窝下陷，干爪，病初有些鸡啄自己的尾部羽毛或泄殖腔，产生免疫抑制，所以常并发新城疫，危害性很大。

（三）病理变化

（1）胸肌、腿肌上有条状、斑点状或刷状出血（图 19-17）。有的非典型病例，胸肌、腿肌上没有出血点，但法氏囊皱褶轻度水肿并有较明显的针尖样出血点。

（2）腺胃与肌胃交界处有一条出血带（图 19-18）。

图 19-17　胸肌、腿肌上有条状或刷状出血

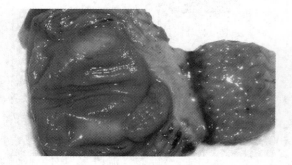

图 19-18　腺胃与肌胃交界处出血带

（3）病初期法氏囊出现轻微的肿胀，浆膜表面呈黄白色胶冻样浸润；囊壁增厚，质硬，外形变圆，

Note

呈黄白色瓷器样外观,黏膜皱褶水肿,有出血点或出血斑。

(4)有时法氏囊内有液状无色或浅黄绿色分泌物或呈豆腐渣样或干酪样分泌物。

(5)病情严重者法氏囊肿大3～5倍,外观及颜色呈"紫葡萄"样(图19-19),法氏囊黏膜皱褶水肿、出血或有溃疡。未进行传染性法氏囊病疫苗免疫的鸡或传染性法氏囊病抗体水平很低的鸡易被强毒株感染。胸肌、腿肌以及腹部肌肉严重出血,有时腿肌可呈现大片的黑紫色出血区,肝呈黄色。

(6)肾出现不同程度的肿胀,严重者呈花斑状,肾的横切面会流出白色的尿酸盐,严重者继发痛风(图19-20)。输尿管增粗,呈白线状。

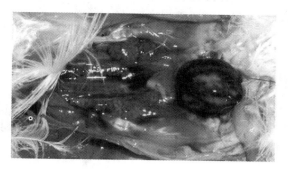
图 19-19 法氏囊严重肿胀出血、呈"紫葡萄"样

图 19-20 尿酸盐沉积呈花斑状

扫码看彩图

(四)诊断

根据本病的流行病学特点、临床症状和病理变化可做出诊断,确诊须进行实验室诊断。

三、防治

1. 预防措施 制定合理的免疫程序进行免疫接种。疫苗有很多种,可分为两大类:一类是弱毒活苗(弱毒苗、中毒苗、中等偏强毒力的鸡胚苗、细胞苗等);另一类是灭活强毒囊苗(效果最好)。常规免疫程序:12～14日龄首免,滴口或饮水;28日龄二免,中毒苗2～3倍量饮水。对于来源复杂或情况不清的雏鸡免疫可适当提前。对严重污染区及本病高发区的雏鸡可直接选用中毒苗。

2. 治疗措施 可用高免卵黄注射液预防和治疗,比用高免血清(成本高、制作繁、来源少)和某些药物治疗要好。

为提高治疗效果,应给予辅助治疗和一些特殊管理。如给予口服补液盐,每100 g加水6000 mL溶解,让鸡自由饮用3天,可以缓解鸡群脱水及电解质平衡问题;或以0.1%～1.0%小苏打水饮用3天,可以保护肾脏。如有细菌感染,可投服对症的抗生素,但不能用磺胺类药物。

任务八 产蛋下降综合征

微视频 19-8

一、病原

产蛋下降综合征是由禽腺病毒引起的一种以产蛋量下降为特征的病毒性传染病,致病因子属于腺病毒科、禽腺病毒属Ⅲ群,仅有一个血清型。

二、诊断要点

(一)流行病学特点

所有品系的蛋鸡都能感染,特别是产褐壳蛋的种鸡最易感。一般在鸡性成熟前不表现致病性,随着产蛋率的上升病原体被激活。本病的主要传播方式是经种蛋垂直传播,也可水平传播。

(二)临床症状

病鸡常无明显临床症状,但产蛋高峰期的鸡产蛋率会出现群体性突然下降,一般经4～5天或

5～7 天产蛋率下降 30％～50％,甚至高达 70％。病初蛋壳颜色变浅,接着是产畸形蛋(图 19-21),蛋壳粗糙似沙粒样、变薄易破损,异常蛋可占产蛋量的 15％ 以上。鸡笼下的粪便上有大量无壳蛋、小蛋、畸形蛋、破壳蛋、软壳蛋。病程可持续 1～2 个月,给养鸡业造成严重的经济损失。

(三)病理变化

本病无特征性病变,一般仅表现为输卵管发生急性卡他性炎,管腔内有较多的黏液渗出,黏膜水肿,似水泡(图 19-22)。

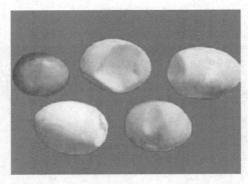

图 19-21 畸形蛋显著增多,多为软壳蛋、白壳蛋或无壳蛋　　　图 19-22 输卵管黏膜水肿

(四)诊断

根据本病的流行病学特点、临床症状、病理变化可做出初步诊断。但要注意与 H9 型禽流感引起的产蛋量下降相区分,确诊需进行实验室诊断。

三、防治

种鸡携带该病毒会造成胚胎垂直传播,因此产蛋量下降期的种蛋不可留作种用,引进种鸡时要注意。

本病最主要的预防措施是对 110～130 日龄鸡用产蛋下降综合征油乳剂灭活苗或新城疫与产蛋下降综合征二联苗进行肌内注射,每只 0.5 mL,免疫接种后 7 天产生免疫抗体,免疫期 1 年。种鸡在 35 周龄再接种一次,经 2 次免疫,雏鸡可获得高水平的母源抗体。

病鸡发病后及早紧急免疫注射产蛋下降综合征疫苗,以尽快阻止产蛋率下降,促进回升。

任务九　禽　　痘

微视频 19-9

一、病原

禽痘是由禽痘病毒(FPV)引起的禽类的一种急性、高度接触性传染病。禽痘病毒大量存在于病禽的皮肤和黏膜病灶中。干燥的病毒表现出明显的抵抗力,在上皮细胞屑和干燥的痘痂皮中可存活数月或数年之久,阳光照射数周仍可保持活力。

二、诊断要点

(一)流行病学特点

禽痘的传染常因健康易感禽与病禽接触引起。脱落和碎散的痘痂是病毒散播的主要方式。一般经损伤的皮肤和黏膜感染。蚊子及体表寄生虫亦可传播本病。家禽中以鸡的易感性最高,飞鸟中以鸽最严重。不同年龄、性别和品种的家禽都可感染。一年四季均可发病,以春、秋两季特别是秋末冬初蚊子活跃的季节最流行。发病时以雏鸡和青年鸡较为严重,雏鸡往往出现大批死亡。蛋鸡则产蛋量显著减少或完全停产。

（二）临床症状及病理变化

根据侵犯的部位不同，本病分为皮肤型、黏膜型、混合型三种。

1. 皮肤型 以头部皮肤及全身裸露的地方形成一种特殊的痘疹为特征。病初皮肤出现细薄的灰白色麸皮样覆盖物，并迅速长出结节，初呈灰白色，后呈黄色，逐渐增大如豌豆，表面凹凸不平，干燥后形成灰黄色或棕褐色痂皮（图 19-23）。有时结节数目多，互相连接融合，产生大块的结痂，出现于眼部可使眼睛完全闭合，称为"眼型鸡痘"。严重时病鸡精神萎靡不振、食欲减少、体重减轻，蛋鸡产蛋减少或停止。

2. 黏膜型 此型禽痘的病变主要在口腔、咽喉和眼等黏膜表面，喉气管黏膜出现痘斑，又叫"白喉型"（图 19-24）。起初为黄色斑点，逐渐扩散成为大片的沉着物（伪膜），随后变厚而形成棕色痂块，凹凸不平，且有裂缝。痂块不易剥离，强行撕脱常造成出血和溃烂。上述假膜出现于喉部时，剖检可见喉头和气管黏膜有隆起的单个或融合在一起的灰白色痘斑，可引起呼吸困难（似传喉样伸颈张口呼吸）和吞咽困难，甚至窒息死亡。

扫码看彩图

图 19-23 病鸡贫血，鸡冠苍白，头面部有痘痂

图 19-24 病鸡气管黏膜上密布白色、淡黄色大小不一的痘斑

3. 混合型 此型即皮肤型与黏膜型集一身。

（三）诊断

根据流行病学特点、临床症状、病理变化可初步诊断，确诊必须进行实验室检查。

三、防治

发现本病应隔离病禽，病重禽要淘汰，死禽深埋或焚烧。禽舍、运动场和一切用具要严格消毒，剥下的痘痂集中烧毁。要消灭蚊子。

1. 免疫接种 目前使用最广泛的是鸡痘鹌鹑化弱毒疫苗，可用刺种针蘸取稀释的疫苗，于鸡翅膀内侧无血管处皮下刺种。首免可在 20 日龄左右，二免应在鸡群开产前（120～140 日龄）进行。一般在蚊虫季节到来之前进行免疫接种，在冬季也可不免疫或推迟免疫时间，但在发病严重的养鸡场则应坚持免疫接种。

2. 治疗

（1）冠、鼻孔、眼睑处的痘可用镊子试探性地轻轻剥离痘痂，然后用碘酒或紫药水涂擦，但要注意药液不得进入眼内。

（2）对眼上长痘，上、下眼睑粘在一起的要小心扒开眼睑，用棉棒蘸上清洁的水慢慢地将豆腐渣样物清除，然后用 2% 硼酸溶液冲洗眼部或用氯霉素眼药水点眼。

（3）对呼吸困难的病禽要用镊子将喉部伪膜小心剥离取出，涂抹碘甘油。

（4）饲料中添加治疗禽痘的中草药等，连用 5～7 天，效果较好。同时注意控制继发感染。

微视频 19-10

任务十　禽脑脊髓炎

一、病原

禽脑脊髓炎是一种主要侵害雏鸡的病毒性传染病,以共济失调和震颤特别是头颈部的震颤为特征,又名流行性震颤。该病由禽脑脊髓炎病毒(AEV)引起,AEV 为小 RNA 病毒科肠道病毒属禽传染性脑脊髓炎病毒,主要侵害雏鸡。

二、诊断要点

(一)流行病学特点

AEV 通过水平传播和垂直传播两种方式传播。污染的垫料、孵化器和育雏设备等是病毒传播的途径。一般不经空气、吸血昆虫传播。垂直传播是造成本病流行的主要因素。蛋鸡感染 AEV 后,在 3 周内所产种蛋均有此病毒,这些种蛋在孵化过程中一部分死亡,另一部分可孵化出病雏鸡,病雏鸡又可导致同群鸡感染发病,主要见于 3 周龄以下雏鸡。1 日龄鸡感染通常以死亡告终,8 日龄鸡感染可出现轻瘫,但通常可以恢复,而 28 日龄或更大日龄鸡感染不引起临床症状。

(二)临床症状

病鸡先出现精神不振、眼神迟钝,不喜欢走动而蹲坐在跗关节上(图 19-25),被驱赶时可勉强走动几步,但步态不稳、共济失调,速度失去控制而摇摇摆摆向前猛冲倒下,最后侧卧不起。肌肉震颤大多在共济失调之后才出现,在腿、翼,尤其是颈部可见到明显的音叉式震颤,在病鸡受刺激、惊扰或倒提时更加明显。部分病鸡可以幸存并生长成熟,幸存鸡在育成期常出现眼球晶状体混浊、变蓝或灰白色而失明。

图 19-25　病鸡以跗关节着地、行走

(三)病理变化

主要病变为脑组织水肿,在软脑膜下有水样透明感,脑膜上有出血点、出血斑;着地的跗关节红肿,脚皮下有胶冻样渗出物。禽脑脊髓炎另一明显的肉眼可见的变化为雏鸡肌胃的肌层有白色区域。青年鸡感染后,除晶状体混浊外,未见其他变化。

(四)诊断

根据流行病学特点、临床症状、病理变化可做出诊断,确诊应进行病原体分离和血清学诊断。

三、防治

本病无特效药物,主要靠预防。对种鸡在生长期接种疫苗,保证其在性成熟后不被感染,以防止病毒通过种蛋垂直传播,是防控 AEV 传播的有效措施,母源抗体可在关键的 3 周龄内保护雏鸡不受 AEV 感染。

10～15 周龄是种鸡接种本病疫苗的适宜时间。口服或刺种免疫期达 1 年。对蛋鸡进行接种可导致产蛋量下降 10%～15%。

任务十一　鸡传染性贫血

微视频 19-11

一、病原

鸡传染性贫血是由鸡传染性贫血病毒(CIAV)引起的雏鸡以再生障碍性贫血、全身淋巴组织萎缩、皮下和肌肉出血以及高死亡率为特征的免疫抑制性传染病。CIAV 为圆环病毒科圆环病毒属病毒。鸡传染性贫血可继发病毒、细菌和真菌的感染。CIAV 存在于病鸡的多种组织内,以胸腺和肝病毒含量较高,脑和肠内容物中病毒维持时间较长。

二、诊断要点

(一)流行病学特点

鸡是 CIAV 的唯一自然宿主,1～7 日龄的鸡最易感,2～3 周龄的鸡易感。随着日龄的增长,鸡的易感性、发病率和死亡率逐渐降低,发病率为 20%～60%,死亡率为 5%～10%。病鸡和带毒鸡是本病的传染源,本病可垂直传播和水平传播,经种蛋垂直传播是本病的主要传播途径。水平传播为经口腔、消化道、呼吸道、免疫接种、伤口等直接或间接接触感染,或通过污染的鸡舍、饲料、饮水、用具等媒介传播。本病毒会诱导雏鸡免疫抑制,特别是降低雏鸡对马立克病的抵抗力。

(二)临床症状

本病多发生于 2～3 周龄的雏鸡,病鸡消瘦、萎靡不振、发育受阻、出现明显的贫血。出现症状 2 天后,开始有病鸡死亡,死前有腹泻。

本病典型症状最早在 7 日龄出现。病鸡表现为精神沉郁,虚弱,行动迟缓,羽毛松乱,蜷缩在一起,冠、肉髯、颜面、可视黏膜、皮肤苍白或黄白色,严重贫血。有的全身出血或头颈部、翅膀皮下出血,时间稍长皮肤呈蓝紫色,所以本病也称为"蓝翅病"。

(三)病理变化

病死鸡贫血、消瘦、肌肉苍白,血液稀薄如水,凝血时间延长;肝大,呈深黄色或有坏死斑点。严重贫血时可见肌肉和皮下出血,苍白的胸肌、腿肌上有出血点,有时腺胃出血。脾、肾色淡,肾肿胀,严重者有花斑。骨髓与胸腺萎缩,这是本病的特征性变化。大腿骨的骨髓出现脂肪样变,呈黄色、淡黄色或浅粉红色。

(四)诊断

根据流行病学特点、临床症状和病理变化可做初步诊断。确诊须进行病毒的分离鉴定或做血清学诊断。

三、防治

禁止引进感染 CIAV 的种蛋,防止鸡群过早暴露于 CIAV 环境中,切断传染源及传播途径,做好传染性法氏囊病、马立克病等免疫抑制病的预防接种工作,降低机体对 CIAV 的易感性。本病的主要危害是引起免疫抑制,导致其他病毒、细菌和真菌的继发感染,因此,在发病后用抗生素预防继发感染,在一定程度上可降低损失。

4 周龄时免疫接种,以防止通过种蛋传播病毒,用减毒活疫苗通过肌内、皮下注射或刺种对种鸡进行接种,有良好的免疫保护效果。如果后备种鸡群血清学呈阳性,则不宜进行接种。目前有两种免疫方法:一是使用 Bülow 和 Witt 用鸡胚生产的有毒力的活疫苗,通过饮水免疫;二是用通过母代

Note

接种减毒的 CIAV 疫苗对 12～16 周龄的种鸡进行饮水免疫,4 周后能产生较强的免疫力,并能维持到 60～65 周龄。本病目前尚无特异的治疗方法,对发病鸡群可用广谱抗生素控制细菌继发感染。

任务十二　禽病毒性关节炎

一、病原

禽病毒性关节炎又称病毒性腱鞘炎、呼肠孤病毒感染等,是由禽呼肠孤病毒引起的以跗、趾关节肿大,腱鞘炎为特征的一种急性病毒性传染病。多数情况下该病毒呈现亚临床感染而往往被忽视,但其能使鸡生长停滞、运动功能障碍、产蛋率下降、淘汰率升高,因此可造成严重的经济损失。

二、诊断要点

(一)流行病学特点

本病主要见于 4～7 周龄肉鸡。肉种鸡在开产前(16 周龄左右)也可感染,发病率较高,并可长期带毒至少 289 天,引起垂直传播和水平传播,水平传播是其主要方式。病鸡、带毒鸡能长时间通过粪便排毒,这是主要的排毒途径,污染饲料和饮水。平面饲养的肉鸡群水平传播迅速。

(二)临床症状及病理变化

多数病鸡呈隐性经过,急性感染时可出现跛行,部分鸡生长停滞;慢性病例跛行更明显,不能站立,双腿前伸,甚至跗关节僵硬、不能活动,跗关节肿胀,按压有波动感(图 19-26)。有的病鸡关节炎症状虽不明显,但可见腓肠肌腱或趾屈肌腱肿胀,有时还发现腓肠肌腱断裂,伴发皮下出血。病鸡呈典型的蹒跚步态。

跗关节部位皮下有淡黄色胶冻状水肿、出血或黄白色纤维蛋白渗出。关节腔内常含有少量草黄色或血性渗出物,偶见较多的脓性渗出物(图 19-27)。感染早期,跗关节的腱鞘显著肿胀、出血,关节滑膜出血。当腱部的炎症转为慢性时,则见腱鞘硬化与粘连,关节软骨糜烂,肌腱断裂、出血,烂斑增大、融合并可延展到其下方的骨质,伴发骨膜增厚。

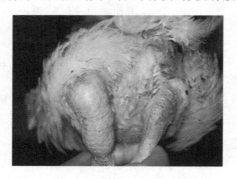

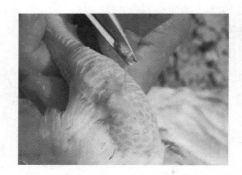

图 19-26　跗关节肿胀,按压有波动感　　　　图 19-27　跗关节肿胀,关节腔内有大量脓性渗出物

(三)诊断

根据本病流行病学特点、临床症状、病理变化可初步诊断,确诊须进行病毒的分离与鉴定或血清学诊断。

(1)病毒分离:禽呼肠孤病毒可在鸡胚细胞和 VERO 细胞上分离和生长。据报道,VERO 细胞不适用于禽呼肠孤病毒野外材料的分离。经卵黄囊或绒毛膜接种后,病毒易在鸡胚中生长,初代病毒的分离最好应用鸡胚卵黄囊接种法。

(2)中和试验:一般采用蚀斑减数中和试验加以测定,以衡量病毒和不同稀释度血清的蚀斑减数,可用于病毒血清型的鉴定。

(3)琼脂扩散试验:禽呼肠孤病毒具有群特异抗原,可用琼脂扩散试验检测,血清中的沉淀抗体可在鸡受到感染后的第 17 天检出。有关节病变的鸡抗体可能长期存在,但多数鸡在感染后的第 4 周抗体消失。自然感染的鸡群中 85％～100％的鸡呈阳性反应,人工接种鸡的阳性率达 100％。琼脂扩散试验多用于流行病学的调查,一般应每月进行 1 次,每次抽检样本量为鸡群的 1％。

三、防治

本病无特效药物治疗,发病后可对症治疗。对鸡舍彻底清洗并采用碱溶液、0.5％有机碘溶液、百毒杀等彻底消毒,可杜绝病毒的水平传播。为了有效地预防病毒性关节炎的发生,在本病流行地区,种鸡群一般在 1～7 日龄、4 周龄和开产前各接种一次病毒性关节炎、传染性支气管炎及新城疫三联灭活苗,10 天后可产生免疫力,保护率达 90％～100％,免疫期 5 个月以上。商品肉用仔鸡 1 日龄接种一次多价弱毒苗即可。

任务十三　鸡安卡拉病

微视频 19-13

一、病原

鸡安卡拉病是由禽腺病毒 4 型引起的,以肾炎、包涵体肝炎、心包积液等为特征的一种传染病。

本病最早发生于 1987 年巴基斯坦卡拉奇的安卡拉地区,发展迅速,席卷了整个巴基斯坦,造成了严重的经济损失,引起了人们的重视,故以此地名命名病毒和病名。此后,本病在全球时有发生。2012 年以前,本病在我国呈地方性散发流行,危害不大,但之后呈现大面积流行,且毒力和传染性有所增强,全国各地均有报道,应引起重视。

禽腺病毒 4 型属禽腺病毒科腺病毒属 I 群。

二、诊断要点

(一)流行病学特点

本病多发于肉鸡、麻鸡,也可见于肉种鸡和蛋鸡。2 月龄以下的鸡对本病较易感,40 日龄左右的鸡发病率最高。病鸡和隐性感染鸡是主要的传染源,可间歇性向外界排出病毒。本病可经精液、种蛋垂直传播,也可经粪便及气管、鼻黏膜的分泌物等水平传播。

本病的传染性强,发病鸡群前期没有预兆,多突然死亡。最初的 2～3 天死亡率极低,随后死亡率上升,发病后 5～7 天进入死亡高峰期,死亡高峰期可持续一周左右,然后死亡率开始降低。整个病程持续 10～14 天,死亡率为 20％～80％。本病全年可见,以夏末秋初居多。

(二)临床症状

发病鸡群前期没有预兆,多突然死亡,以鸡群中营养状况良好的鸡先发病。病鸡翅膀下垂,羽毛蓬松,冠和肉髯发白,呼吸困难,排黄绿色稀粪。临死前扑腾、挣扎,出现角弓反张等神经症状。

(三)病理变化

主要病变部位在心、肝、肺和肾。心肌略肿大,心包积液,心包内有量不等的淡黄色透明液体。肝大,充血,质脆,整体色暗或变淡,有数量不等的灰白色坏死点或(和)红色出血点。肺淤血、水肿,气囊呈云雾状混浊,气管内有大量黏性分泌物。肾肿大苍白,有条状出血或白色尿酸盐沉积。胸腺和法氏囊有时萎缩。

(四)诊断

根据临床发病特点及心包积液、肝大出血、肺水肿、肾肿大出血等剖检特点,可做出初步诊断。确诊应借助病毒的分离、PCR 鉴定等实验室手段。

三、防治

本病无特效药物,在发病初期应用保肝护肾的中药,可不同程度地降低死亡率。有条件的可以在发病初期注射特异性卵黄抗体,一般注射后 48 h 左右即可停止死亡。预防性采用免疫接种,本病尚无商品化疫苗,可用自家养鸡场里分离的病毒制备。

任务十四　鸡包涵体肝炎

一、病原

鸡包涵体肝炎又称贫血综合征,是由禽腺病毒引起的鸡的急性病毒性传染病。以严重贫血、肝大出血、死亡,以及肝细胞内出现核内包涵体为特征。禽腺病毒属腺病毒科Ⅰ群,目前有 9～11 个血清型,各血清型的病毒粒子均能侵害肝脏。

二、诊断要点

(一)流行病学特点

本病广泛存在于世界各地,1951 年美国首次报道本病的发生,我国于 1980 年以后陆续有本病发生的报道。本病多发于春、秋两季。1～2 月龄肉用仔鸡最常发生,蛋鸡群多在开产后散发,但多数鸡群长期带毒排毒而不表现临床症状。鸡群突然发病死亡,很快停止,也有持续 2～3 周的。本病发病率低,死亡率可达 10%。

本病可以水平和垂直方式传播,垂直传播是本病的重要特点。蛋鸡可通过输卵管排毒造成母鸡-种蛋-雏鸡的垂直传播,水平传播主要经呼吸道、消化道及眼结膜等途径感染,传播速度较慢。

(二)临床症状

本病的潜伏期一般不超过 4 天。早期感染期间在生长发育良好的鸡群中病鸡突然发病、死亡。病鸡精神沉郁、嗜睡、食欲降低、排出白色水样稀粪,羽毛粗乱。后期病鸡面部、冠、肉髯苍白、贫血,少数病鸡出现黄疸(颜面和皮肤呈黄白色),故又称贫血综合征。感染后 3～4 天突然出现死亡高峰,5 天后死亡减少或逐渐停止,病程 10～14 天。

(三)病理变化

典型病变为肝肿胀、质脆、易破裂、呈点状或斑驳状出血,同时肝褪色、变浅,呈浅粉红色或黄褐色。肾肿胀、呈灰白色、有出血点,脾有白色斑点状或环状坏死灶,骨髓呈灰白色或黄色。

(四)诊断

根据本病的流行病学特点、临床症状、病理变化可初步诊断,确诊须依赖鸡胚接种、分离并鉴定病毒。血清学诊断可采用琼脂扩散试验、中和试验和免疫荧光抗体试验。

三、防治

一般认为本病无特殊的治疗方法。首先要加强饲养管理,防止传染源的传入,防止和消除应激因素;饲料中补充微量元素和复合维生素、鱼肝油以增强抵抗力;可在发病日龄前 2～3 天加喂抗生素、保肝药、维生素 C 等。发病后使用质量好的保肝中药拌料,同时用抗生素控制继发感染。传染性法氏囊病引起的免疫抑制常常是本病的诱因,控制鸡传染性法氏囊病的发生是预防鸡包涵体肝炎有效方法之一。

任务十五　禽网状内皮组织增殖病

一、病原

禽网状内皮组织增殖病是由禽网状内皮组织增殖病病毒引起的鸡、鸭、鹅、火鸡及其他禽类的综合征,以急性网状细胞肿瘤形成、矮小综合征、淋巴组织和其他组织的慢性肿瘤形成为特征。禽网状内皮组织增殖病病毒感染严重损害机体免疫系统,导致机体免疫力下降而易继发其他传染病。

禽网状内皮组织增殖病病毒属反转录病毒科,目前已从世界各地分离到 30 多个毒株。

二、诊断要点

(一)流行病学特点

该病毒可通过口、眼分泌物及粪便水平传播,也可经种蛋垂直传播。雏禽特别是 1 日龄雏禽最易感,小日龄雏禽感染后引起严重的免疫抑制或免疫耐受,较大日龄雏禽感染后,不出现或仅出现一过性的病毒血症。

(二)临床症状

急性病例很少表现明显的症状,死前只见嗜睡。病程长的病禽主要表现为衰弱、生长迟缓或停滞,禽体消瘦。病禽精神沉郁,羽毛稀少,鸡冠苍白。个别病禽表现为运动失调、肢体麻痹。

(三)病理变化

禽体消瘦,肝脾大,其表面有弥漫性、细小、较光滑的灰白色结节,但也有凸出于肝表面的大的结节。病禽肠道有结节状肿瘤,呈串珠状,十二指肠、小肠黏膜有肿瘤性白斑。病禽胸腺、法氏囊萎缩,有时可出现腺胃肿胀、出血、溃疡。

(四)诊断

根据临床症状、病理变化可初步诊断,确诊须进行病毒分离与鉴定。

三、防治

本病尚无有效的防治方法。加强卫生消毒,严格控制该病毒感染的病禽进入养禽场。严禁使用污染了该病毒的弱毒疫苗,避免因接种污染的疫苗而造成感染发病,建议使用由 SPF 鸡生产的疫苗。

任务十六 鸭 瘟

微视频 19-16

鸭瘟(duck plague,DP)又名鸭病毒性肠炎(duck virus enteritis,DVE),是由鸭瘟病毒引起的鸭和鹅等禽类的一种急性、热性、败血性传染病。其特征是病鸭体温升高、脚软、绿色下痢、流泪和部分病鸭头颈部肿胀;食管黏膜有小点状出血,并有灰色假膜覆盖或溃疡,泄殖腔黏膜充血、出血、水肿和有假膜覆盖,肝有不规则且大小不等的出血点和坏死灶。本病广泛流行、传播快速,发病率和死亡率高,同时产蛋率降低,严重威胁养鸭业的发展。

一、病原

鸭瘟病毒(DPV)属于疱疹病毒科、α-疱疹病毒亚科、马立克病毒属。DPV 呈球形,直径为 120～180 nm,有囊膜,病毒核酸为双链 DNA。病毒在病鸭体内分散于各种内脏器官、血液、分泌物和排泄物中,其中以肝、肺、脑病毒含量较高。DPV 对禽类和哺乳动物的红细胞没有凝集现象,毒株间在毒力上有差异,但免疫原性相似。DPV 对外界环境抵抗力不强,由于囊膜结构特点,对氯仿、乙醚及其他脂溶性有机溶剂敏感。大部分常用消毒剂可将其杀灭。DPV 对热抵抗力差,56 ℃条件下 10 min 失活;80 ℃条件下 5 min 失活;夏季阳光直射,9 h 失活。

二、诊断要点

(一)流行病学特点

1. 易感动物 DPV 宿主较为广泛,在自然条件下,本病主要发生于鸭,不同年龄、性别和品种的鸭都有易感性,以番鸭、麻鸭易感性较高,北京鸭次之。自然感染潜伏期通常为 2～4 天,30 日龄以内雏鸭较少发病。人工感染时小鸭较大鸭易感,自然感染则多见于大鸭,尤其是产蛋的母鸭。鹅也能

养禽与禽病防治·

感染发病,但很少形成流行。鸡对鸭瘟抵抗力强,鸽、麻雀、兔、小白鼠对本病无易感性。

2. 传染源 病鸭和带毒鸭是本病主要传染源。被含有 DPV 排泄物污染的饲料、饮水及饲养器具等均可作为媒介传播该病。某些野生水禽感染病毒后可成为传播本病的自然疫源和媒介。人工感染时,经滴鼻、点眼、泄殖腔接种、皮肤刺种、肌内注射和皮下注射均可使易感鸭发病。

3. 传播途径 鸭瘟一年四季均可发生,以春、秋季较易发。主要为水平传播,可经消化道感染,也可经眼结膜、呼吸道感染或经交配感染。鸭群感染 DPV 后开始出现零星病鸭,随后有大量病鸭出现,并进入流行期。整个流行过程有时可拖延 2～3 个月甚至更长。

(二)临床症状

1. 鸭 潜伏期 2～5 天。病初体温升高(43 ℃以上)、高热稽留、流泪,部分病鸭头颈部肿胀(俗称"大头瘟")(图 19-28),严重者出现灰绿色下痢。病鸭精神萎靡,两腿麻痹,多蹲伏(图 19-29),羽毛松乱无光泽,不愿走动和下水,减食或停食,饮欲增加,流鼻涕,呼吸困难。眼睑发生水肿,流泪增多,怕光,严重时会明显翻出,鼻部有浆液性或脓样分泌物流出,在形成干酪样结痂后会导致鼻孔阻塞,从而出现呼吸困难。此外,眼结膜发生充血、出血(图 19-30),泄殖腔黏膜有充血、水肿、出血现象,排出灰白色或绿色稀粪,且会附着在泄殖腔四周(图 19-31),干燥后会形成结块。病程一般为 2～5 天。

扫码看彩图

图 19-28 病鸭头颈部肿胀

图 19-29 病鸭精神萎靡,两腿麻痹,多蹲伏

图 19-30 眼结膜发生充血、出血

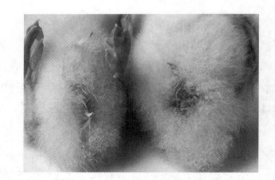

图 19-31 灰白色或绿色稀粪附着在泄殖腔四周

2. 鹅 自然条件下鹅可以感染鸭瘟,其临床特征为体温升高、两眼流泪、鼻孔有浆性和黏性分泌物。病鹅的肛门水肿,严重者两脚发软,卧地不愿走动。食管和泄殖腔黏膜有一层灰色假膜覆盖,黏膜充血或有斑点状出血和坏死。

(三)病理变化

肝、脾、心、肺、胰、肾、腺胃与食管膨大部和肌胃的交界处、肠道、法氏囊等出血(图 19-32 至图 19-35),尤以肝和肠道病变具有诊断意义。肝除出血外,还有许多大小不一的不规则灰白色或灰黄色坏死点。胆囊肿大,充满黏稠的墨绿色胆汁。腺胃黏膜出现出血斑;消化道发生条索状坏死性、假膜性炎症变化。病鸭的口腔、食管表面覆盖黄色的黏膜(图 19-34)。腺胃与肌胃交界处存

206

扫码看彩图

在大量的出血点、溃疡及黄色病灶;肌胃角质层充血、出血;小肠部位淋巴结发生出血,肠黏膜存在弥漫性出血(图 19-35);泄殖腔发生水肿、充血、出血及表面出现坏死性假膜等。蛋鸭卵巢充血、出血,输卵管黏膜充血和出血,有时还会伴有卵泡破裂,导致整个腹腔被污染(图 19-36),从而发生腹膜炎。雏鸭发生鸭瘟时,法氏囊病变更明显,表现为严重出血,表面有坏死灶,囊腔充满白色干酪样渗出物。

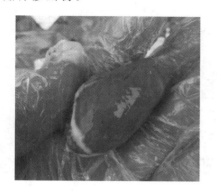

图 19-32 心出血

图 19-33 肝出血

图 19-34 食管出血、表面覆盖黄色的黏膜

图 19-35 肠黏膜存在弥漫性出血

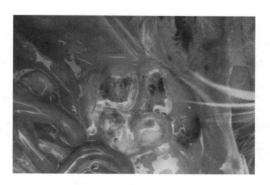

图 19-36 卵泡破裂,腹腔被污染

病鸭的皮下组织发生不同程度的炎性水肿,在"大头瘟"的典型病例中,头和颈部皮肤变得过于紧张,触摸有波动感,切开时可见淡黄色液体流出。

鹅感染 DPV 后的病理变化与鸭相似。

(四)诊断

成年鸭多发、发热、头颈部肿胀、食管和泄殖腔有假膜覆盖、肝和胰腺有坏死灶,即可做出初步诊断。确诊可使用中和试验、琼脂扩散试验和 ELISA 等实验室诊断方法进行,针对本病的胶体金试纸条诊断等简单快速的检测方法也被应用于实际生产中。

三、防治

(一)预防管理

免疫接种是预防和控制鸭瘟发生的最有效的手段,定期进行鸭瘟鸡胚化弱毒苗接种,可有效防止鸭瘟的发生与流行。采用皮下或肌内注射鸭瘟鸭胚化弱毒苗和鸡胚化弱毒苗,肉鸭可于7日龄左右进行首免,20~25日龄时进行二免,二次免疫后免疫期可达6个月左右,对于蛋鸭或种鸭分别于7日龄、20~25日龄、开产前2周左右进行免疫接种,免疫期可达1年左右。

(二)紧急治疗

对发病早期的病鸭可肌内注射抗鸭瘟免疫血清0.5 mL,也可以肌内注射聚肌胞0.5~1 mL,每3天注射1次,连续注射3次,均有一定效果。对疑似感染鸭或健康鸭群,应立即采用3~4倍量的鸭瘟疫苗紧急接种。为防止继发细菌感染,可注射庆大霉素,连续注射3天,每天早晚各注射1次。

任务十七　鸭病毒性肝炎

微视频 19-17

鸭病毒性肝炎(duck virus hepatitis,DVH)是由鸭肝炎病毒引起的雏鸭的一种迅速传播和高度致死性的病毒性传染病,其特征是发病急、传播快、死亡率高,临床上表现为角弓反张,病理变化特征为肝炎和出血。新疫区常呈暴发流行,具有很高的死亡率,最高可超过90%,给养殖户带来了较大的经济损失。

一、病原

鸭肝炎病毒属于小RNA病毒科,呈球形或类球形,直径为20~40 nm,无囊膜,无血凝性,可在鸡、鸭、鹅、胚尿囊增殖。本病毒有3个血清型,即Ⅰ型、Ⅱ型、Ⅲ型,三个血清型之间无交叉保护作用。国内外所报道的雏鸭病毒性肝炎绝大多数是由Ⅰ型鸭肝炎病毒引起的。鸭肝炎病毒对外界抵抗力很强,对氯仿、乙醚、胰蛋白酶和pH 3的环境都有抵抗力,在56 ℃加热60 min仍可存活,在2%的漂白粉溶液中3 h,或用5%酚溶液、碘制剂均可使病毒灭活。

二、诊断要点

(一)流行病学特点

1. 易感动物　本病主要发生于4~20日龄雏鸭,成年鸭有抵抗力,鸡和鹅不能自然发病。1周龄内雏鸭死亡率可达95%,4周龄以上的雏鸭发病率和死亡率很低。

2. 传染源　病鸭和带毒鸭是主要传染源,野生水禽可能成为带毒者,鸭舍中的鼠类也可能散播本病毒,病愈鸭仍可通过粪便排毒1~2个月。

3. 传播途径　主要通过消化道和呼吸道感染。在野外和舍饲条件下,本病可迅速传染易感雏鸭,发病率可达100%。

4. 流行特点　本病一年四季均可发生,但主要在孵化季节发生。在肉鸭舍饲条件下可常年发生,无明显季节性。

(二)临床症状

目前我国只发现Ⅰ型鸭病毒性肝炎。本病多见于20日龄内的雏鸭群,发病急、传播快、病程短,出现典型的神经症状、肝严重出血等特征,临床上往往在短时间内出现大批雏鸭死亡(图19-37)。感染雏鸭首先表现为精神沉郁、行动迟缓、跟不上群,然后出现蹲伏或侧卧,随后出现阵发性抽搐。大部分雏鸭在出现抽搐后数分钟或几小时内死亡,多数死亡鸭头向后背,呈角弓反张姿势(图19-38)。喙端和爪尖淤血呈暗紫色,少数病鸭死亡前排黄白色和绿色稀粪。近年来,临床上较大日龄鸭群或已做免疫接种的鸭群发生本病时,病例缺乏典型的病理变化,仅见肝大、淤血,表面有末梢毛细血管扩张破裂而无严重的斑点状出血,易造成误诊或漏诊(图19-39)。

扫码看彩图

图 19-37　短时间内出现大批雏鸭死亡

图 19-38　病鸭角弓反张

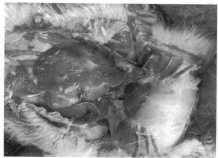

图 19-39　肝大、淤血,表面有末梢毛细血管扩张破裂

（三）病理变化

病理变化主要发生在肝,肝大,质地柔软,呈黄红色,表面有出血点或出血斑,严重时刷状出血(图 19-40)。肾轻度肿大、出血,血管明显,呈暗紫色树枝状。胆囊肿胀呈长卵圆形,充满胆汁,胆汁呈褐色、淡黄色或淡绿色。脾有时肿大,外观呈斑驳状;心肌如煮熟状。其他病理变化还包括心包炎、气囊中有淡黄色渗出液和纤维素絮片。

图 19-40　肝刷状出血

（四）诊断

1. 临床诊断　主要发生于 1 周龄内雏鸭,发病急,发病率和死亡率高,以及病鸭的肝内有明显的出血点或出血斑等即可做出初步诊断。

2. 实验室诊断　病毒的分离、鉴定。

3. 类症鉴别

（1）鸭霍乱:各种年龄的鸭均能发生,常呈败血症经过,缺乏神经症状。青年鸭、成年鸭比雏鸭更易感,尤其是 3 周龄以内的雏鸭很少发生,这在流行病学上是重要的鉴别要点。病鸭有肝大、灰白色针尖大的坏死灶,心冠沟脂肪组织有出血斑,心包积液,十二指肠黏膜严重出血等特征性病变,与鸭病毒性肝炎完全不同。肝触片、心包液涂片,革兰染色或亚甲蓝染色见有许多两极染色的卵圆形小杆菌;用肝和心包液接种鲜血培养基,能分离到巴氏杆菌,而鸭病毒性肝炎均为阴性。

（2）鸭传染性浆膜炎:该病多发生在 2～3 周龄的雏鸭。病鸭眼、鼻分泌物增多,绿色下痢,运动失调,头颈颤抖和昏睡。主要病变是纤维素性心包炎、纤维素性气囊炎和纤维素性肝周炎,脑血管扩

Note

张充血,脾肿胀呈斑驳状。不感染鸡和鹅。

(3)急性药物中毒:养鸭生产中偶可出现用药不当或用药量严重超标导致大批雏鸭急性药物中毒死亡,急性药物中毒所致的肝一般不出现明显的出血点和出血斑,可能为肝淤血、肠黏膜充血和出血。

三、防治

(一)预防管理措施

避免从疫区或疫场购入带毒雏鸭,严格执行"全进全出"的饲养管理制度、消毒制度,养鸭场和周围环境定期消毒。成年鸭产蛋前半个月,肌内注射 1～2 头份/只;产蛋中期,肌内注射 2～4 头份/只;雏鸭出壳后,1 日龄或 7 日龄皮下注射 1 头份/只。

(二)发病处理措施

一旦暴发本病,立即隔离病鸭,并对鸭舍和水域进行彻底消毒。用高免卵黄抗体或高免血清来控制疫情,每只 1.0～1.5 mL,同时用抗生素控制细菌性继发感染。

任务十八 小 鹅 瘟

微视频 19-18

小鹅瘟(gosling plague,GP)是由鹅细小病毒引起的一种急性或者亚急性败血性传染病,主要是雏鹅易感,常见于 4～20 日龄的雏鹅,发生后快速传播。该病的发病率和死亡率高达 90%～100%,随着日龄的增长,发病率和死亡率逐渐降低。成年鹅感染后往往不会表现出临床症状,但可通过排泄物和卵传播病毒。病鹅主要症状是精神沉郁,食欲废绝,剧烈下痢。主要病理变化为渗出性肠炎,小肠黏膜表层大片坏死脱落,与渗出物凝成假膜状,形成栓子阻塞肠腔。该病在世界多个国家和地区大面积流行,严重损害了养鹅业的经济效益。

一、病原

鹅细小病毒(GPV)属细小病毒科、细小病毒属,表面呈球形或六角形,无囊膜,属于单股 DNA。本病毒无血凝活性,有 1 个血清型,与哺乳动物的细小病毒没有抗原关系,存在于病死鹅的肝、肾、肠、血液等中。本病毒对环境抵抗力较强,65 ℃加热 30 min 或者 56 ℃加热 3 h 均不影响其感染力;在 -20 ℃条件下可以存活两年以上;本病毒对一般消毒剂(如氯仿、乙醚等)有较强的抵抗力,但对2%～5%氢氧化钠溶液、10%～20%的石灰乳敏感。

二、诊断要点

(一)流行病学特点

1. 易感动物 本病仅发生于鹅与番鸭,不同品种的雏鹅易感性相似,其他禽类均无易感性。多发于 2～20 日龄的雏鹅和雏番鸭,其发病率和死亡率随着日龄的增长呈下降趋势。2 日龄左右的雏鹅最易感,雏鹅感染后 2～3 天迅速扩散全群,死亡率高达 100%;8～10 日龄的雏鹅死亡率一般在80%左右;10～20 日龄的雏鹅发病率和死亡率在 30%～70%之间;1 月龄以上的雏鹅发病率大大降低,死亡率为 10%左右。

2. 传染源 病雏及带毒成年禽是本病的主要传染源。

3. 传播途径 病毒可通过呼吸道、饮水和污染饲料及周围环境等进行水平传播,也可通过繁殖进行垂直传播。带毒种蛋会在孵化过程中将病毒散播,污染孵化室,导致雏鹅群感染,约 1 周出现雏鹅群发病,甚至死亡。

4. 流行特点 本病一年四季均可感染发病,但由于饲养方式和饲养季节不同,在部分地区也呈季节性流行,且表现出周期性(通常为 2 年左右)。

(二)临床症状

本病潜伏期为3~5天,以消化系统和中枢神经系统扰乱为主要表现,根据病程的长短不同,可将其临床类型分成最急性型、急性型和亚急性型三种。

1.最急性型 最急性型多发生于3~10日龄的雏鹅,通常不见任何前驱症状,雏鹅突然发生败血症而死亡,或在发生精神呆滞后数小时即呈现衰弱,倒地划腿,挣扎几下就死亡。病势传播迅速,数日内即可传播全群。

2.急性型 急性型多发生于15日龄左右的雏鹅。患病雏鹅表现为精神沉郁,食欲减退或废绝,羽毛松乱,头颈缩起,闭眼呆立,离群独处,不愿走动,行动缓慢,虽能随群采食,但所采得的草并不吞下,随采随丢;鼻孔流出浆液性鼻液,沾污鼻孔周围,频频摇头;饮水量增加,出现下痢,排灰白色或灰黄色的水样稀粪,常为米浆样混浊且带有气泡或有纤维状碎片,肛门周围绒毛被沾污;喙端和蹼色变暗(发绀);个别患病雏鹅临死前出现颈部扭转或抽搐、瘫痪等神经症状。临床大多数雏鹅呈急性型,病程一般为2~3天,随患病雏鹅日龄增大,病程逐渐转为亚急性型。

3.亚急性型 亚急性型通常发生于流行的末期或20日龄以上的雏鹅。其症状轻微,主要以行动迟缓、走动摇摆、下痢(图19-41)、采食量减少、精神状态略差为特征。病程一般为4~7天,间或有更长,极少数病鹅可以自愈,但患病雏鹅吃料不正常,生长发育受到严重阻碍,成为"僵鹅"。

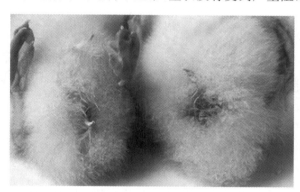

图 19-41 雏鹅下痢

扫码看彩图

(三)病理变化

最急性型病例剖检时仅见十二指肠黏膜肿胀充血,有时可见出血,在其上面覆盖有大量的淡黄色黏液;肝大,充血、出血,质脆易碎;胆囊胀大、充满胆汁,其他脏器的病变不明显。

急性型病例解剖时可见肝大,充血、出血,质脆;胆囊胀大,充满暗绿色胆汁;脾大,呈暗红色;肾稍肿大,呈暗红色,质脆易碎。肠道有明显的特征性病理变化:病程稍长的病例,小肠的中后段,尤其是在卵黄囊柄与回盲部的肠段,外观膨大。肠黏膜充血、出血,发炎坏死脱落,与纤维素性渗出物凝固形成长短不一(2~5 cm)的栓子;肠管体积增大,如腊肠状(图19-42),手触腊肠状处质地坚实,剪开肠道后可见肠壁变薄、肠腔内充满灰白色或淡黄色的栓子状物(以上俗称为腊肠粪的变化,是小鹅瘟的一个特征性病理变化)(图19-43)。也有部分病鹅小肠中后段未见明显膨大,但可见到肠黏膜充血、出血,肠腔内有大量纤维素性凝块和碎片,未形成坚实栓子。

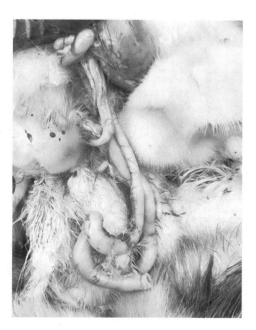

图 19-42 肠管膨大、体积增大

图 19-43　肠腔内充满灰白色或淡黄色的栓子状物

（四）诊断

1. 临床诊断　本病主要见于 3～20 日龄雏鹅，发病率和死亡率高，下痢严重，肠管膨大，肠黏膜坏死、脱落，与大量纤维素性渗出物混合凝固形成长条形栓塞物，滞留堵塞在肠道狭窄处。此外，心、肝、肾等脏器可见出血点或灰白色坏死点。

2. 实验室诊断　病毒的分离鉴定，中和试验、荧光抗体试验、反向间接血凝试验等。

三、防治

（一）管理措施

引种应经严格的筛查，防止将病鹅带到养殖场，对于新买进的雏鹅，要隔离观察再进行合群。此外，可使用甲醛熏蒸相关孵化养殖用具，以防病毒污染。

（二）免疫接种

雏鹅可接种小鹅瘟专用弱毒苗或抗小鹅瘟高免血清预防本病的流行。母鹅在产蛋前 30 天内注射弱毒苗，可使 270 天内所产种蛋孵出的雏鹅对小鹅瘟抗病率高达 95%，具有良好的预防效果。

（三）发病处理措施

本病目前无有效治疗药物，对于发病初期的患病雏鹅，注射小鹅瘟高免血清，治愈率 40%～50%。受威胁的雏鹅，或者潜伏期的雏鹅，一律皮下注射小鹅瘟高免血清，能避免 80%～90% 已被感染的雏鹅发病。但对于症状严重的患病雏鹅，免疫血清的治疗效果甚微。

任务十九　鸭坦布苏病毒病

一、病原

鸭坦布苏病毒（DTMUV）属黄病毒科黄病毒属，单股正链 RNA 病毒，呈球形，有囊膜。鸭坦布苏病毒病是由 DTMUV 引起的一种造成雏鸭瘫痪，蛋鸭卵巢出血坏死、产蛋量急剧下降，严重者出现死亡的急性、高度接触性传染病，给养鸭业造成巨大的危害，严重威胁养鸭业的健康发展。

二、诊断要点

（一）流行病学特点

DTMUV 几乎可感染所有品种的鸭，麻鸭最易感，致病力也最强。小日龄的蛋鸭和肉鸭对该病毒较为易感，蛋鸭是主要的感染群体，发病率较高，死亡率较低（1%～5%）。该病常伴随继发感染，死亡率可达 30%。DTMUV 还可以感染鸡、鹅、麻雀等其他禽类。

该病以秋、夏季多发，伊蚊、库蚊等蚊虫是主要的宿主和传播媒介，麻雀也是重要的传播者，污染的粪便、饲料、饮水、器具等都是重要的传染源。该病还能垂直传播。鸭群一旦发病，空气和接触传播就变成了主要传播方式，且速度极快，一般 2 天内即可感染整个鸭群。

扫码看彩图

(二)临床症状与病理变化

病鸭初期出现食欲不振、体温升高、精神沉郁等症状,后期主要表现为头部震颤、共济失调等神经症状。蛋鸭发病后产蛋量骤然下降,产薄壳蛋、软壳蛋和沙皮蛋,蛋的重量减小。如果病情严重,产蛋率能降低 20%～30%,重者绝产。

剖检可见卵巢肿大、充血、出血,卵泡充血、萎缩,输卵管内有黏性物质渗出(图 19-44)、心肌出血(图 19-45),肝大、色黄。雏鸭发病时剖检可见脑水肿(图 19-46),黏膜充血、出血,腺胃、肠黏膜出血等。

图 19-44 输卵管内有黏性物质渗出

图 19-45 心肌出血

图 19-46 脑水肿

(三)诊断

根据临床症状和剖检结果进行初步诊断,确诊需结合实验室检查,方法包括病毒分离、PCR 及血清学检测方法。

三、防治

本病无特效药,以预防为主。现有疫苗虽不能有效控制疾病初期对产蛋量下降的影响,但免疫过的鸭群死亡率更低,且卵巢能提前恢复正常。对养禽场应加强饲养管理工作,做好清洁工作,并定期消毒,对一切外来车辆做好严格消毒,加强鸭群的监控管理,如果发现疑似病鸭一定要做好隔离,对病死鸭进行无害化处理。

任务二十 鸭大舌头病

一、病原

鸭大舌头病,又称为鸭鹅长舌病,是由鸭细小病毒变异株引起的传染病。饲料中霉菌毒素中毒和营养不良可诱发此病。

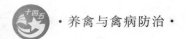
该病是近年来规模化养禽场流行的一种鸭、鹅传染病。其发病原因较为复杂,病鸭或病鹅由于舌头长长地伸出于上、下喙的外面并一直无法缩回到口腔内部,鸭、鹅不能采食及饮水而死亡。晚期发病较轻的鸭也常因舌头外露而影响卖相及羽毛质量,造成出栏时屠宰厂拒收这类鸭或被折扣收购,使养鸭户蒙受极大的经济损失。

二、诊断要点

(一)流行病学特点

本病自 2014 年来全国各地均有发生,在养殖密集地发病率较高,具有一定的区域传染特性。本病一年四季均可发生,多见于 10~25 日龄樱桃谷鸭和商品番鸭,商品蛋鸭发病较少。本病群体发病率较高,但死亡率较低,地面平养比网上平养发病率高,呈散发流行。

(二)临床症状

临床主要特征是病鸭舌头较大并很长,喙部较短,舌头长长地突出于喙部的外面。发病初期未发现异常情况,随着病情发展,病鸭表现为精神不振、扭脖、站立不稳、行走摇摆、双脚向外岔开呈八字脚,严重的可出现跛行、瘫痪或翻滚、鸭蹼干瘪;病鸭背部着地,努力挣扎但还是站不起来。有的因痉挛而突然倒地不起。有的呈现出乱蹦、翻跟头。病鸭粪便稀薄、腹泻、眼圈周围羽毛湿润、流泪。大群中有打呼噜、咳嗽现象。病鸭运动障碍,走走停停,可见蹲坐式瘫痪或侧卧,采食不便或无法采食而导致体质瘦弱。手捏死亡鸭鼻腔可有黏液冒出。

病鸭显著特征为喙部较短,舌头弯曲并突出外翻于上、下喙的外面,舌头僵硬而不灵活,喙部发生严重的器质性病变(图 19-47)。鸭群个体大小不均匀,病鸭腿短、个体明显偏小、舌头变长外露(图 19-48)。病鸭骨骼及羽翅质地变脆,极易折断,饲养后期容易断腿断翅,部分病鸭有腹泻现象。

图 19-47　鸭舌头弯曲外翻于上、下喙外面,喙部病变　　　　图 19-48　舌头变长外露

(三)病理变化

病鸭解剖后内脏各器官没有明显病理变化,一般未见喙软、脏器炎性渗出或坏死等情况,舌部肌肉出现较严重的钙化增生,全身骨质疏松,表现为骨质脆弱,极易折断。

三、防治

本病死亡率低,但残鸭率高、料肉比差,病鸭药物治疗效果不明显。本病的防控需要从种鸭、饲料、卫生消毒、饲养管理等方面采取综合的防控措施。

任务二十一　鹅副黏病毒病

一、病原

鹅副黏病毒病是由于感染鹅副黏病毒而发生的一种急性病毒性传染病,各个品种的鹅都可感染。鹅副黏病毒(GPMV)对环境抵抗力不强,干燥条件下用消毒剂即可使其死亡;对热不稳定,在碱性或者酸性溶液中容易被破坏。

二、诊断要点

（一）流行病学特点

任何品种的鹅都能感染发病，多见于 15～60 日龄的鹅，一般小于 10 日龄的雏鹅发病率和死亡率可高达 100%，随着日龄增大，发病率和死亡率降低。耐过未死的病鹅可见生长发育迟缓，且蛋鹅的产蛋率明显降低。病鹅及康复后带毒鹅是主要传染源，主要经由消化道、呼吸道及损伤的皮肤或者黏膜感染，病毒污染的孵化场可使种蛋携带病毒，从而垂直传播给孵出的雏鹅。

（二）临床症状

主要症状是精神萎靡、食欲不振、下痢，并伴有转圈、扭颈等现象。该病的发病率和死亡率可高达 98% 左右，严重损害养鹅业的经济效益。

发病初期，病鹅出现精神萎靡，食欲、饮欲减退，排出黄绿色或者水白色的水样稀粪。症状较重的病鹅会出现跛行，甚至蹲伏在地上无法走动，体重急剧降低。临死前病鹅明显衰弱、双腿颤抖、流泪增多，有时可见清水样液体从鼻孔流出，拥挤成堆，最终由于严重衰竭而死。部分耐过病鹅会出现神经症状，如仰头、扭颈或者转圈运动等。

（三）病理变化

剖检可见病死鹅口腔内存在大量黏液，气管环发生充血、出血，管腔内也存在大量黏液；腺胃黏膜稍微肿大、变厚，黏膜下存在白色的坏死灶或者出现溃疡；肠道中主要是小肠下段的回肠部分发生明显病变，十二指肠、回肠、空肠、结直肠黏膜存在枣核状的灰白色或者淡黄色突起，有些会形成干痂块，将其剥离后会露出溃疡面，十二指肠发生肿胀、出血；盲肠扁桃体发生肿大、出血；心冠脂肪出血，心肌内膜呈条纹状出血；食管黏膜特别是其下端散布有芝麻大小结痂，呈淡黄色或者灰白色；肝苍白，质地较硬，有时出现大小不同的白色坏死灶；脾轻度肿大，形成淤血，并存在坏死灶；肾色淡，也发生肿大；脑膜发生充血，脑实质略微水肿。

（四）诊断

根据鹅副黏病毒病的流行病学特点，结合典型的临床症状可以初步诊断，可通过血凝和血凝抑制试验、ELISA、病毒分离等确诊。

三、防治

种鹅在 11～15 日龄首免，皮下或肌内注射 0.5 mL；30～60 日龄进行第二次加强免疫，皮下或肌内注射 1 mL，产蛋前 2 周使用弱毒苗进行 4 倍量的饮水免疫，之后每 2 个月进行 1 次饮水免疫，可有效保障雏鹅具有较高的母源抗体，孵出的雏鹅在 16 日龄进行第一次免疫注射。无母源抗体的需要在 6 日龄首免，第二次免疫注射在雏鹅 3～4 周龄进行。

当养鹅场暴发鹅副黏病毒病时，除采取相应的消毒措施外，还需对鹅群进行鹅副黏病毒水剂型灭活苗注射，1 个月以后再进行 1 次加强免疫。

本病目前尚无特效药，以预防为主。对患病且已失去经济价值的鹅群及时扑杀淘汰，并进行无害化处理，对存在一定经济价值的雏鹅，需及时治疗，避免更严重的损失。对已经患病的雏鹅，应立即使用高免血清进行皮下注射，可起到较好的治疗效果。为防止传染病或并发症的发生，需采用阿莫西林、穿心莲、头孢噻呋等药物进行预防，并保证鹅群的维生素及微量元素充足，以提高鹅群的抗病能力。

实践技能一　禽舍消毒技术

目的与要求

学会选择合适的消毒剂准确配制消毒液；能准确使用消毒设备和工具对禽舍实施消毒，并能检

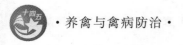

查消毒效果。

材料与用具

1. 材料 高锰酸钾、甲醛、来苏尔、过氧乙酸、漂白粉、新鲜生石灰等。

2. 用具 喷雾消毒器、天平或台秤、桶、陶瓷盆、缸、清扫及洗刷用具、高筒胶靴、工作服、橡胶手套等。

内容与方法

1. 选择和配制消毒剂

(1)选择药品。根据消毒对象的表面性质和病原体的抵抗力,选择高效、广谱、低毒、性质稳定、易溶于水、价格低廉和使用简便的 2～4 种消毒剂。

(2)准备器具。量筒、天平(或台秤)、盛药容器(最好是搪瓷、陶瓷、木制品或耐腐蚀的塑料制品)。

(3)准备防护用品。工作服、口罩、护目镜、橡皮手套、胶鞋、毛巾等。

(4)计算消毒面积或体积。根据消毒面积或体积计算消毒剂用量。

(5)常用消毒液的稀释与配制方法。先计算出溶媒或稀释液(一般是水)和消毒剂的用量,再称量,然后将溶媒或稀释液倒入配药容器(盆、桶或缸)中,再将已称量好的消毒剂倒入溶媒或稀释液中,混合均匀即可。

现介绍几种常用消毒液的配制方法。

①14%氢氧化钠溶液的配制。称取氢氧化钠 40 g,加入适量水(最好是 60～70 ℃热水)搅拌使其溶解,加水至 1000 mL 即可。

②5%来苏尔溶液的配制。取来苏尔 5 份,加清水 95 份(最好用 50～60 ℃温水),混合均匀即成。

③5%碘酊的配制。称取碘化钾 25 g,加蒸馏水 20 mL 溶解后,再加碘片 50 g 及 75%乙醇 500 mL,搅拌使其充分溶解,再加入蒸馏水至 1000 mL,搅匀,过滤即可。

④10%甲醛溶液配制。取 10 mL 甲醛加 90 mL 水混匀即可。

⑤高浓度溶液配制成低浓度溶液的方法。

浓溶液体积=(稀溶液浓度/浓溶液浓度)×稀溶液体积

如要配制 0.2%的过氧乙酸溶液 1000 mL,需用 20%的过氧乙酸原液多少毫升?

20%过氧乙酸原液量=(0.2/20)×1000=10(mL)

稀溶液体积=(浓溶液浓度/稀溶液浓度)×浓溶液体积

如现有 20%的过氧乙酸溶液 10 mL,要配制成 0.5%的过氧乙酸溶液,可配制出多少毫升?

0.5%过氧乙酸溶液量=(20/0.5)×10=400(mL)

2. 消毒器械的使用

(1)喷雾器:有手动喷雾器和机动喷雾器两种。前者有背携式和手压式两种,常用于小量消毒;后者有背携式和担架式两种,常用于大面积消毒。

欲装入喷雾器的消毒液,应先在木制或铁制的桶内充分溶解、过滤,以免有些固体消毒剂存有残渣以致堵塞喷雾器的喷嘴,从而影响消毒工作的进行。喷雾器应经常注意维修保养,以延长使用期限。

(2)火焰喷灯:利用汽油或煤油做燃料的一种工业用喷灯,因喷出的火焰具有很高的温度,所以在兽医实践中常用于消毒各种被病原体污染的金属制品、墙壁、地面等,但在消毒时不要喷烧过久,以免将被消毒物品烧坏,在消毒时还应有一定的次序,以免发生遗漏。

3. 禽舍消毒

(1)机械清除。对禽舍地面、料槽、笼架、网床、棚顶、墙壁等进行彻底清扫,清扫前用少量清水或消毒液喷洒,以免灰尘及病原体飞扬,随后扫除粪便、垫料及残余的饲料等污物。

亦可根据情况应用高压水枪消毒。水泥地面用清洁剂溶液浸泡 3 h 以上,再用高压水枪冲洗。应特别注意冲洗不同材料的连接点和墙与屋顶的接缝,使消毒液能有效地深入其内部。在应用高压水枪时,出水量应足以迅速冲掉这些泡沫及污物,但注意不要把污物溅到清洁过的表面上。

(2)化学药物喷洒消毒。用化学药物时按规定比例稀释,装入喷雾器内,对禽舍墙壁、地面、料槽、圈舍周围环境等进行喷洒消毒。喷洒消毒一般以"先里后外、先上后下"的顺序为宜,即先从禽舍的最里面、最上面(顶棚或天花板)开始;然后对墙壁、地面和设备仔细喷洒,边喷边退,从里到外,逐渐退至门口;最后打开门窗通风,用清水刷洗料槽,将消毒剂气味除去。喷洒消毒的用药量根据消毒对象结构和性质适当掌握。水泥地面、顶棚、砖混墙壁等,每平方米用药量 800 mL 左右;土地面、土墙或砖土结构,每平方米用药量 1000~1200 mL;舍内设备每平方米用药量 200~400 mL。

(3)气体熏蒸消毒。消毒时将舍内的管理用具、工作服等适当地打开,箱子和柜橱的门都开放,使气体能够通过其周围。常用药品是甲醛和高锰酸钾。方法是按照禽舍体积计算所需用的药品量,一般每立方米空间,用甲醛 42 mL、水 21 mL、高锰酸钾 21 g(或以生石灰代替)。计算好用量后将水与甲醛混合后倒入陶瓷或金属容器中。然后将高锰酸钾倒入,用木棒搅拌,经几秒即见有浅蓝色刺激眼鼻的气体蒸发出来,此时应迅速离开禽舍,将禽舍门窗紧闭,在进禽前 2~3 天可将门窗打开通风。熏蒸消毒时禽舍的室温不应低于正常室温(8~15 ℃)。

4. 带禽消毒 带禽消毒也称对禽体表的消毒。带禽消毒可选择消毒液有百毒杀、新洁尔灭、过氧乙酸、强力消毒灵、爱迪伏、百菌毒净等,使用雾化效果较好的高压动力喷雾器或背负式手动喷雾器,将喷头高举空中,喷嘴向上以画圆圈方式先里后外逐步喷洒,使药液如雾一样缓慢下落。药液要喷到墙壁、屋顶和地面,以这些地方均匀湿润和禽体表稍湿为宜,不得直接喷禽体。喷出的雾粒直径应控制在 80~120 μm。禽体的消毒必须同时与通风换气措施相配合。带禽消毒每周进行 2~3 次,有传染病发生苗头时,每天喷 1~2 次,禽群转群后连喷 3~5 天。喷雾消毒既可净化环境,减少污染,夏季还有降温作用。但是禽舍内如支原体、大肠杆菌污染严重,容易诱发呼吸道疾病。

5. 粪便消毒

(1)掩埋法。选择地势高、干燥、地下水位较低的地块,挖一个深坑,坑的深度应在 2 m 以上,坑的大小应视粪便的多少而定,以使掩埋后的粪便表面距地表 50 cm 为宜。消毒剂可选漂白粉或新鲜的生石灰,将消毒剂与污染的粪便充分混合,倒入坑内;也可先将坑内撒入一层消毒剂,然后将污染的粪便倒入,每倒入 4~5 cm 的粪便,就撒入一层消毒剂,粪便顶部撒入一层消毒剂,然后覆土掩埋,顶部堆成土堆。5~6 个月后,可以挖出当作肥料。

(2)生物热消毒法。在距离养禽场 250 m 外,远离居住点、水源的地方,设一个堆粪场,在地面挖一浅沟,深 20~25 cm、宽 1.5~2.5 m,长度不限,随粪便量而定。先在沟内堆放 25 cm 厚的非传染性粪便或作物秸秆,再堆放欲消毒的粪便,高达 1~1.5 m,然后在粪堆外面铺上 10 cm 厚的非传染性粪便或谷草,覆盖 10 cm 厚的沙土,冬季不少于 3 个月、夏季不少于 1 个月,即可挖出作为肥料使用。如若粪便较稀,应加入杂草后再堆积;若粪便太干,需倒入稀粪或水,使其干湿适当,以促进发酵。

6. 消毒效果的检查

(1)禽舍机械清除效果检查。检查地板、墙壁以及禽舍内所有设备的清洁程度。此外,检查各种管理用具的消毒程度以及检查所采取的粪便消毒法(是否进行生物热消毒、焚烧等)是否合适。

(2)消毒对象的细菌学检查。消毒以后由地板、墙壁、禽舍墙角以及料槽上取样品,用小解剖刀在上述各部位划出大小为 10 cm×10 cm 的正方形块,每个正方形块都用灭菌的湿棉签(干棉签的重量为 0.25~0.33 g)擦拭 1~2 min。将棉签置入中和剂(30 mL)中并蘸上中和剂,然后压出、再蘸上、再压出,如此进行数次之后,再放中和剂内 5~10 min,用镊子将棉签拧干,然后将它移入装有灭菌水(30 mL)的罐内。

当以漂白粉作为消毒剂时,可应用 30 mL 的次亚硫酸盐溶液中和;碱性溶液用 0.01% 醋酸 30 mL

中和;甲醛用氢氧化铵溶液(1%~2%)作为中和剂。当用克辽林、来苏尔以及其他药剂消毒时,没有适当的中和剂,而是在灭菌的水中洗涤两次,时间为5~10 min,依次把棉签从一个罐内移入另一个罐内。

送到实验室的灭菌水中的样品,在当天经仔细地把棉签拧干并与液体搅拌后,将此样品接种在远藤培养基上。即用灭菌的刻度吸管由小罐内吸取0.3 mL样品溶液倾入琼脂平皿表面,并且用由巴氏吸管做成的"刮"在琼脂平皿表面涂布,然后仍用此"刮"涂布第二个琼脂平皿表面。将接种的平皿置入37 ℃温箱,24 h后检查初步结果,48 h后检查最后结果。如在远藤培养基上发现可疑菌落,即用常规方法鉴别这些菌落。

如在所取的样品中没有肠道杆菌培养物存在,证明消毒质量良好,若有肠道杆菌生长,则说明消毒质量不良。

考核标准

(1)能独立准备用具和材料。
(2)能正确计算和稀释消毒液。
(3)各项消毒方法操作正确、熟练、规范。
(4)能对消毒结果进行判定。

实践技能二　家禽免疫接种技术

目的与要求

学会疫苗的保存、运送和用前检查;掌握家禽免疫接种的方法和步骤,熟悉免疫过程中的注意事项,并学会各种器械的使用方法。

材料与用具

1. 材料　雏鸡常用疫苗,生理盐水,蒸馏水,来苏尔、新洁尔灭等消毒剂。
2. 用具　量筒、滴鼻器、连续注射器、饮水器、刺种针、气雾免疫器等。

内容与方法

1. 疫苗的保存、运送和用前检查

(1)保存。生物制品应保存在低温、阴暗、干燥的场所。灭活菌(死苗)、致弱的细菌性菌苗、免疫血清等应保存在2~15 ℃环境中,防止冻结;致弱的病毒性疫苗,如新城疫弱毒苗等,应置放在0 ℃以下冻结保存。

(2)运送。要求包装完善,尽快运送,运送途中避免日光直射和高温,为防止反复冻融,致弱的病毒性疫苗应放在装有冰块的广口瓶或冷藏箱内运送。

(3)用前检查。生物制品在使用前,均需详细检查,如有下列情况之一者,不得使用:没有瓶签或瓶签模糊不清;没有经过合格检查的;过期失效的;制品的质量与说明书不符,如色泽、沉淀有变化,制品内有异物、发霉和有臭味的;瓶塞不紧或玻璃破裂的;没有按规定方法保存的。不能使用的疫苗应立即废弃,致弱的活苗应煮沸消毒或予以深埋。

2. 免疫接种方法

(1)经口免疫法。分饮水免疫和喂食免疫两种。前者是将可供口服的疫苗混于水中,家禽通过饮水而获得免疫,后者是将可供口服的疫苗用冷的清水稀释后拌入饲料,家禽通过吃食而获得免疫。

疫苗经口免疫时,应按家禽只数和每只禽平均饮水量或吃食量,准确计算需用的疫苗剂量。免疫前,应停水或停料2~4 h,夏季停水或停料时间可以缩短,以保证每只禽都能饮入一定量的水或吃入一定量的料。饮水免疫时,饮水器一定要加足水,让每只禽同时都能饮到足够量的水。稀释疫苗应当用清洁的水,不能用含有消毒剂及重金属离子或卤族元素的水。混有疫苗的饮水和饲料的温度一般不应超过室温。疫苗需现配现用,最好在水中加入0.1%脱脂奶粉,这样可以减少饮水中异物对疫苗的影响、延长疫苗的存活时间和维持其效价。已稀释的疫苗,应迅速饮喂。本法具有省时、省力的优点,适用于规模化养禽场的免疫。缺点是由于家禽的饮水量或吃食量有多有少,进入每只禽体内的疫苗量不同,出现免疫后禽的抗体水平不均匀、较离散,不能像其他免疫法那样准确一致。

(2)滴鼻(眼)免疫法。用滴管等器具将稀释好的疫苗滴入鼻孔或眼内。这种方法能保证雏禽都能得到免疫,且剂量基本相同,产生的抗体水平比较一致。缺点是对禽的应激比较大。此法适用于新城疫、传染性支气管炎H120和H52疫苗等弱毒苗的免疫接种。

为了保证操作准确无误,在滴入疫苗之前,应把禽的头颈摆成水平位置(一侧眼鼻朝上,另一侧眼鼻朝下),并用一只手指按住向下一侧的鼻孔。将疫苗液滴到眼和鼻以后,应稍停片刻,待疫苗液确已吸收后,再将禽轻轻放回地面。

采用本法进行免疫接种时稀释液的用量应尽量准确,最好根据所用的滴管或针头事先滴试,确定每毫升多少滴,然后计算实际使用疫苗稀释液的用量。如果1 mL含20滴,则用50 mL生理盐水稀释1000羽份的疫苗,每只雏禽鼻(或眼)内滴一滴即可。

(3)皮下注射法。用注射器将稀释好的疫苗按照使用剂量注射到雏禽颈背部中段皮下,育成禽和成年禽在股内侧皮下。此法适用于马立克病疫苗和各种油乳剂灭活苗的免疫。

(4)刺种法。使用接种针或蘸水笔等工具,将疫苗刺入禽翅膀内侧三角区无血管处的翼膜内。刺种后3~4天应观察疫苗的反应情况,正常的反应是在刺种部位有10 mm以下的痂皮。若无反应,需再次进行接种。

(5)肌内注射法。肌内注射部位一般选在胸肌或肩关节附近的肌肉丰满处。胸部肌内注射时,应防止伤害内脏器官,插入深度雏禽为0.5~1 cm,日龄较大的禽可为1~2 cm。腿部肌内注射以外侧为宜,内侧易伤及神经或血管。

(6)气雾免疫法。此法是用气泵产生的压缩空气通过气雾发生器(即喷头),将稀释疫苗喷射出去,使疫苗形成直径为1~10 μm的雾化粒子,均匀地飘浮在空气中,家禽通过呼吸道吸入肺内,以实现免疫。疫苗用量一般加倍或增加1/3的剂量。温度一般为15~25 ℃,不要高于25 ℃,相对湿度不低于70%,因为相对湿度过低,喷出的雾滴会很快挥发而起不到作用。此法免疫时要关闭门窗和通风口,防止阳光直射,免疫完后15~20 min即可打开。

鸡感染支原体时禁用气雾免疫法,因为免疫后往往激发支原体病的发生。雏禽首免时使用气雾免疫法应慎重,以免发生呼吸道疾病而造成损失。

3.家禽免疫接种前后的护理与观察 免疫接种前,应对家禽进行健康检查,根据检查结果,做如下处理:完全健康的家禽可进行直接免疫接种,疑似病禽应注射治疗量的免疫血清或给予其他治疗。

经过免疫后的家禽,应有较好的护理和管理条件。有时家禽接种疫(菌)苗后可能会发生反应,故在接种后应详细观察7~10天,如有反应,可给予适当治疗,反应极为严重时,可予以淘汰。

4.免疫接种的注意事项 接种时应注意以下几点:工作人员应穿着工作服及胶鞋,必要时戴口罩,工作前后均应洗手消毒;工作中不准吸烟和吃食;注射器、针头、镊子等临用时煮沸消毒至少15 min,稀释好的疫苗瓶上应固定一个消毒过的针头,上盖消毒棉球。疫苗现用现配,并在规定的时间内用完。一般温度在15~25 ℃时,6 h内用完;25 ℃以上,4 h内用完;马立克病疫苗应在2 h内用完。注射时每只禽须换一个针头,如针头不足,也应每吸液一次换一个针头,针筒排气注出的药液,应吸积于酒精棉球上,并将其收集于专用瓶内,用过的酒精棉球或碘酒棉球和吸入注射器内未用完的药液也应收集于专用瓶内,集中后烧毁。

(1)能根据禽群实际情况给雏禽制订一个免疫程序。

(2)能独立准备用具、材料。

(3)根据实际情况,能正确、熟练地完成免疫接种操作。

(4)能口述表达免疫接种注意事项。

实践技能三　新城疫抗体检测技术

目的与要求

掌握利用血凝(HA)和血凝抑制(HI)试验进行新城疫抗体水平测定的方法,以便检查疫苗使用效果和制订合理的免疫程序。

材料与用具

1.材料　生理盐水 100 mL、新城疫病毒液、新城疫病毒待检血清、新城疫病毒阳性血清、新城疫病毒阴性血清等。

2.用具　96 孔 V 型血凝板、微量移液器(带吸头)、恒温培养箱、微型振荡器、离心机、5 mL 注射器、刻度离心管等。

内容与方法

1.试验准备

(1)抗原的制备。一般以新城疫 Ⅱ 系或 LaSota 系冻干苗接种鸡胚,收获尿囊液制备抗原;也可向有关单位购买。

(2)被检血清制备。将被检鸡群编号登记,用消毒过的干燥注射器由翅静脉采血,注入洁净干燥试管内,在室温中静置或离心,待血清析出后使用。每只鸡应更换一个注射器,严禁交叉使用。大型养鸡场采样量不低于 0.5%,鸡群越小抽样比例越大,一般每个被检鸡群采血不少于 16 份。

(3)稀释液。pH 为 7.0~7.2 的磷酸盐缓冲液或灭菌的生理盐水。

(4)制备 1% 鸡红细胞悬液。从 SPF 鸡或无新城疫血凝抑制抗体的 1~2 只健康公鸡翅静脉采血,如需用大量可自心脏采血,加入有抗凝剂(3.8% 枸橼酸钠溶液)的灭菌试管内迅速混匀。将血液注入离心管中,用 20 倍量 pH 为 7.0~7.2 的磷酸盐缓冲液(或生理盐水)洗涤 3~4 次,每次以 2000 r/min 离心 3~4 min,最后一次离心 5 min,每次离心后弃去上清液,洗去血浆及白细胞,最后将红细胞用磷酸盐缓冲液配成 1% 鸡红细胞悬液。

2.新城疫病毒血凝价的测定(HA 试验)　采用 96 孔 V 型血凝板测定新城疫病毒的血凝价(表19-3)。

(1)用微量移液器向第 1~12 孔加入稀释液 50 μL。

(2)用微量移液器取已知的新城疫病毒液 50 μL,加入第 1 孔,反复抽动 3 次后,吸出 50 μL 加入第 2 孔,在第 2 孔抽动 4 次后,吸出 50 μL 加入第 3 孔,如此连续稀释至第 11 孔后吸出 50 μL 弃去。第 12 孔不加病毒液,作为红细胞空白对照。

(3)各孔依次加 1% 鸡红细胞悬液 50 μL。

加样完毕后,将反应板置于微型振荡器上振荡 1 min,或手持血凝板摇动混匀,并放室温(18~20 ℃)下作用 30~40 min,或置 37 ℃温箱中作用 15~30 min,直到对照孔红细胞呈明显的圆点沉于孔底。取出观察并判定结果。

表 19-3　HA 试验操作术式

项目	1	2	3	4	5	6	7	8	9	10	11	12
生理盐水/μL	50	50	50	50	50	50	50	50	50	50	50	50
病毒液/μL	50	50	50	50	50	50	50	50	50	50	50	—
病毒稀释倍数	2^1	2^2	2^3	2^4	2^5	2^6	2^7	2^8	2^9	2^{10}	2^{11}	对照
1‰鸡红细胞悬液	50	50	50	50	50	50	50	50	50	50	50	50
	在微型振荡器上振荡 1 min，或手持血凝板摇动混匀 室温(18～20 ℃)下作用 30～40 min，或置 37 ℃温箱中作用 15～30 min											
结果举例	++	++	++	++	++	++	++	++				
	++	++	++	++	++	++	++	++	++	±	—	—

反应强度判定标准："＋＋＋＋"表示红细胞 100％完全凝集，呈网状铺于孔底端，边缘不整或呈锯齿状；"＋＋＋"表示 75％红细胞凝集；"＋＋"表示 50％出现凝集；"＋"表示 25％出现凝集；"－"表示红细胞完全不凝集，全部沉于孔底，呈圆点状，边缘整齐。"±"表示红细胞不完全凝集，下沉情况界于"＋"与"－"之间。

判定结果时，也可将血凝板倾斜 45°角，观察沉于孔底的红细胞流动现象以判定是否凝集，凡沉于孔底的红细胞沿着倾斜面向下呈线状流动即呈泪滴状流淌，与红细胞空白对照孔一致者，判为红细胞完全不凝集。

能使红细胞完全凝集的病毒液的最大稀释倍数为该病毒的血凝滴度，或称血凝价，即 1 个血凝单位。如一个血凝单位为 1∶2^7，而用于 HI 试验需 4 个血凝单位，则抗原稀释倍数为 $2^7/4＝32$。

3. 新城疫病毒待检血清抗体的测定(HI 试验) 新城疫病毒凝集红细胞的作用能被特异性抗体抑制，因此可用 HI 试验测定鸡血清中的 HI 抗体效价(滴度)，并可用标准血清进行新分离病毒的鉴定与未知病毒的诊断。

同样可采用 96 孔血凝板，每排孔可检查 1 份血清样品。

用微量移液器向第 1～11 孔加入稀释液 50 μL，第 12 孔加 100 μL。然后换一个接头吸取 50 μL 被检血清注入第 1 孔，抽放 4 次混匀后，吸出 50 μL 注入第 2 孔，如此倍比连续稀释至第 10 孔，并从第 10 孔吸出 50 μL 弃去。接着各孔加入已标定好的 4 单位抗原 50 μL，混合均匀后，振荡 1～2 min，室温(18～22 ℃)下静置 20 min，或 37 ℃静置 5～10 min，取出后每孔再加入 1‰鸡红细胞悬液 50 μL，充分混匀后振荡 1～2 min，室温(18～22 ℃)静置 30～40 min 或 37 ℃静置 15～30 min。第 11 孔为病毒凝集对照，第 12 孔为红细胞空白对照。操作术式见表 19-4。

结果观察：将反应板倾斜 45°角，沉于管底的红细胞沿着倾斜面向下呈线状流动者为沉淀，表明红细胞未被或不完全被病毒凝集；如果红细胞平铺孔底，凝成均匀薄层，倾斜后红细胞不流动，说明红细胞被病毒所凝集。

能完全抑制 4 单位病毒凝集红细胞的血清最大稀释度被称为该血清的血凝抑制滴度或血凝抑制价，用被检血清的稀释倍数或以 2 为底的对数($\log_2$)表示。如表 19-4 所示，该血清的血凝抑制滴度为 1∶2^6 或 $6\log_2$。

表 19-4　HI 试验操作术式

项目	1	2	3	4	5	6	7	8	9	10	11	12
稀释液/μL	50	50	50	50	50	50	50	50	50	50	50	100
检测血清/μL	50	50	50	50	50	50	50	50	50	50	—	—
4 单位抗原/μL	50	50	50	50	50	50	50	50	50	50	50	—
免疫血清稀释倍数	2^1	2^2	2^3	2^4	2^5	2^6	2^7	2^8	2^9	2^{10}	对照	对照

续表

项目	1	2	3	4	5	6	7	8	9	10	11	12
1%鸡红细胞悬液	室温(18~20 ℃)下静置 20 min,或 37 ℃温箱中静置 5~10 min											
	50	50	50	50	50	50	50	50	50	50	50	50
	在微型振荡器上振荡 1 min											
	室温下静置 30~40 min,或置 37 ℃温箱中静置 15~30 min 后观察结果											
结果举例	−	−	−	−	−	−	±	±	+	+	++ ++	−

　　用此法对鸡群进行检疫时,若有 10% 以上的鸡出现 $11\log_2$ 以上的高血凝抑制滴度,说明鸡群可能已受新城疫强毒感染。若监测鸡群的血凝抑制滴度在 $4\log_2$,保护率为 50% 左右;在 $4\log_2$ 以上,保护率达 90%~100%;在 $4\log_2$ 以下的非免疫鸡群保护率为 9%,免疫过的鸡群约为 43%。鸡群的血凝抑制滴度以抽检样品(一般每群随机抽检 20~30 只)的血凝抑制滴度的几何平均值表示,如平均水平在 $4\log_2$ 以上,表示该鸡群为免疫鸡群。

4. 注意事项

　　(1)血凝反应板尤其是微量血凝反应板的清洗,对试验结果有很大的影响。一般清洗程序如下:试验完毕后,立即用自来水反复冲洗,再用含洗涤剂的温水浸泡 30 min,并在洗涤剂溶液中以棉拭子洗凹孔及板面,用自来水冲洗多次,最后以蒸馏水冲洗 2~3 次,在 37 ℃温箱内烘干备用。

　　(2)试验温度,在 4~37 ℃范围内,随温度上升,血凝与血凝抑制滴度升高。常用温度为 18~22 ℃。

　　(3)许多研究者认为来源不同个体鸡只的红细胞对新城疫病毒的敏感性不同,一般血凝滴度相差 1~2 个滴度。所以试验时最好用 3~4 只鸡的红细胞。红细胞的浓度对本试验结果也有很大的影响,一般红细胞浓度增加(0.5%~1%)时,血凝滴度下降,血凝抑制滴度有所上升。

　　(4)试验用稀释液的 pH 对试验有影响,稀释液 pH<5.8 时红细胞易自凝,pH>7.8 时凝集的红细胞易离散。

 考核标准

　　(1)明确新城疫抗体检测的目的及意义。

　　(2)能制备 1% 鸡红细胞悬液。

　　(3)规范、熟练操作 HA 试验,并能判定血凝滴度。

　　(4)会配制 4 单位抗原。

　　(5)规范、熟练操作 HI 试验,并能判定血凝抑制滴度。

相关链接

家禽病毒病的
防治措施

→ 思考与练习

在线答题

项目二十　家禽常见细菌病及其防治

学习目标

【知识目标】

1. 熟练掌握禽沙门菌病、禽大肠杆菌病、禽巴氏杆菌病、鸡葡萄球菌病、鸭传染性浆膜炎等的流行病学特点、临床症状、病理变化与防治措施。

2. 掌握鸡传染性鼻炎、鸡坏死性肠炎、鸡毒支原体感染、禽曲霉菌病的流行病学特点、临床症状、病理变化与防治措施。

3. 了解禽弧菌性肝炎、铜绿假单胞菌病、禽念珠菌病的流行病学特点、临床症状、病理变化与防治措施。

【技能目标】

1. 熟练进行鸡白痢检疫的操作。

2. 具备病原菌的药敏试验技能。

【思政目标】

1. 解读我国在家禽细菌病方面的成就,增强学生民族自豪感。

2. 培养学生生态环境保护及公共卫生意识。

3. 教育学生养成良好的职业道德。

微视频 20-1

任务一　禽沙门菌病

禽沙门菌病(avian salmonellosis)是由不同血清型的沙门菌所引起的禽类不同类型疾病的总称,包括鸡白痢、禽伤寒和禽副伤寒。其中鸡白痢由鸡白痢沙门菌所引起,禽伤寒由鸡伤寒沙门菌所引起,禽副伤寒则由其他有鞭毛能运动的多种沙门菌所引起。

一、病原

沙门菌是两端稍圆的中等大小杆菌,革兰染色阴性,无芽孢,无荚膜。除鸡白痢沙门菌、鸡伤寒沙门菌无鞭毛不能运动外,其余沙门菌都有鞭毛,能运动。鸡白痢沙门菌、鸡伤寒沙门菌在普通琼脂培养基上生长贫瘠,禽副伤寒沙门菌在普通琼脂培养基上生长良好,需氧或兼性厌氧。沙门菌在 SS 琼脂、远藤琼脂培养基上培养形成与培养基颜色一致的淡粉色或无色菌落。在麦康凯培养基上培养24 h 后,沙门菌形成透明、圆形、光滑的菌落,培养基颜色不变,而大肠杆菌形成红色菌落。

沙门菌对干燥、腐败和日光等因素具有一定的抵抗力,在外界环境中可存活数周至数月,但对热敏感,常用消毒剂可将其杀死。

二、诊断要点

(一)流行病学特点

1. 鸡白痢　本病以 2～3 周龄以内雏鸡的发病率和死亡率最高,呈流行性,随着日龄的增长,成年鸡感染常呈慢性或隐性经过。病鸡、带菌鸡是主要的传染源。本病有多种传播途径,可经种蛋垂直传播,也可经呼吸道、消化道、眼结膜以及破损的皮肤伤口等途径水平传播。经种蛋垂直传播是本病最重要的传播方式,带菌卵孵化时,有的形成死胚,有的孵出病雏后,病雏的粪便和飞绒中含有大量病菌,被污染的饲料、饮水、孵化器、育雏器等又成为该病的水平传播媒介。感染的雏鸡若不及时治疗,则大部分死亡,耐过鸡长期带菌,成年后产出带菌的卵,若以此作为种蛋孵化,则孵出带菌的雏鸡,导致本病代代相传。

2.禽伤寒 禽伤寒可通过多种途径传播,经种蛋垂直传播是本病最重要的传播方式,也可通过排出的粪便污染饲料、饮水等经消化道水平传播。

3.禽副伤寒 各个品种的鸡均易感。常在孵化后两周内感染发病,6～10日龄达最高峰。本病呈地方流行性,死亡率从很低到10%～20%,严重者高达80%以上。

禽副伤寒可通过消化道等途径水平传播,也可经种蛋垂直传播。病禽、污染的饲料、饮水和蛋壳可成为主要的传播媒介。

(二)临床症状

1.鸡白痢 不同年龄的鸡所表现的症状和经过有着显著的差异。

(1)雏鸡:如经蛋内感染,在孵化过程中出现死亡,孵出的弱雏或病雏常于2天内死亡,并造成雏鸡群的水平传播。出壳后感染的雏鸡,多在孵出后几天出现明显症状。7天后雏鸡群内病雏日渐增多,在第二、三周达高峰。最急性者无症状,迅速死亡。稍缓者表现为精神委顿,闭眼昏睡,不愿走动,怕冷,拥挤,常靠近热源。病初食欲减少,而后停食,多数出现软嗉囊症状,腹泻,排稀薄白色糊状粪便,肛门周围绒毛常被粪便污染,有的因粪便干结封住肛门,影响排粪,同时由于肛门周围炎症引起疼痛,病雏常发出尖锐的叫声,最后因呼吸困难及心力衰竭而死亡。有的出现眼盲,有的关节肿胀、跛行。20日龄以上的雏鸡病程较长。3周龄以上发病的极少死亡。耐过鸡生长发育不良,成为慢性病鸡或带菌鸡。

(2)青年鸡:地面平养比网养和笼养多发。青年鸡发病多与环境卫生条件恶劣有关。鸡群整体食欲、精神尚可,鸡群中不断出现精神差、食欲不振、下痢的鸡,虽没有死亡高峰,但每天都有鸡死亡,数量不一。病程较长,可拖延20～30天,死亡率10%～20%。

(3)成年鸡:多呈慢性经过或隐性感染。一般不见明显的临床症状,当鸡群感染严重时,可明显影响产蛋量,产蛋高峰不高、维持时间也短。仔细观察鸡群可发现有的鸡产蛋少或根本不产蛋。有的鸡冠萎缩,有的开产时鸡冠发育尚好,以后则表现为鸡冠逐渐变小、苍白。病鸡有时下痢。极少数病鸡表现为精神委顿,腹泻,排白色稀粪,产蛋停止。有的感染鸡因腹膜炎而呈"垂腹"现象,有时成年鸡可呈急性发病。

2.禽伤寒 潜伏期一般为4～5天。

(1)雏鸡:嗜睡、虚弱、生长不良、食欲不振和肛门周围黏附有白色粪便,有的可见张口喘气等呼吸困难症状。

(2)青年鸡与成年鸡:鸡群急性感染禽伤寒时,最初表现为饲料消耗量突然下降,精神萎靡、羽毛松乱、头部苍白、鸡冠萎缩。感染后的3天内,体温升高达42～44℃,感染后通常于10天内死亡。死亡率可达10%～50%或者更高。

3.禽副伤寒 经带菌卵感染或出壳雏鸡在孵化器感染病菌,常呈败血症经过,往往不出现任何症状而迅速死亡。年龄较大的雏鸡常表现亚急性经过,主要表现为水样下痢。病程1～4天。常在10日龄内严重暴发,1月龄以上雏鸡一般很少死亡。成年鸡感染后呈隐性或慢性经过,一般不出现症状,有时腹泻。

雏鸭感染本病常见颤抖、喘息及眼睑浮肿等症状,常猝然倒地而死,故有"猝倒病"之称。

(三)病理变化

1.鸡白痢

(1)雏鸡:急性死亡的雏鸡病变不明显,只见肝大、充血或有条纹状出血。其他脏器充血。病程

225

稍长的病雏,可见卵黄吸收不良,其内容物色黄如油脂状或干酪样。肝有灰白色坏死点。有的病雏在心肌、肺、盲肠、大肠及肌胃肌肉中有坏死灶或结节。胆囊肿大。输尿管内充满尿酸盐。盲肠中有干酪样物质堵塞肠腔,有时还混有血液,常有腹膜炎。死于几日龄的病雏,可见出血性肺炎,稍大的病雏,可见肺有灰黄色结节和灰色肝变。

(2)青年鸡:典型病变是肝明显肿大(图 20-1),可达正常的 2~3 倍,呈暗红色至深紫色,有的略带土黄色,表面可见散在或弥漫性出血点或黄白色粟粒大或大小不一的坏死灶,质地极脆,易破裂。有的肝被膜破裂,破裂处有较大的凝血块。

(3)成年鸡:成年母鸡卵泡变形(图 20-2)、变色,呈囊状,有腹膜炎。有些卵泡坠入腹腔,引起广泛的腹膜炎及腹腔脏器粘连。常有心包炎,其严重程度和病程长短有关。轻者只见心包膜透明度较差,含有微混的心包液;重者心包膜变厚而不透明,逐渐粘连,心包液显著增多。腹腔脂肪中或肌胃及肠壁上有时发现琥珀色干酪样小囊包。

成年公鸡的病变常局限于睾丸及输精管,睾丸极度萎缩,有小脓肿,输精管管腔增大,充满稠密的均质渗出物。

图 20-1　肝明显肿大,呈绿色

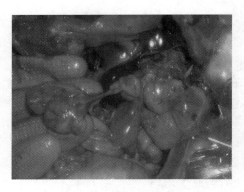

图 20-2　卵泡蒂变长

2. 禽伤寒　雏鸡病变与鸡白痢相似。成年鸡中,最急性者眼观病变轻微或不明显;急性者常见肝、脾、肾充血肿大;亚急性和慢性病例,特征病变是肝大呈青铜色、肝和心肌有灰白色粟粒大坏死灶、心包炎、肠道卡他性炎。卵泡及腹腔病变与鸡白痢亦相同。

雏鸭感染时,见心包膜出血,脾轻度肿大,肺及肠道卡他性炎。成年鸭感染后,卵巢和卵泡有变化,与成年母鸡病变类似。

3. 禽副伤寒　最急性死亡的病雏,无可见病理变化。病期稍长者,肝、脾充血,有条纹状或针尖状出血和坏死灶,肺及肾出血,心包炎,常有出血性肠炎。成年鸡肝、脾、肾充血肿大,有出血性或坏死性肠炎、心包炎及腹膜炎;产卵鸡的输卵管坏死、增生,卵巢坏死、化脓。

病雏鸭的肝呈青铜色,并有灰色坏死灶。气囊呈现轻微混浊,具有黄色纤维蛋白样斑点;肝显著肿大,有时有坏死灶;盲肠内形成干酪样物质,直肠肿大并有出血斑点。还有心包炎、心外膜炎及心肌炎。

(四)诊断

根据流行病学特点、临床症状和病理变化可做出初步诊断,确诊应进行实验室检验。

1. 病原学诊断　取病禽的血液、肝、肺、脾、卵黄囊、肠等涂片,革兰染色,镜检可见两端钝圆、中等大小、革兰染色阴性的直杆菌。通常采取病禽的血液、肝、肺、脾、卵黄囊、肠为病料,将其接种于麦康凯琼脂培养基,培养 24 h 后可见针尖大小、透明、圆形、光滑的菌落,培养基不变色(大肠杆菌在麦康凯琼脂培养基上可形成红色菌落),必要时可进一步进行生化检验以确诊。

2. 平板凝集试验　对鸡白痢可采取鸡的血液或血清,用鸡白痢伤寒多价染色平板凝集抗原做平板凝集试验。鸡白痢伤寒多价染色平板凝集抗原也可用于禽伤寒的检疫。

三、防治

(一)预防

加强禽群的饲养管理,保持育雏舍、禽舍、运动场的干净卫生,做好日常消毒工作。育雏舍的温度、湿度、密度和光照要适宜,料槽、饮水器数量要充足。慎重从外地引种。建立和培育无鸡白痢的种禽群。对种禽群以全血平板凝集试验进行检疫,发现阳性禽及时淘汰,直至禽群阳性率不超过0.5%为止。孵化前后对孵化室、各种用具及种蛋进行严格消毒。

(二)治疗

发现本病时可选用抗生素、磺胺类药物、喹诺酮类药物等进行治疗,但治愈的家禽可能长期带菌,不能作种用。

任务二 禽大肠杆菌病

微视频 20-2

禽大肠杆菌病(avian colibacillosis)是由某些致病血清型或条件致病性大肠杆菌引起的禽类急性或慢性非肠道传染病的总称。大肠杆菌血清型很多,由于家禽年龄、抵抗力、感染途径的不同,可以产生许多不同的病型。

一、病原

大肠杆菌也称大肠埃希菌,是一种两端钝圆、革兰染色阴性的粗短杆菌,不形成芽孢,一般有鞭毛,可活泼运动,散在或成对。大肠杆菌对营养要求不高、生化反应活泼、易在普通培养基上生长繁殖,适应性强。在麦康凯琼脂培养基上培养,多数大肠杆菌形成粉红色菌落;在伊红亚甲蓝琼脂培养基上培养,大肠杆菌可形成紫黑色带金属光泽的菌落。

大肠杆菌的抗原构造复杂,有菌体(O)抗原约170种、表面(K)抗原近103种、鞭毛(H)抗原约60种,因而构成了许多血清型。目前已知有些血清型有致病性,而有些血清型是非致病性的。从各地分离到的大肠杆菌的血清型常不一致,不同地区有不同的血清型,同一地区的不同养鸡场有不同的血清型,甚至同一养鸡场同一鸡群也可以同时存在多个血清型。在 O 型抗原血清型中约 1/2 对禽有致病性。我国禽类中较常见的致病性血清型是 O_1、O_2、O_{35} 及 O_{78}。

大肠杆菌对外界环境的抵抗力很强,附着在粪便、土壤、禽舍的尘埃、孵化器上的大肠杆菌能长期存活。大肠杆菌对一般消毒剂敏感,对抗生素及磺胺类药物等极易产生耐药性。

二、诊断要点

(一)流行病学特点

各种禽类不分品种、性别、日龄均可感染发病,特别是雏禽更易感,以鸡、火鸡和鸭较为常见,肉鸡更易感。近年发现鹅也能感染,且主要侵害种鹅、雏鹅。1 月龄前后的雏鸡发病较多,育成鸡和成年鸡较雏鸡的抵抗力强。

大肠杆菌随粪便排出,蛋壳上污染的大肠杆菌很容易通过蛋壳进入蛋内,发生蛋外感染,另外大肠杆菌亦可从感染的卵巢、输卵管等处侵入卵内,经种蛋垂直传播,引起胚胎在孵化早期死亡,后期死胚、弱雏增多。病禽、带菌禽的分泌物、排泄物及被污染的饲料、饮水、用具、垫料及粉尘经过消化道、呼吸道以水平方式传染健康禽,交配或污染的输精管等也可经生殖道造成传染。

本病一年四季均可发生,但以多雨、闷热和潮湿季节多发。本病常与慢性呼吸道病、新城疫、传染性支气管炎等混合或继发感染。

(二)临床症状

1.急性败血型 此型比较多见,病禽常不显症状而突然死亡;部分病禽表现为精神沉郁,羽毛松乱,食欲减退或废绝,排黄白色、灰白色或黄绿色稀粪,粪便腥臭,肛门周围常被粪便污染。该型病禽的发病率和死亡率都较高。

2.卵黄性腹膜炎型 此型多见于产蛋中后期。病禽的输卵管常因感染大肠杆菌而发生炎症,表现为腹部膨胀、重坠。

3.生殖器官感染型 病禽体温升高,冠萎缩或发紫,羽毛蓬松;食欲减退并很快废绝,喜饮少量清水;腹泻,粪便稀软且呈淡黄色或黄白色,混有黏液或血液,常污染肛门周围的羽毛;产蛋率低,产蛋高峰上不去或产蛋高峰持续时间短,腹部明显增大、下垂,触之敏感并有波动,禽群死淘率升高。

4.关节滑膜炎型 此型多发于雏鸡和育成鸡。一般呈慢性经过,病鸡消瘦、生长发育受阻,指关节和跗关节肿大,跛行或卧地不起。

5.肉芽肿型 此型较少见,但死亡率较高。

6.雏鸡脐炎型 此型俗称"大肚脐"。病鸡多在1周内死亡,精神沉郁、虚弱,病鸡常聚积在一起,少食或不食;腹部肿大,脐孔及其周围皮肤发红、水肿或呈蓝黑色,有刺激性臭味;剧烈腹泻,粪便呈灰白色,混有血液。

7.眼球炎型 病禽精神萎靡,闭眼缩头,采食减少,饮水量增加,排绿白色粪便;眼球炎多为一侧性,少数为两侧性;眼睑肿胀,眼结膜内有炎性干酪样物质,眼房积水、角膜混浊,流泪怕光,严重时眼球萎缩、凹陷、失明等,终因衰竭而死亡。

8.脑炎型 大肠杆菌突破禽体的血脑屏障进入脑部,引起病禽昏睡、出现神经症状和下痢,食欲减退或废绝,多以死亡告终。

9.肿头综合征型 此型多发于30~100日龄的鸡,初期多一侧或两侧眼眶周围肿胀,继而发展至整个面部,并波及下颌及皮下组织和肉髯,也有从肉髯开始肿胀的。

(三)病理变化

1.急性败血型 剖检可见纤维素性肝周炎、纤维素性心包炎和纤维素性腹膜炎。肝周炎主要表现为肝大,表面有不同程度的纤维素性渗出物,或者整个肝被一层纤维素性薄膜所包裹;心包炎主要表现为心包积液,心包膜混浊、增厚,甚者内有纤维素性渗出物与心肌粘连(图20-3);腹膜炎表现为腹腔有不同程度的腹水,混有纤维素性渗出物,或纤维素性渗出物充斥于腹腔肠道和脏器间。肾肿大,呈紫红色。胆囊肿大,胆汁外渗。小肠臌气,肠黏膜充血、出血。

2.卵黄性腹膜炎型 输卵管部粘连,漏斗部的喇叭口在排卵时不能打开,因此卵泡不能进入输卵管而坠入腹腔引发本病。腹腔积有大量卵黄,肠道或脏器间相互粘连(图20-4)。

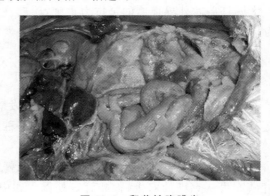

图20-3 心包炎、肝周炎　　　　　　　　　　图20-4 卵黄性腹膜炎

3.生殖器官感染型 患病母禽卵泡膜充血,卵泡变形,局部或整个卵泡呈红褐色或黑褐色,有的变硬,有的卵黄变稀,有的卵泡破裂。输卵管感染时充血、出血,内有黄色絮状或块状的干酪样物质。公禽表现为睾丸充血,交媾器充血、肿胀。

4.关节滑膜炎型 关节肿大,关节周围组织充血、水肿,关节腔内有纤维素性蛋白质渗出或混浊的关节液,滑膜肿胀、增厚。

5.肉芽肿型 部分成年禽感染后常在肠道等处产生大肠杆菌性肉芽肿,主要见于十二指肠、盲肠,还可见于肝和脾。病变可造成从较小的结节至大块的凝固性组织坏死。

6. 雏鸡脐炎型 卵黄吸收不良,卵黄囊充血、出血且囊内卵黄液黏稠或稀薄,多呈黄绿色;脐孔周围皮肤水肿,皮下淤血、出血,或有黄色或黄红色的纤维素性蛋白质渗出;肝大呈土黄色、质脆,有淡黄色坏死灶散在,肝包膜略有增厚;肠道呈卡他性炎。病理变化与鸡白痢相似,临床上很难区分。

7. 眼球炎型 眼球炎型大肠杆菌病的病理变化和临床症状相同。

8. 脑炎型 头部皮下出血、水肿,脑膜充血、出血,脑实质水肿,脑膜易剥离,脑壳软化。

9. 肿头综合征型 头部、眼部、下颌及颈部皮下有胶冻样水肿液、出血点、出血斑,肠黏膜及浆膜出血,鼻有黏液。

(四)诊断

病原体的分离和鉴定在禽大肠杆菌病的诊断中具有决定性作用。采病料(根据病型采取不同部位的病料),涂片染色镜检,将病料划线接种于普通琼脂培养基、肉汤培养基、远藤培养基、麦康凯琼脂培养基或伊红亚甲蓝琼脂培养基上进行分离培养,纯化分离得大肠杆菌菌株,然后进行生化检验、动物致病性试验及血清型鉴定等。

三、防治

(一)科学饲养管理

合理控制好禽舍温度、湿度、密度、光照,搞好禽舍空气净化,降低禽舍内氨气等有害气体的产生和聚积。饲料内添加复合酶制剂、有机酸、微生态制剂等。

(二)加强消毒工作

加强种蛋收集、存放和整个孵化过程中的消毒管理。孵化室及禽舍内外环境和用具要搞好清洁卫生,并按消毒程序进行消毒。水槽、料槽每天应清洗消毒,定期带禽消毒,以降尘、杀菌、降温及中和有害气体。采精、输精严格消毒,尽量做到每只禽使用一个消毒的输精管。

(三)提高禽体免疫力

大肠杆菌血清型较多,不同血清型抗原性不同,因此不可能针对所有养禽场流行的致病性血清型制作菌苗。目前较为实用的方法是在常发病的养禽场,可从本场病禽中分离致病性大肠杆菌,选择几个有代表性的菌株制成自家(或优势菌株)多价灭活佐剂菌苗。在雏禽 7~15 日龄、25~35 日龄、120~140 日龄各免疫一次,对减少本病的发生具有较好的效果。

同时可以使用维生素 C 按 0.2%~0.5% 的浓度拌饲或饮水;维生素 A 按每千克饲料 1.6 万~2 万 IU 拌饲;电解多维按 0.1%~0.2% 的浓度饮水连用 3~5 天。

(四)药物防治

选择敏感药物在发病日龄前进行预防性投药,或发病后进行紧急治疗。早期投药可促使病禽痊愈,同时可防止新病例的出现,但在大肠杆菌病发病的后期,若出现气囊炎、卵黄性腹膜炎等较为严重的病理变化时,治疗往往不明显或无效。常用药物有庆大霉素、卡那霉素、土霉素、多西环素、泰乐菌素、磺胺脒(SG)、磺胺喹噁啉(SQ)、环丙沙星、恩诺沙星、氧氟沙星和中草药等。

任务三 禽巴氏杆菌病

微视频 20-3

禽巴氏杆菌病(avian pasteurellosis)又称禽霍乱、禽出血性败血症,是由多杀性巴氏杆菌引起的一种急性传染病。主要特征是发病急,流行快,剧烈腹泻,出现急性败血症,死亡率高。本病也可出现慢性经过,慢性病例发生肉髯水肿和关节炎。

一、病原

多杀性巴氏杆菌为两端钝圆的短小杆菌,革兰染色阴性,病料组织或体液涂片用瑞特、吉姆萨法或亚甲蓝染色镜检,可见菌体呈卵圆形,两端着色深,中央部分着色较浅。用印度墨汁等染料染色时,有的可看到清晰的荚膜。

病原体存在于病禽全身各组织、体液、分泌物及排泄物中,只有少数慢性病例病原体仅存在于肺的小病灶里。多杀性巴氏杆菌对物理和化学因素的抵抗力比较低,普通消毒剂的常用浓度对本菌都有良好的消毒效果,但克辽林对多杀性巴氏杆菌的杀菌力很差。

二、诊断要点

(一)流行病学特点

各种家禽和野禽均对多杀性巴氏杆菌具有较高的易感性,家禽中以鸡、火鸡、鸭较易感,鸭比鸡更易感,多呈最急性型和急性型,鹅易感性较差。雏鸡对多杀性巴氏杆菌有一定的抵抗力,较少感染,3～4月龄的鸡和成年鸡较易感染。

多杀性巴氏杆菌是一种条件病原菌,在某些禽的呼吸道中存在该菌。家禽一旦发生本病,很难查出其传染源。本病既可因外源性感染而发病,也可因内源性感染而发病。本病可通过呼吸道、消化道和损伤的皮肤、黏膜感染。病禽的羽毛、排泄物、分泌物及污染的饲料、笼具饮水等都是传播的主要媒介。

禽霍乱的发生没有明显的季节性,但以冷热交替、闷热、潮湿、多雨的时期较为多见。

(二)临床症状

自然感染的潜伏期一般为2～9天,人工感染通常在24～48 h发病。

1.最急性型 常见于流行初期,以产蛋量高的禽最常见。病禽常无前驱症状,有时见病禽精神沉郁、倒地挣扎、拍翅抽搐,病程短者数分钟、长者数小时死亡。

2.急性型 此型常见。病禽体温升高到43～44 ℃,精神沉郁,闭目缩颈,食欲下降或废绝,饮欲增加。常有腹泻,排出黄色稀粪。呼吸困难,口、鼻分泌物增加。冠和肉髯青紫色,有的病禽肉髯肿胀,有热痛感。最后衰竭、昏迷死亡,病程短的约半天,长的为1～3天,死亡率高。发病禽群产蛋量减少甚至停止。

3.慢性型 此型多发生在流行的后期,也可由急性型病例耐过后转变而来,或由毒力较弱的菌株引起,以慢性肺炎、慢性呼吸道炎和慢性胃肠炎较多见。病禽常表现为冠、肉髯苍白,呼吸困难,消瘦,腹泻;关节肿大,有的发生跛行。少数病例可见鼻窦肿大,鼻腔分泌物增多,分泌物有特殊臭味。有的病禽出现长期腹泻。病程长的可达数周,禽群产蛋量下降。

(三)病理变化

1.最急性型 此型无特殊病理变化,有时能看见心外膜及心冠状沟有少许出血点。

2.急性型 此型病变较为特殊,病禽的腹膜、皮下组织、肠系膜、浆膜、黏膜及腹部脂肪常见点状出血。心包变厚,心包内积有大量不透明淡黄色液体,有的含纤维素性絮状液体,心外膜、心冠脂肪出血尤为明显(图20-5)。肺充血、有出血点。肝病变具有特征性,肝稍肿大,质变脆,呈棕色或黄棕色,肝表面散布有许多灰白色、针头大的坏死点(图20-6)。禽的日龄越大,病程越长,肝上有坏死灶的病例越多。脾一般不见明显变化,或稍微肿大,质地较柔软。肌胃出血显著,肠道尤其是十二指肠呈卡他性炎和出血性肠炎,肠黏膜呈暗红色,有弥漫性出血,肠内容物含有血液,有时肠黏膜上附有黄色的纤维素性渗出物。

3.慢性型 因侵害的器官不同而有差异。当以呼吸道症状为主时,鼻腔、气管、支气管呈卡他性炎,鼻腔和鼻窦内有大量黏性分泌物。局限于关节炎和腱鞘炎的病例,主要见腿部和翅膀等部位的关节肿大变形,有炎性渗出物和干酪样坏死。公禽的肉髯肿大,内有干酪样渗出物;母禽的卵巢明显出血,有时在卵巢周围有一种坚实、黄色干酪样物质,附着在内脏器官的表面。

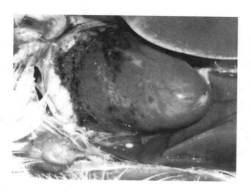

扫码看彩图

图 20-5 心肌及心冠脂肪严重出血　　　　图 20-6 肝表面灰白色、针头大坏死点

（四）诊断

取病鸡血液、心包液、肝、脾等涂片经亚甲蓝、瑞特或吉姆萨染色，如见到大量两极浓染的短小杆菌，有助于诊断。进一步确诊须通过细菌的分离培养及生化检验等进行鉴定。

三、防治

（一）一般预防措施

加强饲养管理，尽量做到全进全出。引进种禽时，必须从无病养禽场购买。严格执行卫生消毒制度。由于多杀性巴氏杆菌为条件致病菌，各种不良因素都会导致机体抵抗力下降而引起发病，因此应尽量消除各种诱因，如禽群拥挤、圈舍潮湿、营养缺乏、有寄生虫寄生或长途运输等。

（二）免疫接种

由于免疫期短，疫苗免疫效果不理想。但在禽霍乱常发地区，应接种菌苗进行预防。目前国内预防禽霍乱使用的活苗为禽霍乱 G190E40 弱毒菌苗，常采用饮水免疫，一般在 6～8 周龄首免，10～12 周龄二免，免疫期为 3～3.5 个月；灭活菌苗有禽霍乱氢氧化铝苗、禽霍乱蜂胶苗等，常采用肌内注射，一般在 10～12 周龄首免，16～18 周龄二免，免疫期为 3～6 个月。有条件的养鸡场，可以用本场的病死鸡肝制成禽霍乱组织灭活菌苗，也可分离病死鸡体内致病菌株，制成氢氧化铝甲醛灭活菌苗，可取得良好的免疫效果。

（三）药物预防

可以定期在饲料或饮水中加入抗生素或磺胺类药物进行预防。药物预防时，容易导致菌群失调，且容易产生耐药菌株，停药后可复发，应慎重用药。

（四）治疗

红霉素、土霉素、四环素、金霉素、大观霉素、氟苯尼考、卡那霉素、磺胺类药物、喹诺酮类药物等对本病都有很好的治疗作用。有条件的养鸡场可通过药敏试验选择应用。

在治疗病鸡的同时，对假定健康鸡群饲料中添加药物进行预防，也可以对假定健康鸡群应用自家灭活菌苗进行紧急预防注射。对禽舍、周围环境和饲养管理用具，应彻底消毒，及时清除粪便，堆积发酵处理，将病死鸡全部烧毁或深埋。

任务四　鸡葡萄球菌病

微视频 20-4

鸡葡萄球菌病（staphylococcosis in chicken）是由金黄色葡萄球菌引起的鸡的急性或慢性传染病，主要表现为急性败血症、关节炎、脐炎以及组织器官发生化脓性炎，雏鸡和青年鸡发病多且死亡率高，是集约化养鸡场危害严重的细菌性疾病之一。

Note

一、病原

典型的金黄色葡萄球菌为圆形或卵圆形,革兰染色阳性,无鞭毛,不形成芽孢和荚膜,常单个、成对或呈葡萄状排列,在脓汁或液体培养基中常呈双球或短链状排列。血液琼脂培养基上生长的菌落较大,有些菌株菌落周围还有明显的溶血环,产生溶血菌落的菌株多为致病菌。

金黄色葡萄球菌对外界环境的抵抗力较强。其对干燥和热有抵抗力,在尘埃、干燥的脓血中能存活几个月。其对龙胆紫、青霉素、红霉素、庆大霉素敏感,但易产生耐药菌株。苯酚对其消毒效果较好。

二、诊断要点

(一)流行病学特点

本病可引起各个品种和任何年龄的鸡发病,甚至鸡胚都可以感染。30～60日龄的雏鸡经常发生。

金黄色葡萄球菌在自然环境中分布极为广泛,可通过各种途径感染,损伤的皮肤黏膜是主要的入侵门户,但也可经直接接触和空气传播,雏鸡通过脐带感染也是常见的途径。在生产中造成鸡外伤的原因很多,如带翅号、断喙、网刺、刮伤、扎伤、扭伤和啄伤等。接种疫苗时消毒不严亦可造成感染。

本病的发生和流行与各种诱发因素关系密切,如饲养管理不善、环境恶劣、污染严重、有并发病存在等。金黄色葡萄球菌也常成为其他传染病混合感染或继发感染的病原体。

本病一年四季均可发生,在雨季和潮湿季节发病较多,笼养和平养都可发生,但笼养比平养多见。

(二)临床症状

1.急性败血型 此型多发于40～60日龄的雏鸡。病鸡体温升高,精神沉郁,常呆立一处或蹲伏,双翅下垂,眼半闭呈嗜睡状,食欲减少或废绝。特征性症状是在翅膀下、皮下组织出现水肿,进而扩展到胸、腹及股内,呈泛发性水肿;外观呈紫黑色,内含血样渗出液、皮肤脱毛坏死,有时出现破溃,流出污秽血水,并带有恶臭味。有的病鸡在体表发生大小不一的出血灶和炎性坏死,形成黑紫色结痂。死亡率较高,病程多为2～5天,快则1～2天。

2.脐炎型 此型多发于新生雏鸡,俗称"大肚脐",是因为新生雏鸡脐环闭合不全,金黄色葡萄球菌感染后脐部肿大发炎所致。主要表现为雏鸡脐孔发炎肿大,有时脐部有暗红色或黄色液体,病程稍长则变成干涸的坏死物。

3.关节炎型 此型多发于肉鸡的育成期。多发生在趾关节和跗关节,表现为受累关节肿大,呈黑紫色,内含血样浆液性或淡黄色干酪样渗出物,有热痛感。病鸡站立困难,以胸骨着地,行走不便,跛行,喜卧。有的病鸡出现趾底肿胀,溃疡结痂。病鸡常因运动、采食障碍,导致衰竭或继发其他疾病而死亡。

4.肺型 此型主要表现为全身症状及呼吸障碍。

5.眼炎型 此型表现为头部肿大,眼睑肿胀、闭眼、有炎性分泌物,结膜充血、出血等,眼内有大量分泌物,并有肉芽肿。时间久者,眼球下陷、失明。最后多因饥饿、被踩踏、衰竭死亡。

(三)病理变化

1.急性败血型 肝脾大、出血,病程稍长者,肝上还可见数量不等的白色坏死点。有的病死鸡心包扩张,可有黄白色心包液,心冠脂肪和心外膜偶见出血点。肺充血,肾淤血肿胀。

2.脐炎型 主要病变为脐部肿大,呈紫红色或紫黑色,有暗红色或黄红色液体。卵黄吸收不良,呈黄红色或黑灰色,并混有絮状物。

3.关节炎型 关节肿胀处皮下水肿,关节液增多,关节腔内有淡黄色干酪样渗出物(图20-7),关节周围结缔组织增生及关节变形。

扫码看彩图

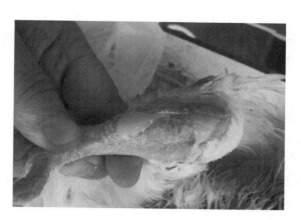

图 20-7 关节腔内有淡黄色干酪样渗出物

4.肺型 肺部淤血、水肿和肺实质病变,甚至见到黑紫色坏疽样病变。

5.眼炎型 眼炎型的病理变化与临床症状相同,少数病鸡胸腹部皮下有出血斑点,心冠脂肪有少量出血点。

三、防治

(一)加强饲养管理

由于金黄色葡萄球菌是养鸡场和鸡群中的常在菌,因此避免发生外伤、消除感染是关键。鸡舍内安装的网架结构要安全合理,网眼合适,若网眼过大,在育雏或育成的早期,应用塑料网覆盖。捆扎塑料网的铁丝断端不应有"毛刺",脱焊的应及时维修。地面不能有任何尖锐的物体,如瓦块、玻璃等。断喙、带翅号、剪趾、注射和免疫接种时要细心,做好局部消毒。适时断喙,防止相互啄羽、啄肛而造成感染。发现外伤要及时处置。

(二)搞好鸡舍卫生及消毒工作

种蛋、孵化用具按规定严格消毒,定期对鸡舍用具、内外环境进行消毒,降低环境中的含菌量,消除传染源,降低感染机会。

(三)治疗

发病后,应立即挑出病鸡,隔离喂养,选用敏感药物进行全群防治。目前治疗该病可选择的药物有很多,如青霉素、林可霉素、红霉素、庆大霉素、卡那霉素、氧氟沙星、多黏菌素和磺胺类药物等。据报道,金黄色葡萄球菌对新型青霉素耐药性低,特别是异噁唑类青霉素,应列为首选治疗药物。由于金黄色葡萄球菌的耐药菌株日趋增加,所以在使用药物之前须进行药敏试验,选择最敏感的药物全群防治,同时还应注意定期联合用药和轮换用药。

任务五 鸡传染性鼻炎

鸡传染性鼻炎(infectious coryza of chicken)是由副鸡嗜血杆菌引起的鸡的一种以鼻腔、眶下窦炎症,流鼻涕、面部水肿和结膜炎为特征的急性呼吸系统疾病。蛋鸡感染后产蛋减少,幼龄鸡感染后增重减慢及淘汰鸡数增加,常造成严重的经济损失。如有并发感染和其他应激因素,则损失更大。

一、病原

鸡副嗜血杆菌(*Haemophilus paragallinarum*,HPG)属于巴氏杆菌科嗜血杆菌属,两端钝圆,不形成芽孢,无荚膜,无鞭毛。本菌对营养的需求较高,属于兼性厌氧菌。血液琼脂或巧克力琼脂可满足本菌的营养需求,经 24 h 后可形成露滴样小菌落,不溶血。本菌可经鸡胚卵黄囊内接种,24~48 h 致死鸡胚,卵黄和鸡胚内含菌量较高。

用菌体抗原做直接凝集试验,可将本菌分为 A、B、C 三个血清型。我国流行的以 A 型为主。各型之间无交叉保护作用。鸡副嗜血杆菌的抵抗力很弱,对热及消毒剂很敏感。

二、诊断要点

(一)流行病学特点

本病可发生于各种年龄的鸡,4 周龄至 3 年的鸡最易感,但个体差异较大。病鸡及隐性带菌鸡是传染源,而且慢性病鸡及隐性带菌鸡是鸡群中发生本病的重要原因。本病可由飞沫及尘埃经呼吸道感染,也可通过污染的饲料和饮水经消化道感染。

本病的发生与诱因有关。如鸡群拥挤,不同年龄的鸡混群饲养,通风不良,鸡舍内闷热或寒冷潮湿,氨气浓度高,缺乏维生素 A,受寄生虫侵袭等都能促使鸡群严重发病。鸡群接种禽痘疫苗引起的全身反应也常常是鸡传染性鼻炎的诱因。本病多发生于秋、冬两季,这可能与气候和饲养管理条件有关。

(二)临床症状

本病潜伏期短,自然接触感染时,1～3 天出现症状。

鼻腔和窦发生炎症者,表现流稀薄清液,后转为浆液黏性分泌物,打喷嚏;眼周及面部水肿(图20-8),眼结膜炎、红眼和肿胀。食欲减退及饮水减少,或有下痢,体重减轻。雏鸡生长不良;成年母鸡产蛋减少甚至停止;公鸡肉髯常见肿大。如炎症蔓延至下呼吸道,则呼吸困难并有啰音;病鸡常摇头欲将呼吸道内的黏液排出,最后常窒息而死。强毒菌株感染的死亡率较高。无并发感染的发病率高而死亡率低。

图 20-8　眼周及面部水肿

(三)病理变化

主要病变为鼻腔和窦黏膜呈急性卡他性炎,黏膜充血肿胀,表面覆有大量黏液,窦内有渗出物凝块,后成为干酪样坏死物。常见卡他性结膜炎,结膜充血肿胀。面部及肉髯皮下水肿。严重时可见气管黏膜炎症,偶有肺炎及气囊炎。卵泡变性、坏死和萎缩。

(四)诊断

本病与慢性呼吸道病、慢性鸡霍乱、禽痘,以及维生素 A 缺乏症等的症状相似,故仅通过临床症状诊断本病有一定困难,须进一步鉴别诊断。

病原体分离鉴定:可用消毒棉拭子自 2～3 只病鸡的窦内、气管或气囊无菌采取病料,直接在血琼脂培养基上划直线,然后用葡萄球菌在培养基上划横线,放在 5% CO_2 的缸内 37 ℃培养。获得纯培养后,再做其他鉴定。

血清学诊断:可用加有 5%鸡血清的鸡肉浸出液培养鸡嗜血杆菌制备抗原,用凝集试验检查鸡血清中的抗体,通常鸡被感染后 7～14 天即可出现阳性反应,可维持一年或更长时间。此外,血凝抑制(HI)试验和琼脂扩散试验也可用于本病诊断。

三、防治

(一)加强饲养管理和消毒

养鸡场内每栋鸡舍应做到全进全出,清舍之后要彻底进行消毒,空舍一定时间后方可让新鸡群进入。鸡群饲养密度不应过大;不同年龄鸡分开饲养;寒冷季节注意防寒保暖、通风换气;定期带鸡消毒。不从有本病的养鸡场购进种鸡或鸡苗。

(二)免疫接种

用鸡传染性鼻炎三价油乳剂灭活菌苗进行免疫接种。一般于 25～35 日龄首免,于产蛋前 15～20 天进行二免。

(三)发病后的措施

对鸡舍进行带鸡消毒,发病鸡群用灭活菌苗免疫接种,并配合药物治疗,可以较快地控制本病。

鸡副嗜血杆菌对多种抗生素及磺胺类药物有一定的敏感性。磺胺类药物是首选药。一般用复方新诺明或磺胺增效剂与其他药物合用,或用 2～3 种磺胺类药物组成的联磺制剂,均能取得较明显效果。但注意应用磺胺类药物一般不超过 5 天。如鸡群食欲下降,可考虑肌内注射抗生素。一般选用链霉素与青霉素联合应用。红霉素、土霉素及喹诺酮类药物也是常用药物。双氢链霉素与一些磺胺类药物有协同作用,但要注意蛋鸡慎用磺胺类药物。

任务六 鸭传染性浆膜炎

鸭传染性浆膜炎(infectious serositis of duck)又称鸭疫里氏杆菌病,是由鸭疫里氏杆菌引起的主要侵害雏鸭等多种禽类的一种急性或慢性接触性传染病。本病多发于 1～8 周龄的雏鸭。我国于 1982 年首次报道本病,目前各养鸭省区市均有发生,发病率与死亡率均甚高,是危害养鸭业的主要传染病之一。

一、病原

鸭疫里氏杆菌(*Riemerella anatipestifer*)为革兰阴性小杆菌,无芽孢,不能运动,有荚膜,涂片经瑞特染色呈两极浓染,初次分离可将病料接种于胰蛋白胨大豆琼脂(TSA)或巧克力琼脂培养基,在含有 CO_2 的环境中培养。本菌不发酵糖类,但少数菌株对葡萄糖、果糖、麦芽糖或肌醇有发酵作用;不产生吲哚和硫化氢,不还原硝酸盐。

鸭疫里氏杆菌到目前为止共发现有 21 个血清型。我国目前至少存在 7 个血清型(1、2、6、10、11、13 和 14 型),以 1 型最为常见。

二、诊断要点

(一)流行病学特点

1～8 周龄的鸭均易感,但以 2～3 周龄的鸭最易感。1 周龄以下或 8 周龄以上的鸭极少发病。除鸭外,小鹅亦可感染发病。本病在感染群中的感染率很高,有时可达 90% 以上,死亡率从 5% 至 75% 不等。

本病一年四季均可发生,主要经呼吸道或通过皮肤伤口(特别是脚部皮肤)感染而发病。恶劣的饲养环境,如育雏密度过大、空气不流通、潮湿、过冷过热以及饲料中缺乏维生素或微量元素和蛋白质水平过低等均易造成发病或发生并发症。

(二)临床症状

潜伏期 1～3 天,最急性病例常无任何症状突然死亡。急性病例多见于 2～4 周龄雏鸭,临床表现为倦怠、缩颈、不食或少食、眼鼻有分泌物、腹泻且粪便呈淡绿色、不愿走动、运动失调,濒死前出现神经症状;头颈震颤、角弓反张、尾部轻轻摇摆,不久抽搐而死。病程一般为 1～3 天,幸存者生长缓慢。日龄较大的鸭(4～7 周龄)多呈亚急性或慢性经过,病程达 1 周或 1 周以上。病鸭表现除上述症状外,有时出现头颈歪斜、不断鸣叫、转圈或倒退运动。这样的病例能长期存活,但发育不良。

(三)病理变化

最明显的眼观病变是纤维素性渗出物,它可波及全身浆膜面、心包膜、肝表面以及气囊。渗出物可部分机化或干酪样化,即构成纤维素性心包炎、肝周炎或气囊炎(图 20-9)。中枢神经系统感染可出现纤维素性脑膜炎。少数病例见有输卵管炎,即输卵管膨大,内有干酪样物质蓄积。慢性局灶性感染常见于皮肤,偶尔也出现在关节,即皮肤出现坏死性皮炎、关节发生关节炎。

图 20-9 病鸭肝周炎和心包炎

(四)诊断

根据临床症状和剖检变化可做出初步诊断,但应注意和鸭大肠杆菌病、鸭巴氏杆菌病、鸭衣原体病和鸭沙门菌病相区别,确诊必须进行微生物学检查。

可直接取病变器官涂片镜检,如取血液、肝、脾或脑涂片,瑞特染色镜检常可见两端浓染的小杆菌,但往往菌体很少,不易与多杀性巴氏杆菌区别。对于细菌的分离与鉴定,可无菌采集心血、肝或脑等病变材料,接种于 TSA 培养基或巧克力培养基上,在含 CO_2 的环境中培养 24～48 h,观察菌落形态并做培养,对其若干特性进行鉴定。如果有标准定型血清,可采用玻片凝集或琼脂扩散试验进行血清型鉴定,也可做荧光抗体检查。

三、防治

(一)一般预防措施

要改善育雏舍的卫生条件,特别注意通风、干燥、防寒以及饲养密度。尽量减小雏鸭转舍、气温变化、运输和驱赶等应激因素对鸭群的影响。

(二)免疫接种

由于本菌的血清型多,各血清型之间缺乏交叉免疫保护,因此在应用疫苗时,要经常分离鉴定各地流行菌株的血清型,选用同型菌株的疫苗,以确保免疫效果。美国近年研制出口服或气雾免疫用的弱毒菌苗,我国也研制出油佐剂和氢氧化铝灭活苗。

(三)药物防治

应该在药敏试验的基础上,应用敏感药物进行预防和治疗。但对于症状和病变比较严重的病鸭,即使使用敏感药物,疗效也并不理想。

任务七 鸡坏死性肠炎

鸡坏死性肠炎(necrotic enteritis of chicken)又称肠毒血症,是由产气荚膜梭菌引起的一种急性传染病。主要表现是排出红褐色乃至黑褐色煤焦油样稀粪,病死鸡以小肠后段黏膜坏死为特征。

一、病原

产气荚膜梭菌为革兰染色阳性、两端钝圆的粗短杆菌,单独或成双排列,没有鞭毛,在自然界中慢慢形成芽孢。芽孢呈卵圆形,位于菌体中央或近端,经人工培养后菌体常不形成芽孢。在机体内形成荚膜,这是本菌的重要特点。在厌氧条件下,本菌能在血液琼脂培养基上形成大而圆的菌落,并有溶血性。本菌能产生多种毒素,如杀白细胞素、溶血素,能导致组织水肿,内毒素能引起组织坏死。本菌的菌体用一般消毒剂易杀灭,形成芽孢后抵抗力强大,一般消毒剂不能杀灭。

二、诊断要点

(一)流行病学特点

本病多发于 2 周龄至 6 月龄的鸡,尤以 2～8 周龄地面平养的肉鸡及 5 月龄的蛋鸡多发。

产气荚膜梭菌在自然界广泛存在,如水、土壤、饲料以及动物的肠道内都含此菌,鸡主要经消化道摄入此菌而感染。产气荚膜梭菌是一种条件致病菌,常存在于鸡的消化道中,一般不引起发病,当受到应激或机体抵抗力下降时即可诱发本病。尤其当鸡群患有球虫病等致使肠黏膜受到损伤时,该菌可在肠道内大量繁殖,促使本病的发生。

本病涉及区域广泛,发病率为 6％～38％,死亡率一般在 6％左右。其显著的流行病学特点是在同一区域或同一鸡群中反复发作,断断续续地出现病死鸡和淘汰鸡,病程持续时间长,可直至出栏。本病无明显的季节性,以温暖潮湿的季节多发。

(二)临床症状

本病以突然发病、急性死亡为特征。病鸡表现为明显的精神沉郁、闭眼嗜睡、生长发育受阻,腹泻,有时排黄白色稀粪,有时排黄褐色糊状臭粪,有时排红色乃至暗褐色煤焦油样粪便(图 20-10),有时粪便混有肠黏膜组织;食欲严重减退。病程稍长时,可出现神经症状。病鸡翅腿麻痹、颤动,无法站立,瘫痪,双翅拍地,触摸时发出尖叫声。

(三)病理变化

打开尸体腹腔有腐臭味。主要病变部位集中在肠道,尤以中、后段较为明显。小肠肿大至正常的 2～3 倍,肠管变短,肠壁变薄,肠黏膜附着疏松或致密伪膜,伪膜外观呈黄色或黄褐色。小肠内有未消化的食物残渣(图 20-11)及大量的红褐色、黑色含有血液的内容物,呈"西红柿样"。有些病例在肠黏膜可见散在的灰白色坏死点。与小肠球虫病并发时,肠内容物混有小血凝块,呈柿黄色,肠壁有大头针帽大小的出血点或坏死灶。

图 20-10　病鸡排红色粪便

图 20-11　肠道内有未消化的食物残渣

扫码看彩图

(四)诊断

取肠内容物或刮取病变肠黏膜组织涂片,革兰染色,镜检见到大量着色均匀、有荚膜、两头圆钝

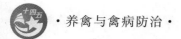

短粗的菌体,结合临床症状和病理变化即可判断,亦可用肠内容物划线接种血液琼脂培养基,37 ℃厌氧培养 24 h 即可分离到病原菌进行鉴定。

三、防治

(一)预防

加强饲养管理,搞好环境卫生和消毒工作,避免舍内湿度过大,在饲料中添加维生素、矿物质等,以增强机体抵抗力,同时尽量减少应激因素。保管好动物性蛋白质饲料,防止有害菌污染。常发地区可在饲料中添加药物进行预防。患有球虫病、组织滴虫病时应及时治疗,以免造成本病的继发感染。

(二)治疗

林可霉素、庆大霉素、杆菌肽、土霉素、青霉素以及泰乐菌素等对本病有良好的治疗作用。一般通过饮水或混饲给药,治疗时可同时添加抗球虫药物以提高疗效。

任务八　鸡毒支原体感染

鸡毒支原体感染是由鸡毒支原体引起的鸡的一种慢性呼吸道传染病,该病又称慢性呼吸道病,其特征为咳嗽、流鼻涕、呼吸道啰音、喘气和窦部肿胀。本病发展慢、病程长、死亡率低,但在鸡群中长期蔓延,雏鸡生长缓慢,肉鸡胴体品质下降,蛋鸡产蛋量下降,种蛋孵化率、出雏率降低,发病鸡群用药增加。该病在我国普遍发生,给养禽业造成了严重经济损失。

一、病原

鸡毒支原体($Mycoplasma\ gallisepticum$,MG)呈细小球杆状,吉姆萨染色显示着色良好。本菌为好氧和兼性厌氧菌,在液体培养基中培养 5～7 天,可分解葡萄糖产酸。在固体培养基上生长缓慢,能凝集鸡和火鸡红细胞。

本菌接种于 7 日龄鸡胚卵黄囊中,只有部分鸡胚在接种后 5～7 天死亡,如连续在卵黄囊继代,则死亡更加规律、病变更明显。

二、诊断要点

(一)流行病学特点

鸡和火鸡对本病有易感性,4～8 周龄鸡和火鸡较敏感,纯种鸡比杂种鸡易感。病鸡和隐性带菌鸡是本病的传染源。本病的传播有垂直和水平传播两种方式。病原体可通过飞沫经呼吸道传播,也可以通过饮水、饲料、用具传播,配种时也可传播。

本病在鸡群中传播较为缓慢,但在新发病的鸡群中传播较快。根据所处的环境因素不同,本病的严重程度差异很大,如拥挤、卫生条件差、气候变化、通风不良、饲料中缺乏维生素和不同日龄的鸡混合饲养,均可加剧本病的严重性并使死亡率升高。若继发和并发感染传染性支气管炎病毒、传染性喉气管炎病毒、新城疫病毒、传染性法氏囊病病毒、鸡嗜血杆菌和大肠杆菌等,也能使本病更加严重。带有鸡毒支原体的雏鸡,在用气雾和滴鼻法进行新城疫弱毒苗免疫时,能激发本病的发生。本病一年四季均可发生,以寒冷季节较为流行,成年鸡则多散发。

(二)临床症状

潜伏期为 4～21 天。雏鸡发病时,症状比较典型,表现为浆液或浆液黏液性鼻液,鼻孔堵塞、频频摇头、打喷嚏、咳嗽,还可见窦炎、结膜炎和气囊炎。当炎症蔓延下部呼吸道时,则喘气和咳嗽更为显著,有呼吸道啰音。病鸡食欲不振,生长停滞,后期可因鼻腔和眶下窦中蓄积渗出物而引起眼睑肿胀(图 20-12),症状消失后,发育受到不同程度的抑制。成年鸡很少死亡,雏鸡如无并发症,死亡率也低。蛋鸡感染后,只表现为产蛋量下降和孵化率低,孵出的雏鸡活力降低。滑液膜支原体感染可引起鸡和火鸡发生急性或慢性的关节滑膜炎、腱滑膜炎或滑囊炎。

（三）病理变化

单纯感染鸡毒支原体时，可见鼻道、气管、支气管和气囊内含有混浊的黏稠渗出物（图 20-13）。气囊壁变厚和混浊，严重者有干酪样渗出物。自然感染的病例多为混合感染，可见呼吸道黏膜水肿、充血、肥厚。窦腔内充满黏液和干酪样渗出物，有时波及肺、鼻窦和腹腔气囊，如有大肠杆菌混合感染，可见纤维素性肝被膜炎和心包炎，火鸡常见明显的窦炎。

图 20-12　病鸡眼睑肿胀

图 20-13　气囊混浊，有大量黏液

扫码看彩图

（四）诊断

根据流行病学特点、临床症状和病理变化可做出初步诊断，进一步确诊须进行病原体分离鉴定和血清学检查。做病原体分离时，可取气管或气囊的渗出物制成悬液，直接接种支原体肉汤或琼脂培养基；血清学方法以血清平板凝集试验（SPA）最常用，其他还有 HI 试验和 ELISA。

三、防治

（一）杜绝本病的传染源

引进种鸡、雏鸡和种蛋时，都必须从无病的养鸡场购买。平时要加强饲养管理，尽量避免引起鸡体抵抗力降低的一切应激因素。

（二）清除种蛋内鸡毒支原体

经卵传播是鸡毒支原体感染的重要传播途径，阻断这条途径可防止垂直传播，对预防本病很重要。可用抗生素处理降低或消除卵内的支原体。

抗生素处理：将孵化前的种蛋加温到 37 ℃，而后立即放入 5 ℃左右的对支原体有抑制作用的泰妙菌素、红霉素等抗生素溶液中 15～20 min；也可以将种蛋放在密闭容器的抗生素溶液中，抽出部分空气，而后徐徐放入空气使药液进入蛋内；或将抗生素溶液注入蛋内。

（三）免疫接种

可供接种的疫苗有鸡毒支原体弱毒活苗和鸡毒支原体油佐剂灭活苗。

弱毒活苗：此为 F 株支原体制成的疫苗。F 株致病力极为轻微，给 1 日龄、3 日龄和 20 日龄雏鸡滴眼接种不引起任何可见症状或气囊变化，不影响增重，免疫期 7 个月。免疫鸡产下的蛋也不带菌。

灭活苗：使用时可参照说明。一般 1～2 月龄母鸡注射 1 次，在开产前（15～16 周龄）再注射 1 次。

针对其他传染病进行活苗预防接种时，应严格选择无支原体污染的疫苗。因为许多病毒性活苗中常常有致病性支原体的污染，鸡由于接种这种疫苗而受到感染，所以选择无污染活苗也是一种极为重要的预防措施。

（四）建立无支原体感染的种鸡群

在引种时，必须从无病的种鸡场购买。感染本病的种鸡场通过用灭活苗免疫，收集种蛋前种鸡

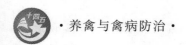

连续服用泰乐菌素等高效抗支原体药物,结合种蛋用抗生素浸泡处理或种蛋加热孵化,可大大降低支原体经蛋传播的百分率。用这种方法培养出不带支原体的健雏,以后在 2 月龄、4 月龄、6 月龄时进行血清学检查,淘汰阳性鸡,留下阴性鸡群隔离饲养,由这种程序育成的鸡群,在产蛋前再全部进行 1 次血清学检查,必须是无阳性反应的鸡才能用作种鸡。当完全阴性反应亲代鸡群所产的蛋,不经过药物或热处理孵出的子代鸡群,经过几次检测都未出现一只阳性反应鸡时,可以认为已建立无支原体感染的鸡群。

(五)治疗

泰乐菌素、泰妙菌素、氧氟沙星、环丙沙星、林可霉素、北里霉素、红霉素、土霉素、四环素等早期治疗对本病有一定疗效。鸡毒支原体对许多抗生素易产生耐药性,而且停药后往往复发,长期单一使用某种药物效果不明显,临床用药应该做到剂量适宜、疗程充足、联合用药和交替用药等。本病的药物治疗效果与有无并发感染关系很大,病鸡如果同时并发其他病毒病,疗效不明显,所以应及时控制并发症或继发病。

任务九　禽曲霉菌病

禽曲霉菌病(aspergmosis avium)主要是由烟曲霉和黄曲霉等曲霉引起的多种禽类和哺乳动物的一种真菌性疾病。本病的特征性表现主要在呼吸系统,尤其是肺和气囊发生炎症并形成霉菌结节,故本病又称曲霉菌性肺炎。本病在幼禽中多发,且呈急性群发性暴发,发病率和死亡率都很高,使养禽业损失很大。成年禽则为散发。

一、病原

病原体主要为半知菌纲曲霉菌属的烟曲霉(*Aspergillus fumigatus*),其次为黄曲霉(*Aspergillus flavus*),此外还有多种曲霉。

本菌为需氧菌,在室温和 37～45 ℃均能生长,在马铃薯培养基和其他糖类培养基上均可生长。烟曲霉在固体培养基中,初期形成白色绒毛状菌落,经 24～30 h 开始形成孢子,菌落呈面粉状,浅灰色、深绿色、黑蓝色,而菌落周边仍呈白色。曲霉能产生毒素,可使动物痉挛、麻痹、致死和组织坏死等。

曲霉的孢子抵抗力很强,煮沸后 5 min 才能杀死,常用消毒剂有 5％甲醛、苯酚、过氧乙酸和含氯消毒剂。

二、诊断要点

(一)流行病学特点

各种禽类都有易感性,以雏禽(4～12 日龄)的易感性最高,常呈急性和群发性;成年禽呈慢性和散发。禽类常因接触发霉饲料和垫料经呼吸道或消化道感染。哺乳动物如马、牛、绵羊、山羊、猪和人也可感染,但数量甚少。

孵化室受曲霉污染时,新生雏可受到感染。阴暗潮湿禽舍和不洁的育雏器及其他用具、梅雨季节、空气污浊等均能使曲霉增殖,易引起本病发生。孢子易穿过蛋壳,从而引起死胚或出壳后不久出现症状。

(二)临床症状

急性病禽呈抑郁状态,多卧伏、拒食,对外界反应淡漠。病程稍长者,可见呼吸困难、伸颈张口,细听可闻气管啰音。冠和肉髯发绀,食欲显著减退或不食,饮欲增加,常有下痢。有的表现为神经症状,如摇头、头颈不随意屈曲、共济失调、脊柱变形和两腿麻痹。病原体侵害眼时,结膜充血、眼肿、眼睑封闭,下睑有干酪样物质,严重者失明。急性病程 2～7 天死亡,慢性可延至数周。

(三)病理变化

病变以肺部侵害为主,典型病例可在肺部发现粟粒大至黄豆大的黄白色或灰白色结节(图20-14)。结节的硬度似橡皮样或软骨样,切开后可见有层次的结构,中心为干酪样坏死组织,内含大量菌丝体,外层为类似肉芽组织的炎性反应层,含有巨细胞。除肺外,气管和气囊也能见到结节,并可能有肉眼可见的菌丝体,呈绒球状。其他器官或组织如胸腔、腹腔、肝、肠浆膜等处有时亦可见到结节。有的病例呈局灶性或弥漫性肺炎变化。

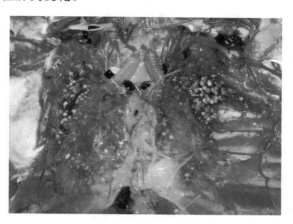

图 20-14　双侧肺典型的霉菌结节

扫码看彩图

(四)诊断

根据流行病学特点、临床症状和剖检可做出初步诊断,确诊则需进行微生物学检查。取病理组织(最好为结节中心的菌丝体)少许,置载玻片上,加生理盐水1～2滴,用针拉碎病料,加盖玻片后镜检,可见菌丝体和孢子;取病料接种于马铃薯培养基或其他真菌培养基,生长后进行检查鉴定。

三、防治

(一)综合预防

科学的饲养管理是预防本病的关键措施。归纳起来有以下几点:①保持室内外环境的干燥、清洁,防止潮湿和积水,料槽、饮水器经常清洗;②保持合理的饲养密度,垫料经常翻晒和更换;③保持饲料新鲜,严禁饲喂过期、发霉的饲料;④搞好孵化室卫生,防止雏鸡受到霉菌感染;⑤育雏舍进鸡前用甲醛熏蒸消毒和0.3%过氧乙酸溶液消毒。

(二)治疗

发现疫情时,迅速查明原因,同时进行环境、用具等消毒工作,如及时隔离病雏,更换发霉的饲料与垫料,清扫禽舍,喷洒1:2000的硫酸铜溶液。严重病例扑杀淘汰。

本病目前尚无特效治疗方法。用制霉菌素防治本病有一定效果,剂量为每100只雏禽1次用50万单位,拌料内服,每日2次,连用2～4天;或用克霉唑,每100只禽用1g,混入饲料喂服,连用2～3天。同时用1:3000的硫酸铜或0.5%～1%碘化钾饮水,连用3～5天,可以减少新病例的发生,从而有效地控制本病的继续蔓延。

任务十　禽弧菌性肝炎

禽弧菌性肝炎(avain vibrionic hepatitis)又称禽弯曲杆菌性肝炎(avain campylobacter hepatitis),是一种主要由空肠弯曲杆菌引起的雏禽或成年禽的传染病。本病以肝出血、坏死性肝炎伴发脂肪浸润,发病率高,死亡率低及慢性经过为特征。自然条件下,本病可发生于各年龄的鸡,而以蛋鸡群和后备鸡群较多发,人工感染时,大鸡也可发病。因腹腔内常积聚大量血水,故本病又称"出血病"。

一、病原

弯曲杆菌是螺旋状弯曲的杆菌,呈 S 形或海鸥翼形,大小为$(0.2 \sim 0.8)$ μm$\times$$(0.5 \sim 0.6)$ μm,所有的种都有单极鞭毛,有运动性,但有时可见到两极鞭毛的细菌。所有弯曲杆菌革兰染色均为阴性。

在人工培养基上,弯曲杆菌于 43 ℃生长最好,其最低的适宜生长温度为 37 ℃。弯曲杆菌是微嗜氧菌,在含有 $5\%O_2$、$10\%CO_2$ 和 $85\%N_2$ 的环境下生长最好。通常要培养 24 h 后才能见到菌落,如果接种量小或使用选择培养基,有时要 72 h 才能见到菌落,菌落细小、圆形,呈半透明或灰色。新做的培养基湿度大,菌落长成片状,在放置数天才用的培养基上,菌落边缘不整齐。菌落在血琼脂培养基上不溶血。该菌在人工培养基上传代较困难,但易在鸡胚中生长繁殖,接种卵黄囊或绒毛尿囊腔均可,但进行初次分离或为了获得高滴度的培养物时,以卵黄囊接种最好,每毫升卵黄中细菌滴度可达到 $10^6 ELD_{50}$。鸡胚一般于接种后 4 天死亡,表现为卵黄囊及胚体充血。

二、诊断要点

(一)流行病学特点

本病主要通过染菌粪便、污染的饲料、饮水等水平传播途径而经消化道感染。空肠弯曲杆菌在雏禽间有很强的水平传播能力,只要人工感染孵化器中有一只感染雏禽,24 h 后便可以从 70% 与之接触的雏禽中分离出空肠弯曲杆菌。有研究表明,未能从已知带菌的火鸡群所产受精卵和孵出的幼火鸡中分离出本菌。本菌不穿入蛋中,在蛋壳表面的空肠弯曲杆菌常因干燥而死亡。

自然感染发病仅见于鸡群,以将近开产的母鸡和产蛋数月的母鸡较易感,雏鸡可感染并带菌,成年鸡也可发病。人工感染实验中,家兔、小鼠、大鼠、地鼠和灵长类动物等许多实验动物对空肠弯曲杆菌易感,其中以家兔较为敏感。

(二)临床症状

本病的严重程度取决于感染的剂量、空肠弯曲杆菌或结肠弯曲杆菌的菌株、宿主的年龄、同时发生的环境因素、应激因素或并发的其他疾病,以及免疫状况。一些免疫抑制性疾病会增强弯曲杆菌的致病力。本病的潜伏期约为 2 天,以缓慢发作和持续期长为特征。通常鸡群中只有一小部分鸡在同一时间内表现出症状,此病可持续数周,死亡率为 $2\% \sim 15\%$。

1. 急性型 发病初期,有的不见明显症状,雏鸡群精神倦怠、沉郁,严重者呆立缩颈、闭眼,对周围环境敏感性降低;羽毛杂乱无光,肛门周围污染有粪便;多数鸡的腹泻物先呈黄褐色,然后呈糨糊样,继而呈水样,部分鸡此时即发生急性死亡。

2. 亚急性型 病鸡表现为脱水、消瘦,陷入恶病质,最后心力衰竭而死亡。

3. 慢性型 病鸡表现为精神委顿,鸡冠发白、干燥、萎缩,可见鳞片状皮屑,逐渐消瘦,饲料消耗减少。

雏鸡常呈急性经过。青年蛋鸡群常呈亚急性或慢性经过,开产期延迟,产蛋初期沙壳蛋、软壳蛋较多,不易达到预期的产蛋高峰。蛋鸡呈慢性经过,消化不良,后期因轻度中毒性肝营养性不良而导致自体中毒,表现为产蛋率显著下降,达 $25\% \sim 35\%$,甚至因营养不良性消瘦而死亡。肉鸡则全群发育迟缓,增重缓慢。

(三)病理变化

病变主要见于肝脏,肝形状不规则、肿大、土黄色、质脆,有大小不等的出血点和出血斑,且表面散布星状坏死灶及菜花样黄白色坏死区(图 20-15),有的肝被膜下有出血囊肿,或肝破裂而大出血。值得注意的是,有临床症状的病鸡中不到 10% 的病鸡的肝有肉眼可见的病变,即使表现出病变,也不易在一个病变肝脏上见到全部典型病变,剖检一定数量的鸡才能观察到不同阶段的典型病变。

图 20-15 肝菜花样黄白色坏死区

1. 急性型 肝稍肿大，边缘钝圆，淤血，呈淡红褐色，肝被膜常见较多的针尖样出血点，偶见血肿，甚至肝破裂，致使肝表面附有大的血凝块或腹腔积聚大量血水和血凝块。肝表面常见少量针尖大黄白色星状坏死灶，无光泽，与周围正常肝组织界限明显。镜检，可见肝细胞排列紊乱，呈明显的颗粒变性和轻度坏死。多数病例在窦状隙可见到细菌栓塞集落，中央静脉淤血，汇管区小叶间动脉管壁平滑肌玻璃样变或纤维素样变。汇管区和肝小叶内的坏死灶内偶见异嗜性粒细胞或淋巴细胞浸润。用免疫过氧化物酶染色，在窦状隙内可见弯曲杆菌栓塞集落，菌体呈棕褐色。

2. 亚急性型 肝呈不同程度的肿大，病变重者肿大 1～2 倍，呈红黄色或黄褐色，质地脆弱。在肝表面和切面散在或密布针尖大、小米粒大乃至黄豆粒大灰黄色或灰白色边缘不整的病灶。有的病例病灶互相融合形成菜花样病灶。镜检，可见肝细胞排列紊乱，呈明显的颗粒变性、轻度脂肪变性和空泡变性。肝小叶内散在大小不一、形态不规则的坏死灶，网状细胞肿胀增生。窦状隙内皮细胞肿胀，星状细胞增生。汇管区胆管上皮轻度细胞增生与脱落，胆小管增生。汇管区和小叶间有大量的异嗜性粒细胞、淋巴细胞，少量浆细胞浸润以及髓细胞样细胞增生。用免疫过氧化物酶染色，空肠弯曲杆菌位于肝细胞内及坏死、脂肪变性区和窦状隙等内部。

3. 慢性型 肝体积稍小，边缘较锐利，肝实质脆弱或硬化，星状坏死灶相互连接，呈网络状，切面发现坏死灶布满整个肝实质，也呈网络状坏死，坏死灶呈黄白色至灰黄色。这是肉眼诊断本病的依据。镜检，可见较大范围的不规则坏死灶，有大量淋巴细胞及网状细胞增生。

各种类型均可能出现的病变有胆囊肿大、充盈浓稠胆汁，胆囊黏膜上皮局部坏死，周围有异嗜性粒细胞浸润，并有黏膜上皮增生性变化。心脏出现间质性心肌炎，心肌纤维脂肪变性甚至坏死、崩解。脾明显肿大，表面有黄白色坏死灶，呈现斑驳状外观，个别慢性病例可见非特异性肉芽肿。肾肿大，呈黄褐色或较苍白，见膜性肾小球肾炎，有时见肾小球坏死和间质性肾炎。卵巢的卵泡发育停止，甚至萎缩、变形等。

（四）诊断

根据流行病学特点、临床症状、肉眼及镜检的病理变化可做出初步诊断，但最后的确诊应以分离到致病的弯曲杆菌为依据。

可将病料划线接种于 10% 血琼脂培养基上，在 10% CO_2 环境中培养 24 h，挑取单个菌落，染色镜检，见到弯曲杆菌可快速做出诊断。也可将病料接种于 5～8 日龄鸡胚卵黄囊，鸡胚于接种后 3～5 天死亡，收集死亡鸡胚的尿囊液、卵黄，涂片染色镜检。分离到的弯曲杆菌经纯化后可进一步进行理化特性及致病力的鉴定。

三、防治

本病尚无有效的免疫制剂。由于从临诊正常的母鸡肠道中亦能分离到弯曲杆菌，可认为弯曲杆菌是一种条件致病菌，常在不利环境因素或其他疾病（如马立克病、新城疫、慢性呼吸道病等）发生时，使本病的潜伏性感染转变为临诊暴发流行。故加强平时的饲养管理和贯彻综合卫生措施，如定期对禽舍、器具进行消毒等，是十分重要的措施。采用多层网面饲养可减少或阻断本病的传播。清除垫料，彻底消毒用具和禽舍，禽舍消毒后空置 7 天，可有效清除禽舍内残余的弯曲杆菌。通过消毒

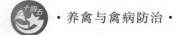

笼具和在出栏前至少停食8 h来减轻在加工厂的污染,加工后用化学药物消毒胴体和分割鸡均可减少弯曲杆菌的数量。在人为控制的实验条件下,用0.5%乙酸或乳酸冲洗可有效控制活菌数。研究表明,120 μg/L的氯、温热琥珀酸、0.5%戊二醛均能有效地减少弯曲杆菌对鸡爪的污染。

治疗本病可选用金霉素等,金霉素以100～500 g/t、磺胺甲嘧啶以0.1%～0.2%的浓度饮水,连用3天。2～15日龄雏鸡用土霉素较适宜。此外,卡那霉素、喹乙醇、诺氟沙星结合庆大霉素等亦有较好疗效。首选药物最好根据本场分离菌的药敏试验结果确定。

任务十一　铜绿假单胞菌病

铜绿假单胞菌病(*Pseudomonas aeruginosa* disease)又称铜绿假单胞菌感染,是由铜绿假单胞菌引起的雏鸡的一种急性、败血性传染病,其特征是发病急、病程短,病雏高度沉郁、严重腹泻、皮下水肿、衰竭、脱水、角膜混浊,很快死亡。

铜绿假单胞菌在自然界分布广泛,空气、土壤、水、肠内容物、动物体表等处都有该菌存在,常从正常鸡的肠道、呼吸道和卵中分离出来,是一种条件致病菌。应激是雏鸡暴发该病的主要原因。

一、病原

铜绿假单孢菌又称绿脓杆菌,为革兰阴性杆菌,单个存在或成双排列,偶见短链菌体有一根短鞭毛,能运动。临床分离的菌株有菌毛,有时有荚膜,但不形成芽孢。本菌在普通培养基上生长良好,可形成光滑、湿润、绿色闪光菌落,菌落周围培养基为蓝绿色,有芳香气味。菌落的颜色主要由细菌产生的两种色素组成,即绿脓菌素和荧光色素。本菌在麦康凯培养基上生长良好,菌落呈灰绿色。

本菌对外界环境抵抗力较强,在污染的环境及土壤中可长时间存活,对许多化学消毒剂和抗生素有抵抗力。

二、诊断要点

(一)流行病学特点

铜绿假单胞菌在自然界分布广泛,动物体表、肠道都有本菌存在,是一种条件致病菌。1～35日龄雏鸡对铜绿假单胞菌的易感性最高,尤其是1周龄内的雏鸡,随着日龄的增长,鸡的抵抗力逐渐增强。本病多见于伤口感染。鸡铜绿假单胞菌感染主要发生在集约化养鸡场,而且多为孵化室感染。孵化场消毒不严,孵化过程中的死胚、毛蛋、新生雏的体表和体内、出孵后的蛋壳等带有的铜绿假单胞菌污染了孵化室即可引起出壳雏鸡大批发病。卫生状况差、注射器污染以及育雏温度过低、通风不良、环境恶劣等应激因素是造成铜绿假单胞菌病暴发的主要原因。

本病一年四季均可发生,但以春季出雏季节多发。

(二)临床症状

潜伏期一般24 h左右。临床上多呈急性经过。病雏精神极度沉郁,皮下水肿,腹部膨大,呈腹式呼吸,下痢,排出黄绿色水样稀粪。有的眼睛潮湿,角膜或眼前房混浊,眼中常带有淡绿色脓性分泌物,时间长者单侧眼球下陷,眼失明。颈部水肿,严重病鸡胸腹部、两腿内侧皮下也见水肿。病鸡脱水、全身衰竭,很快死亡。病程一般1～3天,死亡高峰集中在3～5日龄。有的鸡表现为神经症状,站立不稳,动作不协调,头颈后仰,最后倒地死亡。若孵化器被铜绿假单胞菌污染,在孵化过程中会出现爆破蛋,同时出现孵化率降低、死胚增多。

(三)病理变化

早期急性死亡病雏无明显肉眼变化。大多数病死鸡在头颈部皮下特别是头周围有大量黄绿色胶冻样渗出物,脐部皮下亦有黄色胶冻样渗出物浸润。头颈部肌肉和胸肌有出血点或出血斑。内脏器官有不同程度的充血、出血。肝呈棕黄色,有淡色条纹,病程稍长者可见肝有坏死灶,脾淤血。有的雏鸡心包积胶冻样液,心外膜有出血点。气囊混浊,增厚。未吸收的卵黄呈黄绿色,内容物呈豆腐渣样。腺胃黏膜脱落,肌胃角质层有出血斑,易于剥落。肠黏膜充血、出血严重。侵害关节者,关节肿大,关节液混浊增多。死胚表现为颈后部皮下肌肉出血,尿囊液呈灰绿色,腹腔中残留较大的尚未吸收的卵黄液。

(四)诊断

取病死鸡心血、肝、肺及皮下水肿液,接种于普通琼脂培养基上,于 37 ℃恒温箱中培养 18~24 h,细菌在普通培养基上生长良好,形成光滑、湿润、绿色闪光菌落,菌落周围培养基为蓝绿色,有芳香气味。挑取菌落涂片,革兰染色,镜检,可见单个的革兰阴性小杆菌,即可判断为本病。

取 24 h 肉汤培养液,腹腔接种健康雏鸡,每只 0.2 mL,同时设立对照。从病死鸡的心、肝、脾等器官中能重新分离到该菌,亦可确诊。

三、防治

预防该病的发生,重要的是搞好鸡舍、种蛋、孵化器及孵化场等环境和工作人员的消毒工作。种蛋在孵化之前可用甲醛熏蒸(蛋壳消毒)后再入孵。同时还应尽量减少应激因素的发生。鸡笼应尽量平整,以免刺伤皮肤,在鸡舍空出后要彻底消毒。另外还可在饲料或饮水中添加药物预防。对雏鸡进行马立克病疫苗免疫注射时,要注意注射针头的消毒卫生,避免通过此途径将病原菌带入鸡体内。

一旦暴发本病,选用高敏药物,如庆大霉素、妥布霉素、多黏菌素、新霉素、阿米卡星、链霉素、氧氟沙星等进行拌料、紧急注射或饮水治疗可很快控制疫情。另外,也可用庆大霉素给雏鸡饮水预防,并对发病鸡舍进行彻底消毒。

任务十二　禽念珠菌病

禽念珠菌病又称霉菌性口炎、白念珠菌病,是由白念珠菌引起的一种霉菌性传染病。本病也可感染哺乳动物,其主要特征是在禽的上消化道(口腔、咽部、食管等)黏膜发生白色伪膜和溃疡。

一、病原

白念珠菌(*Candida albicans*)是半知菌纲念珠菌属的一种。此菌在自然界广泛存在,在健康的畜禽及人的口腔、上呼吸道和肠道等处寄居。

本菌为类酵母菌,在病变组织及普通培养基中皆产生芽生孢子及假菌丝。出芽细胞呈卵圆形,似酵母细胞,革兰染色阳性。

本菌为兼性厌氧菌,在沙堡弱培养基上经 37 ℃培养 1~2 天,生成酵母样菌落;在玉米琼脂培养基上,室温中经 3~5 天,可产生分枝的菌丝体、厚膜孢子及芽生孢子。非致病性白念珠菌不产生厚膜孢子。本菌能发酵葡萄糖和麦芽糖,对蔗糖、半乳糖产酸,不分解乳糖、菊糖,这些特性有别于其他念珠菌。

二、诊断要点

(一)流行病学特点

本病主要见于幼龄的鸡、鸽、火鸡和鹅,野鸡、松鸡和鹌鹑中也有报道,人也可以感染。

幼禽对本病易感性比成年禽高,且发病率和死亡率也高。鸡群中发病的大多数为 2 月龄内的幼鸡。病禽的粪便含有大量病菌,污染材料、饲料和环境,通过消化道传染。但本病的内源性感染不可忽视,如营养缺乏、长期应用广谱抗生素或皮质类固醇,以及其他传染病使机体抵抗力降低,都可以促使本病发生。本病也可能通过蛋壳传染。

(二)临床症状

鸡患病后生长不良、精神不振、羽毛粗乱、食量减少或停食、消化障碍。嗉囊胀满,但明显松软,挤压时有痛感,并有酸臭气体自口中排出。有时病鸡下痢,粪便呈灰白色。一般 1 周左右死亡。

雏鸽感染后口腔与咽部黏膜充血、潮红、分泌物稍多且黏稠。青年鸽发病初期可见口腔、咽部有白色斑点,继而逐渐扩大,演变成黄白色干酪样伪膜。口气微臭或带酒糟味。个别鸽出现软嗉症,嗉囊胀满,软而收缩无力。食欲废绝,排绿色稀粪,多在病后 2~3 天或 1 周左右死亡。

患病幼鸭主要表现为呼吸困难、喘气、叫声嘶哑,发病率和死亡率都很高。

(三)病理变化

病理变化主要集中在上消化道,可见喙结痂,口腔、咽和食管有干酪样伪膜和溃疡。嗉囊黏膜明显增厚,表面可见白色丘状疹(图20-16),被覆一层灰白色斑块状伪膜,易刮落。伪膜下可见坏死和溃疡。少数病禽胃黏膜肿胀、出血和溃疡,颈胸部皮下形成肉芽肿。肺有坏死灶及干酪样物质。腺胃与肌胃交界处出血,肌胃角质层有出血斑。心肌肥大,肝大、呈紫褐色,有出血斑。肠黏膜呈炎性出血,肠壁变薄,肠系膜有黑红色或黄褐色的干酪样渗出物附着。

图 20-16　嗉囊表面白色丘状疹

(四)诊断

病禽上消化道黏膜的特征性增生和溃疡灶,常可作为本病的诊断依据。确诊必须采取病变组织或渗出物做抹片检查,观察酵母状菌体和假菌丝,并进行分离培养,特别是可通过玉米培养基鉴别出是否为病原性菌株。必要时取培养物,制成1%菌悬液1 mL给家兔静脉注射,4~5天家兔即死亡,可在肾皮质层产生粟粒样脓肿;皮下注射可导致局部发生脓肿,在受害组织中出现菌丝和孢子。

三、防治

(一)预防

加强饲养管理,降低饲养密度,保证饮用水清洁卫生。禽舍要干燥、通风,每2~3天带禽消毒1次,每周养禽场环境消毒1次。料槽、饮水器等用具每周清洗消毒。严禁饲喂发霉变质饲料。发现病禽立即隔离,及时更换垫料,环境、用具立即消毒。

(二)治疗

使用硫酸铜溶液、制霉菌素、克霉唑进行治疗都可取得一定疗效。1:(2000~3000)硫酸铜溶液饮水,连用3~5天;制霉菌素按每千克饲料加入50万~100万 IU(预防量减半)的剂量,连用1~2周;克霉唑,每100只雏禽1.0 g拌料,连用3~5天。适量补给复合B族维生素,对大群防治有一定效果。

实践技能一　鸡白痢的检验

▶ 目的与要求

掌握用全血平板凝集试验检验鸡白痢的操作过程及结果判断方法。

▶ 材料与用具

1.材料　鸡白痢全血平板凝集反应抗原、鸡白痢阳性血清和阴性血清、70%乙醇等。

2. 用具 玻璃板或白瓷板、橡胶乳头滴管、无菌采血针、酒精棉球、酒精灯、玻璃笔、纱布、工作服等。

内容与方法

1. 操作步骤 取一洁净的玻璃板或白瓷板,用玻璃铅笔画直径为 1.5～2 cm 的方格并编号。将鸡白痢全血平板凝集反应抗原充分振荡均匀,用滴管吸取抗原垂直滴 1 滴(0.05 mL)于画好的方格内。随即用针头刺破被检鸡的鸡冠或翅静脉,使之出血,用灭菌吸管吸取血液(约 0.05 mL)滴于玻璃板上,与方格内的抗原搅拌均匀,并散开至以直径约 2 cm 为度。

2. 结果判断

(1)抗原和血液混合后,于 2 min 内出现明显的颗粒凝集或块状凝集为阳性反应。

(2)在 2 min 内不出现凝集,或仅呈现均匀一致的微细颗粒或边缘处在临干前形成细絮状物等,均可判为阴性。

(3)上述反应以外,不易判定为阳性或阴性的,可判为可疑。

3. 注意事项

(1)抗原应保存于 8～10 ℃冷暗干燥处,用时要充分振荡均匀。

(2)本检验适用于产卵母鸡及一年以上的公鸡,对雏鸡敏感性较差。

(3)反应应在 20 ℃左右进行,否则影响反应效果。

(4)检验开始时,必须用阳性和阴性血清作为对照。

考核标准

(1)能叙述实训的基本原理及意义。

(2)能独立准备器械。

(3)操作熟练、规范。

(4)能对结果进行准确分析和判定。

实践技能二　病原菌的药敏试验

目的与要求

学会利用纸片扩散法进行药物敏感性的测定,以便准确有效地利用药物治疗细菌性疾病等。

材料与用具

1. 材料 蒸馏水,普通琼脂培养基,金黄色葡萄球菌及大肠杆菌的固体培养物,青霉素、链霉素、金霉素、新霉素、红霉素等抗菌药物等。

2. 用具 恒温箱、天平、打孔机、滤纸、镊子、接种环、酒精灯、灭菌棉拭子等。

内容与方法

1. 含药纸片的制备

(1)滤纸片的制作。选用新华 1 号定性滤纸,用打孔机打成直径为 6 mm 的滤纸片,放在平皿中,在 121.3 ℃高压灭菌 15 min,然后放置到 100 ℃干燥箱内烘干备用。

(2)药液的配制。用无菌蒸馏水将各药物稀释成以下浓度:青霉素 100 U/mL,链霉素、金霉素、新霉素、红霉素、多黏菌素 1000 μg/mL。

复方药物一般含两种或两种以上的抗菌成分,稀释时可根据其治疗浓度或按一定的比例缩小后应用蒸馏水或适当稀释液进行稀释。

(3)含药纸片的制备。用无菌的镊子将灭菌的滤纸片摊布于灭菌平皿中,按每张滤纸片饱和吸水量为 0.01 mL 计算,50 张滤纸片加入药液 0.5 mL。要不时翻动,使纸片充分吸收药液,浸泡 1~2 h,于 37 ℃恒温箱中烘干备用。干燥后立即放入瓶中加塞,放干燥器内置－20 ℃冰箱中保存。纸片的有效期一般为 4~6 个月。

也可以从生物公司直接购买现成的药敏片。

2.试验方法

(1)在超净工作台中,用灭菌接种环取上述适量细菌分别在平皿边缘相对的四点涂菌,以每点开始划线涂菌至平皿的 1/2。然后,找到第二点划线至平皿的 1/2,依次划线,直至细菌均匀密布于平皿。也可挑取待试细菌置于少量生理盐水中制成细菌混悬液,用灭菌棉拭子将待检细菌混悬液涂布于平皿培养基表面,要求涂布均匀致密。

(2)将镊子置于酒精灯上火焰灭菌后,取含药纸片贴到平皿培养基表面。一次放好,不得移动。为了使含药纸片与培养基紧密相贴,可用镊子轻按几下含药纸片。为能准确观察结果,要将含药纸片有规律地分布于平皿培养基上,一般可在平皿中央贴一片,外周可等距离贴若干片(外周一般可贴6 种含药纸片,直径为 90 mm 的琼脂培养基上可贴 7 种含药纸片),每张含药纸片间距在 3 cm 以上。如果含药纸片上没有标记,就用玻璃铅笔在平皿底部标记药物名称。

(3)将平皿培养基翻转置于 37 ℃恒温箱中培养 24 h 后,取出观察,记录分析结果。

3.结果观察 用直尺测量抑菌圈直径(包括含药纸片直径),以抑菌圈直径的大小(毫米)作为判断药物敏感性大小的标准(表 20-1)。经药敏试验后应首选高敏或中敏药物进行治疗,亦可同时应用两种有协同作用的药物。

表 20-1 药物敏感性大小的判断标准

抑菌圈直径/mm	敏感性
>20	极敏
15~20	高敏
10~14	中敏
<10	低敏
0	不敏

→ 考核标准

(1)能叙述药敏试验的基本原理及意义。

(2)能独立准备器械、药品。

(3)能熟练、规范操作检测药物对细菌的敏感性。

(4)能对病原菌的药物检测结果进行准确分析和判定。

→ 思考与练习

在线答题

项目二十一　家禽常见寄生虫病及其防治

扫码学课件 21

【知识目标】

1. 了解禽原虫病、禽蠕虫病和禽体外寄生虫病对家禽生产造成的危害与影响。

2. 熟悉禽原虫病、禽蠕虫病和禽体外寄生虫病的病原体和生活史。

3. 掌握常见禽原虫病、禽蠕虫病和禽体外寄生虫病的临床症状、病理变化及其预防和治疗。

【技能目标】

1. 培养学生充分运用各种学习资源获取知识的能力。

2. 培养学生动手能力,掌握家禽常见寄生虫病的诊断和防治技术。

3. 对所学的理论知识能够联系生产实践,活学活用,解决生产问题。

【思政目标】

1. 引导学生深入理解寄生虫对养殖业造成的损失和危害,通过科学方法解决养殖难题,树立其努力学习、刻苦钻研的精神,促进学科领域的发展。

2. 引导学生关注公众健康,培养社会责任意识,形成较强的职业责任心,为今后更好地服务社会打下坚实的基础。

3. 引导学生了解我国在寄生虫防治、诊断等方面的学术贡献和水平,树立文化自信,增强民族自豪感和爱国主义精神。

任务一　禽原虫病及其防治

一、禽球虫病

禽球虫病是艾美耳属的多种球虫寄生在禽小肠或盲肠黏膜内,繁殖而引起的肠道组织损伤、出血的一种常见原虫病,其中寄生在盲肠黏膜上皮细胞内的柔嫩艾美耳球虫的致病力较强,主要侵害3～5周龄的雏鸡,又称盲肠球虫;另一种是侵害小肠黏膜的毒害艾美白球虫,又称小肠球虫。本病的主要特征是病禽消瘦、贫血、血痢,病愈禽生长期间多带虫,后期增重和产蛋都受到影响。

微视频 21-1

本病是一种全球性的原虫病,发生于世界各地,在集约化养鸡场多发、危害严重且防控困难。土壤或环境严重污染且饲养管理条件差的养鸡场,鸡球虫病不仅死亡率高,而且还导致饲料转化率降低和鸡只生长发育性能下降。我国鸡球虫病流行也很普遍,危害严重,给养鸡业造成了巨大的经济损失。进入冬季后由于温度降低,本病发病率有所降低,但在广东、广西、海南等潮湿地区地面平养的肉鸡多发病。

(一)病原

世界各国记载的球虫种类共有 13 种之多,我国已发现 9 种,其中较常见的有 7 种,即柔嫩艾美耳球虫、毒害艾美耳球虫、堆型艾美耳球虫、布氏艾美耳球虫、巨型艾美耳球虫、和缓艾美耳球虫、早熟艾美耳球虫。此外,哈氏艾美耳球虫寄生在小肠前段,致病力较低,可能引起肠黏膜的卡他性炎。

Note

变位艾美耳球虫寄生于小肠、直肠和盲肠,有一定的致病力,轻度感染时肠道的浆膜和黏膜上出现单个、包含卵囊的斑块,严重感染时可出现散在的或集中的斑点。

(二)生活史

未成熟卵囊随粪便排出体外,在合适的温度和湿度条件下,进行孢子发育,经一定时间发育为成熟的孢子化卵囊,每个孢子化卵囊内含 4 个孢子囊,每个孢子囊内含 2 个子孢子。这种孢子化卵囊具有再次侵入宿主的能力。家禽正是因为食入成熟的孢子化卵囊而被感染。

在胃肠消化液的作用下孢子化卵囊的卵囊壁破裂,子孢子释出,侵入其寄生部位的肠上皮细胞,进行裂殖生殖,产生裂殖子。裂殖生殖若干代后,最后一代裂殖子侵入上皮细胞进行配子生殖,形成大配子体和小配子体,进一步发育形成大配子和小配子,大、小配子结合生成合子,合子周围形成一层被膜,被排出体外。球虫在肠上皮细胞内不断进行有性和无性繁殖,使上皮细胞受到严重破坏,引起发病。

(三)临床症状

1.急性型球虫病

(1)急性盲肠球虫病:由柔嫩艾美耳球虫感染引起,对 3～6 周龄的雏鸡致病力最强。病初病鸡精神沉郁,羽毛松乱(图 21-1),不愿运动,食欲下降。随着盲肠损伤的加重,出现下痢,排出血便甚至鲜血,战栗,拥挤成堆,体温下降,食欲废绝,最终由于肠道炎症、肠细胞崩解等原因造成有害物质被机体吸收,导致自体中毒死亡。

(2)急性小肠球虫病:由毒害艾美耳球虫感染引起。通常发生于 2 月龄以上的青年鸡,主要表现有精神不振、翅膀下垂(图 21-2)、弓腰,下痢血便(图 21-3)和脱水。

图 21-1　精神沉郁,羽毛松乱

图 21-2　精神不振、翅膀下垂

图 21-3　小肠球虫血便

2.慢性型球虫病　本型主要由致病力中等的巨型艾美耳球虫和堆型艾美耳球虫引起,多见于 4～6 月龄鸡。病鸡消瘦,有间歇性下痢,粪便色暗、腥臭,翅膀发生轻瘫,肉鸡均匀度差,生长缓慢,死亡率低。

（四）病理变化

急性盲肠球虫病病禽病理剖检病变主要在盲肠,盲肠高度肿大(图21-4),充满凝固的暗红色血块,盲肠黏膜上皮变厚,常坏死、脱落。急性小肠球虫病病禽病变主要在小肠中端,肠管高度肿胀,肠浆膜充血并密布出血点(图21-5),肠壁变厚,黏膜显著充血、出血及坏死,肠内容物中含有大量的血液、血凝块和坏死脱落的上皮组织。慢性型球虫病主要损害小肠中段肠管,肠管扩张,肠壁增厚,肠内容物呈淡褐色或淡红色、有黏性,有时混有细小血块;堆型艾美耳球虫主要侵害十二指肠和小肠前段,在病变部位可见大量淡灰白色斑点,横向排列呈梯状。

图 21-4　盲肠高度肿大

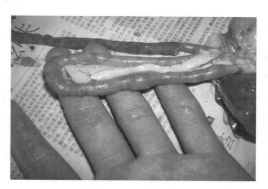

图 21-5　肠浆膜充血和出血

扫码看彩图

（五）诊断

根据家禽临床症状,取具有典型症状的病禽粪便,通过饱和食盐水漂浮法或粪便涂片法观察有无球虫卵囊。对具有典型症状的病禽进行剖检,剖检时检查整个肠道,刮取少量病变肠黏膜于载玻片上,滴加生理盐水稀释,加盖玻片,通过显微镜观察是否有裂殖体、裂殖子或配子体。因禽球虫感染非常普遍,因此须根据临床症状、剖检及病原学结果进行综合诊断,才可确诊,同时注意区分球虫种类。

（六）防治

1.预防

(1)加强饲养管理和环境卫生消毒:雏禽与成年禽分开饲养,以免带虫的成年禽散播病原体导致雏禽暴发球虫病。保持禽舍干燥、通风,及时清除粪便,堆积发酵以杀灭卵囊。补充足够的维生素 K 和给予3～7倍量的维生素 A 可促进禽患球虫病后的康复。发现病禽立即隔离,轻者治疗,重者淘汰。

(2)免疫预防:疫苗分为强毒卵囊苗和弱毒卵囊苗两类,均为多价苗,包含柔嫩艾美耳球虫、堆型艾美耳球虫、巨型艾美耳球虫、毒害艾美耳球虫、布氏艾美耳球虫等主要虫种。疫苗大多通过喷料或饮水免疫,首免之后间隔 7～15 天要进行二免。疫苗免疫前后应避免在饲料中使用抗球虫药物,以免影响免疫效果。

2.治疗　发病时尽早用药物治疗。抗球虫药物对球虫生活史早期作用明显,而一旦出现症状和造成组织损伤,再用药物往往收效甚微。常用药物有磺胺二甲嘧啶、磺胺喹噁啉、磺胺氯吡嗪钠、妥曲珠利、地克珠利等。在生产中,为了避免和延缓耐药性的产生,应该遵守轮换用药、穿梭用药和联合用药的原则。

二、禽组织滴虫病

禽组织滴虫病是由火鸡组织滴虫寄生于禽类盲肠和肝引起的一种原虫病,也称盲肠肝炎或黑头病。本病多发生于雏鸡、鹌鹑、珍珠鸡等,临床上以肝表面扣状坏死和盲肠发生溃疡、渗出物凝固为特征。

微视频 21-2

（一）病原

组织滴虫为多形性虫体,大小不一,呈近圆形,依寄生部位和发育阶段的不同,其形态变化很大。

盲肠腔中虫体的直径为5~16 μm，常见一根鞭毛，虫体内有一小盾和一个短的轴柱。在肠和肝组织中的虫体无鞭毛，初侵入者8~17 μm，生长后可达12~21 μm。组织滴虫以二分裂方式繁殖。当病禽有异刺线虫寄生时，组织滴虫可侵入异刺线虫并转入其卵内，最后随异刺线虫虫卵排出体外，在卵内的组织滴虫由于得到异刺线虫虫卵的保护，对外界的不良因素具有较强的抵抗力，从而成为重要的感染源。当异刺线虫虫卵被禽吞食时，孵出幼虫，组织滴虫亦随幼虫而出，侵袭禽体。蚯蚓是该虫的转运宿主，蚯蚓吞食土壤中的异刺线虫虫卵或幼虫后，组织滴虫随同虫卵或幼虫进入蚯蚓体内，禽采食蚯蚓后，即感染该病。

（二）生活史

寄生于盲肠内的组织滴虫，可进入异刺线虫体内，在其卵巢中繁殖，并进入卵内。当异刺线虫虫卵排到外界后，组织滴虫因有虫卵卵壳的保护，故能在外界环境中生活很长时间，成为重要的感染源。雏火鸡和雏鸡通过消化道感染本病，多发生于夏季，3~12周龄时易感性最强、死亡率也最高，成年禽多为带虫者。蚯蚓充当组织滴虫的搬运宿主。蚯蚓吞食土壤中的异刺线虫虫卵后，组织滴虫随同虫卵进入蚯蚓体内，并进行孵化，新孵出的幼虫在组织内生存到侵袭阶段，当禽吃到蚯蚓时，便可感染组织滴虫病。在气候和土壤类型适合异刺线虫和蚯蚓生存的牧场，若要预防组织滴虫病的发生，必须将蚯蚓的作用问题也考虑在内。虽然火鸡和鸡可吞食粪便中活的组织滴虫而直接感染，但由于活的虫体非常脆弱，排出体外后数分钟即发生死亡，因此在生产上直接感染是难以发生的。

（三）临床症状

自然感染的潜伏期为6~10天。感染后12~14天，病鸡突然因内出血、呼吸困难而死亡，有的呈现鸡冠苍白、食欲不振、羽毛松乱、伏地不动，1~2天因出血而死亡。轻症病鸡表现为发热、卧地不动、食欲下降、下痢、精神不振，1~2天死亡或康复。本病的特征性症状是病鸡死前口流鲜血，贫血，鸡冠和肉髯苍白，常因呼吸困难而死亡。中鸡和大鸡感染后一般死亡率不高。病鸡消瘦、排水样白色或绿色稀粪。青年鸡发育受阻，成年鸡产蛋率下降，甚至停止。

（四）病理变化

剖检病鸡或病死鸡见肝大，表面形成圆形或不规则、中央凹陷、黄色或黄褐色的溃疡灶（图21-6），溃疡灶数量不等，有时融合成大片的溃疡区。盲肠高度肿大，肠壁肥厚、紧实像香肠一样（图21-7），肠内容物干燥坚实，形成干酪样凝固栓子；横切栓子，切面呈同心圆状，中心有黑色的血凝块，外周为灰白色或浅黄色的渗出物和坏死物。急性病鸡见一侧或两侧盲肠肿胀，呈出血性炎症，肠腔内含有血液。严重病鸡盲肠黏膜发炎出血，形成溃疡，会发生盲肠壁穿孔，引起腹膜炎而死亡。

扫码看彩图

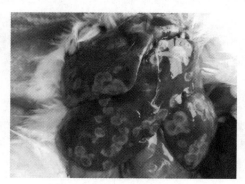
图 21-6　黄色或黄褐色溃疡灶

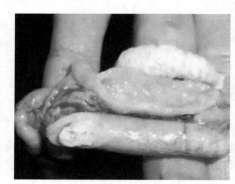
图 21-7　盲肠高度肿大，肠壁肥厚

（五）诊断

根据临床症状和剖检特征性病变，一般可做出初步诊断，确诊应进行病原学检查。具体方法：用40 ℃的生理盐水稀释盲肠黏膜刮取物，制成悬滴标本，置于显微镜下观察，发现呈钟摆样运动的肠型虫体；或者取肝组织触片，经吉姆萨染色后镜检，发现组织型虫体后，即可确诊。

（六）防治

1. 预防

（1）驱除异刺线虫：用左旋咪唑，如鸡每千克体重 25 mg，1 次内服。也可使用针剂，用量、效果与片剂相同。另外，应对成年禽进行定期驱虫。

（2）严格做好禽群的卫生和管理工作：及时清除粪便，定期更换垫料，防止带虫体的粪便污染饮水或饲料。

2. 治疗

（1）甲硝唑（甲硝咪唑、灭滴灵）：按每升水 500 mg 混饮 7 天，停药 3 天，再用 7 天。蛋鸡禁用。

（2）地美硝唑（二甲硝唑、二甲硝咪唑、达美素）：20% 地美硝唑预混剂，治疗时按每千克饲料 500 mg 混饲，预防时按每千克饲料 100～200 mg 混饲。蛋鸡禁用，休药期 3 天。

（3）丙硫苯咪唑：按每千克体重 40 mg，1 次内服。

三、禽住白细胞原虫病

微视频 21-3

禽住白细胞原虫病是由疟原虫科住白细胞原虫属的卡氏住白细胞原虫等寄生于鸡的血液和内脏器官引起的一种以贫血、下痢和肝脾大以及肌肉组织广泛出血为特征的原虫病。禽住白细胞原虫病可导致鸡冠苍白，因而本病又称为白冠病。本病在我国南方比较严重，常呈地方性流行。本病对雏鸡危害严重，发病率高，症状明显，常引起大批死亡。

（一）病原

已知的病原体主要有 2 种，即卡氏住白细胞原虫和沙氏住白细胞原虫。卡氏住白细胞原虫成熟配子体近于圆形，直径为 15.5 μm 左右。大配子的直径为 12～14 μm，核直径为 3～4 μm；小配子的直径为 10～12 μm，核直径也为 10～12 μm，细胞核形成深色狭带，围绕虫体的 1/3。沙氏住白细胞原虫成熟配子体呈长椭圆形，大小为 24 μm×4 μm，大配子体大小为 22 μm×6.5 μm，小配子体为 20 μm×6 μm。宿主细胞变为纺锤形，大小约为 67 μm×6 μm，细胞核被虫体挤压至一侧。

（二）生活史

住白细胞原虫的生活史由三个阶段组成：孢子生殖在昆虫体内，裂殖生殖在宿主的组织细胞中，配子生殖在宿主的红细胞或白细胞中。本虫的发育需要有昆虫作为媒介，卡氏住白细胞原虫的发育在库蠓体内完成，沙氏住白细胞原虫的发育在蚋体内完成。

孢子生殖发生在昆虫体内，可在 4 天内完成。进入昆虫胃中的大、小配子迅速长大，大配子和小配子结合成合子，逐渐增长为 21.1 μm×6.87 μm 的动合子，这种动合子可在昆虫一次吸血后 12 h 的胃内发现。在鸡的胃中，动合子发育为卵囊，并产生子孢子，子孢子从卵囊逸出后进入唾液腺。有活力的子孢子可在末次吸血后 18 天的昆虫媒介体内被发现。

裂殖生殖发生在鸡的内脏器官中，当昆虫吸血时随其唾液将住白细胞原虫的子孢子注入鸡体内。首先在血管内皮细胞繁殖，形成 10 多个裂殖体，于感染后第 9～10 天，宿主细胞破裂，裂殖体随血流转移至其他寄生部位。裂殖体在这些组织内继续发育，至第 10～15 天裂殖体破裂，释放出成熟的球形裂殖子。

配子生殖是在鸡的末梢血液或组织中完成的，宿主细胞是红细胞、成红细胞、淋巴细胞和白细胞。配子生殖的后期，即大配子体和小配子体成熟后，释出大、小配子是在库蠓体内完成的。

（三）临床症状

自然感染的潜伏期为 6～10 天，当年的青年鸡感染时症状明显。3～6 周龄的鸡感染多呈急性型，病鸡表现为体温在 42 ℃ 以上，鸡冠苍白，翅下垂，食欲减退，饮欲增强，呼吸急促，粪便稀薄、呈黄绿色；双腿无力行走，轻瘫，翅、腿、背部大面积出血；部分鸡临死前口腔、鼻腔流血，常见水槽和料槽边沿有病鸡咳出的红色鲜血。病程为 1～3 天。青年鸡感染多呈亚急性型，鸡冠苍白、贫血、消瘦，少数鸡的鸡冠变黑，萎缩；精神不振，羽毛松乱，行走困难，粪便稀薄且呈黄绿色。病程在 1 周以上，最后衰竭死亡。1 年以上的鸡感染率虽然很高,但症状不明显,发病率较低,多为带虫者。蛋鸡可见产蛋量下降,病程 1 个月左右。

(四)病理变化

剖检病鸡或病死鸡见鸡冠苍白,血液稀薄;胸肌、腿肌和心肌有大小不等的出血点(图 21-8),并有粟粒大小呈灰白色或稍带黄色的小结节分布在胸肌和心肌的浅部和深部肌肉中。内脏器官广泛出血,以肾、胰腺、肺、肝出血较为常见(图 21-9)。

图 21-8　胸肌、腿肌和心肌出血点

图 21-9　肝出血点

(五)诊断

根据临床症状、剖检病变及发病季节可做出初步诊断。确诊应进行病原学检查,即取病鸡的血液或脏器(肝、脾、肺、肾等)做成涂片,经吉姆萨染色后,在油镜下观察,发现血细胞中的配子体;或者挑取肌肉中红色小结节,做成压片标本,在显微镜下观察,发现圆形裂殖体,有助于确诊。

(六)防治

1. 预防

(1)消灭中间宿主,切断传播途径:防止库蠓或蚋进入鸡舍侵袭鸡,可采取以下措施:①鸡舍周围至少 200 m 以内,不要堆积粪便与堆肥,填平水洼。②鸡舍内于每日黎明与黄昏点燃蚊香。③鸡舍用窗纱做窗帘与门帘,黎明与黄昏放下,阻止蠓、蚋进入。

(2)药物预防:根据当地本病的流行病学特点,通过在饲料中添加合适中药进行预防和控制;同时避免将病愈鸡和耐过鸡留作种用,预防疾病的传播。

2. 治疗　当使用药物进行治疗时,一定要注意及时用药,治疗越早越好。最好在疾病即将流行前或正在流行的初期进行药物预防,可取得满意的防治效果。目前常用的治疗药物主要有磺胺二甲氧嘧啶、磺胺间甲氧嘧啶、磺胺嘧啶等。

任务二　禽蠕虫病及其防治

一、禽绦虫病

禽绦虫病是由赖利属的多种绦虫寄生家禽肠道引起的寄生虫病,常见的赖利属绦虫有棘沟赖利绦虫、四角赖利绦虫和有轮赖利绦虫三种。各个年龄段的家禽均可感染,其中以 17~40 日龄的雏禽易感性最高,死亡率也高。本病的特征是病禽表现为逐渐消瘦、衰落,甚至死亡,粪便中含有白色的虫体片节。本病是家禽肠道寄生虫病中较为常见的疾病之一,分布比较广泛,全国各地都有发生。

(一)病原

棘沟赖利绦虫头节上的吸盘呈圆形,上部有 8~10 列小沟,顶突较大、上有沟 2 列。中间宿主是蚂蚁。

四角赖利绦虫头节上的吸盘呈卵圆形，上部有 8～10 列小沟，颈节比较细长，顶突较小、上有沟 1～3 列。中间宿主是蚂蚁或家蝇。

有轮赖利绦虫较短小，头节上部呈圆形，无沟，顶突比较宽大，像轮状，突出子虫体前段。中间宿主是甲壳虫。

（二）生活史

绦虫的生活史比较复杂，常需要一个或两个中间宿主（蚂蚁、家蝇、甲壳虫）的参与。成虫寄生在家禽的消化道内，经过 2～3 周成熟，随后经由粪便排出孕卵节片，被中间宿主吞食后，卵在中间宿主的肠道内孵化出六钩蚴，随后发育成囊尾蚴。家禽吞食含有囊尾蚴的中间宿主后，经过 2～3 周，囊尾蚴发育成为成熟的绦虫。

（三）临床症状

病禽排出的粪便含有白色、米粒大小、长方形的绦虫孕卵节片，成熟的孕卵节片中含有较多虫卵（图 21-10）。病禽表现为精神沉郁、生长发育不良、消瘦、食欲下降、呆立、不愿活动；病程较长的病禽会出现白色样下痢（图 21-11），有时混有血便，导致病禽出现贫血现象，同时病禽肉髯和眼结膜苍白或轻度黄染。当绦虫代谢产物引起家禽中毒时，病禽表现为精神萎靡、衰落，最后因机体衰竭或感染并发症而死亡。

图 21-10 粪便含有米粒大小绦虫孕卵节片

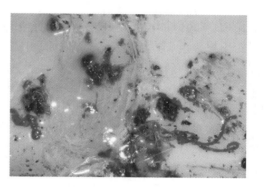

图 21-11 白色样下痢

扫码看彩图

（四）病理变化

由十二指肠向下进入空肠 10 cm 左右处可发现虫体，数量多时会堵塞肠管，形成肠梗阻。小肠黏膜肥厚，肠腔有大量的恶臭液体，黏膜出现出血、坏死、溃疡。病程较长病例可见肠壁突起，有芝麻粒大的灰黄色结节；结节中央凹陷，在凹陷内含有黄褐色凝乳状物。

（五）诊断

诊断该病的要点是在粪便中发现虫体孕卵节片以及在肠道中发现完整的虫体（图 21-12）。虫体的种类，可通过用低倍镜观察虫体的头节形态，以及虫体的长度判断。

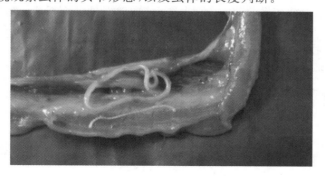

图 21-12 完整的虫体

Note

微视频 21-5

（六）防治

1. 预防　每年应定期驱虫 2～3 次；搞好环境卫生，保持禽舍、料库等周围环境的良好和干燥，经常清除家禽粪便，进行发酵处理，以杀死孕卵节片中的虫卵。对禽舍内严格消毒和通风，及时灭蝇。

2. 治疗　治疗或预防性驱虫可选用药物有吡喹酮、氯硝柳胺等。

二、禽线虫病

禽线虫病是由线形动物门、线虫纲中的线虫所引起的寄生虫病。线虫主要寄生于禽的小肠，放养禽群常普遍感染，主要导致雏禽发病，造成饲料转化率下降。成年禽是线虫病的传播者，一般不发病，但增重和产蛋能力下降。病禽表现为精神萎靡、低头下垂、食欲不振、常做吞咽动作、消瘦、下痢、贫血等。

（一）病原

线虫外形一般呈线状、圆柱状或近似线状，两端较细，其中头端偏钝、尾部偏尖。雌雄异体，一般雄虫小、雌虫大，雄虫的尾部常弯曲，雌虫的尾部比较直。大小差异很大，从 1 mm 至 1 m 以上。内部器官位于假体腔内。寄生在禽体内的线虫主要有禽蛔虫、比翼线虫、胃线虫、异刺线虫、毛细线虫等。

（二）生活史

1. 蛔虫　雌虫在禽的小肠内产卵，随禽粪排到体外，约经 10 天发育为含感染性幼虫的虫卵，禽因吞食或饮入被虫卵污染的饲料或水而感染。幼虫在禽胃内脱掉卵壳进入小肠，钻入肠黏膜内，经血液循环，一段时间后返回肠腔发育为成虫，此过程需 35～50 天。

2. 比翼线虫　雌虫在气管内产卵，卵随气管黏液到达口腔，或被咳出，或被咽入消化道，随粪便排到外界。虫卵约经 3 天发育为感染性虫卵，再被蚯蚓、蜗牛、蝇类及其他节肢动物等吞食，鸡因吞食了这些动物被感染。幼虫钻入肠壁，经血流移行至肺泡、细支气管、支气管和气管，于感染后 18～20 天发育为成虫并产卵。

3. 胃线虫　雌虫在寄生部位产卵，卵随粪便排到外界，被中间宿主吞入后，经 20～40 天发育成感染性幼虫，鸡因食入中间宿主而感染。在禽胃内，中间宿主被消化而释放出幼虫，并移行到寄生部位，经 27～35 天发育为成虫。

4. 异刺线虫　成熟雌虫在盲肠内产卵，卵随粪便排到外界，在适宜条件下，约 2 周发育为含幼虫的感染性虫卵，禽吞食或饮入被感染性虫卵污染的饲料和饮水而感染，在盲肠内发育为成虫。

（三）临床症状

1. 禽蛔虫病　病雏禽表现为生长缓慢、羽毛松乱、行动迟缓、无精打采、食欲不振、消瘦、下痢、贫血、黏膜和冠苍白，最终可因衰弱而死亡。大量虫体寄生者可发生肠堵塞而死亡。

2. 禽比翼线虫病　病禽不断伸颈、张嘴呼吸，并能听到呼气声，头部左右摇甩，以排出口腔内的黏性分泌物，有时可见虫体。病初食欲减退、精神不振、消瘦，口内充满泡沫性唾液。最后病禽因呼吸困难而窒息死亡。本病主要危害雏禽，死亡率几乎达 100%。

3. 禽胃线虫病　虫体寄生量小时症状不明显，但大量虫体寄生时，病禽表现为翅膀下垂、羽毛蓬乱、消化不良、食欲不振、无精打采、消瘦、下痢、贫血；雏禽生长发育缓慢，严重者可因胃溃疡或胃穿孔而死亡。

4. 禽异刺线虫病　病禽消化功能减退而食欲不振、下痢、贫血，雏禽发育受阻、消瘦，逐渐衰竭而死亡。

5. 禽毛细线虫病　病禽精神萎靡、头下垂、食欲不振、常做吞咽动作、消瘦、下痢、贫血，严重者死亡。

（四）病理变化

1. 禽蛔虫病　用饱和生理盐水浮集法检查粪便，可发现大量虫卵；病死禽小肠内发现有大量虫体（图 21-13）。

2. 禽比翼线虫病 可见肺淤血、水肿和肺炎等病变；气管黏膜上有虫体附着（图 21-14）及出血性卡他性炎，气管黏膜潮红，表面有带血黏液覆盖。

图 21-13 完整的蛔虫虫体

图 21-14 完整的比翼线虫虫体

3. 禽胃线虫病 胃线虫主要寄生于小肠，感染初期虫体少而小，对肠壁的损伤也不明显，往往不易直接发现，需要在实验室借助显微镜诊断。感染时间稍长时，可在肠道内发现成虫（图 21-15），严重时可造成肠道堵塞肿胀。

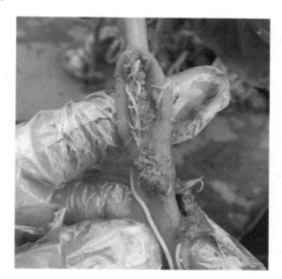

图 21-15 完整的胃线虫虫体

4. 禽异刺线虫病 心呈暗红色，其内充满血凝块。肺淤血。肝呈土黄色，胆囊周围呈黄绿色。小肠肠壁增厚；盲肠肿大，有数个大小不等的溃疡痕迹，盲肠末端黏膜密布出血点。

（五）诊断

根据临床症状、剖检发现虫体和相应的病变，粪便检查发现大量虫卵，才可确诊，同时注意区分线虫种类。

（六）防治

1. 预防 搞好环境卫生，及时清除粪便并堆集发酵。尽可能消灭和避开中间宿主，处理土壤和垫料以杀死中间宿主是行之有效的措施。另外，应将雏禽和成年禽分开饲养，因成年禽常常是线虫的带虫者。在禽线虫病流行的养禽场，应实施预防性驱虫。

2. 治疗 治疗或预防性驱虫可选用药物有左旋咪唑、阿苯达唑、噻苯达唑、潮霉素 B、甲苯达唑等。

微视频 21-6

三、禽吸虫病

禽吸虫病是由吸虫寄生于禽引起的一类寄生虫病,主要有前殖吸虫、棘口吸虫、背孔吸虫等病原体,虫体一般以水生动植物为中间宿主。病禽所产蛋的蛋壳粗糙或产薄壳蛋、软壳蛋、无壳蛋。

(一)病原

前殖吸虫虫体呈棕红色,扁平梨形或卵圆形,大小为(3~6) mm×(1~2) mm;口吸盘位于虫体前端,腹吸盘在肠管分叉之后;两个椭圆形或卵圆形睾丸左右并列于虫体中部两侧;虫卵呈棕褐色,椭圆形,一端有卵盖,另一端有一小突起,内含一个胚细胞和许多卵黄细胞。棘口吸虫虫体呈淡红色,长叶状,体表含有小刺,虫体大小为(7~12) mm×(1.26~1.6) mm;具有头棘,口吸盘位于虫体前段,睾丸前后排列于体中部后方,生殖孔位于肠管后方、腹吸盘前方。背孔吸虫虫体呈淡红色,体细长,两端钝圆,虫体大小为(2~5) mm×(0.65~1.4) mm;只有口吸盘,腹面有 3 行呈椭圆形的腹腺,虫体后部左右排列有两个分叶睾丸,生殖孔开口于肠分叉后方。

(二)生活史

1. 前殖吸虫 雌虫在寄生部位产卵,卵随粪便排到体外,落入水中,被第一中间宿主淡水螺类吞食,在其肠内孵出毛蚴,钻入螺肝发育为胞蚴,再由胞蚴发育为尾蚴。尾蚴离开螺体,进入水中,钻入第二中间宿主蜻蜓的幼虫和稚虫体内发育为囊蚴,禽类啄食带有囊蚴的蜻蜓幼虫或成虫而被感染,囊蚴经1~2 周发育成成虫。

2. 棘口吸虫 成虫在禽的直肠或盲肠内产卵,虫卵随粪便排到外界,落入水中的卵在 31~32 ℃条件下仅需 10 天即孵出毛蚴。毛蚴钻入某些淡水螺体内约经 32 天发育为胞蚴、雷蚴、尾蚴;尾蚴离开螺体,在水中游动,遇到第二宿主(螺蛳和蝌蚪),钻入体内形成囊蚴。禽吞食含有囊蚴的螺蛳或蝌蚪后遭感染,囊壁被消化,童虫脱出,吸附在肠壁上,经 16~22 天发育为成虫。

3. 背孔吸虫 成虫在宿主肠腔内产卵,卵随粪便排到外界,在适宜的条件下,经 3~4 天孵出毛蚴。遇到中间宿主圆扁螺后毛蚴钻入其内,发育为胞蚴、雷蚴、尾蚴。成熟尾蚴在同一螺体内或离开螺体,附着于水生植物上形成囊蚴。禽类因啄食含囊蚴的螺蛳或水生植物而遭感染,童虫附着在盲肠或直肠壁上,约经 3 周发育为成虫。

(三)临床症状

1. 前殖吸虫病 感染初期,病禽外观正常,但所产蛋蛋壳粗糙或产薄壳蛋、软壳蛋、无壳蛋,或仅排蛋黄或少量蛋清,继而食欲下降、消瘦、精神萎靡、蹲卧墙角、滞留空巢,排乳白色石灰水样液体。有的腹部膨大,步态不稳,两腿叉开,肛门潮红、突出。

2. 棘口吸虫病 受虫体刺激和毒素影响,病禽会出现精神沉郁、贫血、消瘦、下痢、生长发育受阻,严重者可引起死亡。

3. 背孔吸虫病 病禽出现精神沉郁、消瘦和严重下痢,最后出现贫血,导致病禽发育受阻,可引起病禽死亡。

(四)病理变化

1. 前殖吸虫病 泄殖腔周围沾满污物。输卵管发炎,黏膜充血、出血,极度增厚(图 21-16),后期输卵管壁变薄甚至破裂,导致出现腹膜炎而死亡。

2. 棘口吸虫病 剖检可以发现出血性肠炎,肠黏膜附着大量虫体,黏膜有损伤和出血现象。

3. 背孔吸虫病 受虫体机械性刺激和毒素影响,盲肠黏膜出现损伤、炎症、出血。

(五)诊断

根据临床症状、剖检发现虫体和相应的病变,粪便检查发现大量虫卵,才可确诊,同时注意区分吸虫种类。

图 21-16 输卵管炎症

（六）防治

1. 预防　对家禽进行计划性驱虫，驱出的虫体和家禽排出的粪便必须严格采取发酵法杀灭虫卵，如此才可从根本上杜绝传染源。

由于吸虫至少需要一种螺蛳作为中间宿主，故预防禽类感染吸虫的主要措施是控制或消灭这些软体动物，或尽量避开吸虫的流行区，远离河流和沼泽地饲养家禽。同时也可通过改良土壤或用化学药剂杀灭中间宿主。

2. 治疗　治疗或预防性驱虫可选用药物有吡喹酮、硫酸二氯酚、丙硫苯咪唑等。

任务三　禽体外寄生虫病及其防治

一、禽羽虱病

微视频 21-7

羽虱是寄生在禽体表的一种体外寄生虫，种类很多，目前已经发现的有 40 多种。羽虱以禽的羽毛和皮屑为食，有时也吞食皮肤损伤部位的血液。寄生数量多时病禽消瘦、羽毛脱落、皮肤出现损伤、奇痒不安、生长发育阻滞，对禽的生产性能造成一定的影响，严重时对种禽的产蛋率、受精率造成很大的影响。

（一）病原

羽虱属于食毛虱目短角羽虱科和长角羽虱科的不同属，种类较多。常见的有头虱、羽干虱、体虱、广幅长圆虱、大姬圆虱等种类。这些种类大小和外观形态虽有差异，但大体结构均相同。羽虱是无翅的昆虫，分头、胸、腹三部分。头部宽，且宽于胸部，有咀嚼型口器。胸部分前、中、后三节，每节腹面两侧各有一对腿。多数羽虱中胸与后胸不同程度地融合，表现为二节组成。

（二）生活史

头虱主要寄生在禽的头部和颈部，对雏禽的危害较为严重。头虱以其口器紧紧地附着在禽的头部皮肤上，将卵产在禽头部的绒毛上，经过 5～7 天孵化成为幼虱，幼虱经过 30 天发育为成虱。

羽干虱一般寄生在禽羽毛的羽干上，咬食羽毛的羽枝和羽小枝，并不直接寄生在禽皮肤上。

体虱大多数寄生在禽肛门下面，严重时在胸、背和翅膀下部也能发现。体虱直接寄生在皮肤上，取食羽毛的羽小枝和皮肤的表皮，有时也能损伤血管而吸吮血液，刺激皮肤，引起发痒。大量的虱卵常集合成块，黏着在羽毛根部。严重感染的禽，在肛门下面的羽毛上，可以发现大块的卵块，卵经过 5～7 天孵化成为幼虱，2 周后发育成熟。

（三）临床症状

羽虱的主要致病作用是引起瘙痒，寄生量多时，病禽奇痒不安，常啄断自体羽毛与皮肉。皮肤上有损伤时，皮下可见出血。病禽食欲下降，渐进性消瘦，蛋禽则影响产蛋。严重时可发生大批死亡。

（四）诊断

根据临床症状（奇痒不安、啄羽毛、脱毛）对禽群进行检查，发现禽体皮肤、羽毛基部寄生大量羽虱（图21-17），剖检多只禽未见病理变化即可确诊。

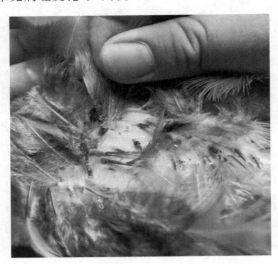

图21-17　背部和脖颈羽毛出现羽虱

（五）防治

1. 预防　禽羽虱病一年四季都可发生，通过互相接触而传播，如接触外来引进的禽只、受污染的笼具、蛋箱，甚至带虱犬、猫等。在羽虱的防治上除对禽进行治疗外，还要注意不要购买有羽虱的禽。对受污染的笼具、蛋箱，及感染的禽、犬、猫等，必须同时进行消毒灭虱。

无禽的禽舍、地板、栖架、墙壁可用相对浓度较高的灭虱剂喷洒。灭虱要从育雏室开始，因为禽进入大棚后空间大、用药多、灭虱效果差。

2. 治疗　采用2.5％溴氰菊酯10 mL加水3 kg、0.3％杀灭菊酯200倍稀释液、0.03％特敌克水悬液，对禽进行喷雾，1周1次，连续3～4次。由于一般杀虫药物大多不能杀死虱卵，因此在第1次灭虱后，相隔7～10天必须进行第2次灭虱，灭虱4次才能明显见效。

二、禽螨虫病

禽螨虫病是由多种对禽具有侵袭、寄生作用的螨类引发的禽体内外寄生螨病的总称，禽螨虫是家禽常见的一种体表寄生虫，主要寄生在禽的羽毛和皮肤上。本病一年四季均有可能发生，春末夏初是螨虫高发时期。临床上以禽群出现产蛋量下降、贫血、食欲不振、消瘦等症状为特征。

（一）病原

引起禽螨虫病的螨类主要是禽皮刺螨、北方羽螨，其次是禽梅氏螨、禽奇棒恙螨、禽膝螨等。其中禽皮刺螨呈长椭圆形，后部略宽，吸饱血后虫体由灰白色转为红色。雌螨长0.7～0.75 mm、宽0.4 mm，吸饱血后可长达1.5 mm；雄螨长0.6 mm、宽0.32 mm。体表有细皱纹并密生短毛；背面有盾板1块，前部较宽，后部较窄，后缘平直。北方羽螨的成虫呈长椭圆形，形态与禽刺皮螨相似，但背板呈纺锤形。

（二）生活史

禽皮刺螨又称红螨或栖架螨，白天藏在禽舍或笼架的缝隙中，晚上爬到禽身上吸食血液；北方羽螨则长期寄居在禽身上，主要寄居在泄殖腔周围。无论是北方羽螨还是禽皮刺螨，在温暖的环境下，从卵发育为可产卵成虫只需7～9天的时间，成虫离开禽体后不吸血可存活数周甚至数月，并且会沿着笼架感染其他禽。螨虫一生可产卵30～40枚，具有繁殖速度快、存活能力强的特点。虽然种禽和蛋禽都在密闭禽舍中饲养，但由于种禽和蛋禽饲养时间长，螨虫一旦通过一定的传播途径（如器械、杂物、带虫种公禽等)进入禽舍,经过一段时间的繁殖,螨虫数量便会急剧增多。有的种禽场无法做到全进全出,更是难以根除。

(三)临床症状

螨虫可寄生在禽的腿、腹、胸、翅膀内侧、头、颈、背等处,吸食禽体血液和组织液,并分泌毒素引发禽皮肤红肿、损伤,继发炎症,螨虫反复侵袭、骚扰可引起禽不安,影响采食和休息,导致禽体消瘦、贫血、生长缓慢,严重影响上市品质。蛋禽感染螨虫会出现瘙痒不安、蹦跳飞跃,常啄自身羽毛与皮肉,导致羽毛脱落、皮肤损伤、冠发白、食欲下降、产蛋率下降、蛋壳颜色变浅,禽体日渐消瘦、精神萎靡不振、缺乏营养,进而出现贫血症状甚至死亡。

(四)诊断

根据典型临床症状,即禽群烦躁不安,贫血,产蛋率下降,皮肤上发现有迅速移动的黑色虫体活动;地面、墙缝、笼架等处缝隙中,出现针尖大小的虫体聚集或爬动,可确定为疑似病例,采集样品进行显微镜检查(图 21-18),同时进行鉴别诊断,即可确诊。

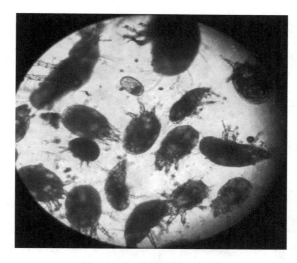

图 21-18 显微镜检查虫体

(五)防治

(1)保持禽舍和周围环境的清洁卫生,定期清理粪便,清除杂草、污物,堵塞墙缝,粪便集中堆肥发酵等,以减少螨虫数量;定期使用杀虫剂预防,一般在禽出栏后使用辛硫磷对禽舍和运动场地进行全面喷洒,间隔 10 天左右再喷洒 1 次。

(2)防止交叉感染,新老鸡群分隔饲养,严格执行"全进全出"制度,避免混养,严格卫生检疫,发现感染及时诊治。

(3)感染禽群的治疗可用阿维菌素、伊维菌素等拌料内服,用量为每千克饲料用 0.15~0.2 g。对商品禽可用灭虫菊酯带禽喷雾消杀,也可使用沙浴法、药浴法或个体局部涂抹 2%的碳酸软膏等。

实践技能一 球虫卵囊的检查

实践目的

通过本技能的学习与训练,让学生学会通过饱和盐水浮卵法进行球虫卵囊的检查,从而对球虫病的诊断提供依据。

▶ 实践原理

根据虫卵相对密度小于饱和盐水相对密度的原理,使虫卵浮集在液面,达到虫卵集中、视野清晰的效果。

▶ 实践材料

显微镜 1 台、饱和食盐水适量、收集鸡粪用胶袋或容器适量、病鸡粪便、盖玻片、载玻片、取液环、搅拌棒、烧杯、医用纱布、50 mL 离心管、吸管。

▶ 实践方法

(1)称取 2 g 左右的粪便样品,倒入少许饱和食盐水进行搅拌。
(2)加入 50～100 mL 饱和食盐水,搅拌均匀。
(3)用医用纱布过滤搅拌后的溶液。
(4)滤液倒入 50 mL 离心管,用吸管加饱和食盐水至液面略高于管口而不外溢为止。
(5)静置 30 min。
(6)制作玻片:取干净盖玻片轻轻蘸取表层溶液,一端轻轻放在载玻片上,慢慢放下另一端。
(7)用显微镜进行镜检,寻找球虫卵囊。

▶ 实践结果

(1)根据显微镜观察结果,确定球虫卵囊类型。
(2)根据球虫卵囊的形态判别种类。

实践技能二　绦虫和蛔虫的虫体形态观察及粪便检查

▶ 实践目的

通过本技能的学习与训练,让学生学会观察和识别绦虫和蛔虫形态的基本特征,同时学会通过粪便检查区分绦虫和蛔虫。

▶ 实践内容

(1)观察绦虫、蛔虫的虫体形态。
(2)通过粪便检查识别绦虫和蛔虫。

▶ 观察方法

用肉眼、放大镜、显微镜观察。

▶ 观察要点

1. 绦虫的外观形态　背腹扁平,分节,呈白色或乳白色、不透明的带状虫体,身体分为头节、颈节、链节。棘沟赖利绦虫长 25 cm、宽 1～4 cm,头节上的吸盘呈圆形,上部含有 8～10 列小沟,顶突较大、上有沟 2 列;四角赖利绦虫长 25 cm、宽 1～4 cm,头节上的吸盘呈卵圆形,上部有 8～10 列小沟,颈节比较细长,顶突较小、上有沟 1～3 列;有轮赖利绦虫较短小,一般不超过 4 cm,头节大,顶突宽而厚,突出子虫体前段,上有 400～500 个小沟。

2. 蛔虫的外观形态 禽体内最大的一种线虫,呈黄白色,圆筒形,体表角质层具有横纹,口孔位于体前端,其周围有一个背唇和两个侧腹唇。口孔下接食管,在食管前方 1/4 处有神经环,排泄孔位于神经环后的体腹侧。

雄虫体长 26～70 mm,尾部有尾翼,并有性乳突 10 对,泄殖孔的前方有近似椭圆形的肛前吸盘,吸盘上有明显的角质环,角质环后有一个圆形的乳突。雌虫体长 65～110 mm,阴门开口于虫体的中部,肛门位于虫体的亚末端。

虫卵呈椭圆形,深灰色,卵壳厚而光滑。

3. 蛔虫的虫体形态观察及粪便检查 虫卵检查试验可采取饱和盐水浮卵法。先配制饱和食盐水,即在 1000 mL 热水中添加 380 g 食盐,完全溶解后冷却至室温就可使用。取病鸡排出的适量新鲜粪便放在 100 mL 烧杯中,添加 10 mL 饱和食盐水,充分搅拌后再加入 50 mL 饱和食盐水,混合均匀后使用两层纱布过滤。将滤液收集在烧杯或者三角瓶中,室温静置 20～40 min,水面上就浮有虫卵,此时取一直径为 5～10 mm 的铁丝圈平行于液面来蘸取表面液膜,然后在载玻片上抖动,接着盖上盖玻片进行镜检。也可取滤液放入离心管,以 2500～3000 r/min 的速度离心 5～10 min,取上浮物进行制片、镜检。如果镜检可见大量深灰色的椭圆形虫卵,就能够确诊。

4. 绦虫的虫体形态观察及粪便检查 如活禽的粪便检查可找到白色小米粒样的孕卵节片,即可确诊。

 实践结果

(1)根据观察区分绦虫、蛔虫的虫体形态。

(2)通过粪便检查虫卵鉴别蛔虫和绦虫。

相关链接

禽原虫病概述　　　　禽蠕虫病概述　　　　禽体外
　　　　　　　　　　　　　　　　　　　寄生虫病概述

 思考与练习

在线答题

项目二十二 家禽常见普通病及其防治

学习目标

【知识目标】

1. 了解家禽营养代谢病、中毒病、其他常见疾病的类型。

2. 掌握家禽营养代谢病、中毒病、其他常见疾病的发病原因、临床症状、病理变化。

3. 掌握家禽营养代谢病、中毒病、其他常见疾病的诊断方法和防治措施。

【技能目标】

1. 能根据家禽的临床症状、实验室检测结果,对家禽营养代谢病、中毒病、其他常见疾病进行准确的诊断。

2. 能根据各养禽场情况,制订相应的防控方案。

【思政目标】

1. 营养元素量变的缺乏可引起质变(疾病),借此培养学生的量变与质变思维。

2. 帮助学生培养科学、健康养殖的意识,树立"预防为主,防重于治"的理念。

3. 帮助学生树立环保意识,恪守职业道德,强化职业操守。增强学生服务畜牧、振兴畜牧的使命感和责任感。

4. 通过对过量或滥用药物导致的禽中毒、环境污染、禽产品药物残留等问题的讲解,培养学生的生态文明意识、法制意识。

任务一 家禽营养代谢病及其防治

一、维生素 A 缺乏症

维生素 A 是家禽生长发育、视觉和维持器官黏膜上皮组织正常生长和修复所必需的营养物质,与家禽的免疫功能和抗病力密切相关。所以,维生素 A 在家禽日粮中是必不可少的。维生素 A 缺乏症是由于日粮中维生素 A 供应不足或吸收障碍而引起的以家禽生长发育不良、器官黏膜损害、上皮角化不全、视觉障碍、产蛋率和孵化率下降、胚胎畸形等为特征的一种营养代谢性疾病。

(一)病因

因禽体内没有合成维生素 A 的能力,当供给不足或需要量增加时,可导致维生素 A 缺乏,如日粮中缺乏维生素 A 或胡萝卜素(维生素 A 原);饲料储存、加工不当,比如饲料储存太久、烈日暴晒、高温处理会加速维生素 A 的氧化分解过程。日粮中蛋白质和脂肪不足,影响维生素 A 的运送和在肠中的溶解吸收,也可导致禽发生功能性维生素 A 缺乏症。此外,胃肠吸收障碍,发生腹泻或其他疾病,使维生素 A 消耗或损失过多,肝因病而不能利用及储存维生素 A,均可引起维生素 A 缺乏。

(二)临床症状

幼禽和初开产的母禽常易发生维生素 A 缺乏症。鸡一般发生在 6~7 周龄。若 1 周龄的鸡发病,则与母鸡缺乏维生素 A 有关。其表现如下。

(1)病雏鸡消瘦,鸡嘴和爪部皮肤的黄色消退。眼流泪,眼睑内有干酪样物质积聚,常将上、下眼睑粘在一起,角膜混浊不透明(图 22-1)。严重者角膜软化或穿孔、失明。

(2)咽和食管黏膜上有粟粒大隆起的白色结节或覆盖一层白色的豆腐渣样白膜(图 22-2),但剥离后黏膜完整,无出血、溃疡现象。

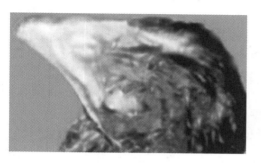
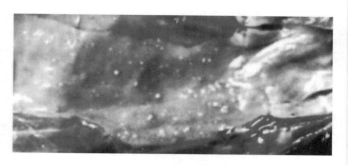

扫码看彩图

图 22-1 病鸡眼睑内有干酪样物质蓄积,
将上、下眼睑粘在一起

图 22-2 病鸡食管黏膜有散在粟粒大白色结节或脓疱

(3)病情严重者食管黏膜上皮增生和角化,有些病鸡受到外界刺激即可引起阵发性的神经症状。

成年禽发病通常在 2~5 个月出现症状,呈慢性经过。冠、肉髯苍白有皱褶,喙色淡;母禽产蛋量和孵化率降低;公禽性功能降低,精液品质退化;禽群的呼吸道和消化道抵抗力降低,易诱发传染病。

若继发或并发家禽痛风或骨髓发育障碍,病禽出现运动无力、两脚瘫痪。肾呈灰白色,肾小管和输尿管充塞着白色尿酸盐沉积物。

(三)诊断

根据临床症状、病理变化和饲料化验分析的结果即可建立诊断。本病的眼部病变应与氨气中毒相鉴别,雏禽的肾损伤应与雏禽的供水不足引起的肾损伤相区别。

(四)防治措施

(1)美国 NRC 标准配合饲料中维生素 A 的含量:雏鸡和肉鸡为每千克饲料 1500 IU,蛋鸡、种鸡及火鸡为每千克饲料 4000 IU,鹌鹑为每千克饲料 4000 IU。

(2)对病禽必须用维生素 A 治疗,剂量为日维持需求量的 10~20 倍。可投服鱼肝油,每只每天喂 1~2 mL,雏禽则酌情减少。对于病重的禽应口服鱼肝油丸(成年禽每天可口服 1 粒)或滴服鱼肝油数滴,也可肌内注射维生素 AD 注射液,每只 0.2 mL。

(3)在短时间内给予大剂量的维生素 A,对急性病例疗效迅速而安全,但慢性病例不可能康复。由于维生素 A 不易从体内迅速排出,长期过量使用会引起中毒。

二、B 族维生素缺乏症

B 族维生素主要由植物、酵母细胞及各种微生物合成。除肌醇外,所有的 B 族维生素组成中都含有氮元素。因 B 族维生素不能在体内储存,家禽必须从饲料中获取 B 族维生素。在实践中意义较大的 B 族维生素有维生素 B_1、维生素 B_2、烟酸和维生素 B_{12} 等,如利用糖为机体供能的主要反应需要维生素 B_1;维生素 B_2 与蛋白质、脂肪和糖的代谢都有密切的关系;维生素 B_{12} 仅仅存在于动物性饲料中,与动物体内甲基嘌呤的合成以及氨基酸的合成有关。

(一)维生素 B_1 缺乏症

维生素 B_1 又称为硫胺素,是家禽糖代谢所必需的物质。维生素 B_1 缺乏会引起禽糖代谢障碍及神经系统病变。

1.病因 维生素 B_1 主要作用是维持糖的正常代谢,一般饲料中含量较为丰富。当饲料中维生素 B_1 受到破坏如加热或遇碱性物质,或受到拮抗物如氨丙啉(一种抗球虫药)及某些植物、真菌、细菌产生的拮抗物质的拮抗时,均可能引起维生素 B_1 缺乏而致病。

2. 临床症状　雏禽缺乏维生素 B_1 约 10 天即可出现特征性的多发性神经炎症状。雏禽突然发病,厌食、消化障碍,体质衰弱,坐地不起,呈现"观星"姿势,头向背后极度弯曲,角弓反张。由于腿麻痹而不能站立和走路,病禽的跗关节和尾部着地,或倒地侧卧,严重时衰弱死亡。

成年禽缺乏维生素 B_1 约 3 周出现临床症状。病初食欲减退、生长缓慢、羽毛松乱无光泽、腿软无力和步态不稳、冠常呈蓝色,之后神经症状明显,开始是足趾的屈肌麻痹,接着向上发展,腿、翅膀和颈部的伸肌明显出现麻痹。有些病禽出现贫血和腹泻。

3. 诊断　根据临床症状,病理变化,病禽血、尿、组织及饲料中维生素 B_1 的含量即可诊断。

4. 防治措施　尽量使用新鲜饲料,避免长期使用与维生素 B_1 有拮抗作用的抗球虫药(如氨丙啉)等,气温高时应及时加大维生素 B_1 的用量,以满足禽对维生素 B_1 需求量的增加,可有效防止维生素 B_1 缺乏症的发生。对患有维生素 B_1 缺乏症的病禽,口服或肌内注射维生素 B_1,可迅速控制病情,同时还可在饲料中补充发芽的谷物、麸皮、新鲜的青绿饲料及干酵母粉,有利于疾病康复。

(二)维生素 B_2 缺乏症

维生素 B_2 是由核醇与二甲基异咯嗪结合组成的缩合物,由于异咯嗪是一种黄色色素,故又称为核黄素。维生素 B_2 缺乏症是由于饲料中维生素 B_2 缺乏或被破坏引起家禽体内黄素酶形成减少,导致物质代谢障碍,临床上以足趾向内蜷曲、飞节着地、两腿瘫痪为特征的一种营养代谢病。

1. 病因

(1)常用的禾谷类饲料中维生素 B_2 含量特别低,或被紫外线、碱或重金属破坏。

(2)饲喂高脂肪、低蛋白质饲料时,维生素 B_2 需要量增加而未得到足够供应。

(3)种鸡比普通鸡对维生素 B_2 的需要量提高 1 倍,但未得到足够供应。

(4)低温时维生素 B_2 供给量未增加。

(5)患有胃肠道疾病,影响维生素 B_2 的转化和吸收。

以上皆可能引起维生素 B_2 缺乏症。

2. 临床症状与病理变化　维生素 B_2 缺乏症一般发生在 2～3 周龄禽。病禽消瘦、贫血、冠苍白,有时有腹泻,食欲正常,行走困难,最后衰竭死亡。特征性症状是羽毛发育不良、粗乱,绒毛少,由于绒毛不能撑破羽毛鞘而导致羽毛呈棍棒状,足趾向内蜷曲,中趾尤为明显,两腿不能站立,常以飞节着地。不管病禽何种姿势,足趾均内弯。成年禽缺乏维生素 B_2 时,产蛋量下降,种蛋入孵后胚胎异常,孵化率降低。

重病雏可见一侧或两侧坐骨神经、翅神经显著肿大、变软,胃、肠壁很薄,肠内有大量泡沫状内容物,肝大而柔软,含脂肪较多。

3. 诊断　根据症状、病理变化和饲料化验分析的结果即可诊断。

4. 防治措施　雏禽开食后应饲喂全价饲料,饲料中注意补给充足的维生素。病禽可用维生素 B_2 治疗,每千克饲料 20 mg,连用 1～2 周,对轻微病例有较好疗效,而对已出现神经损伤的严重病例则预后不良。

三、钙和磷缺乏症

钙、磷是家禽体内两种很重要的元素,对骨骼和蛋壳的形成、血液凝固等有很大影响。维生素 D_3 是维持家禽的血钙浓度,以及正常骨骼、喙和蛋壳形成等所必需的物质。饲料中维生素 D_3 供应不足、日照不够或消化吸收障碍等皆可导致钙和磷缺乏症,即家禽的钙、磷吸收和代谢障碍,进而发生佝偻病、骨软化症、笼养蛋鸡疲劳综合征、喙和蛋壳形成受阻等。

(一)病因

家禽饲料中钙、磷缺乏,以及钙、磷比例不当是钙和磷缺乏症的主要原因;维生素 D_3 缺乏或日照不足也会影响钙、磷的利用。

(二)临床症状与病理变化

雏鸡、雏火鸡呈现以生长迟缓、骨骼发育不全为特征的佝偻病、骨软化症,其喙与爪变柔软弯曲,

微视频 22-2

行走困难,以跗关节着地移步(图22-3)。

蛋禽产薄壳蛋和软壳蛋的数量显著增多,随后产蛋量明显减少,种蛋孵化率明显下降。

病重母禽瘫痪,以发生胸骨弯曲、肋骨向内陷为特征。死后剖检可见肋骨与脊柱连接处、肋骨与肋软骨结合部出现局限性肿大,呈珠球状结节,胸骨嵴呈"S"形或"V"形(图22-4)。翅、腿骨骼变脆,易折断。

图 22-3 骨软化症病鸡趾关节变形

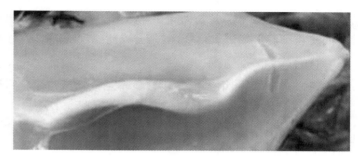

图 22-4 病鸡胸骨嵴呈"S"形或"V"形

(三)诊断

根据饲料化验分析结果、病史、临床症状和剖检病变综合分析可做出初步诊断。

(四)防治措施

保持饲料中钙、磷比例平衡,满足不同种类的禽对钙、磷的需要量,同时供给充足的维生素 D_3。

对病禽一般在饲料中补充骨粉或鱼粉治疗效果较好。若饲料中钙多磷少,则重点以优质磷酸氢钙补磷;若饲料中磷多钙少,则主要补钙。另外,对病禽补充优质鱼肝油或维生素 A、维生素 D_3 以及乳酸钙等效果显著。

四、锰缺乏症

锰是家禽生长、生殖和骨骼、蛋壳形成所必需的一种微量元素。家禽对锰的需要量是相当高的,因此易发生缺锰。锰缺乏症又称骨短粗症或滑腱症,是以跗关节粗大和变形、蛋壳硬度及种蛋孵化率下降、禽胚畸形为特征的一种营养代谢病。

(一)病因

本病主要由饲料中缺锰引起。饲料中的玉米、大麦和大豆锰含量很低,若补充不足,则可引起锰缺乏;饲料中磷酸钙含量过高可影响肠道对锰的吸收;锰与铁、钴在肠道内有共同的吸收部位,饲料中铁和钴含量过高,可竞争性地抑制肠道对锰的吸收。此外,饲养密度过大也可诱发本病。

(二)临床症状与病理变化

(1)病禽生长停滞,骨短粗,跗关节增大,严重时弯曲扭转,使腓肠肌腱从跗关节的骨槽中滑出而呈现脱腱症状,或病禽腿部变扁、弯曲或扭曲,不能行动,直至饿死。蛋禽缺锰还可致蛋壳质量下降,易患脂肪肝。

(2)剖检可见病禽骨骼粗短,管骨变形,骨板变薄,骨骺变厚、多孔,但质地和硬度很好。

(3)病禽所产的种蛋孵化率显著下降,胚呈现短肢性营养不良症,多数在快要出壳时死亡。胚胎躯体短小,骨骼发育不良,翅短,头呈圆球样,喙变短,呈现特征性的"鹦鹉嘴"。

(三)诊断

根据病史、临床症状和剖检病变综合分析做出判断。

(四)防治措施

普通饲料都缺锰,特别是以玉米为主的饲料,即使加入的钙、磷不多,也要补锰。一般用硫酸锰作为锰的原料添加到饲料中,每千克饲料中添加硫酸锰 $0.1 \sim 0.2$ g。也可多喂些新鲜青绿饲料,饲料中的钙、磷、锰和胆碱的配合要平衡。对于雏鸡,饲料中骨粉不宜过多,玉米的比例也要适当。

出现锰缺乏症病禽时,可提高饲料中锰的加入量至正常加入量的 2～4 倍;也可用 1∶3000 高锰酸钾溶液作为饮水,以满足禽体对锰的需求量。饲料中钙、磷比例高时,应降至正常标准,并增补0.1％～0.2％的氯化胆碱,适当添加复合维生素。

五、硒和维生素 E 缺乏症

微视频 22-3

硒和维生素 E 缺乏症是以脑软化症、渗出性素质、白肌病和成年禽繁殖障碍为特征的营养缺乏性疾病。硒和维生素 E 是动物机体必需的营养物质,其中维生素 E 具有重要的抗氧化功能,它和硒共同防止细胞形成过氧化物,硒是完成此生理功能的必需成分。

(一)病因

(1)饲料中硒和维生素 E 供给量不足或饲料储存时间过长。各种植物种子的胚乳中含有比较丰富的维生素 E,但籽实饲料在一般条件下保存 6 个月后维生素 E 损失 30％～50％。

(2)若受到饲料中矿物质和不饱和脂肪酸氧化,或被其拮抗物质(饲料酵母、硫酸铵制剂等)刺激脂肪氧化,饲料中维生素 E 可发生损失。

(3)地方性缺乏:发病地区属于缺硒地区或饲料中含硒量低于 0.05 mg/kg 的养禽场。

(4)寒冷等因素,可导致肌营养不良。

(二)临床症状与病理变化

硒和维生素 E 缺乏症可出现以下三种症状。

1.脑软化症 病禽通常在 15～30 日龄发病,呈共济失调,头向后或向下挛缩,有时伴有侧方扭转、向前冲、两腿急收缩与急放松等神经紊乱症状(其与脑脊髓炎的区别在于后者除具有前者部分症状外还会在共济失调之后出现肌肉震颤,在腿、翼尤其是头颈部可见到明显的阵发性音叉式震颤,在病禽受刺激或惊扰时更加明显)。

剖检可见脑膜水肿,小脑肿胀、质地柔软,小脑表面出血,有时可波及大脑,切面纹理不清,可见出血及黄绿色混浊坏死区。

2.渗出性素质 这是雏禽或育成禽因维生素 E 和硒同时缺乏而引起的一种伴有毛细血管通透性异常的皮下组织水肿。当腹部皮下水肿积液后,禽两腿向外叉开,水肿处呈蓝绿色,若穿刺或剪开水肿处可流出较黏稠的蓝绿色液体。剖检可见心包积液、心脏扩张等变化。

3.肌营养不良 病禽胸肌、骨骼肌和心肌等肌肉色泽苍白,并有灰白色条纹,故又称白肌病。

(三)诊断

根据发病特点、临床症状和剖检病变可做出初步诊断。

(四)防治措施

防止饲料储存时间过长,供给雏禽足量的维生素 E、硒。

对病禽可同时使用维生素 E 和硒进行治疗,每只病禽口服维生素 E 5～20 IU、亚硒酸钠 0.2 mg,每日 1 次,连用 5 天至 2 周,病情轻微者可迅速康复。注意添加量一定要准确,充分搅拌均匀,防止中毒。

六、家禽痛风

微视频 22-4

家禽痛风是一种与体内蛋白质、高钙代谢障碍以及肾功能障碍有关的高尿酸盐症。其特征是血液中尿酸水平增高,尿酸以钠盐的形式在关节囊、关节软骨、内脏的表面、肾小管及输尿管中沉积。

(一)病因

(1)饲料中动物蛋白质饲料或植物蛋白质饲料添加量严重超标。

(2)饲料中钙含量过高,比如没有经验的养殖户用蛋禽饲料或蛋禽预混料喂雏禽,可引起痛风。

(3)饲料中长期缺乏维生素 A,可发生痛风性肾炎而呈现痛风症状。

(4)用病种蛋孵化出的雏禽往往易患痛风,在 20 日龄时即出现病症。

(5)育雏舍温度偏低、饮水不足,以及使用含有尿素的饲料也会引起痛风。

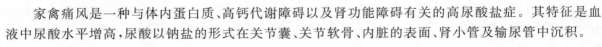

（6）肾功能不全的因素，如磺胺类药物中毒、霉玉米中毒、肾型传染性支气管炎、传染性法氏囊病等都可能继发或并发痛风。

（二）临床症状与病理变化

病禽食欲减退、冠苍白、腹泻、排白色半黏液状稀粪，或呈现蹲坐、独肢站立姿势。

1. 内脏型痛风　病禽胸腹膜、肺、心包膜、肝、脾、肾、肠及肠系膜的表面散布许多石灰样的白色尘屑状或絮状物质（图 22-5），输尿管增粗，内充满大量白色的黏液，病情严重者含有不规则的结石，有时可见肾脏一侧高度肿胀而另一侧萎缩。

2. 关节型痛风　趾关节周围多肿胀，严重时腕关节及肘关节肿胀，肿胀的皮肤下形成多个结节状隆起，切开肿胀的皮肤可见灰白色或灰黄色黏稠液状物，滑液中含有大量尿酸盐结晶，常形成"痛风石"（图 22-6）。

扫码看彩图

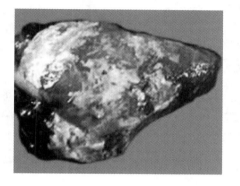

图 22-5　病禽心脏尿酸盐沉积

图 22-6　关节型痛风病禽关节腔内充满乳白色尿酸盐结晶

（三）诊断

根据病因、病史、临床症状和剖检病变综合分析做出诊断。

（四）防治措施

（1）饲料中蛋白质含量雏禽一般不超过 20%，蛋禽不超过 18%。治疗的同时加强护理，减少喂料量，比平时减少 20%，连续 5 天，并同时补充青绿饲料，多饮水，以促进尿酸盐的排出。

（2）饲料中钙、磷比例要适当，切勿造成高钙条件；雏鸡、雏鸭不要饲喂蛋鸡、蛋鸭饲料或蛋鸡、蛋鸭的预混料。

（3）目前尚没有特别有效的治疗方法。可试用阿托方（又名苯基喹啉羧酸）增强尿酸的排泄以减少体内尿酸的蓄积和减轻关节疼痛，或用别嘌呤醇（7-碳-8-氯次黄嘌呤）减少尿酸的形成。对病禽使用各种类型的肾肿解毒药，可促进尿酸盐的排泄，对病禽体内电解质平衡的恢复有一定的作用。

七、禽脂肪肝综合征

禽脂肪肝综合征是一种由于肝沉积大量脂肪而引起的肝变脆、易破裂进而导致内脏出血、死亡的营养代谢病。本病是集约化蛋禽场中的一种常见病。

（一）病因

长期饲喂过量饲料导致能量摄入过多、饲料中真菌毒素和油菜粕中的芥酸等均可导致本病。某些高产品种因雌激素水平高而刺激肝脏大量合成脂肪、笼养状态下活动不足、B 族维生素缺乏及高温应激等也可诱发本病。

（二）临床症状与病理变化

发病禽和死亡的禽都是母禽，大多过度肥胖。产蛋量明显下降，病禽喜卧、腹部突起而绵软下垂，严重嗜睡、瘫痪。一般从出现明显症状到死亡只有 1~2 天，有的在数小时内死亡，急性死亡时冠和肉髯以及可视黏膜苍白。

病死禽的皮下、腹腔、肠系膜，以及腺胃、肌胃的周围均有大量的脂肪沉积。肝大、边缘钝圆，有

扫码看彩图

出血点或出血斑,切面呈黄色油腻状。严重时肝破裂出血,有的病例血呈饼状被覆在肝表面,多数病例在腹腔内有大量的血凝块,肝质地极脆、易碎如泥样(图22-7)。

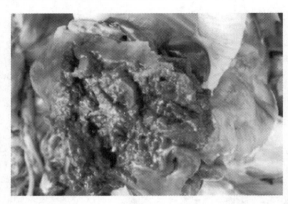

图 22-7　病禽肝质地脆,切面易碎如泥样

(三)诊断

根据病因、发病特点、临床症状和剖检病变综合分析做出诊断。必要时对病禽血液中胆固醇、总脂、雌激素等指标进行化验,病禽的相应指标相比正常禽均有不同程度的升高。

(四)防治措施

(1)对已发病的禽群,在每千克饲料中添加胆碱1.1～2.2 g,治疗1周有效。严重病禽无治疗价值,应淘汰。

(2)调整饲料配方,或实行限饲,或降低饲料代谢能,适当提高粗蛋白质水平,同时要提高添加剂中多种维生素和氯化胆碱的含量,使禽体重控制在正常范围内。

(3)控制好禽群密度、减少各种不良应激,可降低本病的死亡率。

八、禽低血糖症

(一)病因

本病是多种病因引起的综合性疾病,发病的原因主要如下。

(1)种禽感染某些病毒性疾病,垂直传播至下一代雏禽,比如禽呼肠孤病毒、沙粒病毒、传染性支气管炎病毒、禽网状内皮组织增殖病病毒、腺病毒感染等。

(2)孵化因素,如高温高湿季节,胚胎在孵化器和出雏器内热应激,导致雏禽胃出血、胃黏膜损伤。

(3)饲料中霉菌毒素所致。雏禽对霉菌毒素敏感,高温高湿季节饲料原料和成品料保存运输过程中很难控制住霉菌的滋生,超过标准量的霉菌毒素伴随而生。生产者即使添加进口霉菌毒素吸附剂,也往往还有致命的毒素如赭曲霉毒素和呕吐毒素的存在。

(4)应激因素,如突然换料、垫料翻动、天气突变、免疫接种等是本病发生的诱因。

(5)球虫病的早期感染对肠道壁的损伤。

以上因素都可造成本病发生,需在饲养管理中加强防范。

(二)临床症状与病理变化

本病是一种主要侵害肉用仔禽的疾病,临床上以突然出现的高死亡率,病禽头部震颤、运动失调、昏迷、失明,同时伴有低血糖症、血浆呈苍白色等为特征。本病发病批次集中,分布广泛。发育良好的公禽发病率高,一般8日龄开始发病,死亡高峰在12～16日龄,持续2～3天死亡率维持在4%～8%,之后死亡率逐渐下降,呈典型的尖峰死亡曲线。病禽突然发病,表现为站立不稳、侧卧、走路姿势异常、尖叫、头部震颤、瘫痪、昏迷等严重的神经症状;早期下痢明显,晚期常因排粪不畅使米汤样粪便滞留于泄殖腔。

病（死）禽剖检可见肝稍肿大，弥散有针尖大白色坏死点，胰腺萎缩、苍白、有散在坏死点，泄殖腔积有大量米汤样白色液体，十二指肠黏膜出血，法氏囊出血、萎缩，并存在散在坏死点，胸腺萎缩、有出血点，肠道淋巴结萎缩，脾萎缩，肾肿大、呈花斑状，输尿管有尿酸盐沉积。

（三）诊断

根据临床症状、发病情况和剖检病变可做出初步诊断。

（四）防治措施

目前尚无特异性的治疗方法，只能采取减少应激及加强糖原分解等辅助手段，可在饮水中添加2‰葡萄糖及电解多维。

控制光照可减缓本病的发生或发展。其机制可能是在生理条件下，黑暗可促进家禽释放褪黑素，使糖原生成转变为糖原异生，从而有效抑制血糖浓度的恶性下降。一旦控制了血糖浓度，就能够阻断本病的发生，从而降低其发病率和死亡率。

任务二 家禽中毒病及其防治

一、磺胺类药物中毒

磺胺类药物是一类化学合成的抗菌药物，具有抗菌谱广、疗效确切、价格便宜等特点，常用于治疗鸡白痢、禽霍乱和禽球虫病等。该类药物的治疗量很接近中毒量，并且家禽对该类药物较敏感，目前已知毒性最大的为磺胺二甲嘧啶，其次是磺胺喹噁啉和磺胺脒等，毒性较轻的有磺胺间甲氧嘧啶等。其毒性作用主要是损害肾、肝、脾等器官，引起家禽出现黄疸、过敏、酸中毒和免疫抑制等。

微视频 22-5

（一）病因

（1）超量服用或用药时间超过 1 周。

（2）片剂粉碎不细，拌料不匀。

（二）临床症状与病理变化

1.急性中毒 家禽主要表现为兴奋不安、共济失调、痉挛、麻痹等神经症状。

2.慢性中毒 家禽表现为厌食、饮欲增加，继而出现腹泻，粪便呈酱油色或灰白色（图 22-8）。头面部肿胀，皮肤呈蓝紫色，翅下出现皮疹。蛋禽产蛋量下降，产软壳蛋或薄壳蛋。

剖检时本病以全身性出血为主要特征。皮下（图 22-9）、皮肤（图 22-10）、胸肌（图 22-11）及大腿内侧肌肉（图 22-12）斑状出血；肝大，紫红色或黄褐色，表面有出血斑点（图 22-13）；脾萎缩、褪色、出血（图 22-14）；肾明显肿大，土黄色，表面有紫红色出血斑（图 22-15）；输尿管增粗，充满白色尿酸盐；肠道有弥漫性出血斑点，盲肠内可能积有血液。

扫码看彩图

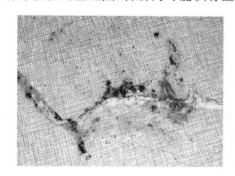

图 22-8 酱油色或灰白色粪便

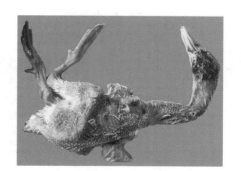

图 22-9 皮下出血斑

Note

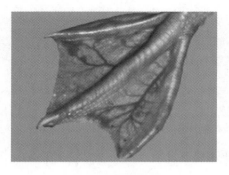

图 22-10　皮肤出血斑

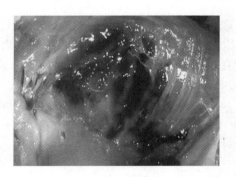

图 22-11　胸肌出血

图 22-12　腿肌斑状出血

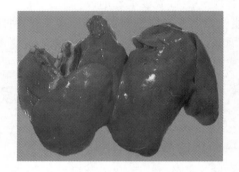

图 22-13　肝大、充血、出血

图 22-14　脾萎缩、褪色、出血

图 22-15　肾变黄出血

(三)诊断

　　本病的诊断要点为冠、肉髯苍白,结膜苍白或黄染;血液稀薄不凝固,全身广泛性出血,特别是胸部、腿部肌肉有条状、块状出血斑,骨髓色淡,严重者呈现黄色(图 22-16);详细了解磺胺类药物的使用剂量和用药持续时间。

　　根据病史调查,结合临床症状和病理变化可以确诊。

扫码看彩图

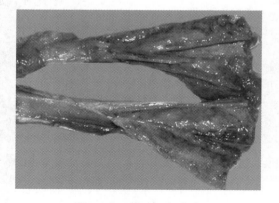

图 22-16　骨髓褪色黄染

（四）防治

1. 预防

（1）严格掌握剂量和疗程：磺胺类药物一般口服剂量为每千克体重首次量 0.2 g，以后为 0.1 g；肌内注射为每千克体重 0.07 g。治疗疾病时一般雏禽 3 天、成年禽 5 天为一个疗程。一个疗程后若效果不明显，可换用抗生素。

（2）对 1 周龄以内的雏禽和蛋禽应慎用磺胺类药物。

（3）充分供给饮水，同时要给予电解多维，也可配合等量的碳酸氢钠，以减轻磺胺类药物的副作用。

2. 发病后处理　发现中毒后，应立即停药，并供给充足的饮水，最好在饮水中加入 1%～2% 的碳酸氢钠，连用 24 h，或每千克饲料中加维生素 C 0.2 g、维生素 K 35 mg，连续数天，直至症状基本消失。

二、黄曲霉毒素中毒

黄曲霉毒素中毒是人畜共患病之一。黄曲霉毒素对人和动物都有很强的毒性，并有致癌作用。其主要损害肝，影响肝功能，可引起急性死亡。慢性中毒可诱发癌变。

微视频 22-6

（一）病因

本病的病原体是黄曲霉毒素，由黄曲霉、寄生曲霉和软毛青霉产生。黄曲霉毒素非常稳定，高温（200 ℃）、紫外线照射都不能使之破坏，加热到 268～269 ℃ 才开始分解。5% 的次氯酸钠可以使其完全破坏。黄曲霉在自然界到处存在，玉米、花生、稻和麦等谷类最容易寄生，豆饼、棉籽饼和麸皮等饲料原料也可以被黄曲霉污染，在夏季高温季节由于受潮受热或水分含量高，极易发生霉变，产生大量黄曲霉毒素（图 22-17）。家禽吃了这种发霉的饲料就会发生中毒。并不是所有黄曲霉的菌株都能产生黄曲霉毒素，从自然界分离的黄曲霉菌株中，只有 10% 的菌株产生黄曲霉毒素。所以，在怀疑饲料导致黄曲霉毒素中毒时，不能只根据分离的黄曲霉盲目定论，有诊断价值的是黄曲霉毒素的测定。在动物中，家禽对黄曲霉毒素最为敏感，尤其是雏禽。

图 22-17　发霉的玉米

（二）临床症状与病理变化

家禽中以雏鸭和火鸡对黄曲霉毒素较为敏感，中毒多呈急性经过。

1. 雏鸭　表现为食欲不振，生长缓慢，异常尖叫，啄羽，腿和脚呈淡紫色，跛行。死前共济失调，角弓反张。

2. 雏火鸡　表现为厌食，自主性活动减少，步态不稳，喜躺卧，颈肌痉挛和角弓反张。

3. 雏鸡　症状与鸭和火鸡相似，但鸡冠淡染或苍白，腹泻的稀粪多混有血液。

4. 成年禽　呈慢性经过，症状不明显，主要是食欲减退、消瘦、贫血、产蛋量下降、蛋小、孵化率降低（图 22-18）。个别鸡肝发生癌变，极度消瘦，最后死亡。

剖检时，本病的特征性病变在肝。急性中毒的雏鸡肝大、颜色变淡呈灰色、有出血斑点，胆囊扩

图 22-18　成年鸡消瘦、贫血

张,肾苍白、稍肿大,胸部皮下和肌肉有时出血。成年鸡慢性中毒时,肝缩小,颜色变黄,质地坚硬,常有白色点状或结节状增生病灶。病程在 1 年以上者,肝中可能出现肝癌结节。黄曲霉毒素还能引起机体免疫抑制,表现为法氏囊、胸腺和脾萎缩。

(三)诊断

首先要调查病史,检查饲料品质与霉变情况,采食可疑饲料与家禽发病率呈正相关,不吃此批可疑饲料的家禽不发病,发病的家禽也无传染性表现;然后结合临床症状和剖检变化等进行综合分析,可做出初步诊断。确诊需进一步做黄曲霉毒素测定。

1.可疑饲料直观法　可用于黄曲霉毒素的预测。取有代表性的可疑饲料样品(如玉米、花生等)2～3 kg,分批盛于盘内,分摊成薄层,直接放在 365 nm 波长的紫外灯下观察荧光;如果样品存在黄曲霉毒素,可见到蓝紫色或黄绿色荧光。若看不到荧光,可将颗粒捣碎后再观察。

2.化学分析法　先提取和分离可疑饲料中的黄曲霉毒素,然后用薄层色谱法与已知标准的黄曲霉毒素相对照,以确定所测的黄曲霉毒素性质和数量(可参照《中华人民共和国食品卫生法》等有关资料)。

对饲料黄曲霉毒素中毒的诊断要格外慎重,不要轻易下结论,必要时用可疑饲料做动物饲喂发病试验。

(四)防治

1.防霉　预防本病最根本的措施是防止饲料发霉,不喂发霉饲料。防霉的根本措施是破坏霉变的条件,主要是控制水分和温度。粮食作物收割后,为防遭雨淋,要及时运到场上散开通风、及时晾晒,使之尽快干燥,水分含量要求谷粒为 13％以下、玉米为 12.5％以下、花生仁为 8％以下,储存于干燥处,以防发霉。

2.去毒　对轻微霉变的饲料,在农村条件下可用连续水洗法去毒,即用 2％生石灰粉,用清水调成稀浆,浸泡发霉饲料 12 h,弃去上面清液,再加清水搅拌浸泡,反复数次,直到浸泡的水变成无色,毒素可除去大部分,但仍不宜喂鸡,可用于喂羊和肥猪。

3.用霉菌抑制剂或霉菌毒素吸附剂　可以向饲料中加入霉菌抑制剂以防发霉,用于谷物和粉料的霉菌抑制剂有 4％丙二醇或 2％丙酸钙;或加入霉菌毒素吸附剂。

4.治疗　发现中毒要立即更换新鲜饲料。本病无特效解毒药物,对急性中毒的雏鸡用 5％的葡萄糖水,每天饮水 4 次,并在每升饮水中加入维生素 C 0.1 g。尽早服用轻泻剂,促进肠道毒素的排出,如用硫酸钠,按每只鸡每天 1～5 g 溶于饮水中,连用 2～3 天。

三、一氧化碳中毒(煤气中毒)

一氧化碳中毒是由于家禽吸入一氧化碳气体所引起的以全身组织缺氧为主要特征的疾病。

(一)病因

冬季或早春禽舍和育雏舍烧煤保温时,暖炕裂缝、烟囱堵塞倒烟、门窗紧闭而无通风口、通风不良等原因,都会导致一氧化碳不能及时排出,一般空气中含有 $0.1\%\sim0.2\%$ 一氧化碳时,就会引起中毒,一氧化碳含量超过 3% 时,可使家禽急性中毒而窒息死亡。另外,在近油田地区,禽舍取暖明火燃烧,通风不畅导致缺氧,造成一氧化碳积聚,也可引起一氧化碳中毒。一氧化碳是无色、无味、无刺激性气体,较容易造成中毒。家禽长期生活在低浓度的一氧化碳气体环境中,会引发生长迟缓、免疫功能下降等慢性中毒表现,易诱发上呼吸道和其他群发病。

(二)临床症状与病理变化

轻度中毒时,病禽精神沉郁、反应迟钝、食欲减退、不愿运动。严重者表现为不安、呆立或瘫痪、昏睡、呼吸困难、头向后伸,死前发生痉挛和惊厥。最终病禽由于呼吸和心搏停止而死亡。

剖检可见血管和各脏器内的血液均呈鲜红色(图 22-19 至图 22-22)。

扫码看彩图

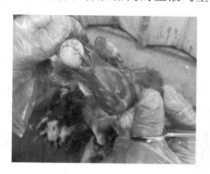

图 22-19　嗉囊充满食物,肌肉呈鲜红色

图 22-20　皮下组织呈鲜红色

图 22-21　肝呈鲜红色

图 22-22　内脏器官和血液都呈鲜红色

(三)诊断

根据接触一氧化碳的病史和临床上出现群发症状及剖检变化即可诊断。如能化验病禽血液内的碳氧血红蛋白,则更有助于本病的诊断。化验方法简单易行,具体操作如下。

1.氢氧化钠法　取血液 3 滴,加 3 mL 蒸馏水稀释,再加入 10% 氢氧化钠溶液 1 滴,如有碳氧血红蛋白存在,则淡红色保持不变,而对照的正常血液则变为棕绿色。

2.片山法　取蒸馏水 10 mL,加血液 5 滴,摇匀,再加硫酸铵溶液 5 滴使呈酸性。病鸡血液呈玫瑰色,而对照的正常血液呈柠檬色。

3.鞣酸法　取血液 1 份溶于 4 份蒸馏水中,加 3 倍量的 1% 鞣酸溶液充分振摇。病鸡血液呈洋红色,而对照的正常血液经数小时后呈灰色,24 h 后最显著。也可取血液用水稀释 3 倍,再用 3% 鞣酸溶液稀释 3 倍,剧烈振摇混合,病鸡血液可产生深红色沉淀,对照的正常血液则产生绿褐色沉淀。

以上方法中皆不要用草酸盐抗凝剂的血样。检验时最好使用 2 种以上方法。

(四)防治

检查并及时解决暖炕裂缝、烟囱堵塞、倒烟、无烟囱等问题,舍内要设有风斗或通风孔,保持室内通风良好。

发现中毒后,立即打开门窗,开动风扇,换进新鲜空气。如有条件,可将中毒禽群转移到另外的育雏舍或禽舍中。

四、禽肌胃糜烂病

禽肌胃糜烂病又称为"黑色呕吐病",是由多种致病因素引起的家禽肌胃类角质膜糜烂、溃疡的一种消化性疾病。本病主要发生于肉用仔鸡,其次为蛋鸡和鸭。发病年龄多为 2～10 周龄。临床特征为食欲减退、精神倦怠,严重病例呕吐黑色物,机体贫血消瘦。

(一)病因

本病主要原因是饲料中的鱼粉质量低劣或用量过大。鱼粉中含有肌胃糜烂素,使胃酸分泌亢进,导致肌胃糜烂和溃疡。劣质鱼粉在饲料中占 5% 以上、优质鱼粉占 12% 以上,皆可引起发病。

(二)临床症状与病理变化

病禽厌食、羽毛松乱、闭眼缩颈、喜蹲伏、消瘦贫血、嗉囊胀满,倒提病禽,可从口中流出黑褐色液体,严重者排棕黑色稀软粪便。本病发病特点是禽群饲喂一批新饲料后 5～10 天发病,而在换料后 2～5 天,发病明显减少,发病率开始降低。

剖检可见腺胃增大,胃壁增厚、松弛,黏膜乳头突起,有黑色黏液。肌胃增大,内容物稀薄、呈黑褐色,缺少砂粒,类角质膜变色、呈暗绿色或黑色,皱襞增厚,表面粗糙糜烂、溃疡,甚至穿孔(图 22-23)。

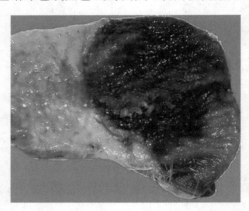

图 22-23 肌胃角质层增生呈树皮样

(三)诊断

根据日粮中鱼粉含量、发病特点以及特征性的症状和剖检变化即可做出诊断。由于鱼粉中毒涉及责任划分问题,在诊断时要慎重,必要时需做动物饲喂发病试验。

(四)防治

(1)严格控制日粮中鱼粉的含量,一般优质鱼粉在饲料中占比不得超过 8%,严禁使用劣质鱼粉。

(2)防止家禽饲养密度过大、空气污染、热应激、饥饿和摄入发霉的饲料等诱因的刺激。在每千克日粮中补充维生素 C 30～50 mg、维生素 B$_6$ 3～7 mg、维生素 K 2～8 mg、维生素 E 5～20 mg,有助于排除应激因素和提高防治效果。

(3)对病禽群立即停喂含有劣质鱼粉的饲料,用其他蛋白质或酵母粉代替部分鱼粉。对轻症禽群,嗉囊内容物未变成褐色者,采用 0.2% 碳酸氢钠溶液饮水,每天早晚各 1 次,连用 2 天。重症禽用维生素 K 31 mg、酚磺乙胺 80 mg 肌内注射,每天 2 次,并在每千克饲料中加入 10～20 mg 的西咪替丁。

五、肉毒梭菌毒素中毒(软脖子病)

肉毒梭菌毒素中毒是由肉毒梭菌产生的外毒素引起的一种严重的食物中毒。本病以急性颈部肌肉麻痹、共济失调、迅速死亡为特征,故又称为软脖子病。本病多发于夏、秋季,各种日龄的家禽均可发生。

扫码看彩图

微视频 22-9

（一）病因

肉毒梭菌广泛分布于自然界中,水和土壤为其自然居留场所,动物肠道内、粪便、腐烂尸体、腐烂饲料和各种植物体内经常含有肉毒梭菌。自然发病多是由摄食了腐烂尸体和腐烂饲料引起。在池塘、湖沼内,腐烂的动植物为肉毒梭菌繁殖和产生毒素提供了良好环境,被鸭、鹅觅食后鸭、鹅即可发生大批死亡。动物尸体上繁殖的蝇蛆也含有大量毒素,鸡、鸭等啄食后可引起中毒。

（二）临床症状与病理变化

除全身症状外,病禽颈部肌肉麻痹,头颈软弱无力、向前伸,称"软颈症"（图 22-24）;翅、腿部肌肉麻痹,行动困难;羽毛松乱、容易脱落。病重者听觉失灵,呼吸变得慢而深,闭目昏睡,处于昏迷状态。有时病禽发生腹泻,排黄色或绿色稀粪（图 22-25）;十二指肠肠壁广泛出血（图 22-26）。最后病禽食欲废绝,麻痹而死,一般数小时至 4 天死亡。

扫码看彩图

图 22-24 颈部麻痹,软颈

图 22-25 黄色或绿色稀粪

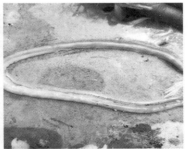

图 22-26 十二指肠出血

（三）诊断

（1）调查有无食入毒素的病史。

（2）肌肉麻痹即"软颈症"是其典型特征。

（3）毒素检查:取饲料或胃内容物,加 2 倍以上无菌生理盐水充分研磨,制成混悬液。置室温下 1~2 h,离心,取上清液加抗生素处理后,分成 2 份,1 份不加热,供毒素试验用,另 1 份 100 ℃加热

3 min,供对照用。吸取上述液体注射于眼睑皮下,一侧供试验,另一侧供对照,注射量为 0.1～0.2 mL。如注射后 0.5～2 h 试验组眼睛闭合、对照组眼睛正常,试验鸡于 10 h 后死亡,则证明检查物含有毒素。

(四)防治措施

目前本病尚无特效药物,以排毒解毒及对症治疗为主。对中毒禽用 3％～5％葡萄糖或白糖水自由饮用,以促进排毒。配合缓泻药,如 10％硫酸镁溶液自由饮水,或每只鸡 20～50 mL 用量一次灌服。也可用蓖麻油灌服。个别严重病例,可以肌内注射 C 型肉毒梭菌抗毒素 2～5 mL,有较好疗效。

任务三　家禽其他常见疾病及其防治

微视频 22-10

一、肉鸡腹水综合征

肉鸡腹水综合征又称肉鸡肺动脉高压综合征、雏鸡水肿病、肉鸡腹水症、心衰综合征和鸡高原海拔病,是一种由多种致病因子共同作用引起的快速生长幼龄肉鸡以右心肥大、扩张及腹腔内积聚浆液性淡黄色液体为特征,并伴有明显的心、肺、肝等内脏器官病理性损伤的非传染性疾病。

目前该病广泛分布于世界各地,与肉鸡猝死综合征和腿病一起被称为危害肉鸡的三大疾病。在肉鸡养殖业中由肉鸡腹水综合征所造成的死亡约占全部死亡的 25％。此病导致病鸡屠宰率降低、屠宰后胴体品质下降,已成为危害世界肉鸡养殖业的重要疾病之一。

(一)病因

1. 遗传因素　肉鸡腹水综合征常见于快速生长的肉鸡,如艾维因鸡、AA 鸡、各种黄羽肉鸡等。其中,艾维因鸡和 AA 鸡的发病率一般高于其他品种,且肉用公鸡发病率较母鸡要高。快速生长的肉鸡在生产性能提高的同时,其心肺功能并未得到同步改善,供氧能力有限,再加上前腔静脉、肺毛细血管发育不全,管腔狭窄,血流不畅,造成肺血管特别是肺静脉淤血,大量液体渗出进入腹腔而形成腹水。

2. 原发因素

(1)缺氧:大量研究表明,肉鸡腹水综合征的发生与肉用仔鸡所处的饲养环境缺氧密切相关。高海拔地区环境缺氧或者养殖过程中未处理好保温与通风的关系,紧闭门窗、通风不畅,都为肉鸡腹水综合征的发生创造了条件。

(2)饲料和饮水:喂以高能量、高蛋白质日粮或颗粒(浓缩)饲料,使肉鸡获得较快的生长速度,可导致肉鸡腹水综合征的发生。日粮或饮水中高钠、高镍、高钴等也是发病的重要因素。

(3)孵化条件:胚胎在孵化过程中对环境条件的变化异常敏感,任何导致孵化器内氧含量不足的情况均可使新生雏鸡肉鸡腹水综合征发生率升高。

3. 继发因素

(1)病原性因素:如曲霉菌肺炎、大肠杆菌病、鸡白痢、新城疫、禽白血病等。

(2)中毒性因素:如黄曲霉毒素中毒、食盐中毒、莫能菌素中毒、磺胺类药物中毒、呋喃类药物中毒、消毒剂中毒等。

(3)营养代谢性因素:如硒和维生素 E 缺乏症、磷缺乏症等。

(4)先天性心脏疾病:如先天性心肌病、先天性心脏瓣膜损伤等,这些因素可引起心、肝、肾、肺的原发性病变,严重影响心、肝和肺的功能,从而引起继发性腹水。

(二)临床症状

病鸡精神沉郁,羽毛蓬乱,饮水和采食量减少,生长迟缓,皮肤呈紫红色,触之有波动感。病重鸡呼吸困难。病鸡不愿站立,以腹着地,如企鹅状运动。病情严重者可见冠和肉髯发绀,抓鸡时鸡可突然抽搐死亡。用注射器可从腹腔中抽出液体。病鸡腹水消失后,生长速度缓慢。

(三)病理变化

病死肉鸡全身明显淤血,剖检见腹腔内有50～500 mL清亮、淡黄色、半透明腹水,内有半透明纤维素凝块。肝充血、肿大,呈暗紫色,有的表面覆盖一层灰白色或黄色的纤维素性渗出物,有的质地较硬,表面凹凸不平;心包膜混浊增厚,心包液显著增多,心脏体积增大,右心室明显肥大扩张,心肌松弛;肾充血、肿大,有的尿酸盐沉着;肺呈弥漫性充血或水肿,副支气管充血。胃肠道黏膜严重淤血,肠壁增厚;胸肌、腰肌不同程度淤血;脾大,色灰暗(图22-27)。

图22-27　肉鸡腹水综合征剖检变化

扫码看彩图

(四)诊断

快速生长的肉鸡在冬季容易发病,生长缓慢,精神差,采食量下降,冠和肉髯发绀,突然死亡。肉鸡腹部膨大下垂,行动迟缓,剖检可见腹水增多、心脏扩张等,可做出诊断。

(五)防治措施

1. 预防

(1)选育优良品种:肉鸡腹水综合征是伴随肉鸡生产性能不断提高而出现的问题,防治该病的关键应该从遗传方面着手,进行抗病育种。选育对缺氧和腹水综合征都有耐受力的家禽品系是解决问题的根本途径。目前,许多专家和学者开始了这方面的探索。

(2)早期限饲:实行早期适度限饲是公认的预防肉鸡腹水综合征的有效措施。肉鸡早期限饲试验中从13日龄起对肉用仔鸡每天减少饲料量10%,维持2周,然后恢复正常饲养。结果表明,限饲对降低腹水综合征的发病率确有显著效果,限饲组的发病率相当于对照组总发病率的24.5%。

由于饲喂颗粒料会大大增加肉鸡腹水综合征发生的可能性,因此在不影响其他生产性能的前提下,应尽可能延长粉料饲喂的时间,限制肉用仔鸡的快速生长,一般以2～3周龄给予粉料、4周龄至出栏给予颗粒料为宜。

(3)加强饲养管理:为肉鸡群的生长发育提供良好的生活环境,在寒冷季节注意防寒保暖,妥善解决好防寒与通风的矛盾,维持最适的舍内温度和湿度;保持适当的饲养密度;减少饲养管理中的各种应激及人为应激刺激。搞好卫生,降低有害气体及尘埃浓度,保持舍内空气清新和氧气充足;提高种蛋质量,改善孵化条件,注意对孵化过程及整个育雏期适当补氧,认真执行科学防疫制度,注意呼吸道疾病和肺损伤的预防。合理使用各种药物和消毒剂以做好肉鸡群的生物安全工作;科学调配日粮,注意饲料中各种营养成分、蛋白能量比、油脂类型及电解质平衡,杜绝使用发霉变质的饲料。注意饮水质量,尤其是饮水中钠、钙、锌、钴及磷等金属和非金属离子的含量应符合饮水标准。

2. 治疗　病鸡一旦出现临床症状,单纯治疗往往难以奏效,多以病鸡被淘汰而告终。

在病鸡腹部消毒后用12号针头刺入病鸡腹腔抽出腹水,然后注入青霉素、链霉素各2万IU或选择其他抗生素,经2～4次治疗可使部分病鸡康复。碳酸氢钾1000 mg/kg饮水,可降低肉鸡腹水综合征的发病率。氢氯噻嗪0.015%拌料;或口服氢氯噻嗪,每只50 mg,每天2次,连服3天;或氢氯噻嗪 10 mg/kg 拌料,对防治肉鸡腹水综合征有一定效果。也可口服 50% 葡萄糖,或碳酸氢钠(1%拌料)或大黄苏打片(20 日龄雏鸡每只每天 1 片,其他日龄的鸡酌情处理)。

此外,也可用中药疗法,宜采用宣降肺气、健脾利湿、理气活血、保肝利胆、清热退黄的方药进行防治。

二、肉鸡肠毒综合征

肉鸡肠毒综合征是近年来商品肉鸡饲养过程中普遍存在的一种疾病,表现为腹泻、粪便中含有未消化的饲料、采食量明显下降、生长缓慢,中后期排出"饲料便"或"番茄"样粪便,并伴有尖叫、肢体瘫软,死淘率高。本病最早可发生于 18～21 日龄肉鸡,以 25～40 日龄的肉鸡多发。一般地面平养、密度大的鸡群早发、多发,网上饲养的鸡群相对晚发。本病一年四季均可发生,但在夏、秋季节多发,呈地方流行性。

微视频 22-11

(一)病因

1. 小肠球虫感染 小肠球虫感染是其主要的病因之一。鸡群在 20～40 日龄时多发小肠球虫感染,主要是因为球虫在垫料和粪便中卵囊数量明显增多,导致此阶段发生严重的球虫感染,特别是严重的艾美耳球虫感染,这是导致本病危害加剧的重要原因。由于小肠球虫在肠黏膜上大量生长繁殖,肠黏膜增厚、严重脱落及出血等,饲料几乎不能消化吸收,同时水分的吸收也明显减少,尽管鸡大量饮水,也会引起脱水现象。这是引起肉鸡粪便稀、粪中带有未消化饲料的原因之一。

2. 病毒感染 许多病毒感染可成为鸡肠毒综合征发生的诱因。如呼肠弧病毒,它引起的肠炎可损害肠道吸收功能。感染呼肠弧病毒的仔鸡的典型症状为发育不良、生长停滞及腹泻等。此外,还有腺病毒、冠状病毒等。

3. 细菌感染 在小肠球虫感染的过程中,小肠球虫在肠黏膜细胞中大量繁殖,耗费大量的氧,导致小肠黏膜组织产生大量乳酸,使肠道菌群发生改变,有益菌减少、有害菌大量繁殖,特别是大肠杆菌、沙门菌、产气荚膜杆菌等大量繁殖。球虫与有害菌相互协同,加剧了致病性。

4. 毒素的影响 外来毒素可能存在于饲料中,也可能存在于饮水及饲料的副产品成分中,如黄曲霉毒素。体内的毒素是指在发病过程中,大量的肠上皮细胞破裂,在细菌的作用下发生腐败分解而产生的,以及虫体死亡、崩解等产生的大量有毒物质。这些有毒物质被机体吸收后发生自体中毒,导致病鸡出现软脚、嗜睡、昏迷、衰竭、死亡等临床症状。

(二)临床症状

肉鸡肠毒综合征的初期,鸡群一般没有明显症状,精神正常、采食正常,死亡率也在正常范围内,仅个别鸡表现为粪便变稀、不成形,粪中含有未消化的饲料。随着病情继续发展,可见大量鸡采食量下降、增重减慢或体重下降;粪便变稀,粪便中带有未消化的饲料,变为浅黄色、黄白色或鱼肠子样粪便,不成堆,比正常的鸡粪所占面积大,同时粪便中出现血块。个别鸡扭头、疯跑,死亡鸡只出现角弓反张等神经症状。这种情况在养殖过程中会反复出现。

(三)病理变化

在发病早期,十二指肠及空肠的卵黄蒂之间的部分黏膜增厚,颜色变浅、呈灰白色,像一层厚厚的麸皮,极易剥离。肠黏膜增厚的同时,肠壁也增厚,肠腔空虚、内容物较少。有的肠腔内没有内容物,有的内容物为尚未消化的饲料。该病发展到中后期,肠壁变薄,黏膜脱落,肠内容物呈蛋清样,盲肠肿胀、充满红色血液。个别鸡表现特别严重,肠黏膜几乎完全脱落崩解、肠壁变薄,肠内容物呈血色蛋清样或黏脓、"西红柿"样,盲肠肿胀、内含暗红色栓子。其他脏器未见明显病理变化。

(四)诊断

根据临床症状,结合病理变化可做出初步诊断。确诊需要进行实验室病原体的分离、鉴定以及饲料中的毒物分析等。

(五)防治措施

1. 预防措施 加强饲养管理,做好通风、换气、保暖,减少刺激,合理配合日粮(饲料配方中小麦的用量应控制在30%以下,同时使用稳定性好、酶活性高的小麦专用酶制剂),炎热季节做到现配现用,供给充足的清洁饮水,建立定期消毒制度。结合当地疫情定期进行传染病监测,做好球虫病、产气荚膜梭菌病等的预防工作,合理使用抗生素、消除发病诱因。添加活菌制剂,调整菌群和降低肠道pH值,保持致病菌低水平处于肠道后段而不致病。做好雏鸡料和中期料的混合过渡饲喂工作,实际临床上可适当延长雏鸡料的使用时间、缩短中期料的使用时间。做好油脂质量的品控,尤其要杜绝使用品质差(如地沟油)、酸价特别高的油脂。

2.治疗方法 在饮水中加入革兰阳性菌敏感的药物(青霉素、林可霉素、克林霉素等)、抗球虫药,同时补充电解质、维生素(特别是维生素 A、维生素 C、维生素 K_3、维生素 B_3 等)。

三、禽中暑

微视频 22-12

禽中暑是指禽群在气候炎热、舍内温度过高、通风不良、缺氧的情况下,因机体产热增加、散热不足所导致的一种全身功能紊乱的疾病。我国南方地区夏、秋季节气温高,在开放式或半开放式禽舍中饲养的种禽和商品禽,当气温在33 ℃以上时,可发生中暑,雏禽和成年禽均易发生。

(一)病因

气候突然变热、禽群密度过大、禽舍通风不良、长途密闭运输,或养禽场较长时间停电且未采取发电措施等情况均可引发中暑。

(二)临床症状

轻症时主要表现为翅膀展开,呼吸急促,张口呼吸甚至发生热性喘息,烦渴频饮,出现水泻;冠和肉髯鲜红,精神不振,有的病禽出现不断摇晃头部的神经症状;蛋禽还表现为产蛋量下降,蛋形变小,蛋壳色泽变淡。重症时表现为体温升高,触其胸腹手感灼热,极速张口喘息,最后呼吸衰竭时喘息减慢,反应迟钝,很少采食或饮水。在大多数禽出现上述症状时,通常伴有个别或少量禽死亡,夜间与午后死亡较多,上层笼的禽死亡较多。最严重时短时间内大批禽神智昏迷后死亡。

(三)病理变化

病死禽剖检可见胸部肌肉苍白似煮肉样,脑部有出血斑点,肺严重淤血;心脏周围组织呈灰红色出血性浸润,心室扩张;腺胃黏膜自溶,胃壁变薄,腺胃乳头内可挤出灰红色糊状物,有时见腺胃穿孔。

(四)诊断

根据临床症状、病理变化,结合病史可做出初步诊断。

(五)防治措施

1.预防措施 在禽舍上方搭建防晒网,可使舍温降低3～5 ℃;也可于春季在禽舍前后多种丝瓜、南瓜,夏季藤蔓绿叶爬满屋顶,遮阳保湿,舍温可明显降低;根据禽舍大小,分别选用大型落地扇或吊扇;饮水用井水,少添勤添,保持清凉。蛋禽舍除常规照明灯之外,再适当安装几个弱光小灯泡(如用3 W节能灯),遇到高温天气,晚上常规灯仍按时关,随即开弱光灯,直至天亮,使禽群在夜间能看见饮水,这对防止夜间中暑死亡非常重要。遇到高温天气,中午适当控制喂料,不要喂得太饱,可防止午后中暑死亡。平时可往禽的头部、背部喷洒纯净的凉水,特别是在每天的14:00以后,气温高时2～3 h须喷一次。在设计禽舍时应采用双回路供电,停电后应及时开启备用发电机。

2.治疗方法 发现病禽应尽快将其取出放置到阴凉通风处或浸于冷水中几分钟。

(1)维生素C:当舍温高于29 ℃时,禽对维生素C的需要量增多而体内合成减少,因此,整个夏季应持续补充,可于每100 kg饮水中加5～10 g,或每100 kg饲料加10～20 g。当禽采食明显减少时,以饮服为好。其他维生素,尤其是维生素E与B族维生素,在夏季也有广泛的保健作用,可促使产蛋水平较高、较稳,蛋壳质量较好,并能抑制多饮多泻,增强免疫力。

(2)碳酸氢钾:当舍温达34 ℃以上时在饮水中加0.25%碳酸氢钾,日夜饮服,可促使体内钠、钾平衡,对防止中暑死亡有显著效果。

(3)碳酸氢钠:可于饲料中加0.3%碳酸氢钠,或于饮水中加0.1%碳酸氢钠,日夜饮服;若自配饲料,可相应减少食盐用量,将碳酸氢钠在饲料中加到 0.4%～0.5% 或在饮水中加到 0.15%～0.2%。

(4)氯化铵:在饮水中加 0.3% 氯化铵,日夜饮服。

四、异食癖

异食癖是由营养代谢功能紊乱、味觉异常和饲养管理不当等引起的一种非常复杂的多种疾病的综合征,又称啄食癖、啄癖、恶食癖、互啄癖。异食癖是家禽常见的异常行为,各种家禽均可发生,是养禽业普遍存在的问题,可导致外伤、死亡、产蛋减少等。异食癖的形式很多,常见的有啄肛癖,啄肉癖、啄趾癖、啄羽癖、啄蛋癖等,其中以啄肛癖危害最严重。

(一)病因

异食癖的病因很复杂,主要包括管理、营养、疾病和激素等因素。

1. 管理因素　饲养密度太大,饲养环境光线过于明亮;成年禽产蛋箱不足,或产蛋箱内光线太强;禽舍潮湿、蚊子多等因素,都可致病。此外,禽群中有疥螨病、羽虱病等外寄生虫病,以及皮肤外伤感染等也可能成为诱因。

2. 营养因素　饲料中缺乏蛋白质或某些必需氨基酸如蛋氨酸、色氨酸,常常是鸡啄肛癖发生的根源,鸡啄羽癖可能与含硫氨基酸缺乏有关。饲料中钠、铜、钴、锰、钙、铁、硫和锌等矿物质不足,都可能造成异食癖。饲料中缺乏维生素,尤其是缺乏维生素 D、维生素 B_{12} 和叶酸等,导致体内与代谢关系密切的酶和辅酶的组成成分缺乏,可引起体内的代谢功能紊乱而发生异食癖。饲料中氯化钠不足,如日粮中的氯化钠含量低于 0.5% 时,各种异食癖现象均容易发生。日粮中粗纤维含量太低,异食癖现象也容易发生。

3. 疾病因素　螨、虱等体外寄生虫感染,泄殖腔或输卵管垂脱,传染性法氏囊病、腹泻类疾病、输卵管炎等都有可能造成异食癖。

4. 激素因素　禽即将开产时血液中所含的雌激素和孕酮水平升高、公禽雄激素的增多,都是促使异食癖倾向增强的因素。

(二)临床症状

异食癖临床常见以下类型。

1. 啄肛癖　多发生在雏禽和产蛋母禽中,诱因是过大的蛋排出时造成脱肛或撕裂。脱肛发生时,脱出的部分包括肠管、生殖道(输卵管或阴茎)和输尿管。脱出的组织表面光滑,有光泽,充血。互相啄食脱出的组织会引起泄殖腔破裂和内脏的流出。啄肛癖也常见于发生白痢的雏禽,诱因是肛门带有腥臭粪便。

2. 啄趾癖　多发生在雏禽中,雏禽喜欢互相啄食足趾,引起出血或跛行症状。

3. 啄羽癖　雏禽在开始生长新羽毛或换小毛时易出现,蛋禽在盛产期或换羽期也可发生。

4. 啄蛋癖　多见于产蛋旺盛的季节,主要是由于饲料中缺钙和蛋白质不足,鸡可啄食产蛋箱内或地面上的蛋。

(三)诊断

异食癖家禽有明显可见的症状,根据啄食恶癖现象即可做出诊断。

(四)防治措施

1. 预防措施　异食癖发生的原因多样,可从断喙、补充营养、完善饲养管理等方面入手。

2. 治疗方法　发现禽群有异食癖现象时,及时挑出被啄伤的禽,隔离饲养,并在啄伤处涂 2% 龙胆紫、墨汁或锅底灰,症状严重的予以淘汰。同时立即查找原因、分析病因、采取相应的治疗措施,如降低饲养密度、控制光照强度、及时捡蛋等。

五、腺胃炎

腺胃炎是家禽的一种以消化不良、消瘦、发育不全、料肉比升高为主要临床症状的慢性消化道疾病。近年来,腺胃炎发病率较高,全国各地均有本病的报道。本病导致禽生长不良、均匀度差、腺胃肿大、黏膜糜烂,且不同禽的临床症状、病理变化表现不尽相同,一旦传播很难在短时间彻底治愈,已成为危害养禽业的主要疾病之一。

(一)病因

1. 非传染性因素

(1)日粮中所含的生物胺(组胺、尸胺、组氨酸等):日粮原料如堆积的鱼粉、玉米、豆粕、维生素预混料、脂肪、禽肉粉和肉骨粉等含有高水平的生物胺,这些生物胺会对机体产生毒害作用。

(2)饲料条件诱因:饲料营养不平衡(主要是饲料中粗纤维含量高),蛋白质含量低、维生素缺乏等都是本病发病的诱因。

(3)霉菌、毒素类。

①镰孢霉菌产生的 T2 毒素具有腐蚀性,可造成腺胃、肌胃和羽毛上皮黏膜坏死。

②橘霉素是一种肾毒素,能使肌胃出现裂痕。

③卵孢毒素能使肌胃、腺胃相连接的峡部环状面变大、坏死,黏膜被假膜性渗出物覆盖。

④圆弧酸可造成腺胃、肌胃、肝和脾损伤,腺胃肿大、黏膜增生、溃疡变厚,肌胃黏膜出现坏死。

2. 传染性因素

(1)鸡痘:尤其是眼型鸡痘(以瞎眼为特征),是腺胃炎发病很重要的病因。临床发现,每年北方的秋季是鸡痘发病严重的季节,腺胃炎发病也非常严重,很多鸡群都是先发生鸡痘,后又继发腺胃炎,造成很高的死亡率,并且药物治疗无效。

(2)不明原因的眼炎:如传染性支气管炎、传染性喉气管炎、各种细菌、维生素 A 缺乏或通风不良引起的眼炎,都会导致腺胃炎的发病。

(3)一些垂直传播的病原体或被特殊病原体污染的马立克病疫苗,很可能是该病发生的病因。

(二)临床症状

病禽初期表现为精神沉郁,闭目缩颈,羽毛蓬乱不整,采食及饮水减少,挑食,有甩料到粪盘或垫料中的情况。禽生长迟缓或停滞,禽群均匀度差,大小不一。禽体苍白、极度消瘦,饲料转化率降低,粪便中有未消化的饲料。有的禽有流泪、肿眼以及咳嗽等呼吸道症状,有的禽嗉囊有积液而导致颈部膨大,排白色或绿色稀粪。病程长短与饲养管理水平有关,病禽渐进性消瘦,最终衰竭死亡。

(三)病理变化

病死禽特征性病变为腺胃肿大如球状,颜色苍白、有半透明感,腺胃壁增厚、水肿,腺胃乳头水肿、增生,指压可流出浆液性液体(图22-28);腺胃黏膜肿胀变厚或出血、糜烂。部分病禽黏膜层完全坏死,坏死组织和炎性渗出物形成厚层假膜;肌胃瘪缩,肌筋易剥离,边缘苍白有裂缝。胸腺、脾、法氏囊萎缩尤为突出。

图 22-28 腺胃水肿、出血

扫码看彩图

(四)诊断

根据流行病学特点,结合临床症状、剖检出现的肉眼病变和显微病变做出初步诊断。引起本病

的原因较多,所以新发病地区和有混合感染的禽群很容易误诊,要特别注意鉴别诊断。

发病初期容易被误诊为肾型传染性支气管炎,发病中期容易被误诊为新城疫或硒和维生素 E 缺乏症。发病后期腺胃肿大明显,容易被误诊为马立克病(MD),以及饲料源性霉菌毒素、变质鱼粉等中毒引起的腺胃炎性疾病。通过观察临床症状、剖检病变,可鉴别诊断。

(五)防治措施

1. 预防措施

(1)加强饲养管理:良好的饲养管理措施能够有效预防本病。避免禽舍温差过大,控制饲养密度,严保饲料质量,禁止使用霉变饲料,注意营养平衡,增加优质蛋白质、维生素含量。保证禽舍通风,加强环境消毒,合理使用药物。

(2)做好免疫接种工作:细菌感染是引起腺胃炎的重要原因之一,为了防止细菌感染继发病毒性疾病,需要做好防疫工作。

2. 治疗 本病一旦发病,对腺胃影响很大,很难恢复到发病前的生产性能,结合饲养周期短的特点,治疗的意义不大。

针对病因可考虑配合以下方法进行治疗。

(1)西咪替丁:抑制胃酸过多分泌,减轻对腺胃的伤害。

(2)阿莫西林克拉维酸钾:控制继发感染。

六、笼养蛋鸡疲劳综合征

笼养蛋鸡疲劳综合征是笼养高产蛋鸡由于代谢障碍而发生的以腿软弱、麻痹、易骨折为特征的一种营养紊乱性骨骼疾病。

(一)病因

各种原因造成的机体缺钙及体质发育不良是导致该病的直接原因。

1. 钙的添加不及时 饲料中钙的添加太晚,已经开产的鸡体内的钙不能满足产蛋的需要,导致机体缺钙而发病。

2. 蛋鸡料用得太早 过高的钙水平影响甲状旁腺的功能,使其不能正常调节钙、磷代谢,导致鸡在开产后对钙的利用率降低,鸡群也会发病。

3. 钙、磷比例不当 钙、磷比例失调时,不能充分吸收,影响钙在骨骼的沉积。

4. 维生素 D 添加不足 蛋鸡缺乏维生素 D 时,肠道对钙、磷的吸收减少,血液中钙、磷浓度下降,钙、磷不能在骨骼中沉积,使成骨作用发生障碍,造成钙盐再溶解而发生鸡瘫痪。饲料中缺乏维生素 D 时,就算有充足的钙,鸡也不能充分吸收。

5. 缺乏运动 如育雏期、育成期笼养或上笼早,笼内密度过大,鸡的运动不足等,导致鸡的体质较弱而易发该病。

6. 光照不足和应激反应 由于缺乏光照,鸡体内的维生素 D 含量减少,从而发生体内钙、磷代谢障碍;另外,高温、严寒、疾病、噪声、不合理的用药、光照和饲料突然改变等应激均能造成生理功能障碍,也常引起鸡群发病。炎热季节,蛋鸡采食量减少而饲料中钙水平未相应增加,也会导致发病。

(二)临床症状

病初产软壳蛋、薄壳蛋,鸡蛋的破损率增加,产蛋量下降,种蛋孵化率降低。病鸡食欲、精神、羽毛均无明显异常。随后病鸡出现颈、翅、腿软弱无力,站立困难。病鸡易骨折,在骨折处出现出血和淤血,或瘫痪于笼中,最后衰竭死亡。病死鸡的口内常有黏液,常伴有脱水、体重下降。

(三)病理变化

血液凝固不良,翅骨、腿骨易骨折,骨折面有出血或淤血。喙、爪、龙骨变软易弯曲,胸骨凹陷,肋骨和胸骨接合处呈串珠状。胫骨、膝盖骨、股骨、胸骨末端等易发生骨折。有的病鸡可出现肌肉、肌腱的出血。甲状旁腺肥大,比正常时肿大约数倍。

(四)诊断

根据临床症状、病理变化可做出初步诊断。实验室检查相关指标有助于该病的确诊。

（五）防治措施

1. 预防措施

（1）加强饲养管理：鸡的饲养密度不可过大，育雏期、育成期及时分群，上笼不可过早，一般在 100 日龄左右上笼较宜。在炎热的天气，给鸡饮用凉水，在水中添加电解多维。做好鸡舍内的通风降温工作。

（2）改善饲料配方：保证全价营养，使育成鸡性成熟时达到最佳的体重和体况。笼养高产蛋鸡饲料中钙的含量不要低于 3.5%，并保证适宜的钙、磷比例，在每千克饲料中添加维生素 D_3 2000 IU 以上。平时要做好血钙的监测，当发现产软壳蛋时应做血钙的检验。

2. 治疗措施 发现病鸡时，及时从笼中取出，放在地面单独饲养，补充骨粒或粗颗粒碳酸钙，让鸡自由采食，病鸡 1 周内即可康复。对于血钙浓度低的同群鸡，在饲料中再添加 2%~3% 的粗颗粒碳酸钙、每千克饲料中添加 2000 IU 的维生素 D_3，经过 2~3 周，鸡群的血钙浓度就可以上升到正常水平。将发病鸡转移至宽松的笼内或者地面饲养，一般经过几天后腿麻痹症状可以消失。如果病情发现较晚，一般 20 天左右才能康复，个别病情严重的瘫痪病鸡可能会死亡。

七、鸭脾坏死综合征

鸭脾坏死综合征是近年来新发生的一种传染病。本病病因复杂，在肉鸭养殖业中广泛存在，多发生于 7~15 日龄的雏鸭。脾是鸭重要的外周免疫器官，脾坏死后，鸭只自身免疫力降低。本病发生的同时往往伴随着其他一些疾病的发生，比如鸭病毒性肝炎、鸭疫里默杆菌病、鸭大肠杆菌病等，造成鸭较高的死亡率，给养鸭业带来了重大损失。

（一）病因

本病在多雨潮湿、冷热交替的季节多发，尤其是春季，天气忽冷忽热，导致肉鸭抵抗力低下。此外，低温育雏、运输过程中的强烈应激，也容易诱发本病。饲养管理不当，如密度过大、扩群不及时等也会促进该病的发生。呼肠孤病毒、霉菌、沙门菌都是可能的病原体，目前业界比较流行的观点偏向于呼肠孤病毒为本病最重要的病原体。

（二）临床症状

病鸭出现精神萎靡、拥挤成堆、食欲不振、羽毛杂乱、软脚、下痢，粪便呈白色、黄色或者绿色，粪便有腥臭味，眼睛流泪、眼圈发湿、头颈无力下垂。病鸭耐过后成为僵鸭，生长发育迟缓，失去饲养价值。

（三）病理变化

脾上有一个或数个绿豆粒大小的灰白色凹陷灶，脾呈紫黑色、灰绿色或大理石病变（图 22-29）；肝大出血，呈网格状病变（花肝）；气囊混浊，气囊上散在许多黄色、粟米大小的结节；心肌出血，心内膜出血。有些病鸭还伴有纤维素性心包炎、肝周炎、气囊炎等病变。

图 22-29　脾病变

扫码看彩图

1. 生理型脾坏死 低温育雏等应激因素导致先天免疫缺陷而引起。刚来苗的时候难以分辨，一一般是在接雏时的运输过程中受冷热环境影响,雏鸭处于亚健康状态,脾等功能性器官发育不健全,几乎没有先天免疫力,持续死亡。剖检症状为脾萎缩、小、几乎不发育,肝稍微肿胀、呈土黄色且卵黄都没有吸收。

2. 沙门菌型脾坏死 多在感染后 4～5 天发病,死亡急,大群精神萎靡,扎堆较多,地面以白色粪便较多。剖检变化:除具备典型的脾坏死变化外,肝上明显有散在的白灶点,而其他器官损伤不是很明显,且以白色粪便为主。

3. 病毒型脾坏死 呼肠孤病毒造成鸭垂直传播,带毒的弱雏在养殖过程中受到外力应激,开始出现死亡。雏鸭多在感染 4 天以后多发,呈现递增式死亡。剖检变化:除具备典型的脾坏死变化外,气囊和肺组织实质性硬变和纤维化坏死,肝大发绿,胆囊充盈。

4. 霉菌型脾坏死 常见于老养殖区、设施老化的地方,由于地面养殖、垫料很容易发霉而引发本病。本病发病多为慢性经过,大群精神几乎无变化。霉菌型脾坏死的特点在于发病较晚,多在 1 周后,且死亡的都不是弱雏。剖检变化:除具备典型剖检变化外,有花肝现象或肝大,气囊上有很多黄色结节,肠内膜有一层白色的伪膜。

(四)诊断

根据临床症状和特征性脾坏死病变及流行病学特点,即可做出临床诊断。进一步诊断可做鸭呼肠孤病毒 S1 基因 RT-PCR 检测和沙门菌的鉴别。根据临床诊断和实验室诊断确诊。

(五)防治措施

1. 加强饲养管理,提供合适的温度和充足的水和料 注意环境卫生,提前做好预防工作。肉鸭脾坏死综合征一般发生在 7～15 日龄,黄芪多糖注射液对鸭圆环病毒、呼肠孤病毒等引起的病毒性疾病有很好的防治效果,可有效提高机体的抗病能力,尤其是对预防脾坏死效果非常显著。在 5～7 日龄用一次黄芪多糖注射液(200 kg 水中加入 100 mL),能够有效增强机体的抵抗力,预防脾坏死的发生,使肉鸭安全度过危险期。

2. 控制霉菌毒素 注意垫料的干净、整洁,可在饲料中添加卫舒(750 kg 水中加入 500 g,连用 3天),防止继发感染。卫舒可有效分解、破坏饲料、饮水中的各种霉菌毒素,加速毒素排出体外,增强肝、肾等的功能,显著降低血液及肝中霉菌毒素浓度,保护机体肝、肾等重要组织、器官免受霉菌毒素的侵害,保持正常代谢。同时其还能抑制炎性渗出、抑制气囊炎和心包炎的形成。

3. 抗病毒,增强机体免疫力,解除免疫抑制,修复免疫系统 芪板青颗粒能够促进脾、法氏囊和胸腺等免疫器官的发育,提高机体淋巴细胞转化率和红细胞受体转化率,增强免疫力,防治免疫抑制病。芪板青颗粒对治疗呼肠孤病毒引起的疾病效果非常显著。

4. 防止细菌感染 10％氟苯尼考溶液可有效杀灭沙门菌、大肠杆菌和鸭疫里默杆菌等细菌。

实践技能 家禽尸体剖检技术

→ 实践目的

通过本技能的学习与训练,让学生学会对养鸡场中具有代表性的病鸡、残鸡或死淘鸡进行尸体剖检,及时发现问题,对即将发生的疾病做出早期诊断,防止疾病的暴发和蔓延。

→ 实践材料

镊子、骨剪、肠剪、手术刀、搪瓷盆、标本缸、广口瓶、消毒注射器/一次性注射器、针头、培养皿、酒精灯、试管、抗凝剂、甲醛固定液、记录本等。

→ **实践方法**

一、外部（体表检查）

（1）羽毛是否光滑，有无污染、蓬乱、脱毛等现象。泄殖腔皱胃的羽毛有无粪便污染，有无脱肛、血便等。

（2）口、鼻、眼等有无分泌物。

（3）冠和肉髯的颜色、厚度、有无痘疹，脸部颜色及有无肿胀。

（4）骨骼有无增粗和骨折，关节有无肿胀。

（5）腹部是否变软或有积液。

（6）皮肤有无外伤感染和肿瘤。鸡足有无鳞足病及足底趾瘤，足鳞有无出血。

（7）营养状况，可通过用手触摸胸骨两侧的肌肉丰满度及龙骨的情况来判断。

二、体腔的剖开

皮下检查：尸体仰卧，用力将两大腿向外翻压，使髋关节脱位，使禽的尸体固定于解剖盘中。在胸骨峰部纵向切开皮肤，然后剪开颈、胸、腹部皮肤，剥离皮肤，暴露颈、胸、腹部和腿部肌肉。观察皮下血管状况、有无出血和水肿，观察胸肌的丰满程度、颜色，胸部和腿部肌肉有无出血和坏死，观察龙骨是否弯曲和变形。检查嗉囊是否充盈食物，内容物的数量及性状。

三、内部检查

将腹壁横向切开，顺切口的两侧分别向前剪断胸肋骨、乌喙骨和锁骨，暴露体腔。注意观察各脏器的位置、颜色。检查胸、腹气囊是否增厚、混浊，有无渗出物及其性状，气囊内有无干酪样团块，团块上有无霉菌菌丝。

检查肝大小、颜色、质地、边缘是否钝圆，形状有无异常，表面有无出血点、出血斑、坏死点或大小不等的圆形坏死灶。

检查胆囊的大小，胆汁的多少、颜色、黏稠度等。在腺胃和肌胃交界处的右方，找到脾，检查脾的大小、颜色，表面有无出血点和坏死点，有无肿瘤结节。

在心脏的后方剪断食管，再剪断肌胃与其背部的联系，按顺序剪断肠道与肠系膜的联系，在泄殖腔的前端剪断直肠，取出腺胃、肌胃和肠道。

剪开腺胃，检查内容物的性状、黏膜及腺乳头有无充血和出血，胃壁是否增厚，有无肿瘤。然后剪开肌胃，检查内容物及角质膜情况，再撕去角质膜，检查角质膜下的情况，观察有无出血和溃疡。

从前向后，检查十二指肠及胰腺、小肠、盲肠和直肠，观察各肠段有无充气和扩张。浆膜血管是否明显，浆膜上有无出血、结节或肿瘤。沿肠系膜附着部剪开肠道，检查各肠段内容物的性状，黏膜内有无出血和溃疡，肠壁是否增厚。肠壁上的淋巴集结和盲肠起始部的盲肠扁桃体是否肿胀，有无出血、坏死。盲肠腔中有无出血或土黄色干酪样的栓塞物，横向切开栓塞物，观察其断面情况。

将直肠从泄殖腔拉出，在其背侧看到法氏囊，剪去与其相连的组织，摘取法氏囊。检查法氏囊的大小，观察其表面有无出血，然后剪开法氏囊检查黏膜是否肿胀、有无出血，皱襞是否明显，有无渗出物及其性状。

从肋骨间挖出肺，检查肺的颜色和质地，有无出血、水肿、炎症、坏死、结节和肿瘤，观察切面上皮支气管及肺泡囊的性状。检查肾的颜色、质地、有无出血和花斑状条纹，肾和输尿管有无尿酸盐沉积及其含量。

检查睾丸的大小和颜色，观察有无出血、肿瘤，两侧是否一致。检查卵巢发育情况，卵泡大小、颜色和形态，有无出血及渗出物。蛋鸡泄殖腔的右侧常见一水泡样的结构，这是退化的右侧输卵管。

四、口腔及颈部检查

在两鼻孔上方横向剪断鼻腔，检查鼻腔和鼻甲骨，压挤两侧鼻孔，观察鼻腔分泌物及其性状。剪

Note

开一侧口角,观察后鼻孔、腭裂及喉头,黏膜有无出血,有无伪膜、痘斑,有无分泌物堵塞。再剪开喉头、气管和食管,检查黏膜的颜色,有无充血和出血,有无伪膜、痘斑,管腔内有无渗出物、黏液和渗出物的性状。

脑部检查:切开颈部皮肤,剥离皮肤,露出颅骨,用剪刀在两侧眼眶后缘之间剪断额骨。再从两侧剪开顶骨至枕骨大孔,掀去脑盖,暴露大脑、丘脑及小脑,观察脑膜有无充血、出血,脑组织是否软化等。

 相关链接

家禽营养代谢病
的病因及其
防治概述

家禽中毒病
原因概述

思考与练习

在线答题

参考文献

[1] 郑翠芝.畜禽场设计与环境控制[M].北京:中国轻工业出版社,2015.

[2] 梁珠民.养禽与禽病防治[M].南宁:广西科学技术出版社,2015.

[3] 王三立.禽生产[M].重庆:重庆大学出版社,2007.

[4] 周改玲,杨光勇,乔宏兴,等.养鸡与鸡病防控关键技术[M].郑州:中原农民出版社,2016.

[5] 晁先平,曲连武.规模化鸡场科学建设与生产管理[M].郑州:河南科学技术出版社,2018.

[6] 张玲.养禽与禽病防治[M].北京:中国农业出版社,2019.

[7] 林建坤,郭欣怡.养禽与禽病防治[M].2版.北京:中国农业出版社,2014.

[8] 张登辉.畜禽生产[M].2版.北京:中国农业出版社,2009.

[9] 杨慧芳.养禽与禽病防治[M].北京:中国农业出版社,2006.

[10] 郑万来,徐英,养禽生产技术[M].北京:中国农业大学出版社,2014.

[11] 赵聘,黄炎坤,徐英.家禽生产[M].北京:中国农业大学出版社,2015.

[12] 丁国志,张绍秋.家禽生产技术[M].北京:中国农业大学出版社,2007.

[13] 贺晓霞,唐炳,郑四清.肉鸡标准化养殖操作手册[M].长沙:湖南科学技术出版社,2021.

[14] 杨宁.家禽生产学[M].2版.北京:中国农业出版社,2012.

[15] 赵聘,关文怡.家禽生产技术[M].北京:中国农业科学出版社,2012.

[16] 陈章言.蛋鸭日程管理及应急技巧[M].北京:中国农业出版社,2014.

[17] 史延平,赵月平.家禽生产技术[M].北京:化学工业出版社,2009.

[18] 徐彬.肉鸡标准化安全生产关键技术[M].郑州:中原农民出版社,2016.

[19] 李淑青,曹顶国.肉鸡标准化养殖主推技术[M].北京:中国农业科学出版社,2016.

[20] 康永刚,王军.畜牧业经济管理[M].南京:江苏教育出版社,2012.

[21] 袁旭红.肉鸭高效健康养殖技术问答[M].北京:化学工业出版社,2018.

[22] 张京和.畜牧场经营与管理[M].北京:中国农业大学出版社,2013.

[23] 周新民,蔡长霞.家禽生产[M].北京:中国农业出版社,2011.

[24] 豆卫.禽类生产[M].北京:中国农业出版社,2001.

[25] 段修军.养鹅日程管理及应急技巧[M].北京:中国农业出版社,2014.

[26] 吉俊玲,张玲.养禽与禽病防治[M].北京:中国农业出版社,2012.

[27] 刘太宇,张玲.畜禽生产技术实训教程——家禽生产岗位技能实训分册[M].北京:中国农业大学出版社,2014.

[28] 程龙飞,孙卫东,刘友生.音视频解说常见鸡病诊断与防治技术[M].北京:化学工业出版社,2021.

[29] 孙卫东,孙久建.鸡病快速诊断与防治技术:视频升级版[M].北京:机械工业出版社,2018.

[30] 岳华,汤承.禽病临床诊断与防治彩色图谱[M].北京:中国农业出版社,2018.

[31] 郎跃深,倪印红,石建存.典型鸡病诊断防治彩色图谱[M].北京:化学工业出版,2021.